水资源保护与水质管理控制

——淮河沿海支流通榆河

许崇正　杨维本　刘雪梅　焦未然　张显球　王　静　著

国家水利部公益性行业科研专项项目
淮河沿海支流水资源保护和水质管理控制(201201018)
资　助

科 学 出 版 社
北　京

内 容 简 介

本书主要从淮河沿海支流通榆河现有水资源、水环境状况特征分析入手，研究了臭氧–生物炭工艺废水处理技术、人工光源耦合沉水植物污水处理技术、重污染废水纳滤处理技术以及示范工程技术，介绍了水资源回用对水环境影响的分析评价技术和水质水量联合调度与耦合模拟预测系统，建立了水质管理-水资源保护联合调度决策系统和流域水资源供需及决策模型，并提出了相应的综合对策。

本书可供环境科学与工程科研人员、环保行业管理技术人员以及政府相关部门管理人员参考。

图书在版编目(CIP)数据

水资源保护与水质管理控制：淮河沿海支流通榆河/许崇正等著. —北京：科学出版社，2016.11

ISBN 978-7-03-050873-7

Ⅰ. ①水… Ⅱ. ①许… Ⅲ. ①淮河–流域–水资源–资源保护–研究 ②淮河–河流水质–水质管理–研究 Ⅳ. ①TV213.4②P343.1

中国版本图书馆 CIP 数据核字(2016)第 280481 号

责任编辑：黄 海/责任校对：赵桂芬
责任印制：张 倩/封面设计：许 瑞

科学出版社出版
北京东黄城根北街 16 号
邮政编码: 100717
http://www.sciencep.com
三河市骏杰印刷有限公司 印刷
科学出版社发行 各地新华书店经销
*
2016 年 11 月第 一 版 开本：720 × 1000 1/16
2016 年 11 月第一次印刷 印张：22
字数：500 000

定价：129.00 元

(如有印装质量问题，我社负责调换)

序　一

促进淮河流域沿海地区建设生态文明的若干思路

近年来，淮河流域的水环境治理取得长足进步，但由于流域经济的迅速扩张，水资源环境的承载能力与经济发展的矛盾依然十分突出，如果不从建设生态文明、绿色经济的视角探讨出路，这一矛盾似乎就成了无解的问题。

一、淮河流域及其沿海地区的水资源环境现状

根据水利部淮河水利委员会提供的数据表明，淮河流域经济发展与资源环境的冲突还是相当明显的。2012 年淮河片总用水量为 647.6 亿 m^3，比上年减少 1.5%。其中，农田灌溉用水占 61.9%；林牧渔畜用水占 7.5%；工业用水占 16.1%；城镇公共用水占 2.4%；居民生活用水占 9.8%；生态环境用水占 2.3%。2012 年淮河流域总用水量为 577.0 亿 m^3，比上年减少 1.5%。其中农田灌溉用水占 63.9%；林牧渔畜用水占 7.2%；工业用水占 15.9%；城镇公共用水占 2.0%；居民生活用水占 9.1%；生态环境用水占 2.0%。2012 年山东半岛总用水量 70.6 亿 m^3，比上年减少 1.3%。其中农田灌溉用水占 46.0%；林牧渔畜用水占 10.0%；工业用水占 18.2%；城镇公共用水占 5.6%；居民生活用水占 15.7%；生态环境用水占 4.5%。

2012 年淮河片实测 211 个城镇入河排污口，入河污水排放总量为 65.3 亿 t，主要污染物质 COD 和氨氮入河排放总量分别为 57.9 万 t 和 5.0 万 t。其中，淮河流域 174 个城镇入河污水排放总量为 51.4 亿 t，主要污染物质 COD 和氨氮入河排放总量分别为 48.5 万 t 和 4.5 万 t；山东半岛 37 个城镇 152 个入河排污口，入河污水排放量为 14.0 亿 t，COD 入河排放量为 9.4 万 t，氨氮入河排放量为 0.5 万 t。

2012 年淮河片全年期评价河长 11768km，Ⅱ类水河长 1327km，占 11.3%，Ⅲ类水河长 3422km，占 29.1%，Ⅳ类水河长 3139km，占 26.7%，Ⅴ类水河长 1471km，占 12.5%，劣Ⅴ类水河长 2409km，占 20.4%。其中，淮河流域全年期评价河长 11141km，Ⅱ类水河长 1264km，占 11.3%，Ⅲ类水河长 3277km，占 29.5%，Ⅳ类水河长 2967km，占 26.6%，Ⅴ类水河长 1461km，占 13.1%，劣Ⅴ类水河长 2172km，占 19.5%。山东半岛全年期评价河长 627km，Ⅱ类水河长 63km，占 10.1%，Ⅲ类

水河长 145km，占 23.0%，Ⅳ类水河长 172km，占 27.5%，Ⅴ类水河长 10km，占 1.6%，劣Ⅴ类水河长 237km，占 37.8%。

2012 年淮河片 394 个重要江河湖泊水功能区中，对有水质目标的 348 个水功能区进行水质评价(高锰酸盐指数和氨氮两项指标)，有 184 个水功能区水质达标，占 52.9%；水功能区评价河长 11361.4km，达标河长 5700.7km，占 50.2%；评价湖泊面积 6031.8km^2，达标面积 5373km^2，占 89.1%；评价水库蓄水量 43.3 亿 m^3，达标蓄水量 39 亿 m^3，占 90.1%。

2012 年淮河片万元工业增加值(当年价，下同)取用水量为 27.4m^3，比 2011 年减少 3.1m^3。其中，淮河流域万元工业增加值取用水量 37.9m^3，比上年减少 5.6m^3；山东半岛万元工业增加值取用水量 9.2m^3，比上年减少 1.0m^3。

而淮河流域沿海地区的水环境状况也不容乐观。主要污染包括以下几个方面：①生活污水污染。随着经济发展和人们生活条件的改善，居民生活污水排放量增长迅速。与之相比，城镇污水治理措施相对滞后，生活污水对流域的影响远超工业废水，部分河段 BOD、COD 严重超标，甚至掩盖了工业污染治理所取得的成效。②农业污染。流域内多为水稻、棉花种植区，水稻、棉花种植过程中化肥农药使用量比较大，而真正被农作物吸收的只占 30%~40%，绝大部分化肥农药进入了水体，加重了淮河的污染程度。由于雨水冲刷和农田浇灌水的渗透，化肥、农药中的 N、P、C、K 等物质以及树叶、枯草等废物大量汇集到河中，造成面源污染，使得水质进一步恶化。③工业排污。工业排污是造成河水污染的重要原因。对环境污染较为明显的主要是石油化工厂、绝缘材料厂、农药厂、造纸厂、染料厂及热工仪器仪表厂、钢铁、焦化、煤气发生站、机械加工等工业部门。带入水体中的主要污染物是有毒的有机污染物和重金属离子如 Pb^{2+}、Cd^{2+}、Zn^{2+}、Cu^{2+}、Hg^{2+}、Co^{2+}、Ni^{2+}、Mn^{2+}、As^{3+}、Cr^{6+}等。

总之，以上数据表明，虽然各地都在搞生态建设、减轻对资源的压力，并且也取得了一定的效果，但是淮河流域的水资源环境与经济发展的冲突、水环境的污染依然很严重。归根结底，各地方是在搞生态建设，而不是建设生态文明。建设流域内的生态文明就需要理清以下几条思路。

二、促进人的发展是核心思路

由于水资源本身是一种稀缺资源，是生产中不可替代的要素投入之一，因此水环境治理比其他类型的污染治理有更直接的经济理由。同时，与空气污染、减排之类的环境问题一样，水污染问题具有明显的外部性。这两点对水环境保护的研究极其重要。正因为如此，由水资源而产生的生态压力，阻碍了人的全面自由的发展。人的全面发展就意味着人存在于一种和谐的自然生态环境中，人与自然实现了和谐共处。换言之，人与自然的和谐是人的全面发展的必要条件(显然，不是充分条件)。正因为这种必要件，马克思主义始终把实现人与自然的和谐作为现实世界面临的两大任务之一。从这种关系的角度讲，马克思学说是人的解放和自然的解放相统一的学说。刘思华、方时姣(2009)认为，工业化进程中发生的生态环境问题，尤其是 20 世纪下半叶以来开始的全球生态环境危害，强化了自然生态对人的内在意义。生态发展也成为人的全面发展的重要表现和基本条件，生态环境问题，绝不是一个单纯的自然发展问题，而是一个极其深刻的、全面的人与社会发展问题。从人类发展的历史上看，把人与自然的和谐作为人的全面发展的重要属性是一个历史的产物。原因在于，自然条件在各个历史时期所起的作用不同。从采猎业文明、农业文明到工业文明，自然条件所起的作用是一个日益递减的过程。但是，这一递减过程在当代发生了逆转。20 世纪 70 年代以来，生态环境作为制约经济增长的要素日益引起重视。只不过这种逆转，是以一种生态危机的形态出现的，是从生态环境对人的全面发展的负面的制约角度表现出来的。工业社会之前，一种新的文明取代旧的文明从来都不是因为旧的文明形态出现了环境问题。而只有到了工业文明时代，工业文明的快速发展遭遇了资源、能源和环境的巨大压力和挑战。对经济增长的片面追求导致了对自然资源掠夺式的开发。人试图成为自然界的主宰，无度地向自然界索取，而同时也在破坏人类自身生存与发展的基础，单纯的经济增长并不能给人们带来普遍的福祉，相反，它还同时引发了生态恶化。在这种视角下，生态环境事实上已从人类生产要素，转变为社会意义上的人类生存的一票否决的因素。人们终于发现自己是不能对自然界为所欲为的。因此，当今语境下的“人与自然的和谐”与其他文明形态语境下对应物已不可同日而语了。人的全面发展的自然生态之维第一次成为人类必须考虑的现实因素。相应的，在对水资源进行治理的进程中考虑生态建设、注重以人为本的思维是追求人的全面发展的必由之路。

从淮河流域在沿海地区的一条支流——通榆河的污染情况我们看到了大多数水利工程都存在的一个特点，一项水利工程本身是为了促进地方经济发展、改善人居环境而立项开工的，但建成后，地方经济的发展造成了衍生出来的污染，把一项惠民的工程打了折扣，或者干脆变成害民的工程。事实上，通榆河中段工程是一项南水北调工程，它的兴建对于加快江苏沿海的改革开放和经济建设步伐，增强农业发展后劲，发展粮棉生产和高效农业，提高江苏沿海区域的国民经济的实力，发挥极其重要的作用。但是，水质的污染降低了通榆河本身的经济辐射能力，甚至在某些河段，这种污染已经成为当地经济社会发展的负累。推而广之，这一现象已经成为我国经济社会发展的普遍现象。

传统理论将生产定位为对环境的掠夺。所以，长期以来，我国的高经济增长总是伴随高环境代价、高社会代价。以人的生产力和生态生产力的巨大牺牲为代价换取的物质财富增长，使我国的经济发展“反人性化”和“反生态化”问题日益严重。不注重环境保护问题，浪费资源、污染环境成为企业生产中相当普遍的现象。许多企业只考虑自己的私人成本，而不考虑环境资源这一类社会成本，将自己的利润建立在掠夺性开发资源和污染环境之上，以致重大的生态危机、公共卫生安全问题频出。这反映出我国水资源环境保护的动力机制的不健全，因而使得水环境保护的投入总量不足。发达国家的环保投入占 GDP 的 2%~3%。我国在七五期间的环保投入仅占 GDP 的 0.7%、八五期间达 0.8%、九五期间达 1%、十五期间达 1.2%、十一五期间达 1.35%。

而动力机制的不健全的原因在于，客观上，各级地方政府仍然是以 GDP 当做首要任务，而没有把人的发展、建设生态文明放在首位。而环保产业本身的收益更多的是无法量化的收益；微观行为主体，不管是企业，还是个人，甚至是地方政府，因为不能将环境保护的利益完全内在化，所以才会把环保投入当成经济发展的负累。说到底，还是增长本位的思想胜过了人的发展的思想。

三、促进地方政府间的政策协调是制度的保障

千里淮河治污问题始终不能得到很好的解决，政府花几十年时间，投入总量不可谓不多，但收效并不理想。甚至有些地方在继续下滑。问题的关键还是在水环境治理中，总是存在地方政府间、地方政府与中央政府间的政策协调问题。而这是建设生态文明必不可少的制度保证。

一方面，由于水环境的特定属性，导致流域内的某个地方政府的环保努力与相应的环保效益并不对等，存在搭便车和转嫁水污染的问题。因此，同一流域内的各个地方政府可能对水环境治理并不积极。这一点类似于减排问题，只不过减排问题在这方面更突出一些。地方政府的消极对待，并非一时一地特有的现象。王小军(2011)就指出，制定于 1948 年的美国《联邦水污染控制法》就存在这一问题。《联邦水污染控制法》确定治污的主体是州，在这方面，联邦并没有超越州的权力，联邦的权力需在尊重州权的基础上行使。由于各州在水污染控制方面不积极，并且联邦介入水污染治理的程序非常复杂，该法的实施效果大打折扣，在历经 1956 年、1961 年、1965 年、1966 年、1970 年等多次修订之后，该法的效果仍难令人满意，于是 1972 年国会一项名为《清洁水法》(The Federal Water Pollution Control Act)的修正案对它进行了“几乎等于重写的大幅度”修订。

另一方面，对于地方政府而言，环境保护的压力和地方经济发展的压力同时

存在。例如，对于本研究所关注的通榆河流域而言，化工企业密集存在，路径依赖的特性明显，在这样的背景下，平衡发展与环境的关系有很大难度。显然，按照现有的政绩考核体系，下级政府最终会倾向于经济发展而忽略水环境保护。所以需要调整的是现有的政绩考核体系。理想的政绩考核体系应该是既能实现水环境的保护，又能因地制宜地考虑地方的发展要求，不能搞环保主义的一刀切。同时，需要建立健全财政转移支付机制，用以平衡各地区的环保投入和环保收益问题。

总之，水环境保护不单纯是个技术问题，也不单纯是政府和企业关系的问题，更是政府内部各层级之间的关系问题。如果忽略了政策的协调效应，水环境治理将会成为一种事倍功半的努力，建设生态文明也会成为无源之水。

四、新型城镇化建设是重要契机

在我们看来，2012 年以来中央所倡导的新型城镇化为淮河流域的生态文明建设提供了一个良好的契机。而反过来，正是过去有悖于人的全面发展的城镇化，一定程度上造成了淮河流域的水资源环境冲突。

中央提出，城镇化是我国现代化建设的历史任务，也是扩大内需的最大潜力所在，要围绕提高城镇化质量，因势利导、趋利避害，积极引导城镇化健康发展。要构建科学合理的城市格局，大中小城市和小城镇、城市群要科学布局，与区域经济发展和产业布局紧密衔接，与资源环境承载能力相适应。要把有序推进农业转移人口市民化作为重要任务抓实抓好。要把生态文明理念和原则全面融入城镇化全过程，走集约、智能、绿色、低碳的新型城镇化道路。

李克强总理曾经指出，城镇化不是简单的城市人口比例增加和面积扩张，而是要在产业支撑、人居环境、社会保障、生活方式等方面实现由“乡”到“城”的转变。新型城镇化的“新”，是指观念更新、体制革新、技术创新和文化复新，是新型工业化、区域城镇化、社会信息化和农业现代化的生态发育过程。“型”指转型，包括产业经济、城市交通、建设用地等方面的转型，环境保护也要从末端治理向“污染防治—清洁生产—生态产业—生态基础设施—生态政区”五同步的生态文明建设转型。

从以上表述我们不难看出，城镇化一定要保证生态建设，一定要有利于人的全面发展；换言之，新型城镇化一定要以人为本。这些表述明确地显示我国的新型城镇化不会走传统城镇化的老路。有了这样的前提，我们在处理经济发展、城镇化与资源环境冲突的问题上就有了坚实的政治基础，就有了一个较好的顶层设计。否则，就会重蹈西方发达国家的城镇化进程所走的一条先污染后治理的路径。

这同时也提示我们，对于淮河流域的水环境治理要有一个系统化的顶层设计，需要一个与工业化、城镇化相兼容的环境治理、生态建设的目标。那种为生态而生态的目标未必会被地方政府所接受，也未必会得到公众的理解，当然也就会成为无源之水。

五、结　　语

以上所谈及的几点思路，显然不能涵盖淮河流域建设生态文明的全部问题。解决淮河流域的水资源环境的冲突问题要把问题放到提高水环境综合承载能力的视角下，进行战略思维才有出路，这就需要从经济社会、水环境、水资源学、生态学、洪水资源化、水土保持等多个方面进行统筹的考量。

但是，如果前文所谈到的几点思路得不到落实，那么，从水环境、水资源学、生态学、洪水资源化、水土保持等多个方面统筹的考量将成为没有终极关怀、没有制度基础的无源之水，淮河流域的水环境资源与经济发展的冲突将会日甚一日。从这点上讲本文所谈及的思路具有根本意义。

参考文献

李运连，周古奎，王文会. 2007. 通榆河响水段饮用水源保护的实践与思考. 江苏水利，11
刘思华，方时姣. 2009. 马克思经济学双重价值取向理论与建设生态文明的双重终极目的. 第二届人的发展经济学中日国际学术研讨会. 南京：2010.
王小军. 2011. 美国水权制度研究. 北京：中国社会科学出版社
王振龙. 2011. 淮河流域水资源问题与建议. 水利水电技术，42(8)
叶健，苏长城，袁文秀. 2007. 江苏省沿海水利状况与规划思路. 江苏水利，1
尹荣尧. 2010. 江苏省沿海化工业发展的环境风险格局与政策调控研究. 南京大学博士论文

作　者

2015 年 10 月于南京

序　二

加强对苏北通榆河水环境保护的研究

一、通榆河基本状况

通榆河南起南通九圩港，北达连云港赣榆，全长 415km，是江苏省东部沿海地区江水东引北调的水利、水运骨干河道。它对改造中低产田、开发沿海滩涂、拓宽航道、冲淤保港、调度排涝、改善水质具有重大战略意义。盐城境内通榆河中段工程，南起东台泰东河接口，北至响水灌河口，全长 183.6km，河面宽 100m，河底宽 30~50m，水深约 5m，堤顶高程 4.0~7.5 m，堤顶距 150 m，向北引长江水 100 m^3/s，可供 1000km^2 范围灌溉。通榆河贯通后的引、调水能力十分显著。根据沿线巡测站实测资料，灌溉用水期通榆河最大日平均引水量为 94.8m^3/s，可缓解大旱年份里下河腹部地区用水紧张的矛盾。同时，通榆河北延可向连云港送水 50 m^3/s，其战略意义深远。

由于江苏地区气候特殊，一年四季降雨量变化较大，所以通榆河的水位、流量、流速等河流水文特征随季节的变化而变化(表 1)；此外，通榆河口内河床质组成主要为粉沙和淤泥，与口外海床泥沙基本相近。通榆河内泥沙主要来源于口外海域，悬沙输移是其主要的运动方式。一般而言，含沙量自主干流上游向河口逐渐递增。通榆河的含沙特点以大丰、盐都两段为主要研究对象。根据大丰、盐都区两个断面 3 条垂线水文测验资料分析，大丰段大潮涨潮平均含沙量 1.10kg/m^3，落潮平均含沙量 0.96 kg/m^3，小潮涨潮平均含沙量 0.78kg/m^3，落潮平均含沙量 0.64 kg/m^3；盐都站大潮涨潮平均含沙量 1.86 kg/m^3，落潮平均含沙量 1.08 kg/m^3，

表 1　通榆河不同季节的水位、流速、流量

月份	1月	2月	3月	4月	5月	6月	7月	8月	9月	10月	11月	12月
平均水位/m	2.0	2.1	2.3	2.2	2.4	2.5	2.8	3.0	2.6	2.3	2.2	2.1
平均流速/(m/s)	1.1	1.2	1.4	1.5	1.7	2.1	2.3	2.6	2.5	2.1	1.9	1.0
平均流量/(m^3/s)	40	41	55	57	60	63	62	61	60	44	43	42

潮涨潮平均含沙量 1.37 kg/m^3，落潮平均含沙量 0.43 kg/m^3。大丰段悬移质泥沙最大粒径在 0.10~0.40 mm，平均粒径在 0.0073~0.0119 mm；盐都悬移质泥沙最大粒径在 0.13~0.27 mm，平均粒径在 0.0076~0.0147 mm。另外潮汐是沿海地区常见的一种自然现象，通榆河也可能存在这种现象。

二、通榆河的水质污染状况

从已有的监测指标看，石油类污染已经成为通榆河水系的主要污染源之一。沿河两岸有造纸、纺织、酿造、金属加工等重污染行业，这些工业企业每年排放的废水高达上亿吨，沿途接纳了大量的工农业生产废水和生活污水，水体水质很大程度上受到了影响，给通榆河及其支流带来了极其巨大的环境压力。2005 年本河段水质综合评价已没有Ⅱ类水，年均值综合评价各监测断面均劣于Ⅲ类水，主要污染因子为氨氮、溶解氧、高锰酸盐指数、五日生化需氧量。虽然环境行政主管部门和水行政主管部门加大了对沿途工业企业排污口的整治力度，但作为调水保护区，通榆河现状水质距《江苏省地表水（环境）功能区划》所规定的 2010、2020 年均为Ⅲ类水水质目标仍有一定的距离。可见通榆河盐城段水质质量状况不容乐观，多数断面的水质仍未达到《江苏省地表水（环境）功能区划》所定水质目标（Ⅲ类水标准）。虽然在汛期东台、盐城、上冈断面的水质均尚清洁，大团、北草堰也由原来的轻度污染转为尚清洁水，但是对于非汛期和年平均值来说，多数监测断面所测的水质均为轻度污染，特别是东台、盐城、上冈、阜宁、堆根各断面年平均水质均由原来的尚清洁转化为轻度污染，水质变化趋势不容乐观。

近年来，随着经济发展和人们生活水平的提高，工农业废水、生活污水迅猛增加，大量未经处理的废水、污水排入通榆河。据盐城市水环境监测中心监测的资料，沿线 9 个县(市、区)废水排放总量为 1527 万 m^3，废水中 COD 排放总量为 2929 t/a，NH_3-N 排放总量为 2417 t/a，主要污染因子为 NH_3-N、DO、COD 等。我们采用综合污染指数 p 值法，以溶解氧、高锰酸盐指数、氨氮、五日生化需氧量为主要评价因子，对富安、东台、滨海、盐城、盐都、大丰、阜宁、堆根、响水 9 个主要监测断面年度综合污染情况进行分析，详情如表 2。

$$p=\frac{\sqrt{\left[\max\left(\frac{C_i}{C_{0i}}\right)\right]^2+\left(\frac{1}{k}\sum_{i=1}^{k}\frac{C_i}{C_{0i}}\right)^2}}{2}$$

式中：p 为水环境质量综合污染指数；C_i 为地表水各种污染物测试浓度(mg/L)；C_{0i} 为地表水中各种污染物最高允许值；k 为污染因子个数。

表 2　各监测断面的年平均综合污染指数

监测断面	富安	东台	滨海	盐城	盐都	大丰	阜宁	堆根	响水
p 值	1.175	2.05	1.32	1.05	2.21	2.02	1.36	1.43	1.47

对照表 3 可知，富安、滨海、阜宁、盐城、堆根及响水段的通榆河已达到轻度污染，而东台、盐都及大丰三段的污染达到中度污染。

表 3　地表水环境质量综合指数分级表

分级	清洁	尚清洁	轻度污染	中度污染	重度污染	严重污染
级别	1	2	3	4	5	6
p 值	< 0.5	0.5~1.0	1.0~2.0	2.0~5.0	5.0~10.0	> 10.0

三、通榆河水污染原因

(一) 生活污水污染

随着经济发展和人们生活条件的改善，居民生活污水排放量增长迅速。与之相比，城镇污水治理措施相对滞后，生活污水对通榆河的影响远超工业废水，部分河段 BOD、COD 严重超标，甚至掩盖了工业污染治理所取得的成效。

(二) 面源污染

由于雨水冲刷和农田浇灌水的渗透，将化肥、农药中的 N、P、C、K 等物质以及树叶、枯草等废物大量汇集到通榆河中，造成面源污染，使得水质进一步恶化。沿河两岸有着大面积的农作物，为提高单位面积产量，广大农民对农作物不断增加化肥施用量，施用剧毒农药、高残留农药，对水源地保护范围内的土壤造成污染，降雨后的水土流失，使土壤中的化肥、农药残留物，通过径流和渗透浸入水源地。此外，沿河两岸居民家禽家畜饲养量高，其粪便入河也导致通榆河水污染。此外，处于东台上游支流沿岸有部分化工企业向这些支流中排放污水，导致这些支流水受污染，这样支流水流经东台段的通榆河使其一定程度上受污染。

(三) 富营养化污染

水中的 P、N 元素增多，使藻类等浮游生物大量繁殖；河水中的细菌吸收氧气，将废物分解成养分，这些养分促进了藻类植物的生长，这些植物死去后，它们又向水中添加了有机废物，致使水体日渐富营养化。

(四) 工业排污

工业排污是造成河水污染的重要原因，沿途城市部分单位对水环境保护工作认识不够，只注重经济效益、短期效益，忽视生态环境效益。有的经营者只顾短期效益，前任不顾后任、上游不顾下游、当代不顾后代的现象还普遍存在，偷排偷放行为时有发生。对环境污染较为明显的主要是石油化工厂、绝缘材料厂、农药厂、造纸厂、染料厂及热工仪器仪表厂、钢铁、焦化、煤气发生站、机械加工等工业部门。化学化工方面企业主要有：华山化工机械总汇、响水县久旺化工有限公司、盐城市盐阜石油化工机械有限公司、响水华远化工设备经营部、响水县大洋化工有限公司、响水县连鑫化工设备有限公司，其中离通榆河最近的是盐城市盐阜石油化工机械有限公司。由于污水处理设施不足，污水处理能力较低，部分污水处理厂不能正常运转，工业尾水直接或间接地流入通榆河，对河流造成严重的污染。带入水体中的主要污染物是有毒的有机污染物和重金属离子，如 Pb^{2+}、Cd^{2+}、Zn^{2+}、Cu^{2+}、Hg^{2+}、Co^{2+}、Ni^{2+}、Mn^{2+}、As^{3+}、Cr^{6+}等。

四、水环境治理的正负反馈

在这里我们看到了大多数水利工程都存在的一个特点，一项水利工程本身是为了促进地方经济发展、改善人居环境而立项开工的，但建成后，地方经济的发展造成了衍生出来的污染，把一项惠民的工程打了折扣，或者干脆变成害民的工程。事实上，通榆河中段工程是一项南水北调工程，它的兴建对于加快江苏沿海的改革开放和经济建设步伐，增强农业发展后劲，发展粮棉生产和高效农业，提高江苏沿海区域的国民经济的实力，发挥极其重要的作用。但是，水质的污染降低了通榆河本身的经济辐射能力，甚至在某些河段，这种污染已经成为当地经济社会发展的负累。

这一现象反映出，在经济社会的发展中，经济子系统(尤其是化工业)和环境子系统存在着多种复杂的关系。这其中有正反馈系统，也有负反馈系统。在尹荣尧(2010)的研究中，以城市发展为例总结出 6 个反馈环，如图 1 所示。依据本文的研究重点，我们将其结论归结为两种反馈。

一种是正向的反馈：经济发展——产业规模扩张——总产出增加——环保投资增加——生态环境改善——社会发展。

一种是负向的反馈：经济发展——产业规模扩张——总产出增加——生态环境、水资源紧张——产业结构被迫调整——经济社会发展受限。

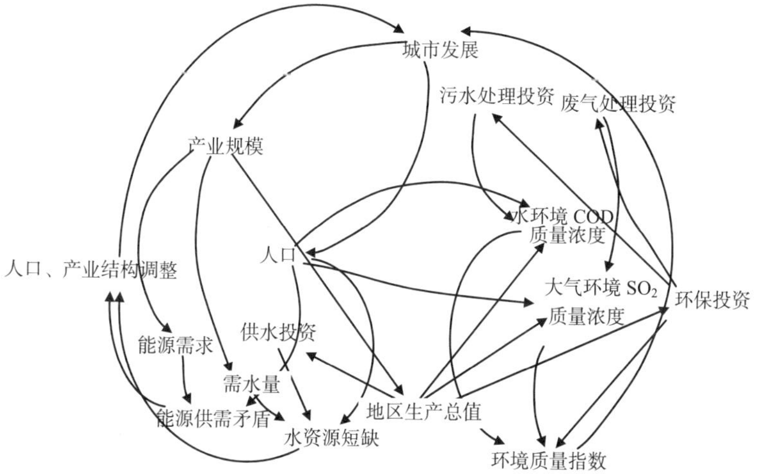

图 1

之所以会产生这两种不同的反馈方向，关键在于是否有水环境保护的投入以及如何看待这一投入的问题。按照传统经济学的思路，负反馈几乎是必然的。原因在于，传统理论认为，环保的投入本身会挤出其他领域的投资。在投资总量不变的情况下，此长彼消是必然的。这种观点在事实上将生产定位为对环境的掠夺。所以，长期以来，我国的高经济增长总是伴随高环境代价、高社会代价。以人的生产力和生态生产力的巨大牺牲为代价换取的物质财富增长，使我国的经济发展"反人性化"和"反生态化"问题日益严重。不注重环境保护问题，浪费资源、污染环境成为企业生产中相当普遍的现象。许多企业只考虑自己的私人成本，而不考虑环境资源这一类社会成本，将自己的利润建立在掠夺性开发资源和污染环境之上。重大的生态危机、公共卫生安全问题频出。千里淮河治污问题始终不能得到很好的解决，政府花十年时间，耗资 600 亿，收效甚微。太湖、巢湖水域甚至长江流域频频出现严重的生态问题，数度引起当地居民的恐慌，成为影响社会稳定的一个突出问题。这种忽视人与自然和谐发展的后果是地表沉陷、植被破坏、沙漠化加剧等一些环境危机。据估算，20 世纪 90 年代以来，我国的 GDP 当中至少有 3%~7%是以牺牲自然资源和环境取得的。为了解决这一突出问题，党的十七大报告首次明确提出"建设生态文明,基本形成节约能源资源和保护生态环境的产业结构、增长方式、消费模式"，"生态文明观念在全社会牢固树立"。由此，我国进入了建设生态文明、发展循环经济的大发展时期。但是，总的来看我国在生态建设和循环经济方面的投入还明显不足。发达国家的环保投入占 GDP 的 2%~3%。我国在七五期间的环保投入仅占 GDP 的 0.7%、八五期间达 0.8%、九五期间达 1%、十五期间达 1.2%、十一五期间达 1.35%。这还只是问题的一个方面。更重要的是：从理论和实践来看，我国建设生态文明、发展循环经济的难点还在于内在动力机制的不健全。

而内在动力机制的不健全的原因在于环保产业本身的收益更多的是无法量化的收益，同时存在巨大的正外部性。微观行为主体，不管是企业，还是个人，甚至是地方政府，因为不能将环境保护的利益完全内在化，所以才会把环保投入当成经济发展的负累。但长远的看，环保投入的正外部性是不可忽视的因素，这种投入必定在各个产业领域内造成潜移默化的效率提高，从而使得正反馈环路成为现实。只不过，在这里我们需要对以往的许多研究作出修正。以往的许多研究大多从生态危机对社会经济发展的影响出发，得出发展循环经济的重要性和必要性，这样的论证显然是不够的。经济决策的主体是一个个的微观经济主体，这些微观经济主体显然是不能直接从社会的角度出发去考虑生态问题的，否则就不会有外部性问题、生态危机了。因此，这种论述只解决了能代表社会利益的政府建设生态文明、发展循环经济的动机问题。而在我们看来，只有在微观经济行为主体的层面上确立了建设生态文明、发展循环经济的动机，才能算真正建立了建设生态文明、发展循环经济的内在动力机制。而引导微观经济个体确立建设生态文明、发展循环经济的动机的关键有两点：一是坚持人的全面发展的思想，二是坚持用市场机制引导个体产生建设生态文明、发展循环经济的动机。

五、一些具体的建议

作为一种最直接的方法，建立污水处理设施是我们的首选。需要注意的是，科学地预测城市污水量是基础也是难点。而预测城市污水量是以城市需水量为依据的，计算公式如下：设计污水量=(最高日需水量/£)× ξ × η ×(1 + α)。式中：£，用水量高峰系数，即为用水日变化系数；ξ，排放系数；η，污水收集率，反映实际收集污水量和集中处理的程度。但是，就通榆河而言这一方法存在一定缺陷性，通榆河流域的污染有很大一部分来自于农业污染，因此以上方法需要修正然后使用。另外，在这一区域选择何种污水处理工艺也是问题的关键，根据近年来国内外专家的论证与实际工程的运行情况，我们认为应遵循下列原则：①运行可靠，运行管理方便；②投资省，运行费用低廉；③较强的抗冲击能力及灵活的运行方式。

我们应当清醒地看到，真正治本的办法，在于对通榆河流域的水环境治理有一个系统化的顶层设计。在于加强环境保护按照科学发展观的要求，严格工业项目建设的环保标准，坚决杜绝一些低水平、高污染的项目进入通榆河两岸。从源头上优化通榆河水环境治理的大环境。而这个大环境需要政府、职能部门、市场、企业、社会公众等多层面参与和合作。对于江苏省而言，化工企业密集存在，路径依赖的特性明显，做到这一点有很大难度，但却非常必要。

更重要的是，我们要建立通榆河流域水环境保护机制，就必须建立促进流域间共同发展的理念。近年来，通榆河流域内水环境保护，已引起沿河两岸当地政府的重视，但跨界河段水环境治理成为保护和治理的死角。这样的局面实际上是各地方政府的利益差异造成的。从根本上解决这一问题，就需要有一个具有充分行政资源的跨地域组织来协调通榆河流域的水环境治理问题。现有的环保部门显然并不完全胜任这一工作，它需要被赋予更多的行政资源。而当务之急是要建立水环境信息共享平台，打破条块分割，同时将治理水环境的事权和财权对应起来，防止出现流域治理的三不管地带。

参考文献

李运连，周古奎，王文会. 2007. 通榆河响水段饮用水源保护的实践与思考. 江苏水利，11
王振龙. 2011. 淮河流域水资源问题与建议. 水利水电技术，42 (8)
叶健，苏长城，袁文秀. 2007. 江苏省沿海水利状况与规划思路. 江苏水利，1
尹荣尧. 2010. 江苏省沿海化工业发展的环境风险格局与政策调控研究. 南京：南京大学博士论文

作　者

2015年12月于南京随园

序　三

绿色经济与中国绿色产业革命

全球变暖与环境污染严重已经成为当今世界面临的一个最为紧迫的问题。但是，在这一紧迫问题面前，全世界对这一问题的认识却是不统一的。这种不统一表现在多个层面：有科学层面的不统一，例如，有人就提出，目前为止，并没有极为完整的逻辑链条表明全球变暖与人类的二氧化碳排放有直接关系；也有经济层面的不统一，例如，是否要推行绿色经济、绿色产业革命以及如何推行；也有政治层面的不统一，例如，发达国家和发展中国家谁应该在减排中承担更多的责任。本文并不打算讨论科学层面的意见不统一，这并非作者的专长。但这并不影响本文讨论的前提，事实上，即使全球变暖非人力所为，也不能掩盖环境污染是人为所致的事实。另外，值得我们关注的是政治层面上的意见不统一，事实上总能归结为经济层面上的不统一(甚至于许多经济层面的意见不统一也总是打着科学的旗子)。因此，本文所论述的重点在于如何厘清在经济层面的意见不统一。换言之，就是阐明推行绿色经济、绿色产业革命的重要性以及如何在我国推行绿色经济、绿色产业革命。

一、推行绿色经济的重要性

人类与自然的关系经历了三个阶段。从人类文明早期乃至于农业时代，是第一个阶段。人类必须要依赖自然、利用自然。到了工业文明时代，人类与自然的关系便发展成为征服自然、改造自然，这是第二个阶段。我们现在即将开启的是第三个阶段。

回顾前两个阶段，我们发现人类所走过的一些错误路径。伴随着人类从一个从属于自然、依附于自然的第一阶段，转变为征服自然、改造自然的第二阶段。人类对自然的态度发生了转折性的变化。这一态度的变化集中体现在对“生产力”这一概念的工业化思维方式上：越是能够征服自然，人的发展程度就越高；越是能够改造自然，人类的发展程度就越高。人是征服者、改造者，凌驾于自然之上。在这里我们看到人类过度膨胀的自负。进入 20 世纪之后，全球性的生态失衡和人类生存环境恶化突然使得人类意识到，工业文明一方面带给了人类优越的生活条件和工作条件，另一方面也给自然界造成了空前严重的伤害，使得人类面临着深刻的危机，而这一危机正是前述自负的必然后果。

米萨诺维克(Mesarovic)认为：“这场全球性危机程度之深、克服之难，对迄今为止指引人类社会进步的若干基本观念提出了挑战。这些基本观念在过去为人类进步铺平了道路，但也最终导致了目前的这种状况。目前，人类正处在转折点上，必须做出选择，是沿着老路继续走下去，还是开辟一条新的道路。如果人类要探索新的发展道路，那么必须对若干旧的观念进行重新评价。”米萨诺维克的论述正是我们即将开启的人与自然关系的第三阶段的核心命题。

但是，有哪些旧的观念需要重新评价，又如何探索新的发展道路呢？几十年来的争论并没有给出一个确定的答案。事实上，传统经济学的投入产出分析根本不可能给出答案。数百年来的习惯也不可能在一朝一夕改变。但是，需要提醒大家的是：我们已经没有争论的时间了，现在是该采取行动的时候了。由此，绿色经济的概念便应运而生了。在这里需要避免一个误区——绿色经济是克服目前全球变暖和生态危机的唯一出路。实际上，最准确的表述是：绿色经济仅仅是我们现在可以找到的最可行的方式，不排除未来有更好的办法。但是，在生态危机的打击下，我们没有时间等待更好的办法了，人与自然的关系必须从现在开始由绿色经济这一新观念来支撑。

绿色经济是以对自然资源最小化损害取得最大化收益为目标，在实现人类社会发展的同时达到人与自然和谐相处的一种经济形式。单从字面上看，这与传统的投入产出分析没有什么区别。但其实不然。传统的投入产出分析适用于某一个决策个体的最大化，而绿色经济是全人类不同代际间的人类的总体最大化。因此，绿色经济的落脚点必然是人类社会以及人自身的发展，它的经济目标同社会、生态目标在根本上是统一的。绿色经济在考虑人自身发展时，不仅考虑人对自然的征服能力，而且更重视人与自然和谐相处的能力，促进人的全面发展，在这一过程中，与自然的和谐相处仍然服务于人的全面发展这一目标。人的全面发展不是一个孤立的过程，而只能是在各种关系中完成的，主要表现为人的社会关系的和谐和人与自然关系的和谐，只有这种双重的和谐才是人的全面发展的必要条件。

从以上论述不难看出，在目前的情况下，我们要建设和谐社会主义，就不得不推进绿色经济的建设；建设绿色经济是推动科学发展、提高可持续发展能力的内在要求。因此，吴邦国在 2010 年 3 月份的人大会议上才指出：我国作为负责任的发展中大国，一直高度重视气候变化问题，并为此做出了巨大努力，把节约资源和保护环境作为基本国策，把实现可持续发展作为国家战略。可以毫不夸张地说：绿色经济是中国未来长时间内的发展方向。

二、国际环保主义与绿色产业革命

推行绿色经济在目前最大的阻力就是庞大的传统产业如何转型的问题。换言之，最大的困难在于如何稳妥地进行产业结构调整，如何用最小代价进行一场绿色产业革命。

西方工业化国家走了一条先污染、后治理的缓慢转型之路。由于时间上的充足性，各方面的矛盾有充分的时间去化解。而像中国、印度这样的发展中国家，经济正在腾飞阶段，刚开始污染就需要治理，各方面的矛盾集中在一起，短期内化解的难度可想而知。一言以蔽之，中国需要时间。但是，国际环保主义恰恰不给我们时间。所谓国际环保主义，指的是今天很多发达国家的精英人士已经不顾科学的争论，而直接相信人类必须减排二氧化碳。他们认为，人类减排二氧化碳是唯一改变气候变暖的经济方式。事实上，这些国际环保主义者认为，气候变暖完全是人类活动带来的，中国、印度等发展中国家没有任何理由不立即采取行动减少二氧化碳的排放。在他们看来，西方国家在没有足够科学知识的情况下已经犯了错误，排出了大量的二氧化碳，而中、印等后起国家有了先进科学知识的武装，不能够犯同样的错误，必须承担起减排的重任。

我们不应将这种国际环保主义的要求仅仅看成是政治和舆论上的压力；实际上，它已经实实在在地变成了一种经济上的压力。在西方工业化国家，绿色环保主义经历了从一种自发的社会现象演变为一种政治行为乃至政府行为的过程。因而也就成为了政治经济斗争的工具，成为了贸易保护主义的工具，演变成了绿色保护主义。所谓绿色保护主义，就是以绿色环保为名义，对本国进口商品设置绿色壁垒，以达到保护本国生产目的的一种新的贸易保护主义。绿色环保主义的具体形式是：凭借发达国家先进的环保技术，通过"碳关税"和非关税如环境标准等手段，阻碍他国产品进入本国市场。尤其是在后金融危机时期、经济复苏缓慢的背景下，碳保护主义和碳歧视主义等各种绿色保护主义形式更是层出不穷。

这种绿色保护主义的存在，对中国这样的出口导向型经济影响巨大。中国的对外出口市场，80%以上集中在发达国家与新兴工业国家；而这些国家大多数是WTO"贸易与环境委员会"成员，如果这些国家均采取不同程度的绿色保护主义，并日益与世贸组织挂钩；那么，中国出口必将面临严重的困境。

根据以往的经验，保护主义就像多米诺骨牌，具有强力的自我实现能力，一旦一个国家采取了绿色保护主义，其他国家均会跟进实施，这是中国一个国家所不能左右的形势。

另外，反对绿色保护主义是困难的。首先是因为它打着环保主义的旗号，是以保护世界资源、环境和人类健康为名实行的贸易保护措施。同时，大多数绿色保护措施都是以国内、国际公开立法作为依据，在形式上具合法性。其次，绿色保护主义的保护内容相当广泛，不仅涉及资源、环保与人类健康有关商品的生产、销售方面的规定和限制，而且涉及工业制成品的生产过程，可以说是无孔不入。所以，主动地推进绿色产业革命是应对这一压力的主要途径。并且，如果我们换一个角度去看这个问题，我们会发现，推进绿色产业革命是挑战更是机遇。正如李稻葵(2009)所认为的：催生出中国的绿色产业，对于启动内需，对于应对绿色环保主义，对于占领意识形态争论的制高点，以及在世界经济下一轮激烈竞争中占领先机，都具有极其重要的战略意义。

三、我国应迅速抓紧进行绿色产业革命

问题是，怎样才能迅速地推进中国的绿色产业革命。许多经济学者提出了各种政策建议。我们认为推进绿色产业革命是一项极复杂的系统过程，任何单一的政策主张均难以奏效，它需要一系列的政策组合来实现目标。为此，我们提出下列一些亟待实施的政策建议。

1. 加强低碳经济领域的立法

近年来，我国已经加强了低碳经济领域的立法，加大了应对气候变化工作力度，制定了涵盖影响气候变化各领域的法律法规，制定和实施了《应对气候变化国家方案》，将节能减排和提高森林覆盖率作为国家中长期发展规划的约束性指标。同时我们还修改了《可再生能源法》，从法律上确立国家实行可再生能源发电全额保障性收购制度，建立电网企业收购可再生能源电量费用补偿机制，设立国家可再生能源发展基金，要求电网企业提高吸纳可再生能源电力的能力等。另外，我国已实施的有关绿色经济领域的法律还有《节约能源法》和《清洁生产法》等。

但是，需要指出的是，目前我们所做的立法工作还很不够。一方面是因为，我国作为负责任的发展中大国，在应对气候变化问题、节约资源和保护环境方面理应做出一个大国的表率。另一方面，如前文所述，加快立法可以在环保标准的确立上抢得话语权，占领未来国际竞争的先机，减少被动。

2. 征收碳排放税

征收碳排放税的政策主张由来已久，但鲜有产生实际效能的举措。在这方面最积极的法国，曾打算从 2010 年 1 月 1 日起开征碳排放税，因准备不充分而暂时搁浅。这反映了各国所面临的一个普遍问题——开征全新税种是牵一发而动全身

的系统工程。一旦开征碳排放税，就会影响到社会生活中的每一个细胞、国际国内经济格局乃至日常生活都将发生深刻的转变。开征碳排放税的阻力将超乎预想。因此，从全球看，征收碳排放税的设想还仅仅是在国家内部征收，其目的是督促本国企业和民众节能减排。但是，问题并不这么简单。在可预见的将来，碳排放税一定会演变成碳排放关税，成为一种贸易保护手段。一旦发达国家陆续开征碳排放税，既对进口产品征收也对国内企业产品征收，那么其他国家亦会渐次开征，这是一种具有负外部性的策略性替代博弈过程，博弈的纳什均衡是所有国家都开征碳排放税。到那时，中国也必然要被动地全面开征碳排放税，这对以低端制造业为主的中国来说是极为不利的。所以我们要未雨绸缪，首先在国内开征碳排放税，先在国内进行优胜劣汰，提高企业竞争力，以适应正在到来的绿色保护主义。

3. 改变政府绩效考核指标体系，把降低碳排放放在考核的首位

早在党的十六届三中全会上，中央就非常完整地提出了科学发展观以及建立和谐社会的要求，从那时起，尽快提出符合绿色经济要求的政府绩效考核指标就已经提上议事日程。但直至今日，部分地方政府本身对科学发展观没有理解透彻或不甚理解，仍然将 GDP 作为政绩考核的唯一重要的砝码。地方经济违背绿色经济要求的行为，事实上得到了不同程度上的默许和保护。产生这一现象的原因在于，目前的绿色经济考核指标(如绿色 GDP)还是务虚的多，务实的少，并没有多少可操作性。在这里，行之有效的办法就是将绿色经济的考核指标具体化，例如，降低碳排放量、万元 GDP 能耗、可再生能源占总能源消费的比例以及主要污染物排放等。尤其要强调的一点是，必须把降低碳排放放在考核的首位，作为一个提纲挈领的指标。在这些指标运作一段时间后，再寻求将这些指标体系化。

4. 加快产业结构调整，努力建设新能源产业

关于我国传统的产业结构的弊端，国内外的学者已经论述颇多。因此，加快产业结构调整步伐，已经是一个取得共识的问题，无需赘述。现在的新问题是，如果我们不能抓住这次全球范围内的绿色产业革命的契机，那么我们将在很长的时期内重复过去几十年都在进行的赶超过程。而反过来，若我们抓住这次机遇，在国内大力扶植一批绿色产业，并在国际上的相关产业内首先形成规模经济、制定产业标准，则可以事半功倍。我们认为，首先应该扶植的绿色产业就是新能源产业。事实上，有很多证据表明对化石能源的过度使用是全球变暖的重要原因。因此，未来的非化石能源的研发将是各国争夺的主战场。我国是能源生产大国，也是能源需求大国；加强新能源产业建设是刻不容缓的事情。

5. 关闭高污染和高能耗企业

近些年来，在关闭高污染和高能耗企业方面，我国作出了很大的努力，成绩是显著的，但任务仍然很重，存在问题也很多。部分地方政府本身对科学发展观没有理解透彻或不甚理解，出于保护地方利益的目的，对一些“双高”企业实施或明或暗的保护，致使减排任务无法实现。这就需要中央政府加大人、财、物的投入，确立减排方面的财政转移支付机制，平衡由于推进绿色产业革命而带来的成本，避免由于产业结构调整带来的污染转移和地区间贫富差距加大，以此达到社会、政府所预期的产业结构调整效果。

6. 用“权利资本”思想对碳排放实施有效监督

推进中国的绿色产业革命，政府应当起到引导作用，但是，这种引导不能越俎代庖，市场的力量才是实现绿色产业革命的主导性力量。而要让市场发挥主导性作用，对绿色产业的产权保护就是第一要务。事实上，如果我们将碳排放作为一种权利，而且让碳排放指标可以上市交易，那么这项权利就可以和物质资本一样具备了收益性，而成为了一种“权利资本”。

众所周知，产权包括一个人或其他人受益或受损的权利。人的行为的基本动力和目的是追求自身利益和满足某种需求，而对产权的保障是这一目的实现的一项最基本的条件。在物质资本那里，理解这一点并不难。但是，作为一种非物质的权利——碳排放指标，则需要我们在立法、政策上给予格外的关注。如果碳排放指标不能像物质资本一样流转、获取收益，则节能减排就会永远停留在政府的文件中，完全成为政府主导的事情，而不会成为市场的自觉行为。而事实上，我国政府以往在治理污染问题上的监督不力，恰恰说明这一问题。一方面是监督成本太高，一方面是监督的人永远没有违规的人多。如果不能变监督为市场自觉行为，则上述问题将成为一个无解的困局。而反过来，如果我们能够保护减排指标这一“权利资本”，不仅能起到对碳排放的低成本监督，而且能附带解决一些其他的社会问题。例如，随着政府政策的进一步向农村倾斜，大量的碳排放指标将掌握在广大的从事种植业的农民手中，保护减排指标这一“权利资本”将成为促进农村经济朝着健康、可持续的方向快速发展的利器，从而带动整个国民经济的良性发展。

四、结　　语

全球变暖与环境污染严重，凸显了绿色经济的重要性和推进中国绿色产业革命的紧迫性。这种紧迫性在国际环保主义和新的绿色保护主义条件下变得更加明显。因为，环保的压力已经渗透到政治、经济、社会等各个领域。面对这种压力，我国应迅速、抓紧进行绿色产业革命。但是，我们应清楚地认识到，这一任务单靠市场的力量或单靠政府的力量是无法实现的。正如前文所述，绿色产业革命需要政府引导，但需要按照市场规律引导、推进。因此，加强低碳经济领域的立法；征收碳排放税；改变国民经济考核指标体系，把降低碳排放放在考核的首位；加快产业结构调整，努力建设新能源产业；关闭污染和高能耗企业；用“权利资本”的思想对碳排放实施有效监督等政策措施就是目前的首要之选。

参考文献

阿马蒂亚·森. 2001. 贫困与饥荒——论权利与剥夺. 北京：商务印书馆

科斯等. 1994. 财产权利与制度变迁：产权学派与新制度学派译文集. 上海：上海人民出版社

李稻葵. 2009. 催生绿色产业：调结构的必然选择. 新财富, 12-17

李猛. 2009. 污染减排的内在动力——给予地方政府视角的研究. 中国经济问题, 2

米萨诺维克，帕斯托尔. 1987. 人类处在转折点：罗马俱乐部研究报告. 刘长毅等译. 北京：中国和平出版社

许崇正，焦未然. 2009. 建设生态文明、发展循环经济与人的发展. 改革与战略, 10

许崇正. 1990. 人的全面发展与社会经济：伦理经济学引论. 合肥：安徽教育出版社

Cooper R, John A. 1988. Coordinating coordination failures in Keynesian models. Quarterly Journal of Economics, 103: 441-463

作 者

2015 年 11 月于南京仙林

序　四

政府推动水资源保护和生态文明建设的重要性

——以外部性、政策工具缺乏为视角

一、引　　子

生态文明的建设具有明显的外部性，这一点是毋庸置疑的。由此而产生的一个必然结果是——政府在生态文明建设中的作用主要是克服外部性。但是，从目前的情况看，政府做得还很不到位，尤其是部分地方政府。产生这一现象的关键在于政府不知道如何推进生态文明建设——政府对自己在生态文明建设中的定位不清。但是，政府为什么会定位不清？原因有许多，就本文所关心的角度来看，包括当前的研究存在某些局限性、政府的政策工具缺乏、智库建设滞后这三个方面。

二、研 究 现 状

现有的研究中，关于政府在生态文明建设中的作用的文献很多。Northcott (2011)在虚拟的人与自然的关系背景下研究了环保主义的政府、受经济利益驱动的企业、生态伦理之间的关系。Northcott 指出，由于企业这个“虚拟的人”缺乏生态伦理的约束，导致我们面临全球性的生态危机。Magdoff(2012)讨论了国际秩序、国民经济和政治竞争对环境资源的影响。Eaton(2014)认为应对生态困境必须与全球多元文化相互联系，而这种多元文化需要用“biodemocracy”来组合协调；地球宪章是应对后现代压力并满足全球视野的新兴的国际社会共识。郑开元、李雪松(2012)基于公共物品理论深入分析当前农村水环境治理中存在的治理主体缺失、治理资金投入不足、环保意识薄弱、二元化的环境治理政策等一系列问题，指出市场失灵和政府缺陷是导致农村水环境治理不足的最重要原因。秦昌波、葛察忠(2013)认为必须要拓宽投融资渠道以满足水污染防治的资金需求。具体而言，政府在水环境事业当中要充分发挥主导作用，引导社会资本进入水污染治理领域；

发挥市场化投融资渠道的主导作用；通过政策机制鼓励创新环境金融产品。王慧敏等(2013)概括了跨行政区水污染治理的困境：一是监管不到位以及多龙管水；二是过度依赖行政手段，市场和公众参与不足；三是缺乏跨行政区的合作机制和补偿机制；四是重要法律制度缺失及执法问题。叶彩虹(2014)则相当具体地讨论了生态文明制度视阈中的政府生态问责制问题。

总的来说，以上的研究存在着一些不太为人关注的局限性。

首先，忽视了政府在克服外部性时可能产生的政府失灵。政府在行使其职能时，形成了对市场机制的替代，这种替代的效率高低，是否缺位、越位都是学术界长期争论的焦点。但是在生态文明建设的研究领域，这一问题反倒是被忽视了。

其次，关于生态文明建设的政府、市场、社会的综合治理机制的研究，目前还是比较分散的探讨；虽然，某些领域的研究已经相当深入，但总体缺乏系统性。这就使得政府行使相应职能的外部环境具有很大的不确定性。这种不确定性在下文的讨论中还会加剧政策工具缺乏的危害。

再次，忽视了信息不完全、信息不对称对政府推进生态文明建设的影响。我们很多研究都假设，生态文明的远景和实现途径是明摆着的，是公共知识，但其实不然，政府和市场在这一问题上都存在着信息不完全、信息不对称问题。

三、政策工具的缺乏

主流经济学是在考虑跨时的动态最优情况下提出了政策工具缺乏问题。在Diamond 和 Dybvig(1983)的银行挤兑模型中，需要政府用提供信心的方式克服协调失败的特点表现得最明显。该模型的均衡由挤兑的人数决定，无人挤兑是帕累托优势均衡。应付银行面临挤兑的无效纳什均衡的办法之一就是政府提供存款保险。只要存款人具有“政府会提供存款保险”的信心，挤兑这样的无效均衡就可以避免。因此，政府并不需要真的提供存款保险。相反，一旦政府真正提供了存款保险，就说明挤兑已经发生了，并且，已经有资源被用来克服这一无效均衡。因此，可以肯定：经济已经偏离了无人挤兑的帕累托优势均衡。从这一点可以看出，在这一模型中，政府提供存款保险并非这一问题的最优解。

但是，与上述方式相矛盾的是政府可用的工具都是扭曲性的。这一点可以从Fischer(1980)对 Kydland 和 Prescott(1977)的资本税的例子考察中得到印证。在Fischer(1980)考虑的两期经济中，政府通过资本税以引导代表性个人将第一期的收入在消费与资本积累之间进行配置，以此来最大化代表性个人的终身效用。

Fischer 考察了两种情况。在第一种情况下，政府使用一次性总付税这样的非扭曲税，得到的解是一级最优解，定义为指令最优解(command optimum)。在第二种情况下，政府使用扭曲的资本税率τ^k，有三种可能的解。其一，时间不一致解。政府就在第一期承诺一个较低的资本税率τ^{ka}，而在第二期实行高税率τ^k。承诺低税率有助于形成高的资本积累。第二期的高税率是因为已经形成的资本供给无弹性，重税τ^k可以减小税收对经济的扭曲。但是，也许代表性个人足够聪明，正确预期到了τ^k，使得自己的税率预期$\tau^{ke}=\tau^k$，而不是相信政府承诺的τ^{ka}。在此条件下得到的解称为动态规划解。另一方面，如果政府在第二期能完全执行第一期承诺的τ^{ka}，则有$\tau^k=\tau^{ka}=\tau^{ke}$；在此情况下得到的解，称为预先承诺解。

上述这四个解的由高到低的福利水平排序是：指令最优解、时间不一致解、预先承诺解、动态规划解。很显然，在指令最优解与时间不一致解之间的最大差别就是前者使用一次总付税，后者使用扭曲的资本税。如果政府有足够的非扭曲工具的话，那么最大化的解一定是指令最优解，而不是时间不一致解。这正好说明了：政府缺乏跨期背景下的非扭曲工具。否则，也就不需要在第一期用低的资本税诱导资本形成，而后又在第二期用高的资本税减少扭曲了。

总之，就政府克服协调失败的目的而言，最优的政策工具需要为代表性个人提供信心的政策。但是，政府缺乏非扭曲性工具。考察 Diamond 和 Dybvig 的银行挤兑模型就会发现两者的矛盾。假如政府使用扭曲税为存款保险筹集资金，那么该赋税政策本身就可以产生多重均衡。因为，在政府使用扭曲税的情况下，局中人的税负不仅取决于自己的经济行为水平，更取决于其他局中人的经济行为水平。在此情况下，扭曲性政策不但不能为局中人提供信心，反而为局中人引入了不确定性。政策反倒会使局中人面临的问题复杂化。

在生态文明建设中，一种普遍的观点是：政府要对反生态文明的市场行为进行一次扭曲，因而，政府事实上是在进行一次扭曲的政策调控。这种行为，对于短期要实现的生态经济建设目标，是有促进作用的，但是，副作用也相当明显，那就是——在长期来看——适应这种扭曲政策的企业和个人的行为会偏离一级最优结果。因而，对于建设生态文明是不利的，因为建设生态文明，最关键的一环是要让微观经济主体具备一种长期的信心。这是各国政府现行短期政策目标的盲点。

更重要的是，在信息不对称、不完全的情况下，政府政策工具缺乏的影响会加剧。政府可能根本就不知道一级最优点在什么位置。即使知道，政府也没有足够的工具去克服市场的信息不对称。总而言之一句话，政府缺乏兼顾长短期目标的跨时最优政策。而这也是政府永远不能替代市场机制的地方。

四、智库建设落后

近些年，我国正在大力推进智库建设。各种智库如雨后春笋般的涌现。但是这种量的扩张，不意味着质的提高。质不能提高的重要原因在于没能理顺智库与政府部门的正确关系。目前我国的智库数以千计，但大部分智库是事业单位，吃财政饭，基本没有市场化的收入(研究者属于政府终身公务员编制，其工资和职位由政府决定)，官方和半官方的属性明显。智库的研究如同做命题作文，研究课题由政府相关部门立项、指派，研究结果要由政府部门来组织审核、评议等，这样的智库往往会失去其独立性和客观性的立场。

这样的智库研究，存在着巨大的局限性。这种局限性来自于既有的体制，根植于中国成百上千年的传统。许共城(2010)称此类智库像传统的“幕僚”、“文胆”、“智囊”等参谋机构，有待于向现代智库的转型。许共城进而指出，中国智库的现代化需要大力推进民间智库建设，并在政策上和对智库的宏观管理上作重大的革新，促进中国智库适应新时代而进行蜕变。在这方面，美国智库依托政府又独立于政府的特点是值得我们借鉴的。美国智库和政府保持着密切的联系，依靠政府的政策支持，得到政府的优惠资助，优先获得政府的咨询项目等，同时美国智库又不隶属于政府部门，它们不受政府制约，具有相当的独立性，政府部门无权干预智库的研究咨询工作，这对我们发展现代智库有重要的启示。而法国政府对咨询业给予很大的关照，不仅提供咨询资金，而且在投资、人才和情报方面给予很大的支持，这也是应当借鉴的方面。

表面上，智库建设与生态文明建设没有直接关系；其实不然，如果我们理解了政府在信息不对称背景下的行为，就会觉得在生态文明建设的问题上，政府根本离不开智库。进一步的，如果我国的智库建设存在如上文所述的缺陷，那么，政府和智库是在同一个视角上看问题，这对克服信息不对称于事无补。关于生态文明建设，智库能告诉政府的，政府其实早就知道；而政府不知道的，智库也不知道；因为，在许共城所说的大力推进民间智库建设实现之前，智库和政府是一个视角。

另一方面，从全世界各国的目前情况看，政府对如何进行生态文明建设并没有一个完整、科学的规划。因此，智库的存在可以为政府解决这一难题。一个运转良好的智库体系，可以沟通公众与政府间的信息不畅。只有这样，才能使外部性、政府、生态文明这个逻辑链条完整地展现出来。

五、破局的对策

如何破除上文所述的政府推动生态文明建设的阻碍因素呢？我们认为需要从以下几方面入手。

首先，要大力推进民间智库的建设，逐步理顺智库与政府部门的正确关系。唯如此，才能实现智库专业化建设，完善智库的管理体制，克服在生态文明建设上政府和公众同时存在的信息不对称。而要实现这一点，就需要努力构建智库市场化运作体制，积极应对市场的变化。智库必须有自己的经费来源，避免主要吃财政饭的局面。

其次，要克服政策工具不足，就需要我们调整政府的生态文明建设思路。我们的思路应该按照五个原则来推进。其一，坚持把改革创新作为推进生态文明建设的基本动力。在经济发展中建设生态文明，在生态文明建设中促进经济社会发展，实现经济发展与生态保护的“双赢”。其二，坚持尊重自然、顺应自然、保护自然的基本理念；以人的发展为出发点研究生态文明建设，把人类活动控制在自然能够承载的限度内，实现人与自然和谐发展。其三，坚持绿色发展、循环发展、低碳发展的基本路径。把推动绿色、循环、低碳发展作为转方式、调结构、上水平的重要抓手，加快形成节约资源和保护环境的空间格局、产业结构、生产方式、生活方式，全面增强可持续发展能力。其四，政府要发挥引导、支持和监督作用，要重点研究企业承担社会责任的长效机制，实现各方协调合作共同推进生态文明建设。其五，生态文明的建设需要全球协同推进，但从目前来看，各国的生态文明建设并不同步，甚至存在绿色保护主义的现象，并且存在发达国家对中国这样的新兴国家所施加的减排压力。如何化解压力，推进中国自主的生态文明建设是一个重要的课题。而这方面的研究比较缺乏，中国建设生态文明的国际环境研究亟待加强，开展我国进行生态文明建设的国际压力研究。

最后，为了克服政府在生态文明建设中可能的越位和缺位，就要科学地厘定政府和市场的边界。十八大以来，我们提出要发挥市场在资源配置中的主导作用，其中的一个很重要的方面就是要让市场成为克服信息不对称的主要机制。在生态文明的建设中，也只有市场可以清晰地了解微观信息、分散地做出决策，这和政府的一刀切的方式相反且互补。这一点，也是智库建设沟通政府、市场、公众间的信息的主要含义。

参考文献

秦昌波，葛察忠. 2013. 水污染治理需吸纳社会化投融资. 环境保护，9: 20

王慧敏, 孙冬营, 王圣. 2013. 流域跨行政区水污染如何走出治理困境[J]. 环境保护, 41(019): 32-34
许共城. 2010. 欧美智库比较及对中国智库发展的启示. 经济社会体制比较(双月刊), 2: 82
叶彩虹. 2014. 生态文明制度视阈中的政府生态问责制探析. 长春理工大学学报(社会科学版), 10
郑开元, 李雪松. 2012. 基于公共物品理论的农村水环境治理机制研究[J]. 生态经济, 3: 162-165
Diamond D, Dybvig P. 1983. Bank Runs , Deposit Insurance Liquidity. Journal of Political Economy, 91: 401-419
Fischer S. 1980. Dynamic Inconsistency, Cooperation, Benevolent Dissembling Government. Journal of Economic Dynamics and Control, 2: 93-107
Heather Eaton. 2014. Global visions and common ground: biodemocracy, postmodern pressures, and the earth charter, Zygon, 49 (4)
Kydland F, Prescott E. 1977. Rules Rather Then Discretion : The Inconsistency of Optimal Plans. Journal of Political Economy, 85 : 473-491
Magdoff Fred. 2012. Harmony and Ecological Civilization: Beyond the Capitalist Alienation of Nature. Month Review, 64 (2): 1-9
Northcott Michael S. 2011. Artificial persons against nature: environmental governmentality, economic corporations, and ecological ethics. New York Academy of Sciences Annals, 1249: 104-107

作　者

2016 年 1 月于南京宁海路

前　言

本书是一批教授历经近四年的研究成果。本书的内容，是承担完成的国家水利部公益性行业科研专项“淮河沿海支流水资源保护和水质管理控制”成果的一部分(或主要部分之一)。从 2012 年起，项目组成员在对淮河沿海支流通榆河水资源现状以及水质与污染结构现状进行调研分析的基础上，剖析了水流、水资源、水质污染的原因、水资源利用的约束因素，完成了淮河沿海支流水资源、水环境状况、水污染特征以及工业污染负荷结构与特征研究报告，根据研究报告提供的污染程度和代表性区域，在流域内选择典型工业园区，建设了工业废水深度治理和回用示范工程，并对流域村镇生活区污染控制技术和流域内畜禽养殖污染物综合控制技术以及流域内主体、共生、循环性生态农庄进行了研究和示范，提出了污染治理方案、治理评估方法和技术方案，形成了流域村镇生活区水污染控制技术体系。继而以水环境综合承载能力为切入点，发展重点河流水资源废水回用等高强度人类活动对水文、水环境影响的评价指标体系与系统评价技术。通过综合评判矩阵对水资源承载能力做出多因素综合评价，全面地分析流域水资源承载能力的状况。建立适合流域水资源承载能力的综合评价模型和分析计算方法。应用评价模型对淮河沿海支流通榆河流域水资源承载能力进行了评价分析，建立淮河沿海支流通榆河水质管理-水资源保护耦合模拟预测系统。通过研究，并构造模型，以对流域内污染结构及其特征进行识别和预测，同时对水质进行评估，建立了流域水质、水量、水污染控制的平衡的决策支持业务运行系统，从而为淮河沿海支流通榆河水资源保护和水质管理控制以及流域水资源可持续开发利用提供了技术支撑和决策依据。

过程如下：

(1) 2012 年 5~12 月，在南京师范大学召开了项目启动会，明确了项目研究任务分解和任务分工，编制了项目详细技术大纲，开展了专家咨询；历经半年，完成了淮河和淮河沿海支流通榆河水文、水资源量、水质状况、水质污染特征、水污染主要原因调查、各种技术经济资料收集工作，建立项目基础数据库。开展了淮河沿海支流通榆河水资源和水环境污染状况研究，写出了详细的调查分析报告。对淮河沿海支流通榆河水污染主要原因进行了深入调查，特别是深入到了通榆河主要段——盐城市和滨海、响水、大丰、灌南等县进行了详细调查，对水质状况、污染源、污染原因进行了反复分析研究、评价。

(2) 2013 年 1~12 月，开展了对淮河沿海支流水资源保护和水质管理控制技术研究。根据对淮河沿海支流通榆河水资源和污染现状的调研，采用臭氧-生物炭技术，研究臭氧单元主要反应条件对残留污染物去除及后续生物炭处理效果的影响。考察臭氧用量、投加方式、反应时间、进水 pH 等主要因素对水中典型有机物及 NH_3-N 去除效果的影响；臭氧氧化后出水残留臭氧浓度、溶解氧等对生物炭中微生物活性的影响。研究臭氧-生物炭协同作用处理生化尾水的效果，获得最佳工艺参数。采用人工光源耦合沉水植物法深度处理技术，系统研究该装置对尾水中的 NH_3-N、TP、SS 和 COD 的去除效果。采用纳滤技术，系统开展不同纳滤膜对高新技术开发区重污染行业废水实验研究，考察处理效果及应用前景，并对生化尾水 COD、BOD_5、NH_3-N 和 TP 的去除效果展开研究，筛选出合适的纳滤膜，为示范工程及工业化奠定基础。研发生化尾水中残留的典型污染物浓度对其截留率和产水量和回收率等参数的影响，确定最佳的工艺参数，为示范工程及工业化提供设计依据。考察生化尾水中残留的典型污染物对纳滤膜污染的影响以及研发生化尾水膜污染的化学清洗技术，为纳滤设备长期稳定运行提供膜污染控制技术。

• 研究放大及示范工程应用，有机化工、精细化工以及印染行业产生大量有毒难降解的有机污染物。本课题针对低浓度复杂体系废水中残留难降解有机污染物的特点，研发对生化尾水中该类低浓度难降解有机污染物高效去除技术；采用物化-生化-物化组合工艺，研究臭氧-生物炭—人工光源耦合沉水植物技术—纳滤串联工艺的关键参数设计与处理效果优化，寻求高效、经济的工业化合成技术。

• 2013 年 2 月起开展小试研究。小试地点在南京师范大学水污染控制研究实验室。2013 年 3 月起，同时开展了淮河沿海支流村镇及农村污水及畜禽养殖污染物处理技术研究。一是研究开发了通榆河流域农村生活污水生物脱氮技术；二是研究并构造(提出)了通榆河流域畜禽养殖及污染总体治理方案：因地制宜实施畜禽污染物治理技术；生态型畜禽养殖污染治理示范模式；按规模对畜禽养殖污染进行分类处理；建立完善一整套的污染治理管理运行体系；三是研究并选择示范在通榆河流域内建设主体、共生、循环型生态农庄，来实现淮河沿海支流通榆河流域污染控制。

(3) 2014 年 1~8 月，展开了对淮河沿海支流通榆河水资源回用对水环境的分析评价技术研究。

• 研究了研究过程采用的方法。①评价指标体系的构建。城市污水处理厂污水回用这类活动作为本次评价的主体，它是一个多目标、多层次、多功能的复杂系统，影响其综合效益评价的相关因素较多，如回用途径、水量水质等方面。② 指标体系初选方法。综合评价指标体系的指标初选方法有理论分析法、综合法、频度统计法、归类法、专家咨询法等多种方法。本次指标体系的选取基于多种方法相结合，以理论分析法为基础，综合考虑在相关研究文献中出现频度较高的因子作为评价指标，同时也请教水利环境领域的专家学者。③指标体系选取范围。本次主要研究在闸坝影响下的污水处理厂尾水回用这种人类活动对外界水环境的影响，并确定相关评价指标体系。参考清洁生产的全过程评价思想，因此整个研究对象从源头到受体总体包括以下 4 个方面，即污水处理厂自身、排污及回用活动、外界水环境以及闸坝调控。④评价指标体系的构建。根据分析，与尾水回用活动相关的可分为四个部分，即污水处理子系统、回用活动子系统、外界环境子系统及闸坝调控子系统，由这四个子系统可综合表达出该类活动对外界水环境的影响。污水处理厂尾水指标与尾水回用活动密切相关，并以此建立污水处理厂子系统指标体系。各类子系统再具体分解成二级、三级指标，高强度人类活动——尾水回用活动对外界水环境的影响评价指标体系。⑤模拟软件选择。层次分析法是一种多准则思维的方法，它将定性分析和定量分析相结合，把人们的思维过程层次化和数量化，在目标结构复杂且缺乏必要的数据情况下尤为实用。我们在工作过程中列举了 9 种数值模拟软件，通过层次分析法分析可以得出最合适软件。需要考虑的因素：功能性 A1、可靠性 A2、界面友好性 A3、效率 A4、认可性 A5。对这些因素的重要性进行排序，经过研究对比得出各因素重要性之间的相对关系，则两两相对比较的定量结果求得矩阵。解的最大特征值为 T_1=5.2696。特征向量 X=(0.2684,0.0697,0.4959,0.03354,0.1324)，通过层次分析法的分析，其中 B_5=0.1602，其所对应的模型为 MIKE21，确定最合适本次研究使用的模型为 MIKE21。

- 在上述工作的基础上，我们接着重点研究高强度人类活动对水环境的影响评价指标体系，高强度人类活动主要为污水处理厂尾水回用以及河流的闸坝调度。以上述建立的指标体系为例，选取淮河流域下游大丰市王港河以及临海海域作为研究对象，利用 MIKE 模型模拟地表水回用及闸坝调度对于下游水质的影响。
- 关于尾水回用这类活动对水环境的影响，我们通过系统的研究和分析，并结合淮河流域的实际特征，初步建立了尾水回水利用这种高强度的人类活动对水环境的影响的评价指标体系，总框架为 4 个一级指标、12 个二级指标、29 个三级指标，此指标体系将尾水回用这类人类活动对河流水环境的影响分为四大过程，基本可以较完全而且准确地评价区域人类活动对河流水环境的影响。在此评价指标体系的基础上可以建立相关数学模型，通过数学模型将指标数字化，便于环保部门和水利部门的政策制定，并将有利于主管部门对河流水量、水质的综合调控。

(4) 2014 年 8 月~2015 年 3 月，展开了对淮河沿海支流通榆河水质-水量联合调度与耦合模拟预测系统研究以及决策支持系统方案研究与开发。提出了评价因素隶属度计算公式，构造了淮河沿海支流水资源承载能力的综合评价。根据淮河沿海支流自然、社会和经济情况以及水资源开发利用状况，对淮河沿海支流进行水资源承载能力综合分析，得出了淮河沿海支流各评价因素的指标数值。

• 展开了综合评价模型研究，建立了综合评价模型。在对通榆河(盐城段)水资源基础现状以及水质与污染结构现状进行调研分析的基础上，建立水质管理-水资源保护耦合模拟预测系统综合评价模型。

• 通榆河水资源承载能力的综合评价，根据通榆河自然、社会和经济情况以及水资源开发利用状况，对淮河沿海支流通榆河进行水资源承载能力综合分析，可得通榆河各评价因素的指标数值。

• 进行了建立淮河沿海支流水质管理-水资源保护耦合模拟预测系统的研究。在对通榆河(盐城段)水文水资源基础现状以及水质与污染结构现状进行调研分析的基础上，建立水质管理-水资源保护耦合模拟预测系统。通过相关数据的搜集以及特定模型的建立，对污染结构及其特征进行识别和预测，同时对水质进行评估。

• 进行淮河沿海支流通榆河水质水量决策支持系统研究。通过对通榆河工业区水质水量模型模拟的预测成果进行综合分析，从而形成决策支持成果。

(5) 2015 年 4~10 月，展开了对淮河沿海支流通榆河流域经济与水环境协调发展研究。建立了淮河沿海支流通榆河流域经济发展与水环境协调发展模型，构造了通榆河流域经济发展与水环境协调发展指标体系，对模型结果进行了实证分析，研究分析并提出了淮河沿海支流通榆河流域协调发展的分析路径与策略措施。

总之，本书和本项目从淮河沿海支流水资源水质严重污染及治理实际状况出发，围绕“淮河沿海支流水资源保护和水质治理、水质管理控制技术研究”、“淮河沿海支流村镇及农村污水与畜禽养殖污染处理技术”、“淮河沿海支流通榆河水资源尾水回用对水环境影响的分析评价技术”、“水质-水量联合调度与耦合模拟预测系统、决策支持系统技术”和“淮河沿海支流经济与水环境协调发展研究”等五个方面，系统开展了水资源保护和水质管理控制研究，全面分析了通榆河污染的状况、特征，建立了淮河沿海支流及通榆河水资源回用对水环境影响的分析评价技术，提出并构造了评价指标体系、通榆河水质-水量联合调度及模型、水质模型、模拟预测系统、决策支持系统以及通榆河流域经济与水环境协调发展模型。经过三年半多时间的努力，全面完成了预期规定的各项任务，达到了考核指标的要求，在科研上，在最终的研究成果上取得了一定创新。

项目通过大量的数据资料揭示了淮河沿海支流通榆河水资源和水环境遭到严重破坏、水污染严重的特征，从宏观角度评估了现状和规划条件下的淮河沿海支流通榆河流域水资源利用潜力；同时基于通榆河流域水质水量、水文信息提出了一整套淮河沿海支流通榆河水资源保护和水质管理控制技术研究：通榆河流域水质管理及资源环境保护措施研究，淮河沿海支流通榆河水资源(尾水)回用对水环境分析评价技术和分析评价指标体系研究，流域尾水回用对小流域水质影响和模拟研究，水质-水量耦合模拟预测系统和决策支持系统研究，通榆河流域经济发展和水资源环境治理协调发展模型研究，并提出了一系列系统方案和模型。相关成果在淮河沿海支流通榆河水资源保护和水质管理控制中发挥了重要的技术支撑作用，同时对于提高、促进淮河沿海支流通榆河流域水质-水量联合调度、流域内经济发展和水资源保护治理协调发展及科学运营具有重要的参考意义。研究成果的创新性具体主要体现在：

(1) 基于一系列数据资料，深入分析了淮河沿海支流通榆河水资源、水质严重污染特性，揭示了淮河沿海支流通榆河水资源、水质污染的主要特征和成果。

(2) 提出了人工光源组合沉水植物处理生化尾水的新技术，获得了人工光源对典型沉水植物净化作用和生理的影响，建立了人工光源组合沉水植物法的技术参数与净化效果，建立了人工光源水下衰减规律。①获得了红光、蓝光和白光三种人工光源对典型沉水植物金鱼藻及苦草净化水质的作用，其中红光对促进金鱼藻和苦草的净化效果强于蓝光和白光，蓝光促进菹草的净化效果略强于红光和白光；光强和补光时间与净化效果呈现正相关，适当提高光强和补光时间可提高沉水植物的净化效果。②获得了人工光源对沉水植物的超氧化物酶(SOD)、过氧化氢酶(CAT)、过氧化物酶(POD)、MDA 及叶绿素等生理响应指标的影响效果，均较弱，各种光源条件下变化基本一致，差异不明显，表明人工光源补光对沉水植物无不良影响。③获得了人工光源组合沉水植物的净水技术参数和效果。采用红光组合金鱼藻，水力停留时间 5d，生物量(鲜重)可控制在 5~10kg/m^2 水池，光源功率 6W/m^2， 对水中 TP 和 NH_3-N 去除率分别达到 83.3%和 74.5%，可将 TP 和 NH_3-N 分别从 1.5mg/L 和 8mg/L 降到 0.28mg/L 和 2mg/L 以下，优于城镇污水处理厂一级 A 排放标准，达到地表水环境质量标准 GB3838—2002 V 类水(湖库)的标准(TP 0.3 mg/L，NH_3-N 2mg/L)，明显好于不补光的情况，对染料引起的色度的去除率也达到 65%以上，显著改善了透明度。④建立了人工光源的水下光谱强度在泥水型、藻类型和混合型浊度的水体中衰减规律。泥水型、藻类型和混合型浊度的水体中总辐照度与深度(h)和浊度(t)之间的关系分别为 $E(t,h)=E_0e^{-K(t)h}=E_0e^{-(0.1345t+0.1206)h}$，$E(t,h)=E_0e^{-K(t)h}=E_0e^{-(0.203t+0.4684)h}$，$E(t,h)=E_0e^{-K(t)h}=E_0e^{-(0.1708t+0.2279)h}$，为人工光源补光系统提供设计依据。利用人工光源组合沉水植物处理工业园区生化废水及回用，经“查新”显示并证明，目前国内外均没有这一作法，这一研究及取得成果当属于本项目取得的重大创新成果之一。

(3) 通榆河流域农村生活污水“厌氧+跌水充氧接触氧化+人工湿地”措施和“脉冲多层复合滤料生物滤池 + 人工湿地”工艺。针对小流量、高浓度的农村生活污水类型，实施“厌氧+跌水充氧接触氧化+人工湿地”生物生态组合型农村污水处理措施，以满足土地资源紧缺，污染物浓度偏高，必须进行除磷脱氮深度处理，同时运行稳定，维护简单，建造和运行费用适当的淮河流域河网区农村生活污水处理的需要。具体的思路为，以生物方法为主去除有机物，以生态方法为主去除氮和磷，生物生态优势互补。生态工程若采用水耕蔬菜型人工湿地还可以产生经济效益。针对大流量、低浓度的农村生活污水类型，采用“脉冲多层复合滤料生物滤池＋人工湿地”生物生态组合型农村污水处理技术。该技术用于低负荷污水处理，具有良好的耐冲击负荷，并对 COD 有着较高的去除率；具有很好的充氧及硝化效果，加上前置的脱氮池和后续的人工湿地进行脱氮，能保证较高的总氮去除率。

(4) 构造了水资源（尾水）回用对水环境影响的分析评价技术。以淮河沿海支流之一通榆河水环境综合承载能力为切入点，基于历史资料和实地调研观测并结合“3S”等先进技术，通过水资源回用等对水文、水环境变化的系统分析，按照污水处理厂→排污及回用→河流水环境的研究路线，研究相关人类活动对通榆河水循环和小流域水质的影响；按照全过程分析方法，通过对尾水回用活动的剖析，建立一套指标体系，以更加直观的方式表达出尾水回用这类人类活动与水环境影响程度二者的内在关系；基于多种方法相结合，以理论分析法为基础，综合考虑在相关研究文献中出现频度较高的因子作为评价指标，同时提出了与尾水回用活动对外环境影响的评价指标体系，总框架为 4 个一级指标、12 个二级指标、29 个三级指标，此指标体系将尾水回用这类人类活动对河流水环境的影响分为四大过程，即污水处理子系统、回用活动子系统、外界环境子系统及闸坝调控子系统，各类子系统再具体分解成二级、三级指标；基本可以较完全而且准确地评价区域人类活动对河流水环境的影响。通过发展河流水资源回用及闸坝调控等高强度人类活动对河流水文水环境影响的评价指标体系与系统评价技术，以进一步认识污水回用和闸坝调控等人类行为对河流水环境质量的作用规律，并最终将指标体系应用到数学模型中，有利于主管部门对河流水量、水质的综合调控，对科学调控闸坝以改善污染河流水质具有一定指导意义。

(5) 构造了水质-水量联合调度与耦合模拟预测。水质-水量的联合调控是水量调配和水污染控制的主要决策技术之一。尾水回用从表面上分析的确直接降低了污染物入河排放量，但由于回用方式(途径)、回用的水量及水质的不同，对外界的水文水环境都可能存在不同的影响。平原河网地区已经有多种运用比较成功的河网水动力模型，可至今没有开发出与该模型直接匹配的水质模型。通过比较研究，项目组筛选 9 种数值模拟软件作为建立淮河沿海支流河网水动力与水质模型的参照。通过层次分析法，从功能性、可靠性、界面友好性、效率、认可性等方面综合计算、评估，确定最适合本次研究使用的模型为 MIKE21 模型。项目组选取淮河流域下游江苏沿海支流大丰市王港河以及临海海域作为研究对象，利用

MIKE21 模型模拟地表水回用及闸坝调度对于淮河流域下游及淮河沿海支流下游水质的影响。用分布式水质-水量耦合模拟技术计算出区间产流作为旁侧入流，采用水文学与水力学相结合，污染物质迁移扩散数值模拟的方法，建立水质-水量联合调度模型，进行水质-水量联合调度技术的集成，研究发现，在正常情况下(即每日开闸至少一次)，尾水排放对王港河 COD 和氨氮浓度的贡献值较小。经过控制闸门的过水流量、选取与验证参数，利用建立的水质-水量数学模型，根据计算方案对王港河入海处的近海海域水质因子 COD、氨氮进行模拟预测，发现模拟水位与实测水位的拟合程度较高，模拟误差较小。在对河流水质-水量演化过程模拟与预测技术研究的基础上，实现高效的水质-水量耦合算法及其实现技术，通过模型库技术、系统集成技术建立水质-水量耦合模拟与预测，实现水量与水质的模拟与预报，通过水质-水量耦合模拟与预报功能对近海海域水环境的影响进行预测。

(6) 提出并构造了淮河沿海支流通榆河经济系统与水环境系统评价指标体系及模型。建立如下经济发展与水环境体系的耦合模型：

$$T = e \cdot f + h \cdot g$$

$$C = \frac{2\sqrt{f \cdot g}}{f + g}$$

$$D = \sqrt{C \cdot T}$$

其中，f 为经济系统的综合评价；g 为水环境系统的综合评价；T 为经济增长与水环境演化的综合发展指数，反映了经济增长和水环境的整体水平；由于考虑到在苏北沿海地区流传的“宁可毒死，不要穷死”的口号，我们认为政府在经济发展和环境保护上并非同等对待，在本文中我们取 $e = 0.6$ ，$h = 0.4$ ；C 为耦合度，介于 0 与 1 之间。当 $C = 0$ 时，耦合度极小，系统及系统内的要素处于无关状态，系统将向无序发展。当 $C = 1$ 时，耦合度最大，系统间或系统内部要素之间达到了良性共振耦合。国内有众多学者采用中值分段法，将耦合度值域区间划分为四段，按照此法，当 $0 \leqslant C \leqslant 0.3$ 时，表明经济发展与水环境处于低水平耦合阶段，此时两者表现极不平衡，其中一个很强，而另一个却很弱。它可能是经济发展水平较低，水环境容载力强，完全能够承载和消化经济发展带来的破坏，也可能是经济已经有了很大发展，而水环境却遭到了很大破坏，已不能承载和消化进一步的破坏。当 $0.3 < C \leqslant 0.5$ 时，表明经济发展与水环境处于拮抗阶段，这一阶段两者的地位开始转化，强者减弱，弱者增强。它可能是经济发展进入快速阶段，水环境的承载力有所下降，已不能完全消化经济发展带来的影响，也可能是经济增长开始减速，水环境质量开始得到一定修复。当 $0.5 < C \leqslant 0.8$ 时，表明经济发展与水环境

处于磨合阶段，这一阶段经济发展由于受到前一阶段对水环境破坏的影响，开始将一部分发展资金用于水环境的修复之中，也可能是相反过程，总之，经济发展和水环境开始良性耦合。当$0.8<C\leqslant1$时，表明经济发展与水环境进入高水平耦合阶段，这一阶段经济发展在量和质上都到达了一个更高的水平，水环境也得到了更好的修复，经济发展与水环境提高相得益彰，同步协调发展。D为协调度，反映了经济发展与水环境承载力相互协调的程度，数值越大说明经济发展与水环境和谐度越高，经济与水环境的质量也就越好，类似地，对其值域进行分段，划分为 4 种类型：$0\leqslant D\leqslant0.3$为低度协调的耦合；$0.3<D\leqslant0.5$为中度协调的耦合；$0.5<D\leqslant0.8$为高度协调的耦合；$0.8<D\leqslant1$为极度协调的耦合。

一、示范点情况

研究放大及示范工程应用，有机化工、精细化工以及印染行业产生大量有毒难降解的有机污染物。本书针对低浓度复杂体系废水中残留难降解有机污染物的特点，研发对生化尾水中该类低浓度难降解有机污染物高效去除技术；采用物化-生化-物化组合工艺，研究臭氧-生物炭—人工光源耦合沉水植物技术—纳滤串联工艺的关键参数设计与处理效果优化，寻求高效、经济的工业化合成技术。

二、人才队伍建设情况

通过本项目的实施，形成了由南京师范大学中国经济研究中心、化学与材料科学学院、地理科学学院、环境学院一批专家教授组成的产学研一体的队伍，参与研究了解国内外该领域的研究进展和发展趋势，丰富了研究经验，熟悉了相关理论、分析方法和计算技术，同时与南京水科院、中国水科院、淮河委员会等单位建立了良好的关系。同时还结合项目研究培养了一批水环境、水资源保护、治理和水资源开发、利用与经济协调发展领域的博士、硕士研究生和青年科技、管理骨干。

三、成果转化、产业化情况以及所取得的直接效益和间接效益

随着淮河沿海支流通榆河流域经济社会的加快发展、江苏省委“振兴苏北”战略以及打造通榆河“清水走廊”、“生命河”的重大举措，加强对淮河沿海支流通榆河的水资源保护和水质管理控制，是使通榆河从污水河变为“清水走廊”、“生命河”的必要选择。本书针对“淮河沿海支流通榆河水资源保护和水质管理控制”

问题开展了深入研究，相关研究成果的应用提高了淮河沿海支流通榆河的水资源保护和水质管理控制的能力和合理性，取得了显著的经济、社会综合效益。本书研究成果可供水利、防洪、规划、环保和供水等决策部门、生产单位、高校和科研单位等参考应用。

近四年的研究，是艰辛的四年，是挑战的四年，是本书作者和项目组成员、各位老师、同学们(博士生、硕士生们)团结协助的四年。四年的时光，我们奉献给了关于淮河沿海支流通榆河水资源保护、治理和水质管理控制研究，其中的艰辛和所受的苦难只有作者、项目组成员才能知晓，才能体会。正如伟大的马克思所说的：“在科学的大道上没有平坦的大道，只有不畏艰险、勇于攀登的人，才能达到希望的顶峰。”经过近四年的艰苦努力，我们终于完成了本项目和本书的研究，取得了一系列可喜的研究成果，但是我们深感对淮河沿海支流苏北通榆河水资源保护治理和水质管理的研究还只是开始。今后我们将继续进行这方面的研究，与各位学者、同仁们一起，为中国的水资源保护、治理和水质管理做出我们应有的贡献。这样，我们才能在回首往事的时候，“不因碌碌无为而后悔，不因虚度年华而懊悔”，而是能自豪地说：我们没有虚度时光。

目　　录

第一章 导 论

水资源保护和水质管理是国家和地区发展的基础资源，水资源保护和可持续利用是实现经济、社会和生态环境持续、协调发展的前提条件之一，而水资源保护和管理是实现水资源可持续利用的关键。我国水资源总量为 $28124 \times 10^8 m^3$，居世界第四位；但我国人均水占有量只有 2350 m^3，仅占世界人均占有量的 27%，是全球 13 个人均水资源最贫乏的国家之一。随着经济的快速发展，国家和地区对水资源需求快速增大，水资源开发利用的力度也相应地日益加深。然而由于水资源稀缺性和人类社会开发利用水资源技术水平等各方面的限制，水资源在开发利用中出现了严重的问题：一方面用水浪费、水污染严重；另一方面水资源缺乏及人类生态环境污染严重。这些问题阻碍了社会可持续发展，目前水资源短缺、不可持续已成为制约我国部分地区可持续发展的“瓶颈”，亟须寻求解决途径。综观水资源开发利用的发展，水资源问题存在的根本原因是管理不善，有效的水资源管理是实现国家和地区可持续发展的途径。

流域水资源管理是一种复杂的组织管理，从目前理论和实践来看，它面临着两难困境：①多部门管理的低效率问题；②分级管理的低效率问题。要解决流域水资源管理的两难困境，平行部门和各级组织之间的沟通、协调是关键。

1.1 基本概念

1.1.1 水

水作为一种地球上形成的天然产物，同时也作为一种自然资源和环境要素，与土壤、岩石、大气、生物等共同构成了地球五大圈层。通常水由氢和氧两种元素组成，在地球上广泛分布于海洋、江河、溪泉、湖泊、沼泽、冰川、雪山、大气、土壤、岩石、生物体中，主要以液、固、气三态以及临界态形式存在并在一定条件下相互转换。水是地球上绝大多数生命体赖以生存的基础。

1.1.2 水环境

从环境科学角度讲，将“环境”视为以人为中心的与其关系关联的周围事物的总和。水环境是指以水为载体的水体中生命物质与非生命物质构成的体系。通常水环境包括诸如河流、沼泽、自然和人工湖库、地下水、冰川、海洋等，包含水体中的悬浮物、溶解物、底泥，还包括水生生物和微生物，甚至与水体本身密切关联的周边一定范围内的陆域。从环境角度研究，水的结构、特性和水汽循环运动对人类生活及环境有重大作用和影响，一些污染物质在水中的迁移、转化、降解与整个水环境密切联系。污染物由水中转向底泥的过程视为水的自净过程，但从整个水环境看，这种转移却可能使该水体成为次生污染源，在一定条件下污染物又会释放出来。

1.1.3 水资源

水资源一词由来已久，但对其内涵的明确，因不同视角和不同功用而各异。归结起来主要由于：①其具有多样化的表现形态(如固态、液态、气态、临界态等)；②形成或汇集的不同途径(如水汽凝结、地表径流、地下径流、冰雪融水等)；③水对社会的发展形成的基本约束(如对土地的生产力、工业生产因子、能源资源以及人类的健康的影响)；④水资源的开发利用所受诸多制约因素(受自然因素、社会因素、经济因素、环境因素的影响)；⑤水作为研究对象涉及的不同学科门类(如数学、物理学、化学、生物学、地学、气象学、水文学、地质学、环境学、经济学、社会学等)。对水资源的几种权威的说法有：

◆ 1894 年，美国地质调查局(USGS)水资源处的主要职责是观测地表河川径流与地下水。这里，“水资源”仅涉及陆地表面的地表水和地下水。

◆ K. P. Kalinin 为英国大百科全书撰写的词条“水资源”解释为：“水资源是自然界一切形态的水，包括气态、液态和固态形式的水”。

◆ 1977 年，联合国教科文组织(UNESCO)提出的建议：“将水资源定义为，可资利用或可能被利用的水源”。

◆ 《中华人民共和国水法》中定义水资源，包括地表水和地下水。

◆ 《中国大百科全书》1987 年叶永毅撰写的词条中，水资源被定义为“地球表层可供人类利用的水，包括水量(水质)、水域和水能资源，一般指每年可更新的水量资源”。

◆ 《中国大百科全书》(水利卷) 1992 年陈志恺撰写的词条中，水资源被视作“自然界各种形态(气态、固态或液态)的天然水，并将可供人类利用的水资源作为供评价的水资源”。

当今国内外对水资源的定义在不断丰富，通常我们理解的水资源更侧重于水量、水能的开发和利用，而将水环境作为单独的一方面进行研究考虑和实际的管理。姜文来等的研究注意到了水资源不仅仅包括上述，还应包括水质资源，实际的人们对水资源的开发利用会出现诸如以下的问题：

◆ 对水资源缺乏统一的调用管理而造成的人为条件下的水资源短缺；

◆ 对水环境主要从被动地污染治理的角度考虑，而缺乏统一的管理，产生了如上游的水用户仅关注水的利用，其利用后的污染和影响未作有效的考虑，下游用户要对水污染和不良影响的消除做出必要的环保投入；

◆ 水资源的开发利用中产生的其他一些次生环境问题(水库建设周边生态环境的影响、水库调蓄水中动植物的变化、调水工程受水区用水量变化对辖区水体环境的影响等)。

水资源定义的内涵不断充实，外延也随着人们的理论研究与实践认识不断拓宽：这里研究认为，当环境中的水被视为影响人类生存、生活、生产的活动范畴内，并能够为人们经济社会发展需要和加以利用之后，即被认为是水资源；其不仅仅包括水量、水能、水质，还应考虑包括水体中的动植物、微生物和无机环境，涉及水体本身和水体周边一定范围内、在水的开发利用时可能产生影响的其他环境要素。

1.1.4 生态经济系统

生态经济系统，也称为自然-人工生态经济复合系统或生态经济复合系统。其是以人类为中心，与之活动密切关联的自然生态环境系统与人工生态经济社会系统相互交错与叠加、相互作用与影响，物质、能量、信息、价值等随时间的推移不断流动、交换、转化、演替的复杂的巨系统。人工生态经济社会系统是依托于自然生态环境系统随着人类社会的发展不断构建和完善的衍生的子系统，在现阶段，因人类生活的需要，人工经济社会系统中包含一部分原先自然生态环境系统经过人工改造后的人工生态环境。

因此，目前对生态经济系统的研究主要针对的是包含人工生态环境、经济、社会、人口等要素在内，甚至包括已纳入人类研究范围内的人工-自然复合系统。

Q(生态经济系统)是关于 R(自然资源)、E_{n}(生态环境)、P(人口)、S(社会)、E_{c}(经济)的随时间 t 累积变化的函数，可表达为：

$$Q=\int_{t_0}^{t_1}F(R,E_{\mathrm{n}},P,S,E_{\mathrm{c}})\mathrm{d}t$$

通过物质流动、能量转化和信息交换，将系统中各要素有机地联系起来。

1.1.5 水资源系统

水资源系统是以水资源开发、利用、保护为主的贯穿于生态经济系统中的动态、开放、有序的系统。水资源利用活动包括围绕水资源开发、利用和管理而展开的行为，可分为直接和间接两种：直接方面包括直接调节、控制和利用水资源的活动；间接方面指对水资源的特性与运动产生影响的活动。

水资源系统具有整体性、多相性、多维性、层次性、协同性、有序性、地域性、开放性、动态性、周期循环性等特点。其除具有通过自然界水文循环获得的可再生和更新补充功能外，更由于其气态和液态时在势能的推动下具有较大的流动性，从而连成一个整体，以致在一个点的扰动会影响周围和其下游。水资源系统的这种流动性导致了其在自然生态环境和人类经济社会系统之间的不断流动，在人类经济社会系统内，经济社会发展、城乡居民生活、人工生态环境之间也会不断地流动和转化，完成系统之间和系统内部各子系统之间的物质和能量的传递与转换，同时也承载着相关的信息和价值的交换。

由此可看出，正因为水资源系统的复杂性，对水资源系统进行系统理论与实证研究，推动水资源在生态经济系统内的科学、合理利用和管理非常必要①。

1.1.6 资源观

资源是人类可能利用的自然界的物质；环境则是资源的状态；而生态就是自然界中各种资源之间的相互关系。可持续发展的资源观就是资源的持续利用，通过资源的合理开发、节约使用、防治污染，保护环境，维护生态系统的动态平衡，实现可持续发展。

1. 资源的持续利用观

这里所讲的资源是指自然资源，不包括信息资源、技术资源和人力资源等。自然界是指客观世界，而资源则是指人可能利用的自然界的部分，因此资源将随着人对自然界利用的广度和深度而发生变化。

地球上的自然资源有亿万种，从可持续发展的利用观来看，可以分为土地资源、水资源、森林资源、草原资源、矿产资源、气候资源和旅游资源等几大类。从对可持续发展的支持来看，资源又有可再生资源与不可再生资源。对可再生与不可再生资源的分类又有其相对性、可变性与多重性。相对性表现在如煤、铁和石油等矿产在人类经济发展的长周期内(如 10 个世纪)是不可再生的。可变性表现在生物资源的根源物种资源迄今为止又是不可再生的；然而在未来人类又可能克隆已经灭绝的物种。多重性表现在水资源中的大气水、地表水和浅层地下水是可以再生的，而深层地下水又是不可再生的。上述按类别和性质的分类为人类可持续利用资源提供了认识基础。

从中可以看出，决定人类可持续发展的几大类资源，大都具有可再生与不可再生的两重性。从可持续利用的角度，应有如下资源观：

1) 资源的系统性。自然资源千类万种，千变万化，必须把人类已经和可能利

---

① 以上基本概念参见：周宾. 基于“易”理论的水资源循环经济管理研究与实例. 北京：经济日报出版社, 2013.

用的自然资源看成一个系统，以系统分析的观点来配置资源，才有可能使不同类型的资源互补，才能使资源可持续利用，才能实现资源拥有代际均衡(即当代人必须给下一代留下不少于自己拥有的资源)的可持续发展基本原则。

2) 资源的辩证观。资源既是有限的，又是无限的。传统工业经济所依赖的稀缺自然资源是有限的，而知识经济以智力资源开发的自然资源是无限的。既要对目前稀缺自然资源有足够的忧患意识，又要相信人类通过知识创新利用无限自然资源的光明前景。随着高技术的发展提高资源的利用层次是知识经济利用资源的基本出发点，只有这样才能持续利用。

3) 资源总量的平衡。资源要利用，也要保护，如何实现利用与保护的统一呢?就是保持总量的平衡。一部分耕地被城市占用，应该相应地开星荒地；一部分耕地被用来开矿，应该抓紧采矿后的复垦。而且，应该使开垦地和复垦地达到被占耕地的质量。

4) 资源的开发性。许多资源都是可以在区域之间以至国际之间交流的，如矿产资源和作为木材的森林资源等，因此树立国内外两种资源和两个市场的观念是可持续发展所必需的；但也有许多资源是难以或不可能交流的，如水资源和土地资源，对这类资源就要立足自有，倍加珍惜。

2. 环境的保护观

环境就是自然资源的状态。更为确切地说，就人类利用了自然资源以后，自然资源状态改变又反过来作用于人类的生产和生活并产生影响的状况。目前国际上共识的环境问题主要指环境污染，其污染基本上可分为五大类：水污染、大气污染、固体废弃物污染、噪声污染与核污染。污染产生的根本原因是人类在生产和生活过程中把资源以错误的数量，在错误的时间，放到了错误的地方。因此，污染问题的根本解决在于生活和生活过程中把适量的资源，在准确的时间，放在正确的地点，这一准确度提高的过程就是污染防治过程的主体。从生产来讲应该从产品设计(包括材料选用)开始就考虑到产品生产过程、产品使用过程和产品废弃时的污染问题的防止和解决，逐步改变以获取最大利润为目的的传统产业模式，转化为资源循环的高技术生态产业模式。

由于目前的生产技术不可能做到完全合理的利用资源，污染的产生是不可避免的，对于已经产生的污染必须防治。“谁污染，谁治理”，在防治污染初期起过积极作用，然而科学治污应该是在适当的大系统内做科学分析，合理配置，选择技术，统一治污。统一治污有如下优势：①理顺监督者与监督对象的法律关系；②符合资源系统规律，一个厂家的废物可能是另一个厂家的资源，可以形成资源循环；③治污系统化可以大大提高治污效率，并大大有利于采用高技术治污。

3. 生态的动态平衡观

生态就是自然界中各种自然资源之间的依存关系。生态研究的对象是自然资源系统中的平衡，而这种平衡是动态平衡。人类发展的历史表明应该维护生态平衡，可持续发展也要求维护生态平衡，实践证明对于现有生态平衡的强扰动，强冲击，大改变，大破坏，只可能带来暂时的经济利益，而不利于可持续发展。生态系统的变化是不可逆的，只要变化了，就不可能逆向恢复，这已经被科学理论和人类实践所证明。因此提出“恢复生态平衡”是不正确的，它不可能恢复。这是因为人类并不知道过去和现在的生态平衡点在哪里。但这并不是说生态系统不可知，只是强调人类应该对认知生态系统的现状有自知之明。对于生态平衡的认识应强调其科学性，原始生态平衡并不是可持续发展的目标。生态平衡既然不可能恢复，只有树立生态平衡维护观才是科学的，才能为可持续发展实践服务。所谓生态平衡的维护观：一是指人类发展要维护现有生态平衡状况。如占了耕地就应另行开垦补充；水资源的利用要考虑供需平衡，保证生态用水等等。二是指对生态平衡的破坏不要过大，不要对平衡产生强扰动。大规模改变现有生态状况的工程措施的实施，应经过全面论证，科学选址，周密计划，争取使不利的生态影响减到最小。

1.1.7 水、资源、环境与生态问题

水具有滋生万物的能力，也是人类的生命之源，和土地一起构成地球上十大自然资源的母体资源。水是水生物种和旅游等多种资源的载体，又是土壤、森林和平原等多种资源的保证资源。水资源影响到气候资源。水本身又是能源。国际上有“19 世纪争煤，20 世纪争石油，21 世纪可能争水”和“21 世纪国际投资与经济发展，一看人，二看水”的说法，说明水成为可持续发展的最大资源制约因素。同时，水还是少有可能为害的资源，深层地下水还属于不可再生资源，这些都是水资源不可忽视的特性。

从可持续发展观点来看，水资源的核心问题是水的供需平衡。水环境是指江、河、湖、库等水体必须能根据功能区划分对合理排污有自净能力。水生态是指在一定的生态区域内，必须保持一定量的空中水、地表水和地下水，而该地区必须具有涵养这些水源的能力，以保证可持续发展。水给人带来的问题有三个，一是洪水威胁；二是水资源供需失衡；三是水生态蜕变(包括水环境污染、湖泊萎缩和湿地干涸等)。为此，必须用水资源持续利用的观念为指导，提出合理开发利用水资源，科学保护水环境，维护水生态平衡的措施。

1.2 水资源保护的重大意义

近些年来，水资源的保护和水质管理问题成为一个全球性的紧迫问题。如果我们仔细分析这两个问题产生和发展，会发现，水资源的问题不过是近百年来其他各种环境危机的又一个新的集中爆发点。只不过，水资源问题的冲击更大一些。早在当年发生石油危机的时候，就有学者指出水资源问题将会比石油危机更具有破坏性，进而也就具有更明显的重要性。

1.2.1 水资源保护的重要性

水是一切生命活动的基础，是人类社会赖以生存和发展的最基本条件，它独特的物理化学性质和可循环性，是任何其他物质不可替代的。水资源作为传统战略性资源，在世界上处于长期短缺的状态，水资源短缺和水污染严重已成为制约当今世界各国经济、社会发展的重要因素。目前，全球用水需求量每年以 4%至8%的速度递增。其后果是全球缺水人口将由 2000 年的 20 亿增加到 2025 年的 35 亿。无论是在国家之间、城乡之间，还是在不同活动领域之间，水资源的竞争都在加剧。这有可能使水资源成为一个日益政治化的问题。由于农业是最大的水资源消耗部门，这也导致粮食安全问题与水问题交织在一起，使得很多国家的粮食需求将越来越依赖从国际市场进口，从而形成具有政治色彩的复杂国际问题。

地球表面的 72%被水覆盖，但淡水资源仅占所有水资源的 0.5%，近 70%的淡水固定在南极和格陵兰的冰层中，其余多为土壤水分或深层地下水，不能被人类利用。地球上只有不到 1%的淡水或约 0.007%的水可为人类直接利用。由此可见，地球上的水，尽管数量巨大，而能直接被人们生产和生活利用的，却少得可怜。另一方面，全球淡水资源不仅短缺而且地区分布极不平衡。按地区分布，巴西、俄罗斯、加拿大、中国、美国、印度尼西亚、印度、哥伦比亚和刚果等 9 个国家的淡水资源占了世界淡水资源的 60%。约占世界人口总数 40%的 80 个国家和地区约 15 亿人口淡水不足，其中 26 个国家约 3 亿人极度缺水。

更可怕的是，2015 年联合国世界水发展报告预计到 2025 年，全球人口的三分之二将面临水资源短缺。如果这一危机不能得到有效地解决，水资源短缺与水环境恶化不仅会使可持续发展的前景成为泡影，还可能威胁到人类的生存。从图 1-1 可以看出，水资源匮乏的区域恰好就是全球人口最密集的区域，从中国到中亚、南亚、中东一直到非洲，水资源保护已经是迫在眉睫了。毫不客气地说，水是生命的源泉，也是可持续发展的核心。

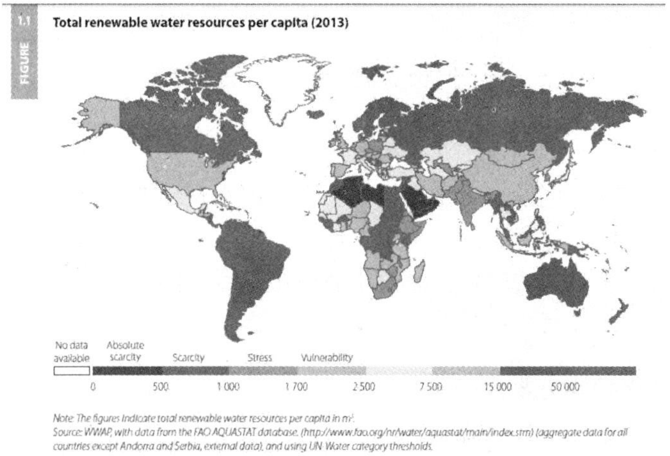

图 1-1 全球水资源分布图①

1.2.2 中国的水资源保护问题更加迫切

中国的水资源问题是全球水资源问题的一个缩影，一定程度上更加严重，这主要表现在以下几个方面。

其一，我国的水资源总体偏少。中国是一个干旱缺水严重的国家。淡水资源总量为 28000 亿 m^3，占全球水资源的 6%，仅次于巴西、俄罗斯和加拿大，居世界第四位，但人均只有 2300m^3，仅为世界平均水平的 1/4、美国的 1/5，在世界上名列 121 位，是全球 13 个人均水资源最贫乏的国家之一。扣除难以利用的洪水径流和散布在偏远地区的地下水资源后，我国现实可利用的淡水资源量则更少，仅为 11000 亿 m^3 左右，人均可利用水资源量约为 900m^3，并且其分布极不均衡。到 20 世纪末，全国 600 多座城市中，已有 400 多个城市存在供水不足问题，其中比较严重的缺水城市达 110 个，全国城市缺水总量为 60 亿 m^3。另一方面，中国多年平均年降水总量约 6 万亿 m^3，折合年降水深为 628mm，比亚洲平均年降水少 114mm。根据 1956~1979 年同步期年径流资料分析计算，全国河川年径流量的多年平均值为 27120 亿 m^3，中等干旱年(4 年一遇)为 24530 亿 m^3，严重干旱年(20 年一遇)为 22420 亿 m^3。全国地下水矿化度小于 2g/L 的淡水区面积(不包括沙漠面积)约 860 万 km^2，多年平均地下水年补给量为 8250 亿 m^3。

第二，我国水资源空间分布十分不均匀。中国位于太平洋西岸，地域辽阔，地形复杂，大陆性季风气候非常显著，因而造成水资源地区分布不均和时程变化的两大特点。降水量从东南沿海向西北内陆递减，依次可划分为多雨、湿润、半

① 摘自 2015 年联合国世界水发展报告。

湿润、半干旱、干旱等五种地带。这样的情况，在图 1-2 中得到直观的反映。

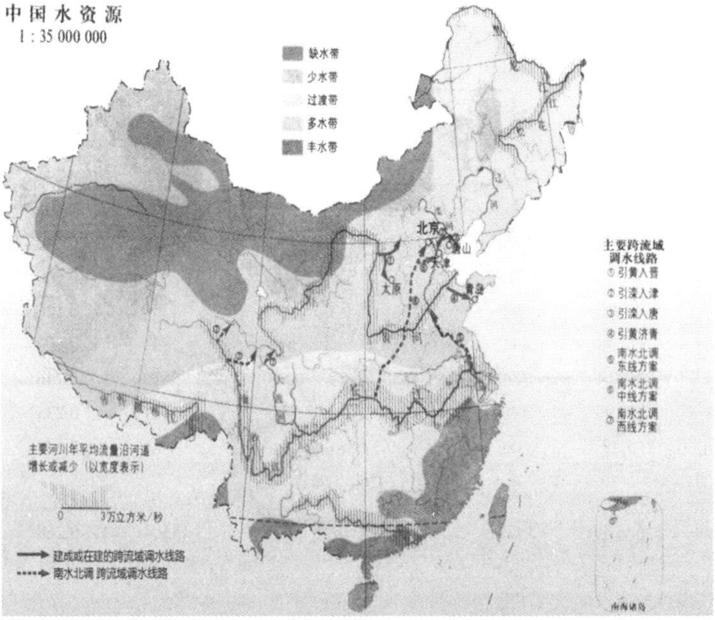

图 1-2 中国水资源分布图

由于降水量的地区分布很不均匀，造成了全国水土资源不平衡现象，长江流域和长江以南耕地只占全国的 36%，而水资源量却占全国的 80%；黄、淮、海三大流域，水资源量只占全国的 8%，而耕地却占全国的 40%，水土资源相差十分悬殊。华北地区人口占全国的三分之一，而水资源只占全国的 6%。我国的西南地区，人口占全国的五分之一，但是水资源占有量却在 46%。所以，水资源差距最大的年份，水资源占有量最多的西藏与天津相比，人均水资源占有量直接的差距是一万倍。降水量和径流量的年内、年际变化很大，并有少水年或多水年连续出现。全国大部分地区冬春少雨、夏秋多雨，东南沿海各省，雨季较长较早。这些情况可以从表 1-1 得到全面的了解。

其三，我国的水资源问题，除了上述的短缺问题还体现在污染严重上。据监测，当前全国多数城市地下水受到一定程度的点状和面状污染，且有逐年加重的趋势。日趋严重的水污染不仅降低了水体的使用功能，进一步加剧了水资源短缺的矛盾，对我国正在实施的可持续发展战略带来了严重影响，而且还严重威胁到城市居民的饮水安全和人民群众的健康。水利部预测，2030 年中国人口将达到 16 亿，届时人均水资源量仅有 1750m^3。在充分考虑节水情况下，预计用水总量为 7000 亿~8000 亿 m^3，要求供水能力比当前增长 1300 亿~2300 亿 m^3，全国实际可利用水资源量接近合理利用水量上限，水资源开发难度极大。

表 1-1 中国分区水资源数量表[①]

分区名称		面积/万 km^2	降水总量/亿 m^3	河川径流量/亿 m^3	地下水补给量/亿 m^3	水资源总量/亿 m^3	产水系数	产水模数/(万 m^3/km^2)
黑龙江流域片		90.34	4358	1166	431	1334	0.306	14.77
辽河流域片		34.50	1915	487	194	575	0.300	16.67
海滦河流域片		31.82	1775	288	265	428	0.241	13.45
黄河流域片		79.47	3719	662	406	740	0.199	9.32
淮河流域片		32.92	2839	741	393	964	0.340	29.28
长江流域片		180.85	19162	9512	2462	9587	0.500	53.01
珠江流域片		58.06	8945	4685	1115	4706	0.526	81.05
浙闽台诸河片		23.98	4342	2557	613	2591	0.597	108.04
西南诸河片		85.14	7846	5853	1540	5853	0.746	68.75
内陆诸河片		332.17	4989	1064	786	1161	0.233	3.49
额尔齐斯河		5.27	186	100	44	102	0.548	19.25
合计	北方六片(含额尔齐斯河)	606.49	19781	4508	2519	5304	0.268	8.75
	南方四片	348.04	40295	22607	5730	22737	0.564	65.33
	全国	954. 53	60076	27115	8249	28041	0.467	29.38

我们总说，不能走先污染、再治理的老路子。但残酷的现实是，中国经济飞速发展的十年，水资源紧缺和水污染问题已经到了迫在眉睫的关头。我们已经先污染了，但是，治理还没有跟上。我国每年没有处理的水的排放量是 2000 亿 t，这些污水造成了 90%流经城市的河道受到污染，75%的湖泊富营养化，并且日益严重。所以在南方地区，资源不缺水，但是水质性缺水，水生态环境破坏已经相当严重。

1.2.3 我国水资源利用情况概状

我国是人口大国，也是水资源严重短缺的国家。巨大的人口压力加剧了水资源短缺的严峻形势。受地理环境限制，我国水资源分布极为不均匀，地表水、地下水和降水量的分布趋势大致相似，北方少，南方多，并且平原区地下水资源量主要分布在北方，山丘区地下水资源量主要分布在南方。水资源分布与人口、经济和社会发展布局极不协调。在我国北方地区，黄河、松辽河、淮河、海河以及

① 此表由中华人民共和国水利部 2014 中国水资源公报加工而成。

内陆河 5 个流域，总人口约占全国的 47%，耕地面积占全国的 65%以上，GDP 占全国的 45%以上，而水资源却只占全国总量的 19%。这些因素也是导致水资源问题突出的重要方面。目前我国水环境管理形势严峻，主要流域普遍存在着水污染和水资源短缺的矛盾。与世界各国相比，我国的水资源利用效率低下，农业用水中，渠灌区水利用系数为 0.2~0.4，井灌区水利用系数只有 0.6 左右，平均每立方米农业用水生产粮食 0.87kg，是世界平均水平(2kg/m^3 农业耗水量)的 2~3 倍，万元工业产值耗水量是发达国家的 10~20 倍，个别行业竟高达 45 倍，城市人均耗水量已接近发达国家的中等水平，我国工业用水循环利用率只有 40%左右，远低于世界发达国家 75%~85%的重复利用水平，国民生产总值的用水效益也远低于美国、日本、以色列等国。

近年来，随着经济社会发展以及城市化进程加快和城市人口的增长，我国当前水污染问题已相当突出，淮河流域自 20 世纪 90 年代起几乎每年发生大面积水污染事件，1994 年 5 月和 7 月发生两次全流域性的水污染事件。长江支流的汉江中下游，近年也多次发生大规模污染事件，如 1992 年 2 月，汉江中游潜江至武汉约 240km 干流河段，因藻类的大量繁殖造成水质的富营养化，汉江下游水体颜色呈褐色。沿流域水厂不能进行正常水处理，群众生活用水困难。近年来全国水体评价结果显示。在 1.0×10^5km 河长评价中，1/10 的河长完全丧失了使用价值，污染和严重污染河长近半数，90%以上的城市水域污染严重，国内主要淡水湖泊营养富集化污染突出，其中太湖、巢湖最为突出。总体上看，我国水环境状态呈日益恶化趋势，水污染不仅制约经济发展，而且对人民群众的生存和健康带来威胁。

1.2.4 水资源保护对中国经济社会可持续发展的重要意义

水资源与经济、社会、环境三者的可持续发展有着千丝万缕的联系，但是，进入 21 世纪之后，这种联系正面临着全球性的挑战。《2015 年联合国世界水发展报告》指出，水资源对于可持续发展的三个方面，即人类的福祉、经济发展和环境健康都可发挥重要作用。事实上，水资源及其相关服务，例如，饮用水和卫生设施一直是我们在过去 30 多年中取得进展的关键因素。水资源为改善健康、粮食生产、社会公平、经济增长、环境保护等做出了贡献。因此，水资源在改善数以亿计通过自身努力摆脱贫困的民众生活方面发挥了关键性的作用。水资源与上述这些相互关联的问题之间的关系是错综复杂的，其中有些问题，例如，水资源与粮食以及农业之间的关系，相对比较直接、易懂，而另一些问题，例如，水资源在经济发展方面的作用，及其在能源生产方面日益重要的作用，并不是那么直接，从而往往更容易被人们所忽视。

《2015 年联合国世界水发展报告》进一步指出，对于水的需求主要来自四个部门，即农业、能源生产、工业和人类消费。据估算，到 2050 年，全球的粮食需求将增加 70%，农业用水量也将因此而增加 19%；此外，未来 30 年间，全球能源消耗量将增长近一半。水一旦受到污染，就不能用于饮用、洗浴、工业或农业用途。水质不佳会损害人体健康，导致生态系统的服务功能退化。据估计，全世界超过 80%废水未经收集或处理。以我国为例。全国现有农田灌溉面积近 8.77 亿亩，林地果园和牧草灌溉面积约 0.3 亿亩，有灌溉设施的农田占全国耕地面积的 48%，但它生产的粮食却占全国粮食总产量的 75%。而随着人口的增长、工业和城市的迅速发展，所造成的供水紧张局面将日益超出我们的想象。

总而言之，可持续发展一定要求人类对过去的生存模式作出重大变革，包括人口增长、加速发展的城市化和工业化、确保燃料、粮食和能源安全、新的消费模式、保护受威胁的生态系统等。显然，这些变革与水资源有关。在解决上述与可持续发展密切相关的问题时，水资源既可载舟亦可覆舟。因此，对于有限水资源的合理利用和有效管理至关重要，这几乎是洞若观火的事实。

基于以上论述，我们会发现，我国现有的对于水资源利用模式显然存在重大缺陷。一方面，我们已经过度利用水资源。北京地下水位从解放初期的 5 米变成当前的 50 米，地下水位每年下降将近 1 米，因此造成了地面的沉降。从国际上来说，安全取用地下水，应该是安全取用地下水的补给量的一部分，但我们不仅吃光了利息，而且还在吃老本。但另一方面，水的浪费却相当严重，我们每一万元的 GDP 用水是世界平均水平的五倍。新中国成立以来，在水资源的开发利用、江河整治及防治水害方面都做了大量的工作，取得较大的成绩。但这些成绩与现在的经济社会可持续发展的目标严重的不匹配。

目前，我国水资源和水环境管理缺乏成熟的、经济有效的控制技术。从水污染源来看，主要来源于工业废水，城市生活污水，乡村农田的面源污染。随着城镇化进程加快，城市生活污水排放比例逐年上升。我国现有各种规模性质的小城镇 48000 个，其中建制镇 19200 个，容纳居民 2 亿多人，绝大多数城镇污水未经处理任意排放，由于污水处理的技术相对落后和预处理设施的运行不稳定，我国工业污水排放达标率普遍低，在 70%以下，排放的工业废水中 COD 含量、有毒有害的污染物严重超标，量大面广的乡村农业面源污染和其他面源污染，几乎没有采取有效管理和控制手段。在过去相当长的一段时间，我国对水污染治理的研究偏重于单项水污染治理的研究，如城市生活污水处理技术，工业生产废水处理技术，污水处理设备工艺性能等方面的研究，缺乏对流域管理系统的整体规划，而水环境系统是一个多变量、多层次、多介质、多目标的开放而难以定量描述的复杂的非线性系统，系统的时间和空间的尺度都很大，系统中各种相互作用的要素，不易于精确描述，对水环境的治理需要全面、系统、综合地研究，自 20 世纪

60年代起，水污染控制规划成为系统、综合地研究水环境管理的重要方法体系。

我国现行水资源管理模式，仍是政府配置模式的延续，是由政府依靠行政手段对水资源进行计划配置的公共水资源制度。水资源作为稀缺资源同其他资源一样，可以通过市场机制对其进行优化配置。国内外水环境管理的经验以及大量的文献表明水权交易是一种用经济手段进行水权再分配的形式，水资源制度必然会影响水资源配置，引入水资源市场配置可以提高水资源的利用效率，优化水资源配置，降低水政部门的管理成本。我国目前对水污染的控制程度较低，对水污染的治理缺乏科学性、协调性，从我国对水污染治理采取的技术、方针、措施看，政府是水环境管理的主要推动者，由政府依靠行政手段的强制约束力推动水管理的政策、措施的施行。同国外发达国家相比，我国水污染控制技术还比较落后，从发达国家水环境治理技术发展趋势看，一是现代生物技术、高新物化技术的渗透；二是水污染处理技术、工艺设备的研发与相应的技术经济政策配套；三是有系统的水污染控制规划。欧洲的莱茵河、加拿大的圣劳伦斯河、英国的泰晤士河等都是国际流域成功治理的范例。近年来，国内对水污染控制技术也开展了较多研究，如研制出淹没式生物膜滤池，一体化地埋式污水处理设备，物化处理组合的处理方法；开展了强化污水过滤深度净化回收技术研究和污水一级强化处理研究，还进行曝气生物滤池，新型SBR法，循环活性污泥法，高效厌氧等方面技术的研究，在高级氧化塘，人工湿地，复合生态系统处理污水等方面也取得了一定的研究成果。但与发达国家的水污染控制技术的研究发展程度相比，仍有较大差距，一是污水处理技术和工艺低效耗能；二是水污染治理资金缺乏；三是水环境管理缺乏科学性、协调性、系统性；四是面源污染控制尚未有有效的控制路径和方法以及缺乏水环境的日常监管、风险预警、实时监控机制。

我国水资源管理的滞后，也削弱了水资源污染治理程度。近年发生的重大水资源污染事故所造成的损失，究其原因，是缺少有效的监管手段，没有一套完善的水环境风险预警、监测、评估系统，以至突发事故的事故预测、应急处理、灾时监测、灾后恢复、风险评估，流域的管理缺乏系统性、协调性，往往为解决本区域的水污染问题推出一些所谓的治理方法，各自为政，水污染治理行为缺乏统一的协调管理，这不利于流域水环境控制规划和流域水环境生态链的形成。

1.3 水质管理的重要性

1.3.1 水质和水质管理的概念

在自然界中绝对纯净的水是不存在的。水在自然界循环运动中，溶解、接纳了多种物理形态和化学成分的物质，并容纳入许多生物。地球上已知的106种元素，在天然水中就发现了 60 多种。水中含有的物质及其含量不同，其感观性状(色、嗅、味、浑浊度)、物理化学性能(温度、pH、电导率、放射性)、化学成分(有机物和无机物)、生物组成(种类、数量)和底泥状态都出现差别。水中各种物质含量及由此产生的一系列特性称为水质。饮用、灌溉、养鱼或工业用水，对水质都有一定要求。

水质管理指运用行政、法律、经济和科学技术手段，协调社会经济发展与水质保护的关系，控制污染物质进入水体，维持水质良好状态和生态平衡，满足工农业生产和生活对水质的要求。从广义上讲，凡为满足对河流、湖泊、水库、地下水等水体设定的环境标准以及为符合用水要求而进行的水质保护行为，均称为水质管理。具体而言，水质管理的外延包括：对流入水域的污染源进行控制、监视，或者实施水域内水质改善的措施；水域的定期水质调查和异常水质的控制等各种保护措施。狭义上讲，水质管理是对净水厂各种工程进行的水质监视、饮用水的水质保护、符合产业排水的处理措施、污水处理厂等排放水水质标准管理。

1.3.2 水质管理的内容及其演变

水资源的保护和水质的管理是一个问题的两个方面。所不同的是，水资源保护包含量和质两方面的问题。而水质管理更注重质的问题。近代，由于城市和工业的发展和农业现代化，人类活动中产生的大量废弃物质通过各种途径直接或间接进入水体。当水中化学、生物等物质超过一定程度时，水的功能和水体环境质量便受到损害，水便不能使用或危害人体健康，这种现象称为水体污染。20 世纪 50 年代和 60 年代，日本先后出现了水体因甲基汞污染引起的水俣病、镉污染引起的骨痛病等水污染公害事件。据世界卫生组织估计，1980 年全世界所有疾病中，80%是因不适当供水和水不清洁所致；在 85 个发展中国家(除中国)中，约有 13.2 亿人口没有合格的用水。经中国卫生部门调查，1987 年以前中国约有 65.4%的人口饮用水源，存在浑浊、苦咸，或含氟、砷毒物，或受工业污染和可能传染疾病等。所以，加强水质保护，防治水体污染已为全世界所关注。

20 世纪 70 年代以前，一般把水质保护单纯看成对废污水的治理，主要通过法律、行政手段限制废水排放，促进企业采取工程措施处理废水。实践证明这种方法代价太大，并没有治本。此后，水质管理逐渐转向采取预防性措施，从科学规划、合理利用水资源、预防污染着手，使环境建设与社会经济发展相协调。

当代的水质管理包括以下三个方面：①宏观计划管理。从对区域、流域的国土开发整治、水资源的合理开发利用和保护着手，对地区内的工业布局、产品结构进行全面规划，提出综合防治水污染的方案，并纳入计划经济管理的轨道，确定防治水体污染的技术政策和技术发展方向，并有计划地组织实施。采取的主要措施包括编制地区国土整治规划、流域水质管理规划等。②污染源管理。污染源是向水体排放污染物的场所、设备、装置，是造成水污染的根源，也是水质管理的主要对象。主要应采取行政、法律、经济措施控制污染物质排放的种类、数量、浓度和排放方式。③环境质量管理。按照水体的功能，划定不同的水质分区；制定水环境质量标准和废水排放标准；开展水质监测，对污染源实施监督管理；统筹兼顾、合理调度水源，维持水体的自净能力。

相应的，水质管理的制度建设也日趋重要。1969 年美国首先提出用环境影响评价的概念来指引水质管理，为许多国家所接受并定为制度。迄今，水质管理的制度已经形成了一个相对完整的体系。

1)“三同时”制度。新建、扩建、改建的建设项目，其防治水体污染的设施，要与主体工程同时设计、同时施工、同时投产。建设项目投入生产或者使用的时候，其水污染防治设施必须经过有关主管部门的检验，凡达不到规定要求的，都不准投入生产或使用。例如，我国水污染防治法就规定：新建、扩建、改建直接或间接向水体排放污染物质的建设项目的环境影响报告书，必须对建设项目可能产生的水污染和对生态环境的影响作出评价，规定防治的措施，按照规定的程序报经有关环境保护部门审查批准。环境影响评价制度是贯彻预防为主方针的卓有成效的法律制度。

2) 排污许可证制度。工厂企业向水体排放废污水，必须向有关主管机关申报生产产品和工艺、排放废污水的设施、排放污染物质的浓度及其总量，经过批准后才能排放。排放污染物的种类、数量和浓度有重大改变时，应及时申报。拆除或闲置污染物处理设施，应当提前申报，并征得主管部门同意。

3) 限期治理制度。有关地方政府可以对造成水体严重污染的排污单位提出限期治理的要求。逾期达不到要求的可限制、停止企业排放废水。

4) 排污收费制度。按照企业向水体排放污水的数量、浓度，对排污单位征收排污费，要求污染者承担对社会损害的责任，促进其治理污染。排污费有两种形式：一是对排放的废水都征收排污费，另一种只对超过排放标准的废水收费。中国实行两种排污费都征收的制度。

5) 水源保护区制度。根据水体特性及其使用情况，将河流分成不同功能的河段，提出不同的水质标准。对生活饮用水源地、风景名胜区水体、重要渔业水体和其他具有特殊经济文化价值的水体，划定保护区。保护区内禁止或限制工厂企业排放污水和进行其他有害于水质的行为。

6) 水质监测和现场检查制度。主管机关定期对水体水质进行监测评价，有权对管辖范围内的排污单位进行现场检查。被检查单位必须如实反映情况，提供必要资料。主管机关对违反规定的排污单位，有权提出劝告、警告和罚款，并可发出停止排放的命令。

7) 紧急事故强制处理制度。在生活饮用水源受到严重污染、威胁供水安全等紧急情况下，有关地方政府可采取强制性应急措施，包括责令有关企业事业单位减少或停止排放污染物。

8) 维护水体自净能力制度。在调节、调度水资源时，要统筹兼顾，尽可能保证河流、湖泊合理的最小流量(最低水位)以维护水体的自然净化能力和生态平衡。

1.3.3　我国水质概况

根据2015年6月国家环保部公布，全国423条主要河流、62座重点湖泊(水库)的968个国控地表水监测断面(点位)开展了水质监测，Ⅰ~Ⅲ类水质断面占比63.1%，Ⅳ、Ⅴ类水质断面占比27.7%，劣Ⅴ类水质断面占9.2%。329个地级及以上城市开展了集中式饮用水水源地水质监测，取水总量为332.55亿t，达标水量为319.89亿t，不达标水量占比3.8%。4896个地下水监测点位中，水质为优良级至较好级的监测点比例为38.5%，较差级和极差级的监测点比例为61.5%。

以2014年为例，长江、黄河、珠江、松花江、淮河、海河、辽河等七大流域和浙闽片河流、西北诸河、西南诸河的国控断面中，Ⅰ~Ⅲ类水质断面占49.3%；Ⅳ~Ⅴ类水质断面占19.8%，劣Ⅴ类占9.0%。其中淮河流域 国控断面中，无Ⅰ类水质断面，Ⅱ类占7.5%，Ⅲ类占48.9%，Ⅳ类占21.3%，Ⅴ类占7.4%，劣Ⅴ类占14.9%。主要支流国控断面中，无Ⅰ类水质断面，Ⅱ类占4.8%，Ⅲ类占28.5%，Ⅳ类占31.0%，Ⅴ类占11.9%，劣Ⅴ类占23.8%。主要支流中，洪河为重度污染，涡河为中度污染，颍河、浍河和沱河为轻度污染，浉河、潢河、史河、史灌河和西淝河水质良好。海河流域 国控断面中，Ⅰ类水质断面占4.7%，Ⅱ类占14.1%，Ⅲ类占20.3%，Ⅳ类占14.1%，Ⅴ类占9.3%，劣Ⅴ类占37.5%。主要污染指标为化学需氧量、五日生化需氧量和总磷。海河干流2个国控断面分别为Ⅳ类和劣Ⅴ类水质。海河支流国控断面中，Ⅰ类水质断面占6.0%，Ⅱ类占12.0%，Ⅲ类占20.0%，Ⅳ类占12.0%，Ⅴ类占6.0%，劣Ⅴ类占44.0%。海河主要支流中，北运河、岔河、龙河、潮白新河、大沙河、大石河、府河、滏阳河、洵河、南排河、卫河、卫运河、宣惠河、永定新河和子牙新河为重度污染，妫水河、南运河和漳卫新河为中度污染，御河、洋河、绵河和清水河为轻度污染，其余支流水质均为优或良好。

全国62个重点湖泊(水库)中，7个湖泊(水库)水质为Ⅰ类，11个为Ⅱ类，20个为Ⅲ类，15个为Ⅳ类，4个为Ⅴ类，5个为劣Ⅴ类。主要污染指标为总磷、化学需氧量和高锰酸盐指数。太湖湖体20个国控点位中，Ⅳ类水质占90.0%，Ⅴ类占10.0%，全湖平均为Ⅳ类水质。主要污染指标为化学需氧量和总磷。环湖河流34个国控断面中，Ⅱ类水质占5.9%，Ⅲ类水质占38.2%，Ⅳ类水质占32.4%，Ⅴ

类占 14.7%，劣Ⅴ类占 8.8%。巢湖湖体 8 个国控点位中，Ⅲ类占 12.5%，Ⅳ类占 50.0%，Ⅴ类占 37.5%，全湖平均为Ⅳ类水质。主要污染指标为总磷和化学需氧量。环湖河流 11 个国控断面中，Ⅱ类占 9.1%，Ⅲ类占 63.6%，劣Ⅴ类占 27.3%。滇池湖体 10 个国控点位水质均为劣Ⅴ类。主要污染指标为化学需氧量、总磷和高锰酸盐指数。环湖河流 16 个国控断面中，Ⅱ类占 6.2%，Ⅲ类占 6.2%，Ⅳ类占 18.8%，Ⅴ类占 50.0%，劣Ⅴ类占 18.8%。

全国 202 个地级及以上城市开展了地下水水质监测工作，监测点总数为 4896 个，其中国家级监测点 1000 个。水质为优良级的监测点比例为 10.8%，良好级的监测点比例为 25.9%，较好级的监测点比例为 1.8%，较差级的监测点比例为 45.4%，极差级的监测点比例为 16.1%。主要超标指标为总硬度、溶解性总固体、铁、锰、“三氮”(亚硝酸盐氮、硝酸盐氮和氨氮)、氟化物、硫酸盐等，个别监测点有砷、铅、六价铬、镉等重(类)金属超标现象。

流域地下水水质监测井主要分布在北方 17 个省(自治区、直辖市)平原区，基本涵盖了地下水开发利用程度较大、污染较严重的地区。监测对象以浅层地下水为主，易受地表或土壤水污染下渗影响，水质评价结果总体较差。2071 个测站数据评价结果显示：水质优良的测站比例为 0.5%，良好的测站比例为 14.7%，无较好测站，较差的测站比例为 48.9%，极差的测站比例为 35.9%。主要污染指标除总硬度、锰、铁和氟化物可能由于水文地质化学背景值偏高外，“三氮”污染情况较重，部分地区存在一定程度的重金属和有毒有机物污染。

北京、天津、河北、山东、河南和辽宁典型农业种植区的 1857 个取样点监测结果表明，地下水硝酸盐(以 N 计，下同)平均含量为 10.9mg/L。其中，蔬菜种植区地下水硝酸盐平均含量最高，为 15.6mg/L；其次为其他农田利用类型(主要包括花卉、棉花等农业利用类型)，地下水硝酸盐平均含量为 12.8mg/L；再次为粮食作物种植区，地下水硝酸盐平均含量为 9.7mg/L；果树种植区地下水硝酸盐平均含量最低，为 6.1mg/L。样点总体地下水硝酸盐平均含量和不同农田利用类型地下水硝酸盐平均含量符合《地下水质量标准》(GB/T 14848-93)Ⅲ类标准要求。

全国近岸海域国控监测点中，一类海水占 28.6%，二类占 38.2%，三类占 7.0%，四类占 7.6%，劣四类占 18.6%。主要污染指标为无机氮和活性磷酸盐，点位超标率分别为 31.2%和 14.6%。其中渤海近岸海域一类、二类海水占 73.4%；黄海近岸海域一类、二类海水占 83.3%；南海近岸海域一类、二类海水占 88.3%；东海近岸海域一类海水占 2.1%，二类占 27.4%，三类占 9.4%，四类占 13.7%，劣四类占 47.4%。

9 个重要海湾中，黄河口水质优，北部湾水质良好，胶州湾水质一般，渤海湾、辽东湾和闽江口水质差，杭州湾、长江口和珠江口水质极差。

198 个入海河流监测断面中，84 个为Ⅰ~Ⅲ类水质，占 42.4%，78 个为Ⅳ~Ⅴ类水质，占 39.4%，36 个为劣Ⅴ类水质，占 18.2%。

由上述数据看出，我国的水污染已到触目惊心程度，加大水污染控制力度已刻不容缓，势在必行。近几十年来，随着经济的高速发展、城市化进程的加快和人口的持续增长，污染物产生量也持续增加，我国水环境受到了空前的压力，水体污染、水质恶化等问题层出不穷，不仅对周边自然生态环境造成了恶劣的影响，也严重威胁到了人民的生命健康安全，更已然成为我国 21 世纪可持续发展的重大制约之一。

因此，在《国家环境保护“十二五”规划》强调着力“深化主要污染物总量减排、努力改善环境质量、防范环境风险”的指引下，对水环境污染的综合常规治理尤为重要。当前世界各国间交流交往频繁，国际间的合作日益密切，国际先进的水污染控制理论、技术、方法及成功的治理经验为我国的水污染防治提供宝贵的借鉴，自 20 世纪 60 年代末后，国内外对水环境治理进入综合防治阶段，我国在当前的水污染防治阶段，除研究和发展控制各种污染的新技术、新方法外，更为迫切地需要能够定量地描述水环境管理系统中各种复杂因素动态演化的状态，有助于水污染研究综合防治的策略选择。

1.4 我国水资源保护和水质管理相对滞后的原因

我国的水质管理起步比较早，20 世纪 50 年代中国科技工作者已注意到水质污染问题。1972 年北京市开始加强水源保护，对官厅水库供水系统进行了有组织、有计划的水质管理。自此，先后开展了松花江水系、蓟运河、白洋淀等水系的水质保护。1979 年颁布的《中华人民共和国环境保护法(试行)》规定：“保护江、河、湖、海、水库等水域，维持水质良好状态”，确立了环境影响报告书、三同时、排污收费等管理制度。1984 年制定了《中华人民共和国水污染防治法》，全面规定了水质管理的各项制度。中国的水质管理实行区域管理与流域管理相结合的体制。地方由环境保护、航政、水利管理、卫生、地质矿产、市政等部门分工协作进行管理。在长江、黄河、淮河、松花江、辽河、海河、珠江等重要江河设立流域水资源保护局(办公室)，负责组织、协调有关地区，进行流域管理。

但是，总的来看我国的水质管理还是相对滞后的。滞后的原因可以概括成以下几个方面。

1.4.1 对水资源保护和水质管理的认识不足

对水质管理的重要性认识不足，长期的经济粗放增长都是以忽略环境因素为代价的。更重要的是，管理者对水质管理的复杂程度没有足够的认识。以淮河的水质管理为例，《淮河流域水污染防治规划及“九五”计划》(以下简称《规划及“九五”计划》)的总量控制目标过于雄心勃勃，就表明了各级政府和研究机构对淮河流域水污染防治工作的长期、艰巨、复杂和困难认识不足。1994年，国务院环境保护委员会提出，20世纪末淮河水变清。1995国务院颁布的《淮河流域水污染防治暂行条例》(以下简称《淮河条例》)和《规划及“九五”计划》以政策和计划形式肯定了这一要求，确定了具体的总量控制目标，把全流域COD的排放总量从1993年的150万吨削减到2000年的36.8万吨。后来的事实证明，这是一个无法实现的目标。今天必须承认，这是一个没有建立在严谨的科学研究和准确的统计调查基础上的重大决策。负责编制水污染防治计划的主管部门和研究机构，没有认真分析和研究中央政府这一要求的可行性，而是把它视为一个必须完成的政治目标，据此“倒推”，编制了“能够”使“淮河2000年水体变清”的计划。编制计划所依据的信息混乱甚至失实，也为编制合理可行的计划制造了困难。例如，关于“九五”计划总量控制目标完成情况，《淮河流域水污染防治“十五”计划》(以下简称《“十五”计划》)中的数据是《规划及“九五”计划》目标和国家环保总局报告的2.87倍，年鉴的2.65倍。如此失实的统计数据，不仅无从判断《规划及“九五”计划》的完成情况，而且给中央和各级地方政府编制和决策“十五”计划制造了非常大的困难①。《规划及“九五”计划》的失败和统计数据的混乱，也为“十五”计划的评估和“十一五”计划的实施提出了严肃的问题。为什么统计结果的差距会如此之大，造成这一问题可能主要是由于原因：各级政府的环保部门，特别是国家环境保护总局对于淮河流域污染源排放信息的掌握严重失控。根据《水污染防治法》的第十四条的要求，“直接或者间接向水体排放污染物的企业事业单位，应当按照国务院环境保护部门的规定，向所在地的环境保护部门申报登记拥有的污染物排放设施、处理设施和在正常作业条件下排放污染物的种类、数量和浓度，并提供防治水污染方面的有关技术资料”。如果淮河流域的污染源认真遵守《水污染防治法》，如果地方政府的环境保护部门认真监督当地的污染源，如果地方环保部门把本地污染物排放信息如实上报上级环保部门直至国家环境保护总局，淮河流域的污染物排放信息和总量控制执行情况就不会是一笔糊涂账。对生活污水排放量估计过低也是数据混乱的原因之一。例如关于生活污水COD排放量占总排放量的比例，《规划及“九五”计划》估计只占1/3，“十五”末的实际水平是《规划及“九五”计划》预计的几乎两倍，占到2/3，排放量增加了30万吨以上。统计指标设置失当也在

① 本研究认为，《“十五”计划》和水利部关于“九五”末COD排放量的数字是可信的。这两项数字表明，基于1993年的COD排放量，经过6年治理，淮河流域的COD排放总量减少了50万~60万t。从编制“十五”计划的要求和可行性考虑，这两项数字也是合理的。

一定程度上造成信息的混乱。由于各控制断面主要水污染物入河量与排放量数据的推算依据不一致，在此基础上得到的削减量也就缺少依据。不仅断面之间比率不同，各省之间的差异也非常大。例如 2000 年的入排比，河南省是 0.726，山东是 0.646，江苏却高达 0.879。省间差距竟达 23.3%。在国家环保主管部门没有能力全面监测和掌握入河量的情况下，设置入河量削减指标没有实际意义。如前所述，由于计划的总量控制目标只是包括工业污染源和生活污染源，对于面源污染、人工调控水量的数据都十分缺乏，在此基础上制定的总量控制目标很难与水质目标相对应。失真的信息成为编制计划的依据，并纳入公开出版的官方出版物，不仅使得失真的信息进一步扩大影响，而且极大伤害了政府统计的可信性，损害了政府的权威。

1.4.2 水质管理的配套制度建设严重滞后

水质管理的配套制度建设严重滞后。仍以淮河为例。《规划及“九五”计划》和《“十五”计划》都将水质目标作为规划实施效果考核目标，但是早期没有明确水质目标评估方法，如水质监测频次、统计方法等，使得考核评估工作没有统一的依据。不同部门水质评价结果是达标或者不达标，都不清楚所采用监测数据的取样分析频次，以及评价是以日均值、周均值、月均值还是年均值为准。直到国家环境保护总局 2005 年颁布的《淮河流域水污染防治工作目标责任书(2005—2010年)执行情况评估办法(试行)》和《淮河流域城市水环境状况公告办法(试行)》中，才对城市水环境质量目标控制断面考核评价方法做出较为明确的规定。虽然该评估办法提出了较为具体的评价依据，但是对未设置水质自动监测站的跨界断面采取每月一次监测，数据的代表性不足可能会影响考核的实效。此外，该办法对达标评价的要求也过于宽松。

1.4.3 体制问题仍然没有理顺

我国水质管理相对滞后，暴露出中央和地方政府的水质管理体制存在的问题。一直有研究认为，改革流域管理体制是解决水污染问题的根本出路。本书认为，改革流域管理体制固然重要，但需耗费时日，又谈何容易。其实在现行体制之下，通过水污染防治计划的制定与实施，协调好政府管理体制内的三个关系，依然可以取得水污染防治的进展。首先，中央政府和地方政府的关系。管理像淮河这样的跨省流域，中央政府的作用无复多言。早在 1988 年 1 月，国务院就批准成立了淮河流域水资源保护领导小组。《淮河条例》规定了领导小组的职责是负责协调、解决有关淮河流域水资源保护和水污染防治的重大问题，监督、检查淮河流域水污染防治工作，并行使国务院授予的其他职权。领导小组组长单位为国家环境保护总局和水利部，副组长单位为流域四省人民政府，领导小组办公室设在淮河流域水资源保护局。可以认为，领导小组的组成既体现了中央政府对淮河流域水污染防治的领导作用，也反映了中央与地方政府的领导和被领导的关系。但是在水污染防治计划的制定和实施过程中，领导小组作用似乎一直被局限于宏观的指导和检查。例如《"十五"计划》中规定国家环境保护总局会同国务院有关部门进行年度考核，确保淮河流域水污染防治"十五"计划目标任务的完成。但是采取什么措施确保，如果地方政府的任务没有完成如何处置，计划中都没有具体措施。《淮河条例》规定了四省人民政府各对本省淮河流域水环境质量负责。《"十五"计划》也规定了各省政府的责任和义务。但是这一原则要求在计划中并没有相应的具体规定和措施，以及约束性要求。实际上沿淮四省又把这一责任继续下放到了市、县政府。而越往下，地方政府在水污染控制上的考虑就越是基于自身和地方利益。

其次，除了中央和地方政府之间的水质管理体制不顺之外，同级的环保和水利部门之间的协调也是问题。很显然，虽然淮河流域的水污染防治涉及诸多政府部门，但其中最直接的是两个：环保部门和水利部门。这也是为什么领导小组的两个组长单位是环保总局和水利部的理由。但是在淮河流域的水污染防治中，环保和水利两个部门的关系并不和谐。对于水质的监测就是一个例子。在《"十五"计划》中关于监督管理机制仍然是自上而下的模式，上级政府对下级政府、上级监察机构对下级监察机构进行监督。在信息不对称的情况下，实行自上而下的监督管理难以行之有效。而社会公众及媒体出于对淮河流域环境问题的关注，在没有准确、可靠的信息公布时，往往会夸大对政府执行能力的质疑。

再次，体制不顺还表现在水质管理的规划制定和执行中公众参与度不高，我国到目前为止，还没建立通过程序化的方式让公众参与规划制定和执行全过程的机制。但实际上，只有公众的积极参与，才能让社会各界对水质管理目标达成共识，对规划执行过程进行监督，才能有效降低政府监管成本，并提高监管效果。

1.4.4 政府的水资源保护和水质管理的政策法规体系欠完善

为了执行好水污染防治计划，实现水污染防治目标，有必要明确水污染防治政策和计划的不同作用以及政策与计划之间的关系。中国关于水污染防治的政策，包括法律、法规和行政规章，通常是从总体、宏观上提出规范和要求，很少关于如何执行政策的具体措施和详细规定。而水污染防治计划，虽然也是政府的决策，其功能却主要不是制定政策，而是关于既定政策的执行。政策与计划之间的关系，政策是提出要求和原则，计划是执行政策的具体手段，是水污染防治法律、法规和政策的延伸和细化。如果计划还依旧停留在宏观政策的状态，仅仅是继续重复法律和政策已经提出的原则要求，而疏于操作和执行，则计划的作用无从彰显，计划的目标自然也就无法实现。

在国务院颁布的《淮河条例》中，重申了在淮河流域治理水污染的一系列法律要求，包括沿淮各省政府要对辖区内的水环境质量负责；要实行污染物排放总量控制和发放排污许可证；收缴的排污费必须全部用于水污染治理，不得挪作他用，等等。这样的政策要求虽然已经非常全面，但是在《淮河条例》中没有如何执行的具体规定。中央和地方政府制定的淮河流域水污染防治计划，一个最重要的作用应当提出执行这些法律和政策的具体措施，而不是仅仅限于再次重复这些原则的国家法律和政策。但是遗憾的是，在计划中，法律和政策可操作性不强的问题依然存在，而计划本来应当具有执行法律政策的功能却没有体现出来。

经过多年发展，中国的水污染防治政策体系已经具有相当规模。但是在淮河流域的水污染防治工作中，面对众多的政策手段，不应当饥不择食，一拥而上，而是需要选择最行之有效的政策，在计划中给予中心的地位，相应制定出具体的实施办法。再辅之以其他政策手段，方有可能取得水污染防治和水质管理的实质性进展。

1.5　加强水资源保护和水质管理控制的现实意义

总的来看，我国水资源总量虽然较多，但人均占有量较少。水资源地区分布不均、水土资源组合不平衡，年内分布集中、年际变化大，连丰连枯年份比较突出，河流的泥沙淤积严重，造成了中国容易发生水旱灾害，水的供需产生矛盾。

我国政府历来高度重视水利和水资源保护工作，在 2009 年年初召开的全国水利工作会议上，回良玉副总理代表国务院提出了实行最严格的水资源管理制度的要求；2009 年 2 月，全国水资源工作会议召开，全面部署水资源管理工作，会上，陈雷部长发表“实行最严格的水资源管理制度，保障经济社会可持续发展”重要讲话，明确提出了实行最严格水资源管理制度的基本思路和工作框架，强调要围绕水资源的配置、节约和保护，划定水资源开发利用红线、水功能区限制纳污红线和用水效率红线；2011 年出台了中央一号文件《关于加快水利改革发展的决定》，决定说，近年来我国频繁发生的严重水旱灾害造成重大生命财产损失，暴露出农田水利等基础设施十分薄弱，必须大力加强水利建设。水利是现代农业建设不可或缺的首要条件，是经济社会发展不可替代的基础支撑，是生态环境改善不可分割的保障系统，具有很强的公益性、基础性、战略性。加快水利改革发展，不仅事关农业农村发展，而且事关经济社会发展全局；不仅关系到防洪安全、供水安全、粮食安全，而且关系到经济安全、生态安全、国家安全，要把水利工作摆上党和国家事业发展更加突出的位置，着力加快农田水利建设，推动水利实现跨越式发展。

对于我国来说，缓解严峻的水形势主要有以下措施：①节水优先，综合规划管理，主要体现在控制需求，创建节水型社会，在国家发展过程中，选择适当的发展项目，建立“有多少水办多少事”的理念，同时需要采用良好的管理和技术手段，提高水资源利用效率，杜绝水资源浪费；②治污为本，这要求我国的水污染防治战略应尽快实行调整，从末端治理转向源头控制和全过程控制；③多渠道开源，特别重视非传统水资源，包括雨水、经过再生处理的废水、海水和空中水。

汪恕诚部长指出通过水资源的优化配置，提高水资源的利用效率，实现水资源可持续利用，这是21世纪我国水利工作的首要任务。

我国水资源保护和水质管理方法落后，水资源配置、水权交易机制尚未形成，水环境管理方法相对落后等多种复杂因素，导致了水资源保护和水质管理方法还不能适应目前严峻的水污染形式和水污染控制发展的内在要求。所以说，我国水资源保护和水质管理控制是一项十分艰巨的课题，解决这个问题需要从理论与方法上进行不断的深入探究。对流域水资源实行统一管理、统筹规划，形成预防为主、防治结合、综合治理的水资源保护和水质管理体系。

淮河流域位于我国东部，西起伏牛山，东临黄海，南以大别山、江淮丘陵与长江流域分界，北以黄河和沂蒙山与黄河流域毗邻，地跨湖北、河南、安徽、江苏及山东5省的39个地(市) 、178个县(市) ，总面积约27万km^2。流域内人口约1.65亿，耕地面积约1333万hm^2，是国家重要的农产品基地。工业以煤炭、电力、食品、轻纺工业为主，国内生产总值约占全国的1/7，在我国国民经济中占有举足轻重的地位。但是淮河流域水资源严重不足，全流域人均水资源488m^3，是全国人均水量的18%，每公顷平均水量为4935m^3，仅占全国平均的19%。水资源和水环境问题已经成为影响淮河流域经济社会可持续发展的主要制约因素。

对于淮河沿海支流及通榆河流域来说，经济发展与资源的冲突，突出表现为经济发展与水资源的冲突。由于人口剧增和工业化的推进，淮河流域的水资源环境逐步恶化。如何有效地控制和扭转淮河流域水资源环境继续恶化的局面和保护有限的水资源环境，实现淮河流域水资源持续开发利用，已是摆在我们眼前一个刻不容缓的重要任务。如何从全局的高度出发，在现有经济发展状况和产业结构的基础上，通过加强水资源的保护和管理，合理分配有限的水资源，实现对水质的合理管理和控制，正确处理好区域经济、社会、环境各系统在水资源利用中的矛盾，是一个亟需研究解决的课题。

1.6 国内外研究进展

淮河沿海支流水资源保护和水质管理是一项综合复杂的环境系统工程，不仅需要环境立法制度的保障，需要科学的水资源保护和水质管理理论研究方法为指导，采取先进的污染控制技术，系统地治理管理。此外，还需借鉴国外先进的水资源保护和水质管理理论方法技术，使流域治理走向多元化，综合化。

国内外水资源保护和水质管理控制的研究，目前主要集中在以下几个方面：水环境管理体制的研究、水资源的合理配置研究、水资源可持续利用研究及水环境管理中新技术的开发研究等。

1.6.1 水环境管理体制方面

国外水环境管理体制分国家级、流域级及区域级三种管理体制，其中国家一级又分为环保部门集中管理、有关部门分散管理、水利部门集中管理、低级别的集成分散管理和高级别的集成分散管理几种模式。这里重点分析美、英、法的水环境管理模式。

20 世纪 90 年代以后，美国所采用的水环境管理模型与“集成管理模型”有很多共同点。从某种意义上讲，美国流域水环境管理是一种“集成-分散”式的管理模式。“集成”体现在由统一的流域水环境管理部门进行政策、法规与标准的指定，以及流域水资源开发利用与水环境保护部门所涉及的各部门与地区间的协调。“分散”则表现为各部门、地区按分工职责与区域水资源、水环境分别进行管理。如此，既发挥部门与地区的自主性，又不失全流域的统筹与综合管理。美国的流域委员会是由流域内各州州长、内务部成员及其代理人组成。尽管人数不多，但权力很大，包括计划的制定与实施，水利项目的管理与经营，水环境监督管理等。所有这些职能是委员会成员无法单独完成的，它以一种合作的方式行使签约各方(水环境管理各个部门)的职能，例如环保部门(委员会的组成成员)以合作的方式行使其水环境管理职能：水环境监督管理。

英国在流域层面实施的是以流域为单元的综合性集中管理，在较大的河流上都设有流域委员会、水务局或水公司，统一流域水资源的规划和水利工程的建设与管理，直至供水到用户，然后进行污水回收与处理，形成一条龙的水管理服务体系。

法国的流域水环境管理实行的是“综合-分权”管理，如各流域都有一个流域委员会和水理事会，前者代表地方政府而不是中央政府，旨在促进流域内各机构履行其作用和职责，而后者在执行流域委员会决定的同时，还对中央政府负责，从事各项具体技术工作；让公营和私营公司通过投标参与供水和污水处理工作；进行费用回收并采取鼓励政策，要求供水公司向流域机构上交部分水费收入，流域机构征收污染罚款。“综合-分权”也是一种集成思路。

在我国，水环境管理涉及水利水电部、国土资源部、林业部、农业部、环境保护部、交通部等，各省、市、自治区也都设有相应的机构，基本上属于分散型管理体制。1984 年国务院指定由水利水电部归口管理全国水资源的统一规划、立法、调配和科研，并负责协调各用水部门的矛盾，开始向集中管理的方向发展。但所谓集中也只局限于水资源开发利用方面，在其他诸如水资源保护等还是分部门管理。在我国，水资源管理与水污染控制分属不同部门管理，水量与水能由水利水电部门管理，城市供水与排水则由市政部门管理。国家环保部虽然全面负责水环境保护与管理，但是它与其他很多机构分享权力，交叉多，很多职能被其他部门瓜分，如水功能区划、生态用水与湿地保护等。另外，由于缺乏统一的、更高一级的协调部门，各部门各自为政，难以实现“统一规划、合理布局”。

1.6.2 水资源配置方面

水资源合理配置研究的发展，是与水资源的持续利用和人类社会协调发展密不可分的。随着科技的进步，水资源合理配置基础设施建设和管理手段的进一步完善，真正意义上的水资源合理配置已成为可能。以水资源系统分析为手段、水资源合理配置为目的的各类研究工作，源于 20 世纪 40 年代 Masse 提出的水库优化调度问题。50 年代以后，随着系统分析理论和优化技术的引入以及 60 年代计算机技术的发展，水资源系统模拟模型技术得以迅速研究和应用。美国陆军工程师兵团(USACE)1953 年提出了最早的水资源模拟模型，解决了美国密苏里河流域 6 座水库的运行调度问题。美国麻省理工学院于 1979 年完成的根廷河 Rio Colorado 流域的水资源开发规划，是最具成功和有影响的例子。其中，以模拟模型技术对域水量的利用进行了研究，并提出了多目标规划论、水资源规划的数学模型方法，并加以应用。

伯拉斯(1983)所著的《水资源科学分配》可以说是较早地系统研究水资源分配理论和方法的专著。该书简要阐述了 20 世纪 60、70 年代发展起来的水资源系统工程学内容，较为全面地论述了水资源开发利用的合理方法，围绕水资源系统的设计和应用这个核心问题，着重介绍了运筹学数学方法和计算机技术在水资源工程中的应用。研究这些方法的目的在于：初步筛选系统的有关方案，作为进一步分析的方案；然后，详细分析这些方案，得出一个或几个最优设计。该书是“数学分析应用在水资源工程中的研究成果及其推广的结果”。

我国水资源科学分配方面的研究起步较迟，但发展很快。20 世纪 60 年代，开始了以水库优化调度为先导的水资源分配研究。80 年代初，由华士乾教授为首的研究小组对北京地区的水资源利用系统工程方法进行了研究，并在国家"七五"攻关项目中加以提高和应用(华士乾，1988)。该项研究考虑了水量的区域分配、水资源利用效率、水利工程建设次序以及水资源开发利用对国民经济发展的作用，成为水资源系统中水量合理分配的雏形。随后，水资源模拟模型在北京及海河北部地区得到了应用。

20 世纪 80 年代后期，学术界开始提出水资源合理配置及承载能力的研究课题，并取得初步成果。80 年代中，新疆水利厅在自治区科委的支持下，会同有关单位进行了"新疆水资源及其承载能力和开发战略对策"的课题研究(1988)。该课题深入研究了首次涉及水资源承载力的分析计算方法，并提出初步成果。中国水利水电科学研究院、航天工业总公司研究所和清华大学相互协作，在国家"八五"攻关和其他重大国际合作项目中，系统地总结了以往工作的做法和经验，将宏观经济、系统方法与区域水资源规划实践相结合，形成了基于宏观经济的水资源优化配置理论，并在这一理论指导下提出了多层次、多目标、群决策方法。具体体现所提理论和方法的区域水资源优化配置决策支持系统，应用到了华北水资源专题研究成果上(中国水利水电科学研究院，1994)。

1.6.3 水资源可持续利用方面

水资源可持续利用旨在保证水资源的可持续性下，既要为社会经济的可持续发展提供安全可靠的淡水供应，又要保证生态环境良性发育所需的淡水资源，以达到区域内人口、资源、社会、经济、环境的协调发展，其目的是为保障人类社会健康持续的发展。

20 世纪 60 年代以前，世界各国在研究水资源的利用方面，很少考虑到对社会生态环境的影响，直至 60 年代末，由于生态环境的恶化，环境保护才逐渐被提上议程(Biswas, 1982; Biswas, 1988)。可持续发展思想形成以后，水资源保护和可持续利用得到国外众多专家学者的重视，许多学者对此进行了有益的探索与研究，取得了一定的进展。Biswas(1988)对发展中国家水资源可持续开发利用进行了综述，认为在 20 世纪 60 年代，水资源开发项目中最初只考虑技术和经济因素，忽略了环境和社会问题。后考虑到许多开发项目对社会和环境的不利影响，在 60 年代末才逐渐地把环境保护变成了政治议程上的一个重要条款。1992 年在柏林召开的国际水和环境大会——21 世纪发展与展望会议上，提出了水资源系统及其可持续性研究问题。Plate(1993)指出传统的系统和可持续的系统间的主要区别，就在于预期变化的引入，这种变化包括系统本身的老化、社会需水状况和供水情况的变化等。他认为在对一个可持续开发的水资源系统进行规划时，应当从以下几个方面来考虑：①社会条件动态变化的水资源规划；②在变迁环境中的水资源规划问题；③关于持续开发中的环境问题；④持续的水资源系统应当能够永远适应经济和社会的持续增长和发展。进入21世纪以后，水资源可持续发展研究由理论性研究转入应用性研究。同时，水资源综合管理成为研究的主流。Daniel等(2000)建立了水资源可持续发展的评价标准和指标体系，包括公共卫生、社会文化、经济技术和环境。Bernhardi等(2000)指出水资源管理问题非常复杂，涉及自然、技术和环境以及政策等多方面的内容，并针对水资源建立了专案管理模型。Loukas(2007)建立了水资源可持续发展评价模型系统，模型中包括水文模型、水库管理模型和用水需求预测模型三部分，此模型能够揭示水资源管理措施对于需求平衡的影响，并通过不同方案寻求可持续发展的水资源管理模式。

20世纪90年代开始，我国相关研究机构和学者从水资源保护、评价和规划及建立优化配置模型等各个方面，对水资源的持续开发利用进行了研究，主要集中在三个方面：概念提出、指标体系、评价方法。梅亚东等(1992)论述了水与自然生态和社会经济发展的关系，提出以水事活动为主体、由自然生态系统和社会经济系统复合而成的一类专业复合系统就是水资源复合系统，并概括了水资源复合系统的总体特征。以此为基础，系统论证了水资源生态经济复合系统的客观存在，探讨了水资源持续利用的原则、理论、方法与措施。陈家琦(1995)提出水资源可持续开发利用是生命支持系统和经济发展的重要支撑，必须从总体上进行综合开发和管理，才能实现水资源的可持续利用；同时还阐述了水资源可持续开发的技术思路：天然水源不因其被开发利用而逐渐衰减甚至枯竭，水工程系统的运行能力能较持久地保持其设计状态，一定范围内的水供需问题能随工程供水能力的增加及合理用水和节水措施的配合而长期保持相互协调状态等。薛惠锋等(1995)则通过剖析水资源的系统性、可恢复性，探讨水资源持续利用的概念内涵，并提出地上水、地面水、地下水“三水”统观、统管、统用是实现水资源持续利用的途径。刘恒等(2003)借鉴国际可持续发展标准和国内其他资源可持续发展的认知水平，构建水资源可持续发展评价指标体系，提出了水资源可持续发展能力的五级划分标准。王华等(2003)通过系统分析水资源可持续利用与经济社会可持续发展的辩证关系，建立了由1个目标层、6个准则层、32个指标组成的水资源可持续利用评价指标体系及其评价标准和综合评价方法，将主观指标和客观指标融入水资源可持续利用评价指标体系中。徐良方(2002)在分析国内外相关研究成果的基础上，建立了新的区域水资源可持续利用评价指标体系，提出运用离差法、主成分分析和层次分析方法计算指标，利用动态和静态相结合的方法对指标进行评价。宋松柏(2005)应用Bossel可持续发展基本定向指标框架建立了水资源可持续利用指标评价体系，并应用系统综合评价法，权重采用基于Bossel评分标准，以参考状态的离差平方和最大法计算，建立了水资源可持续利用系统发展综合指数和发展态势度量模型。何士华等(2005)根据多目标决策理论，将经济、环境、社会效益同时作为主要目标，在考虑区域水资源的支撑能力限制和经济、环境、社会发展对水资源的依存关系等规定性约束的基础上，建立了区域水资源可持续利用的动态多目标决策数学模型。孙才志等(2007)为避免单一模型评价结果主、客观性太强而与实际产生偏差，分别应用主观性强的层次分析法与客观性强的投影寻踪模型对大连市水资源可持续利用水平进行评价。

1.6.4 水环境管理中新技术应用方面

水环境问题是伴随着工业化、城市化的发展而产生，最早出现在西方发达国家，水污染控制的历史可以追溯到 19 世纪初，人类对水环境污染的治理由最初的点源控制到今天的面源控制，GIS、RS、GPS、计算机仿真模拟、人工智能等先进技术被充分运用于水环境管理中，通过快速、高效、准确、客观地分析处理大量监测数据信息，科学地实现水环境综合管理和远程自动控制。美国政府自 20 世纪 70 年代始逐步建立起一系列流域水环境管理的数据库，如美国环保局(USEPA) 建立的 STORET(storage 和 retrieval 合称) 系统和美国地调局的 WATSTORE。20 世纪 90 年代初，USEPA 又开始开发新一代的数据管理系统，用于直观、实时的存储海洋、淡水和生物检测数据。新的 STORET 系统具有良好的人机界面，支持保证控制信息的质量和存储的信息和资料，提供多种标准的输出格式，支持 GIS 应用。美国政府为用户提供水环境管理所需的各种基础数据和专业数据，并对数据进行维护、更新和管理，还致力于提供统一的模型方法、数据管理软件和统计分析软件，以提高水环境管理效率。

在水环境管理信息系统方面，USEPA 维护着全美两套水体、水质管理信息系统(LDC 和 STORET)，其中 LDC 是基于 Web 的 Oracle 数据库。这两套水质系统包涵了地表水体和地下水体生物学、化学和物理学方面的原始数据和历史水质数据，LDC 采集了 20 世纪初到 1998 年末的历史水质数据，STORET 自 1999 年初开始采集数据，并可调用 LDC 中的历史数据。美国在 GIS 技术、数据库建设、数学模拟等技术的集成应用方面，使用统一标准的数据库和统一的模型，模拟结果可用于不同区域之间的比较。信息技术的应用，能够使全美各种水环境数据库资源实现全社会的共享，不同流域水环境管理决策可以通过 Internet 获取及时详细的信息，并为全社会公众参与水环境管理创造了便利条件 (郭劲松等，2002)。

同国外发达国家相比，我国水环境信息化管理滞后，对水环境污染控制程度低下。水环境管理方法、技术相对落后，水环境管理还不能适应目前严峻的水污染形式和水污染控制发展的内在要求。20 世纪 60~70 年代，由于计算机技术(软、硬件)尚未成熟，对复杂模型的求解存在着困难，这一时期，水环境管理研究进展缓慢。进入 20 世纪 80 年代，随着系统工程和计算机技术等基础学科的深入研究和不断发展，以现代数学和计算机技术为基础的规划方法不断涌现并渐趋成熟。到了 20 世纪 90 年代，人工智能技术、信息技术、计算机技术等新技术不断创新和演进，地理信息系统(GIS)、人工神经网络(或称类神经网络，artificial neural network，ANN)理论与技术等取得重要科技成果，并在水环境管理、水污染控制领域发挥了巨大的潜能 (彭胜华等，2001)。

我国自 20 世纪 70 年代末开始进行地理信息系统(GIS)的技术研究。GIS 以空间数据库为核心，采用空间分析和建模的方法，实时提供多种空间的和动态的资源与环境信息，涉及人工智能、环境工程、规划理论、数学、地理学等多种学科和专业，目前在城市规划、城市防灾、资源管理等领域得到迅速发展和应用。GIS 可以直观地对水体污染的不同程度进行分析，为水污染控制规划提供方便、准确、直观、实时的信息和资料，对水环境的管理极为有利。目前，GIS 在国内水污染控制中的应用正处于研究和发展之中。我国水利部门已有包括 170 多个主要测站的全国水环境信息管理系统，有广东那样的省级系统，有三峡库区那样的区域性系统，也有九州江那样的江河级系统，均以 GIS 为基础提取和显示数据。

我国对于人工神经网络(ANN)在水环境科学、环境工程中的应用也正处于探索阶段。人工神经网络(ANN)法是 20 世纪中期迅速发展起来的一种模仿生物神经网络的计算系统，ANN 以数据为驱动，通过对大量统计数据的学习，自适应地掌握数据的分类特征，从而建立输入输出之间的函数映射关系。它可以对水环境系统的不确定性、随机性的运行机理分析描述，依据此特性，可以在流域的水污染控制规划的指导下，对各个子系统：环境监测系统、水质监测系统、水文地质系统、气象和地理环境系统以及污染源监测系统等进行协调。杨志英在“BP 神经网络在水质评价中的应用”一文中，阐述了相关的原理并对湖泊富营养化进行了分析评价；郭劲松(2002)介绍了运用隶属度 BP 神经网络模型来做水质评价的相关问题，针对 BP 网络的一些固有缺陷进行了改进。总的来讲，神经网络模型属于综合评价模型，推导严谨，需综合考虑水环境的各种因素。

1.6.5 水资源与社会经济和生态环境整体分析方面

进入 21 世纪，特别是近几年来，我国国内对水资源保护与社会经济和生态环境关系方面逐渐重视，这方面文献增多，代表性的有：

李爱花等(2011)以协同学原理为基础，研究了水资源-经济社会-生态环境复合系统发展演进机理、模式、序参量、控制参量及整体调控框架，分析了水资源、经济社会、生态环境各子系统间、各要素间的相互作用关系。

陈重西等(2011)阐述了现代社会对水资源的依赖性，水的供应对气候因素的依赖性，粮食生产对水和气候因素的依赖性，解释了人类为获得淡水资源和宜居的生存环境，与天然和人类活动引起的气候变化问题有着密不可分的内在联系。

姚志春等(2011)以复杂系统科学理论和生态经济学原理为指导，论述了水资源生态经济系统的层次关联模式及动态反馈关系，分析了系统耦合关系的实质和特征，研究了各子系统之间关系的规律性及生态环境问题发生的机制。

李九一等(2012)综合考虑区域自产水和上游来水条件，构建了水资源支撑指数(WSPI)，通过构建全国评价模型，计算了 210 个水资源三级区以及省、县两级行政单元的 WSPI。据此划分了水资源支撑能力等级，探讨了我国水资源支撑能力空间格局，分析了其与人口、GDP 指标的关系，讨论了缺水区域空间分布及其缺水机理的差异性。

张吉辉等(2012)以 2004~2009 年我国 31 个省(自治区、直辖市)水资源分布、水资源配置相关数据为基础，对我国水资源分布、配置与经济发展要素匹配关系的时间演变规律进行了研究。

张玉山等(2012)基于水资源循环经济的理念，探讨了水资源可持续利用的原则与模式，初步提出了水资源循环经济可持续利用的保障体系。

王岌等(2012)界定了生态安全和农业安全的内涵与外延，探讨了农业水资源利用模式、生态安全和农业安全三者间的耦合关系。

杨朝晖等(2012)针对当前研究中存在研究内容不全面，忽视水量、水质和社会经济水平影响水资源生态价值的问题，分析并给出了水资源的生态服务价值的内涵及表达式。

吕王勇等(2011)利用主成分分析法，较全面地描述了水资源与社会经济发展的 7 个指标，针对四川省各地级市的发展情况，给出了各地级市水资源与社会经济发展的协调程度及排名。

焦士兴等(2011)构建了水资源利用生态位及其熵值模型，分析了水资源利用生态位与生态环境关系，并以河南省安阳市为例进行了研究。

程怀文等(2011)利用网络层次分析(ANP)方法，构建了缓解水资源短缺的社会适应能力定量评价模型。然后以黑河流域中游甘州区为研究区进行了水资源短缺的社会适应能力定量评价研究。

刘丙军等(2011)构建了一种基于协同学原理的流域水资源供需系统演化特征识别模型，并将此模型运用于东江流域，揭示了该流域不同发展时期水资源供需系统的协同异化特征演化规律。

刘金华等(2012)在 ORANIG 模型基础上，将水资源作为生产要素之一纳入 CGE 模型体系中，构建了天津市水资源 CGE 模型，针对天津市 2007 年国民经济发展状况及水资源开发利用情况，设置多情景模拟，通过研究不同供水量变动的经济系统参数变化情况，评估了天津市水资源的经济效果。

潘丹等(2012)通过构建水资源与农业经济增长的面板 VAR 模型，利用1998~2009 年我国省级面板数据，检验与分析了水资源与农业经济增长的内在依存和因果关系。

邓朝晖等(2012)基于 VAR 模型，通过变量平稳性检验和协整分析、广义脉冲响应和预测方差分解分析，利用我国 1980~2007 年水资源利用和经济增长相关数据，对我国经济增长与水资源利用的长期均衡关系及其动态性进行了实证分析。

李维乾等(2012)提出了一种利用层次分析法(AHP)和贝叶斯网络(BN)结合水资源因素综合评估陕西经济可持续发展度的方法。采用 AHP 从区域经济的发展性、可持续性、协调性三方面构建经济可持续发展指标体系，结合专家咨询法和 BN 自学习法得到各指标权重，计算了各市、区经济发展的要素值和水资源保障能力，并利用 BN 计算了区域经济可持续发展度，分析了水资源指标值提高与经济可持续发展变化之间的关系。

赵杨等(2011)从总量与构成两个层面分析了北京市的水资源在总量、供给、需求等方面的现状及近年来的变动趋势，分析了北京市水资源短缺的原因，并在此基础上，对加强水资源保护与管理提出了一系列政策建议。

盖美等(2011)从水资源、社会、经济三方面综合分析选取 24 项评价指标，构建了辽宁沿海经济带水资源-社会经济可持续发展评价指标体系，运用可变模糊识别模型逐层评价了辽宁沿海经济带水资源-社会经济可持续发展水平，系统分析了沿海经济带各地区水资源系统、社会系统、经济系统、支撑力、压力、承载力、和谐性变化趋势，并分别指出了各地区存在的主要问题。

高瑞忠等(2012)在统计鄂尔多斯市水资源与经济发展特征的基础上，分析了该市水资源与经济发展的协调度，提出鄂尔多斯市区域发展规划应充分考虑水资源与区域发展的协调程度，将水资源规划纳入该市区域发展的总体规划中，从而实现国民经济发展与水资源开发利用的整体协调。

孙建光等(2012)利用流域 GDP 增长的水资源利用的经济效应模型，分析了塔里木河流域国民经济产业用水量、用水结构和用水经济效率对 GDP 的经济效应。

张晓涛等(2012)采取区域基尼系数方法，对黄河流域地级行政区层面上经济发展与水资源利用、水资源与耕地资源、水资源与农业劳动力资源彼此之间的匹配状况进行了分析。

马利邦等(2012)基于遥感数据的解译分析，提出敦煌区域土地荒漠化趋势明显。根据实际测定的样方生物量与对应的土地利用类型面积拟合曲线，估算了这一时期自然植被的生物量，提出恢复和保护敦煌的生态问题，不仅需要调控党河流域的人类活动，也要调控疏勒河干流地区的人类活动。

此外，有大量的文献资料介绍不同区域或流域的水资源开发利用与社会、经济及生态环境之间的整体关系。例如，姚志春等(2011)探讨了河西走廊社会经济系统与水资源自然生态环境系统关系的优化调整；于森等(2011)考察了官厅水库和永定河(北京段)水资源及水环境的变迁情况并分析探讨了流域社会经济发展对该区域水资源和水环境的影响；邓铭江等(2011)对未来新疆水资源开发利用的调控方向进行了探索分析；牛最荣等(2011)分析了黑河流域地表水、地下水资源在调水前后的时空分布变化，评价了黑河生态调水引起水资源的时空变化规律；魏俊彪等(2012)针对黄河流域水资源过度开发利用及其对河流生态环境造成影响的问题，在整理近几十年黄河水资源利用资料数据的基础上，分析了黄河水资源量、取水和耗水现状及水资源条件的演变；高凡等(2012)以渭河宝鸡段为研究对象，以林家村、魏家堡为生态基流关键控制断面，建立基于河道生态基流保障的水资源调控模型、调控规则及调控方案集，对研究区不同水平年不同调控方案下基于河道非汛期生态基流保障的水资源调控结果进行了分析；刘引鸽等(2012)利用陕西省水资源和社会经济环境资料，结合 GIS 技术，依据区域生态风险评价的方法理论，采用层次分析法和综合指数法，建立了水资源压力-状态-响应的生态风险指标体系，分析了水资源经济和人口承载力，并对陕西省水资源生态风险的时空演化进行了综合评价。

1.6.6 水资源价值、水资源承载力与水资源系统

水资源价值方面的研究：国外对水资源价值研究较早，20 世纪 70 年代，水资源价值被认为是在既定的时间和既定的地点购买单位体积水资源的社会意愿和能够支付的最大值，或是在既定时间、地点和水流条件下，他人取用水时，水资源占有者可接受的单位水资源的最小费用。年杨格和格雷研究后认为水资源的价值不会超过最经济的水源的边际成本；Fakhraei 等研究了随机供水情况下水资源的价格稳定性与水量配给之间的规律；Moncur 等研究了城市用水定价与应对干旱的策略，还对水资源价格在干旱条件管理中的作用进行了研究。20 世纪 90 年代，Murdock 等研究了在用水预测中社会经济对人口统计特性的作用；在这一时期美国对水资源价值的研究具有领先优势，如对德克萨斯州格朗德河下游的河谷水市场与水权转让方面的实践。进入 21 世纪后，Dinar 等讨论了澳大利亚、巴西等国家进行的水价改革其政策性经济的得失；Bhatia 等对印度 Tamil Nadu 邦水危机下水在各个产业中的经济价值进行了计算并利用优化模型和投入产出模型研究了不同的水资源分配政策可能产生的影响；英国 Colin Green 等提出在水资源管理中应做出能满足现状条件和能为未来提供增长途径的选择；Glenn-Marie Lange 等采用

残值法对纳米比亚南部 3 个农场商业区的农用水进行了经济评价，该研究将经济原则引入了水资源管理与定价中。全球水伙伴计划建议实行水资源可持续综合管理。国内方面，1985 年我国学术界就对自然资源有偿使用和价格问题展开了学术讨论；之后，李金昌等翻译了《关于自然资源与折旧问题》等一系列有关论著，对我国的水资源核算研究起到了积极的推动作用；颜振元等提出了水资源的价格具有自然性、社会性和不确定性；张志乐等研究认为地租理论是天然水资源价格计算的基础，并提出水资源费或者间接水价的基本计算方法；姜文来等出版了专著《水资源价值论》，从不同角度探讨了水资源价值的来源和阐述了与水资源价值相关的理论；沈大军等通过总结国内外水价制定与实施的相关理论与方法，形成了专著《水价理论与实践》；温善章等运用影子价格法对黄河部分河段水资源价值进行了相关研究；贾绍凤等研究了提升水价对华北地区水资源需求产生的影响；孙光生等用平均成本定价法对西安市供水部门满足供水成本的水价和到位的综合水价进行了研究；毛春梅等以水资源价值理论为基础，测算了黄河水资源的理论价值；罗定贵采用模糊数学方法对抚州市应用二级模糊综合评价法对水资源的价值进行了评价；曹剑峰等研究并确定了水资源价值各影响因素权重的 AHP 方法，并以郑州为例进行了水资源价值计算。

虚拟水方面的研究：国际方面，虚拟水方面的研究大致经历了三个阶段：1993 年之前，以色列提出虚拟水贸易的思想，Allan 提出“嵌入水”的概念，之后改为“虚拟水”；1993~2001 年，虚拟水概念及相关的虚拟水战略正式提出，Haddadin 对外生水进行研究，McCalla 将水、粮食、贸易结合应用于中东一些地区；2002 年之后，第一次虚拟水贸易国际专家会议举行，Hoekstra 等先后提出了水足迹，并对荷兰的茶、咖啡虚拟水进行了研究，德国发展学会建立了虚拟水贸易的工作站，ISOE 建立了虚拟水贸易工作站，世界水资源司探讨虚拟水理论，D. Zimmer 和 D. Renault 提出了基于不同产品类型的虚拟水计算方法，他们以及 Oki 等还分别进行了虚拟水的实证研究。在国内方面，程国栋最早在国内提出虚拟水概念及虚拟水战略；刘宝勤等研究认为虚拟水理论基础应包括：资源流动理论、资源替代理论和比较优势理论等；王红瑞等对我国未来虚拟水及虚拟水贸易研究中应关注的问题进行了研究。

水资源承载力方面的研究：国外，1998 年美国陆军工程兵团(US Army Corps of Engineers)和佛罗里达州社会事务局(Florida Department of Community Affaire) 共同委托 URS 公司对佛罗里达 Keys 流域的承载能力进行研究；Falkemnark 等研究了全世界或一些发展中国家的水资源使用限度；斯莱瑟采用系统动力学方法，综合考虑了人口、资源、环境与经济发展之间的关系，提出了 ECCO 模型；Joardor 等从供水角度对城市水资源承载力进行了相关研究；Rijibemnan 等将水资源承载力作为城市水资源安全保障的具体衡量标准；Harris 研究了农业生产区的水资源农业承载力，并将此作为区域发展潜力的一项指标。在国内，这方面系统的、科学的理论体系尚待完善，目前研究大多是根据区域或流域的特征以及经济社会发展状况，从水资源的自然属性和社会属性入手，基于可持续发展理论，运用一定的方法来解决水资源承载力问题。如，新疆水资源软课题组对新疆水资源承载能力和开发战略进行的研究；施雅风等对乌鲁木齐和流域水资源承载力研究；曲耀光等对黑河流域水资源承载能力的研究；王在高等对岩溶地区水资源承载能力的研究等，其基本上是通过采用常规趋势法对社会经济各部门及生态环境用水比例适当的前提下水资源的承载能力进行研究；许有鹏、秦莉云、王余标、张鑫等通过模糊综合评价的方法对研究区水资源承载力进行研究；傅湘等用主成分分析法对陕西汉中平坝地区的水资源承载力进行分析；魏斌、王建华、陈冰、惠涣河、陈兴鹏、吴久红等均基于系统动力学法对各自研究区水资源承载力进行分析与模拟；此外还有徐中民等对黑河流域的水资源承载力的多目标分析评价；王顺久等运用投影寻踪评价模型对研究区的水资源承载力进行评价。朱照宇等提出了水资源质量损失系数和相对水资源承载力指数，并对“珠三角”各市水资源承载力进行了评价；贾绍凤指出用水合理性评价时，应充分考虑地区自然条件、产业结构等多种因素影响；韩宇平指出水安全包括水供需矛盾、生态环境、粮食安全和水资源管理等多方面内容，可采用具有层次结构的水安全评价指标体系以及其相应的多层次、多目标模糊优选模型来评价区域内的水安全较为合适等。

水资源系统方面的研究：20 世纪 60 年代起，国内就有学者开始就水库优化调度对水资源分配进行研究；20 世纪 80 年代后，水利部南京水文水资源研究所等建立了地下水与地表水联合优化调度的系统仿真模型；冯尚友提出了水资源系统工程理论，并给出了供水、发电、防洪等于一体的水资源系统所涉及的数学优化建模与求解方法。刘健民等建立了三层递阶水资源系统模拟模型，并进行了应用研究；华北水资源研究中心以华北地区为例对水资源系统模拟与经济分析的整体性研究作了分析。王忠静等基于可持续发展理论，提出一种交互式宏观多目标优化方案与动态模拟相结合的决策支持型规划理论。赵建世等开发了水资源系统整体分析模型，将水量过程和经济机制的模拟结合为整体进行分析。王浩等提出了水资源“三次平衡分析”思想，研究后认为协调地区经济用水与生态用水之间的矛盾是水资源模拟模型的重要目标。陈成鲜等对我国水资源的可持续发展通过系统动力学建模研究；王惠敏等开展基于系统动力学方法对流域可持续发展预警方法研究；杨建强等应用系统动力学原理与方法对乾安县水资源可持续利用系统仿真研究；刘波等从系统动力学角度对海洋可持续发展进行了相关研究；阎二旺重点对制约左云县经济可持续发展的水、土地和劳动力等资源进行建模研究；苏宁男等对水资源开发利用问题进行系统动力学的分析与模拟；王斌等在建立了青岛水资源系统动力学模型，并从定量的角度对水资源的开发与供需发展变化趋势进行了分析模拟；吴九红等利用系统动力学模型计算了地区的水资源的承载力；陈兴鹏等用系统动力学估算了水土资源的承载力；惠泱河等对水资源承载力系统进行了动态模拟研究；张雪花等构建了完整的 SD-MOP 模型，对秦皇岛水资源结构优化进行了相关研究；于书霞等用系统动力学方法对长春市水资源供需系统进行了模拟研究；郭怀成以洛阳市为例建立了城市排污系统的 SD 模型等。

相对于国内而言，国外对水资源系统的模拟优势更主要在软件的开发方面：美国科罗拉多大学水与环境决策支持研究中心开发了通用型流域系统模拟软件 RIVER- WARE；丹麦水利研究所开发了水资源规划管理软件 MIKEBASIN；美国杨百翰大学与陆军工程兵团共同开发的 EMS (GMS/WMS/SMS)主要用于流域、地下水及地表水系统的综合模拟与分析；奥地利开发了流域综合管理软件 Waterware；澳大利亚开发了水量水质综合模拟模型 IQQM；美国农业部开发了 Aquarius 水资源模拟模型；澳大利亚研制了 ICMS 水资源系统管理模型等。

通过CNKI对“水资源开发”、“水资源利用”、“水资源保护”等方面的学术文献检索后发现，21世纪以来世界各国对其学术关注度呈现整体上升趋势。

1.6.7 水资源优化配置、管理与安全方面

水资源优化配置方面的研究：国外水资源优化配置的相关研究起始于 20 世纪 40 年代 Masse 的水库优化调度研究，之后，美国科罗拉多州的科研人员对需水量的满足和未来需水途径方面做了相关研究；Yeh 等将系统分析方法中的线性规划、动态规划、非线性规划等和模拟技术应用于系统的调度和管理方面；Taminga 等考虑了水的多功能性和多种利益关系，并建立了相关的水资源量分配多层次模型；Perason 等用二次规划方法对英国 Nawwa 区域的用水量优化分配问题做了相关研究；Willis 等用线性规划方法对地表水与地下水管理运行问题和水库与地下水的含水层的联合管理问题也进行了相关研究；Dualey 等运用随机动态规划对季节性灌溉水量分配进行了相应的研究；Jha 等建立了关于 Guilderland Dolente 的水资源量分配的多层次模型；Afzal 等针对巴基斯坦某个灌溉系统运用线性规划模型根据不同水质的水量使用问题进行了研究，体现了水质水量联合优化的目的；Watkins 等引入伴随风险和不确定性水资源规划模型，建立了水资源联合调度模型；Zsgona 等基于大系统理论建立了多水库联合调度模型；Fleming 等建立了地下水质水量管理模型；Lall 等建立了对地表水、地下水联合运用系统多目标管理的模型，其中将污水处理的费用纳入进来；Wong 等在需水预测中考虑了地表水、地下水、外调水等多种水源的优化并考虑了地下水污染防治措施；Carlos 以经济效益最大为

目标，研究了以色列南部 Eilat 地区地表水、地下水、污废水的综合管理等；Kinney 等提出基于 GIS 的水资源模拟系统框架并对流域的水资源配置做了相关研究。国内学者在 20 世纪 60 年代首先对以水库优化调度为手段的水资源分配开展研究；80 年代之后，开始对水资源优化配置与管理开展比较广泛的研究，如，施熙灿等研究并建立了在考虑保证率约束条件下的马氏决策规划模型；华士乾等对水资源利用系统工程方法在北京地区的应用进行了相关研究；曾塞星等内蒙古河套灌区地表水、地下水联合调度的优化研究中采用了动态规划方法确定作物灌水定额等；白宪台等对平原湖区洪涝系统优化调度问题，用动态规划法建立了大系统模拟模型；刘建民等在京津唐地区针对可供水资源年优化分配问题，建立了大系统逐级优化模型；李寿声等对徐州欢口灌区研究多种水资源联合调度和联合管理的非线性规划模型；唐德善等运用阶梯动态规划法研究水资源在工农业之间的分配比例问题；黄强等对诸如水库的多目标最优控制、灌渠渠系配水优化问题和水资源调配等方面做过诸多研究，还建立了多目标模型应用于跨流域水库群补偿调节问题等；贺北方等提出建立大系统序列优化模型采用大系统分解协调技术求解等；吴泽宁等通过建立经济区水资源优化分配的大系统多目标模型及其二阶分解协调模型并结合层次分析法考虑水资源配置的生态环境效果，还研究构建了流域水资源系统模拟规划模型等；翁文斌等通过研究并形成了基于宏观经济的水资源优化配置理论；聂相田等建立了宁陵县三层阶梯大系统优化配置模型并用于实践；吴险峰等对枣庄市复杂水源下的优化供水模型做了研究，并构建了水资源配置优化模型；中国水电科学研究院等提出了干旱区生态环境需水量的计算方法并应用于西北生态脆弱区的水资源配置中；刘丙军等运用逐步宽容约束法及递阶分析法，对东江该流域特枯年水资源量进行优化配置和供需平衡分析；翁文斌、王浩等提出了在宏观经济条件下，水资源规划的多目标决策分析方法与思路，并运用多目标技术进行整体研究；王浩等提出了水资源配置“三次平衡”和水资源可持续利用的思想；邵东国等针对南水北调东线工程建立了自优化模拟决策模型，并采用动态规划的方法求解之；卢华友等建立了基于多维动态规划并结合模拟技术的大系统分解协调实施调度模型等。甘泓等、杨小柳等也分别对水资源配置的目标量度和分配机制作了研究，并提出了水资源配置动态模拟模型等；赵建世等、冯耀龙等、尹明万等分别基于水资源系统分析，针对各自研究建立了不同的水资源系统配置模型，并进行了相关的应用；黄晓荣、裴源生等对宁夏水资源利用效率及投入-产出效益研究在当时的经济发展水平下的水资源优化配置问题；此外，黄河水利委员会勘测规划设计研究院开发了相关的决策支持系统(DSS)，并初步研究了黄河干流多库水量联合调度模型等；汪恕诚等从水权与水市场角度探讨了水资源优化配置的经济手段；胡鞍钢等基于政治经济学理论，提出了“准市场”分配水资源的基本思路；王先甲等对市场分配机制在分配稀缺水资源中的作用与效率的研究；柴国荣等对跨流域水资源配置的市场供求与成本收益等方面进行了分析；裴源生等构建了水量分配的一整套指标体系，提出应用 AHP 与模糊决策相结合的理论对水权分配进行应用的方法；刘文强等利用博弈论对流域水资源分配中的用水冲突矛盾进行了阐释；李玉梅等对跨流域调水对大通河水质的影响做了相关研究；尹云松等运用博弈论对流域内的不同地区在水资源数量与质量方面的分配双重冲突进行了探析；陈晓宏等运用逐步宽容约束法及递阶分析法，对东江流域枯水年水资源量进行优化配置和供需平衡的分析；陈柯明等对跨流域调水工程中调蓄工程的调度进行了研究；陈荷生对克里雅河流域生态环境变化与水资源合理利用之间的关系进行了相关研究；毛德华、夏军等对西北地区水资源与生态环境问题及其形成机制进行了分析；粟晓玲等研究了干旱区基于生态的水资源合理配置问题；魏加华等将自适应理论引入流域水量调度研究，并提出了自适应轨迹跟踪水量调度的方法；王慧敏等提出在南水北调工程的水资源配置与调度中，达成“供水协议”，使整个系统处于均衡状态，以达到水资源配置的最佳目的。

水资源管理方面的研究：国际上，1992 年在爱尔兰召开的“国际水和环境大会——21 世纪的发展与展望大会”(ICWE)提出了水资源一体化管理；同年，联合国进一步确认了水资源一体化管理“包括水陆两方面的一体化管理，应在汇水盆地或亚盆地一级进行”；1994 年在德国由联合国教科文组织(UNESCO)主持和国际水资源协会(IAW)与国际水文科学协会(IAHS)协办的“变化世界中的水资源规划国际学术会议”，探讨了关于可持续水资源管理的问题；1996 年在日本召开“国际水资源及环境研究大会：面向 21 世纪新的挑战”，期间联合国教科文组织成立了国际水文计划(IHP)工作组，将可持续的水资源管理定义为“支撑从现在到未来社会及其福利而不破坏它们赖以生存的水文循环及生态系统完整性的水资源管理与使用”；1997 年召开的第五届“不确定性增加下的水资源可持续管理学术大会”上重点讨论了洪水与干旱管理、水资源开发利用对生态环境的影响、水文与生态模拟和环境风险评价等议题；1998 年在武汉召开的“98 年国际水资源量与质的可持续研讨会”，探讨了流域水量与水质的统一管理问题；同年在荷兰召开的“区域水资源管理研讨会”，探讨了水资源管理的经验与教训、面对挑战的区域可持续水资源管理、水资源管理的研究方法等；1999 年全球水伙伴技术咨询委员会提出，在水资源一体化管理时应考虑的重要原则包括：①用水的经济效率，②用水的公平性，③环境和生态的可持续性等；2000 年在美国召开的“水资源一体化管理研讨会”，主要探讨了在可持续发展条件下的水资源一体化管理的内容和目标；2002 年在南非的世界可持续发展大会上通过了水资源相关的“行动计划”等文件。2000 国际水文科学学会(IAHS)年在美国召开了“水资源综合管理研讨会”，主要探讨可持续发展条件下的水资源综合管理的内容、目标以及水资源综合管理的经验，会议达成一个共识：未来水资源管理的一个基本原则就是流域的统一管理，流域水资源统一管理的基本框架是政府和社区公众的共同管理。2001 年，国际水文科学学会在荷兰召开了“区域水资源管理研讨会”，会议针对区域范围内水资源管理的有关问题进行了研讨。国际上一些学者，如 Marino 和 Simonovic 认为，从 20 世纪 80 年代开始，人类从事水资源管理活动的目标和内容发生了根本性的变化。传统的不可持续的水资源管理已经不能适应新形势的要求，新的水资源管理活动正处在探索过程中，并认为体制改革和制度创新将是水资源管理活动改革的一个重要方面；Brebbia 和 Anagnostopolos 指出，当前水资源管理问题在全球变得越来越复杂。现代水资源管理所涉及学科和领域已经超出了传统水文地质学中关于水资源管理的思考和限制；《水资源发展与管理(IV)》中分别从水资源管理目标、政策和原则，水资源的稀缺与保护，用水管理，水资源管理、规划、水权分析和处置的决策支持系统，水电和灌溉的发展潜力，灌溉水管理，水资源稀缺管理等方面进行了深入的研究。Yeh 等将系统分析方法中的线性规划、动态规划、非线性规划等和模拟技术应用于水资源系统的调度和管理方面；Taminga 等考虑了水的多功能性和多种利益关系，并建立了相关的水资源量分配多层次模型；Willis 等用线性规划方法对地表水与地下水管理运行问题和水库与地下水的含水层的联合管理问题也进行了相关研究；Dudey 运用随机动态规划对季节性灌溉水量分配进行了相应的研究。20 世纪 90 年代后，伴随着水环境保护形势不断受到挑战，以水质为主的水资源优化配置问题的研究逐渐增加。

国内对水资源的利用与管理研究有：赵宝璋在《水资源管理》中认为，水资源管理活动主要包括规划管理、开发管理、用水管理和水环境管理；冯尚友在《水资源持续利用与管理导论》中基于生态水利，系统论述了水资源持续利用管理的基本原理与方法，并运用相关数学模型进行阐释；吴季松在《现代水资源管理概论》中从知识经济与水资源、高技术与水资源、生态水、生态水的计算、涉水产业结构调整、水务管理体制改革、水生态系统建设和水资源可持续利用保障等方面也做了很多创新研究；夏军等就“可持续水资源管理”的研究指出了方向，并把可持续水资源管理应用到流域水资源管理中；刘昌明等也开展了相关的水资源可持续管理方面的研究；林洪孝等认为，水资源管理活动应包括水资源权属管理、水资源政策管理、水资源综合评价与规划管理、水量分配与调度管理、水质控制与保护管理、节水管理、防汛与抗洪管理、水情监测与预报管理、水资源组织与协调管理以及其他水资源日常管理等方面；姜文来等在《水资源管理学导论》中也对水资源管理进行了详尽的论述并以案例实证；此外，还有我国水利部于 1998 年专项资助的“可持续发展与水资源管理”，中国科学院开展了“中国可持续发展水资源战略”的相关专题研究，提出了我国水资源管理必须以水资源的可持续利用来支持我国经济社会的可持续发展。

水资源安全方面的研究：国际上，2000 年 3 月在荷兰海牙召开的第二届世界水论坛会议以及同年 8 月在瑞典斯德哥尔摩召开的世界水论坛会议，都明确将“21 世纪水安全”作为会议的主要议题，认为水资源安全，即，以可承受的价格获取足够安全的水。不仅要考虑一个地区或流域的水资源现状，还要将与之相关的环境、生态、社会、政治、经济等多方面因素综合加以考虑。国内外对水资源安全问题还没有形成一套系统的、科学的理论、方法和应用体系。Falkenmark 研究确定了不同 IWS 值的水资源压力的临界条件；Appelgren 和 Ohlsson 引入了 Social Water Scarcity Index (ISWS)；Ohlsson 还运用 ISWS 对非洲和中东地区的部分国家的水资源稀缺程度进行了分析评价；由英国生态与水文中心提出的 IWP 指数由 Resource、Access、Capacity、Use、Environment 五个分指数组成；Nazar 等定义了评价风险的量化指标；Fiering 建立了一个量化水资源系统的可恢复性指标的筛选模型；Hashimoto 提出了脆弱性、可靠性、可恢复性三个评价指标。Kenjijinno 等对干旱期的水资源管理，给出了相应的可靠性、可恢复性和易损性等具体风险评价指标；Vogel 等在供水系统设计中引入了可靠性分析的指标，并用马尔科夫链来进行验证。Bargiela 等对配水系统中遥测水压和流量的不确定性进行了相关研究；Fujiwam 等以马尔科夫链对供水系统的可靠性进行了评估；Moy 等引入了易损性与可恢复性的指标等。国内方面，刘恒等提出了水资源可持续发展能力的五级标准；徐明芳等提出运用离差、主成分分析和 AHP 等方法计算指标；金菊良等提出了基于加速遗传算法的 Shepard 插值模型运用于区域水资源可持续利用评价；李如忠等构建了区域水资源可持续利用评价的未确知测度模型，并将其用于西安水资源开发利用程度；田家华指出，应遵循科学性、层次性、相对独立性、可行性的定量与定性指标相结合的原则来构建可持续评价指标体系；夏军研究认为，水资源承载力是水资源安全的基本度量；伍新木等研究认为，政府缺位造成水资源配置混乱是我国水资源效益低下的根本原因，也是我国水资源安全的制度障碍；宁立波等研究认为，水权制度冲突是我国水资源安全的主要威胁；闵庆文等提出确保西北地区水资源安全的生态系统途径；郑通汉等提出建立水资源安全预警系统，以预知与水资源相关的可能出现的风险；陈德敏等认为水资源安全就是在一定时空条件下，在人类生存和发展中可以持续、稳定、及时、足量和经济地获取所需水资源的状态，并提出了完善我国水资源安全法律保障的对策；赵军凯等认为其内涵应包括水质安全和水量安全，尤其水质安全是水资源安全的第一个层次和最重要的一层；王渺林等认为其内涵包括水资源安全的自然属性(如干旱、洪涝、河流改道等)和社会性(如水量短缺、水环境破坏、水质污染、水生态系统功能受损、水资源分配不公、水资源浪费与水资源管理混乱等)；徐中民等对中国的各省(市、区)DfWS 和 ISWS 进行了研究分析；张翔等将水贫困指数(water poverty index，IWP)用于海河流域的水安全评价；此外，我国的水利部门还相继开展了一系列的水安全管理研究，主要是针对华北平原和西北的干旱半干旱地区。王惠敏等建立了流域可持续发展预警模型并进行了仿真研究；郭安军等研究并提出了水资源安全预警机制原理的基本构架；邓绍云通过研究设计出了包含目标层、准则层和指标层的区域水资源预警指标体系框架。

通过 CNKI 对“水资源系统”、“水资源配置”、“水资源管理”等方面的学术文献检索后认为，与水资源系统、水资源配置与水资源管理等相关的学术研究自1996~2008 年逐渐增多。

对水资源系统进行调控、对水资源进行合理配置、对水资源实施管理等进行的相关研究，都旨在科学合理、动态平稳、有序安全、持久公平地利用自然界的水资源，符合本书所研究的目的。

第二章　淮河沿海支流通榆河水资源与水污染状况

2.1　通榆河概况和重要战略地位

2.1.1　通榆河的地理概貌

通榆河位于江苏沿海地区，是苏北里下河腹部圩区和沿海垦区的分界线，是南北运输的“黄金水道”。通榆河涉及泰州、南通、盐城三个地(市)级行政区域，流域总面积约 3 万 km^2，南起南通长江北岸九圩港，北至连云港市赣榆县，全长 415km，包括焦港河以及新沂河南偏泓、盐河、八一河、引水河、沭南航道、沭北航道、蔷薇河、青龙大沟、龙北干渠相关河段，主要供水河道包括蔷薇河、三阳河、卤汀河、泰东河、新通扬运河、引江河、如泰运河、如海运河，从南到北主要连接了南通、如皋、海安、东台、大丰、盐城、建湖、阜宁、滨海、响水、灌南、灌云、连云港和赣榆等城市。开挖通榆河是 1958 年 8 月全省水利会议制定的江苏省水利综合治理规划的一部分，1959 年 2 月初开始施工。海安至阜宁长 157.7km，河线位于串场河以东 2~3km，走向大致与串场河平行。1991 年里下河地区大洪水之后，经国家有关部门批准按三级航道标准进行整治，东台至响水段 202.7km 河道工程全线开工建设，2002 年 10 月全线贯通，该段河道河底宽 30~50m，河底高程−4.0~−1.0m，堤顶高程 4.0~7.5m，堤顶距 150m，设计流量 $100m^3/s$。

通榆河在盐城市境内南起东台市富安镇，北至响水县灌河，从南到北穿过东台市、大丰区、盐都区、亭湖区、建湖县、阜宁县、滨海县和响水县，在盐城市境内全长约 212km，是一条纵贯盐城市南北的主要供水河流(图 2-1)。在盐城市境

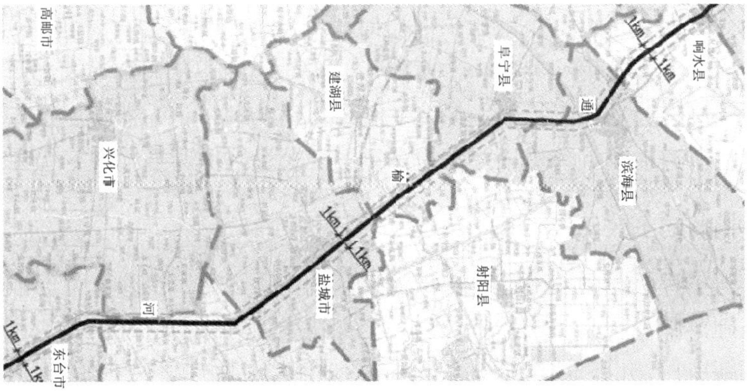

图 2-1　通榆河在盐城境内流向示意图

内通榆河除与苏北灌溉总渠、淮河入海水道以及废黄河立交以外，还与斗龙港、新洋港、黄沙港、射阳河等主要东西向的河流及 160 多条生产沟河平交，使通榆河与全市境内的水环境连成一片。

由于江苏地区气候特殊，一年四季降雨量变化较大，所以通榆河的水位、流量、流速等河流水文特征随季节的变化而变化(详见表 2-1)；此外，通榆河口内河床质组成主要为粉沙和淤泥，与口外海床泥沙基本相近。通榆河内泥沙主要来源于口外海域，悬沙输移是其主要的运动方式。一般而言，含沙量自主干流上游向河口逐渐递增。通榆河的含沙特点以大丰、盐都两段为主要对象进行研究。根据大丰、盐都区 2 个断面 3 条垂线水文测验资料分析，大丰段大潮涨潮平均含沙量 1.10kg/m^3，落潮平均含沙量 0.96 kg/m^3，小潮涨潮平均含沙量 0.78kg/m^3，落潮平均含沙量 0.64 kg/m^3；盐都站大潮涨潮平均含沙量 1.86 kg/m^3，落潮平均含沙量 1.08 kg/m^3，小潮涨潮平均含沙量 1.37 kg/m^3，落潮平均含沙量 0.43 kg/m^3。大丰段悬移质泥沙最大粒径在 0.10~0.40 mm，平均粒径在 0.0073~0.0119 mm；盐都段悬移质泥沙最大粒径在 0.13~0.27 mm，平均粒径在 0.0076~0.0147 mm。另外，潮汐是沿海地区常见的一种自然现象，通榆河也可能存在这种现象。

表 2-1　通榆河不同季节的水位、流速、流量

月份	1 月	2 月	3 月	4 月	5 月	6 月	7 月	8 月	9 月	10 月	11 月	12 月
平均水位/m	2.0	2.1	2.3	2.2	2.4	2.5	2.8	3.0	2.6	2.3	2.2	2.1
平均流速/(m/s)	1.1	1.2	1.4	1.5	1.7	2.1	2.3	2.6	2.5	2.1	1.9	1.0
平均流量/(m^3/s)	40	41	55	57	60	63	62	61	60	44	43	42

通榆河是沿河地区居民饮用水的主要供水水源，同时兼有灌溉、航运、行洪等功能。根据《江苏省通榆河水污染防治条例》规定，通榆河以及主要供水河道的水质应当符合国家地表水环境质量Ⅲ类以上标准。

通榆河实行分级保护，划分为三级保护区。通榆河及其两侧各一公里、主要供水河道及其两侧各一公里区域为通榆河一级保护区；新沂河南偏泓、盐河和斗龙港、新洋港、黄沙港、射阳河、车路河、沂南小河、沭新河等与通榆河平交的主要河道上溯五公里以及沿岸两侧各一公里区域为通榆河二级保护区；其他与通榆河平交的河道上溯五公里以及沿岸两侧各一公里区域为通榆河三级保护区。

2.1.2 通榆河的主要工程

通榆河工程是苏中、苏北东部沿海地区的一项以水利为主、立足农业、综合开发的基础设施工程，是增强农业后劲、加快发展苏中、苏北、振兴区域经济的战略性措施项目，也是江水东引北调既定项目的一部分。

通榆河工程规划设计分为北、中、南三段，盐城境内通榆河属于中段工程，南起东台泰东河接口，北至响水灌河口，全长 183.6 km，投资 15.1 亿元。河面宽 100m，河底宽 50m，水深约 5m，堤顶高程 4.0~7.5 m，堤顶距 150 m，向北引长江水 $100m^3/s$，可供 $1000km^2$ 范围灌溉。通榆河从规划到完工历时 18 年，是新中国建立后盐城水利史上跨时最长的重点工程。此中段工程自 1992 年冬季开始试验性开挖，1993 年 9 月正式开工，2002 年建成通水。河道设计标准为：废黄河船闸以北段河底宽 50m，河底高程▽−1.0m(废黄河零点，下同)；废黄河船闸至东台泰东河口段底宽 50m，河底高程▽−4.0m。共挖土方 8796 万 m^3，征地 7.03 万亩，拆迁房屋 2.87 万间，沿线新建灌溉总渠地涵、废黄河地涵及废黄河船闸、响水船闸，新建抽水站 1 座、跨河公路桥 24 座、跨河机耕桥 5 座以及 300 座中小型配套建筑物。由于泰东河拓浚工程未全部实施，通榆河中段工程原设计引调江水 100 m^3/s 的效益未得到充分发挥。

通榆河北延工程送水工程起点为滨海，终点为赣榆最北边的柘汪开发区，全长 190 km，蜿蜒穿越滨海、响水、灌南、灌云、海州、赣榆。从泰州引江河引入 100 m^3/s 流量的江水，送往江苏沿海南通、盐城、连云港 3 市，经过 4 级泵站，到达连云港水量为 30 m^3/s。该项工程可以为 1000 万沿线人民提供长江水作为水源。该工程的建设还为苏北沿海再辟一条航运战略通道。江水跨流域抵达沿海，为沿海地区提供淡水资源。同时，航道有了水，可以实现江海互运。

2.1.3　通榆河重要的战略意义

通榆河是苏北、苏中人民的重要饮用水源，也是江苏省沿海开发的重要战略资源。它向里下河沿海垦区和渠北地区供水，已成为继京杭运河之后贯穿江苏省的第二条南北走向的千吨级水运大通道，是江苏省沿海地区江水东引北调的水利、水运骨干河道，也是江苏省的清水通道，主要连接了南通、如皋、海安、东台、大丰、盐城、建湖、阜宁、滨海、响水、灌南、灌云、连云港和赣榆等城市，县级以上集中式饮用水源地有 24 个，涉及人口 1000 多万。通榆河贯通后的引、调水能力十分显著。根据沿线巡测站实测资料，灌溉用水期通榆河最大日平均引水量为 $94.8m^3/s$，可缓解大旱年里下河腹部地区用水紧张的矛盾。同时，通榆河北延可向连云港送水 $30m^3/s$，对改造中低产田、开发沿海滩涂、拓宽航道、冲淤保港、调度排涝、改善水质等具有重大的战略意义。2012 年 4 月 1 日，《江苏省通榆河水污染防治条例》正式实施，这是江苏省环境保护法制建设中的一件大事，对保障苏中苏北地区人民群众饮用水安全、促进沿海开发战略的实施、实现通榆河沿线地区经济社会可持续发展都具有重大意义。

而通榆河对于盐城的意义尤其重要。在整个江苏省，除了长江，承担航运的主要是“三湖一河”，即太湖、骆马湖、洪泽湖以及京杭大运河。省内城市的航运，除了盐城，几乎都能在“三湖一河”内分解压力。在周边城市，并不缺乏水源地保护成功的例子，例如南通的濠河风光带、南京的秦淮河风光带等。但这些城市共同的特点，就是都有替代航道。而盐城的特殊性在于，它只有通榆河一条航道可以选择，甚至连大丰港的海运连接内河，也必须经过通榆河。既要保护航道通行，又要防止水污染事件发生，还要保护水源地，通榆河承担了太多的历史责任。如何保护好这条河流，需要全方位、高层次的规划。

2.2 淮河沿海支流通榆河流域经济发展概况

江苏省位于我国大陆东部沿海中心，居长江、淮河下游，东濒黄海，东南与浙江和上海毗邻，西连安徽，北接山东，地理位置优越。而沿海地区位于我国沿海、沿长江和沿陇海兰新线三大生产力布局主轴线交汇区域，南部毗邻我国最大的经济中心——上海，北部拥有新亚欧大陆桥桥头堡之一的连云港，是陇海—兰新地区的重要出海门户，东与日本、韩国隔海相望，是长江三角洲的重要组成部分，区位优势独特，具有重要的战略位置。江苏沿海通榆河流域地区主要包括：连云港、盐城和南通三个城市以及连云港市的赣榆、东海、灌云、灌南，盐城市的响水、滨海、射阳、东台、大丰，南通市的海安、如东、启东、通州、海门等所辖市(县)，大体是江苏境内东起海堤，西至 204 国道(原范公堤)和通榆河一线的地区。沿海地区总面积达 3.25 万 km^2，占全省总面积的 31.67%。2013 年末总人口 2110.46 万人，占全省总人口的 27.7%，人口密度为 648 人/km^2。

江苏沿海地区的开发布局为“三极、一带、多节点”，三极为连云港、盐城、南通三市的市区；一带为依托江苏沿海地区主要交通运输通道，构建功能清晰、各具特色的沿海产业和城镇带；多节点为将临近深水海港的区域作为节点。这些海港为：连云港港、连云港徐圩港、盐城大丰港、滨海港、射阳港、灌河口港、南通洋口港和吕四港。《江苏沿海地区发展规划》里明确指出：江苏沿海地区发展的战略定位为将江苏沿海地区发展成为我国重要的综合交通枢纽、沿海新型工业基地、重要的土地后备资源开发区、生态环境优美和人民生活富足的宜居区。2013 年南通、盐城、连云港三市 GDP 总量占江苏的 17.4%，三市的人均 GDP 分别占江苏的 92.6%、64.6%、54.2%，江苏沿海三市的经济发展水平与土地面积、总人口是很不相称的。从三市的 GDP 构成来看，除了南通产业结构比较合理之外，盐城和连云港的农业比重太高，工业比重低于江苏的平均水平，第三产业也低于江苏的平均水平(表 2-2)。因此，江苏沿海经济带经济低地的特征较明显。

2009 年 6 月 10 日国务院常务委员会审议通过《江苏沿海地区发展规划》，将江苏沿海发展战略正式上升为国家战略，明确指出：要将江苏沿海地区建设成为

表 2-2　2013 年江苏沿海三市基本经济状况

地区	土地面积 /km^2	人口 /万人	GDP /亿元	人均 GDP/元	地均 GDP /(万元/ km^2)	城镇化率 /%	产业结构
南通	8001	767	5039	69 049	6298	59.9	6.9 : 52.1 : 41.1
盐城	16 972	824	3475	48 150	2048	57.2	14.1 : 47.1 : 38.9
连云港	7615	520	1785	40 416	2345	55.7	14.5 : 45.2 : 40.3
江苏省	102 600	7939	59 162	74 607	5766	64.1	6.2 : 49.2 : 44.7

数据来源：根据江苏省 2014 年统计年鉴相关数据整理。

我国东部地区重要的经济增长极。而南通、盐城、连云港这三个中心城市，将成为江苏省集中布局临港产业、形成功能清晰的沿海产业和城镇带的“桥头堡”。江苏沿海地区在沿海开发战略的实施下，地区生产总值逐年攀高，从 2008 年到 2013 年，地区生产总值从占全省的 15.7%上升到 17.4%，年均增幅 2.1%，且经济发展速度始终高于全省水平。从表 2-3、表 2-4 中可以看出，2008~2013 年，沿海经济地带的经济发展速度先加速后逐步放缓。2009 年连云港的经济发展速度是全省的两倍多，而增长速度最慢的南通也领先全省 3.23 个百分点，2010 年三地 GDP 增长速度仍呈上升趋势，虽与全省平均水平间的差距逐步开始缩小，但仍超过全省经济增长速度。从 2011 年开始，这一增势逐步放缓。这与近年来江苏省一直探讨中的“沿海开发问题”密不可分，该战略初见成效。

表 2-3　2008~2013 年江苏沿海三市 GDP 与全省总值　　(单位：亿元)

地区	2008 年	2009 年	2010 年	2011 年	2012 年	2013 年
南通	2510.13	2872.8	3465.67	4080.22	4558.67	5038.89
盐城	1603.26	1917	2332.76	2771.33	3120	3475.5
连云港	750.1	941.13	1193.31	1410.52	1603.42	1785.42
江苏省	30 981.98	34 457.3	41 425.48	49 110.27	54 058.22	59 161.75

表 2-4　2008 年以来江苏沿海三市经济增长速度　　(单位：%)

地区	2008 年	2009 年	2010 年	2011 年	2012 年	2013 年
南通	N/A	14.45	20.64	17.73	11.73	10.53
盐城	N/A	19.57	21.69	18.8	12.58	11.39
连云港	N/A	25.47	26.79	18.2	13.67	11.35
江苏省	N/A	11.22	20.22	18.55	10.75	9.44

从以上的绝对值数据看，江苏沿海通榆河流域地区的经济在新型开发战略实施下，已取得初步成效，这与沿海地区的地理位置不无关系。连云港是我国 12个首批开放的沿海城市之一，是我国主要沿海枢纽港口之一，也是全国主要公路交通枢纽之一。南通位于江苏省最东部，具有临江又临海的优势，邻接上海、浙江，为承接上海、浙江以及其他苏南地区的产业转移提供了便利的条件。从全球产业发展形势分析，包括我国沿海地区在内的西太平洋沿岸已经成为世界制造业中心，

正处于蓬勃发展时期；从全国区域发展战略分析，江苏沿海北部地区拥有新亚欧大陆桥头堡并承担中西部地区物流出海的枢纽重任，沿海南部地区南接我国大都市上海，受到上海的辐射作用，随着苏通大桥、苏通二通道以及崇启大桥的通车，沿海地区承接上海和苏南地区的产业升级和转移的速度明显加快。

但从江苏省社会经济发展分析，沿海地区经济发展缓慢，明显低于全省的平均水平，是江苏省经济社会发展的一块“洼地”。在经济总量和社会发展上，沿海地区都没有起到应有的带动作用。图 2-2 为 2008~2013 年江苏沿海三市人均 GDP 与全省平均值的比较，从图中可以看到，沿海三市人均 GDP 均低于全省平均值。2008 年，连云港的人均 GDP 仅为全省水平的 38.6%，三市中人均 GDP 最高的南通，其水平也只达到全省平均水平的 82%，至 2013 年，连云港的人均 GDP 为全省的 54.2%，南通为 92.6%，仍低于全省平均水平。从人均 GDP 的增长速度来看，沿海地区人均 GDP 的增长速度始终领先于全省，其与全省水平间的差距正逐步缩小。加快发展沿海地区，不仅可以发展当地社会经济，提高人民生活水平，还可以完善我国沿海地区的生产力布局，优化长江三角洲的产业结构，推动全省的经济增长，为全省的发展提供强有力的后续力量和保障。

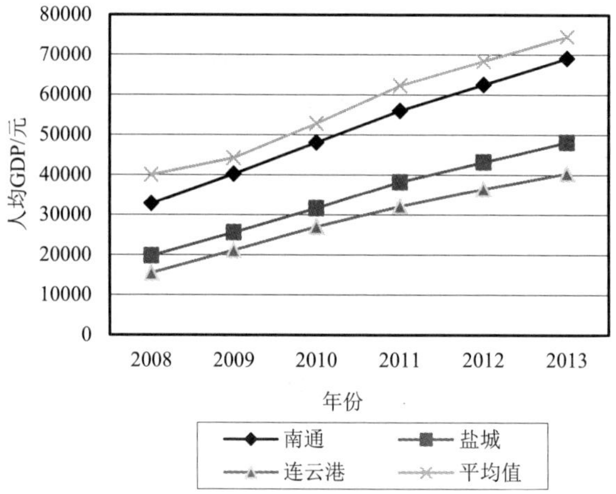

图 2-2　2008~2013 年江苏沿海三市人均 GDP 与平均值

近年来，江苏沿海地区的工业化进程加速，工业产值逐年攀升。2008 年，沿海地区工业总产值为 2152.86 亿元，占全省的 14.1%，至 2013 年这一比例上涨到 16.5%，产值达 4215.85 亿元，较 2008 年近似翻了一番。其中，连云港的工业产值最低，2013 年为 642.67 亿元，盐城其次，为 1405 亿元，南通最高，为 2168.16 亿元。从增幅看，连云港和盐城地区的工业产值较 2008 年均增长了一倍多，南通增长了 80%。总体上，沿海地区的工业产值占全省份额较小，工业生产效率偏低，仍未脱离粗放式发展方式，加工业整体技术偏低、制造业落后、技术带动能力弱，与苏南三市(苏州、无锡、常州)有较大差距。图 2-3 为 2008~2013 年沿海三市与全省的工业产值情况。

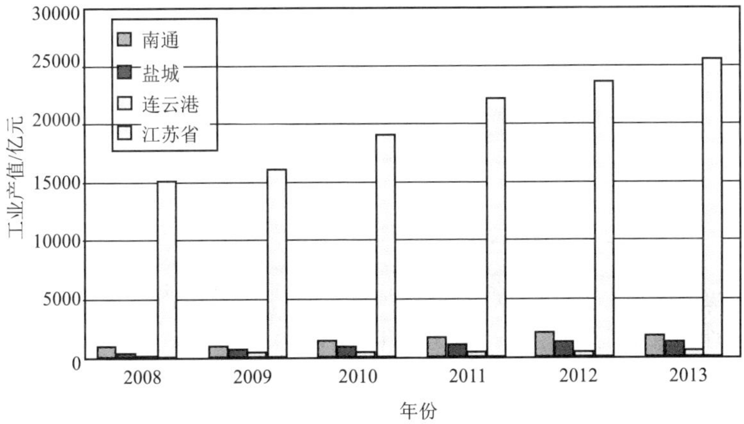

图 2-3　2008~2013 年江苏沿海三市工业产值与全省值

沿海地区在加速工业化的过程中，其产业结构正在向合理化和高级化方向推进。2008 年江苏沿海地区的三产比值分别为南通：7.9∶57∶35.1，盐城：17.2∶48.6∶34.3，连云港：16.4∶47.3∶36.3，与江苏省 6.8∶54.8∶38.4 的数值相比，除南通产业结构与全省数值接近，其余两市产业层次较低，农业所占比重较高，第二、三产业所占比重偏低，一方面说明了第二、三产业未得到充分发展，经济发展尚存很大潜力，另一方面也说明了产业结构存在很大的优化调整空间。随着时间的变化，第一产业所占比重在逐年下降，而第二产业和第三产业所占比重则逐年上升。但是，沿海三市的第一产业占比仍遥遥领先于全省平均水平，尤其是盐城和连云港地区，约为全省平均水平的 2 倍多，而第三产业占比虽从 2008 年的 35%上升到 2013 年的 40%左右，但仍低于全省水平，第三产业欠发达，仍以传统服务业为主，现代服务业发展水平较低，发展滞缓。表 2-5 为 2008 年以来沿海地区产业结构变化情况。图 2-4 为 2008~2013 年沿海三市与全省农业产值情况。

表 2-5　2008~2013 年沿海三市产业结构比例

地区	2008 年	2009 年	2010 年	2011 年	2012 年	2013 年
南通	7.9∶57∶35.1	8.2∶56∶35.8	7.7∶55.1∶37.2	7∶54.4∶38.5	7∶53∶40	6.9∶52.1∶41.1
盐城	17.2∶48.6∶34.3	17.2∶48.2∶34.6	16∶47∶37	15∶47.1∶37.8	14.6∶47.2∶38.2	14.1∶47.1∶38.9
连云港	16.4∶47.3∶36.3	16.4∶46.3∶37.3	15.3∶45.7∶39	14.5∶46.4∶39.1	14.5∶45.9∶39.6	14.5∶45.2∶40.3
江苏省	6.8∶54.8∶38.4	6.5∶53.9∶39.6	6.1∶52.5∶41.4	6.3∶51.3∶42.4	6.3∶50.2∶43.5	6.2∶49.2∶44.7

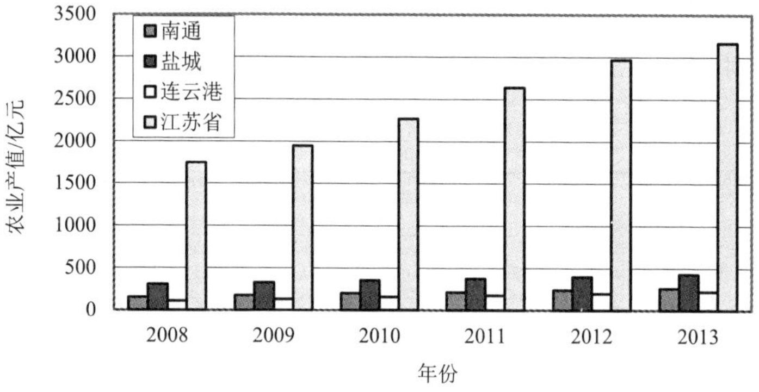

图 2-4　2008~2013 年江苏沿海三市农业产值与全省值

沿海(通榆河流域)地区生产总值构成中，农业产值所占比重较高。2008 年，沿海(通榆河流域)地区农业总产值为 570.25 亿元，占全省农业产值 32.6%，这一比重逐年降低，至 2013 年这一比例下降为 29.1%，产值为 921.63 亿元，较 2008 年增长了 61.6%。其中，连云港的农业产值最低，2013 年为 227.58 亿元，南通其次，为 263.62 亿元，盐城最高，为 430.43 亿元，但连云港的农业产值较 2008 年增长了一倍多，南通增长了 71%，盐城增长了 40%。而农作物播种总面积总体变化不大，南通地区播种面积从 2008 年的 851.96 千公顷减少为 2013 年的 843.53 千公顷，而农业产值年均增幅为 11.4%；盐城农作物播种面积在沿海地区中占比最高，超过 1400 千公顷，2008~2013 年播种面积年增幅仅为 0.7%，农业产值年均增幅为 7%；连云港是沿海地区中农作物播种面积变化最大的地区，2008~2013 年，该地区农作物播种面积增加了 58.75 千公顷，年均增幅达 2%，而农业产值年均增幅明显快于农作物播种面积增幅，达 15.8%(表 2-6)。江苏省人多地少，土地资源珍贵，其可供开发用地资源主要集中在东部沿海地区，丰裕的土地资源无疑是沿海地区得天独厚的发展优势，为拓展沿海发展提供了广阔的空间。有效利用土地资源结合科技技术，发展特色农业，可进一步提高沿海通榆河流域地区农业的经济效益和生态效益。

表 2-6　2008~2013 年江苏沿海三市农作物播种面积　(单位：千公顷)

地区	2008 年	2009 年	2010 年	2011 年	2012 年	2013 年
南通	851.96	852.65	854.96	850.55	846.98	843.53
盐城	1407.41	1413.12	1460.12	1472.02	1460.68	1460.13
连云港	570.07	580.56	591.88	601.35	621.57	628.82
三市占全省比重/%	37.67	37.66	38.15	38.15	38.28	38.16

江苏沿海(通榆河流域)地区在加快经济发展，继续推动产业结构转型升级的同时，城市化进程也在持续推进。城市化的发展过程大体分为三个阶段：城市化

率 10%~30%的城市化初期阶段，城市化率 30%~60%的城市化中期阶段，以及城市化率 70%~90%的城市化后期阶段。表 2-7 为沿海地区 2008~2013 年城市化率与全省均值的比较，从该表可以看出，目前沿海地区处于城市化中期阶段，且城市化水平始终低于全省平均水平，城市化滞后，但城市化率提高速度要明显快于全省，2008~2013 年，南通城市化水平年均增幅 3.6%，盐城为 5%，连云港达到 5.8%，均高于全省均值 3.3%，沿海(通榆河流域)地区城市化水平与全省平均水平的差距正逐步缩小。沿海地区三市都属中大等规模，没有特大城市。城市规模相对较小，导致城市的集聚效益难以发挥，城市对农村地区的辐射带动能力有限，最终影响当地整体的经济进步。国务院常务委员会审议通过的《江苏沿海地区发展规划》充分认识到了这一问题，所以突出中心城市的发展壮大，并明确三市要以建设特大城市为目标，这为沿海及其通榆河流域三市提升城市化水平提供了良好的导向和支撑。合理的城市化能够大量吸收农村剩余人口，使劳动力从第一产业向第二产业、第三产业逐渐转移，带动广大农村的发展，有利于改善地区产业结构，有助于提高工业生产的效率，通过工业的发展使城市化获得持续推进的动力，通过城市与乡村的交流，缩小城乡发展差距。

表 2-7　2008~2013 年江苏沿海三市城市化率与全省均值　(单位：%)

地区	2008	2009	2010	2011	2012	2013
南通	50.3	52.7	55.8	57.6	58.7	59.9
盐城	44.8	46.3	52	54	55.8	57.2
连云港	42	43.5	51.8	53.15	54.4	55.7
全省	54.3	55.6	60.2	61.9	63	64.1

2.3　淮河沿海支流通榆河流域水资源的特点

2.3.1　海拔低，水流落差小，降水量时空分配不均

通榆河有近 3/4 的流域在江苏省盐城境内，因此，通榆河流域的地形地貌基本和盐城的地形地貌一致。多为平原地貌，西北部和东南部高，中部和东北部低洼，大部分地区海拔不足 5m，最大相对高度不足 8m。分为 3 个平原区：黄淮平原区、里下河平原区和滨海平原区。黄淮平原区位于苏北灌溉总渠以北，其地势大致以废黄河为中轴，向东北、东南逐步低落。废黄河海拔最高处达 8.5m，东南侧的射阳河沿岸最低处仅 1m 左右。里下河平原区位于苏北灌溉总渠以南、串场河以西，属里下河平原的一部分，总面积 4000 多 km^2，该平原区四周高、中间低，海拔最低处仅 0.7m。滨海平原区位于灌溉总渠以南、串场河以东，总面积为 7000 多 km^2，地势大致从东南向西北缓缓倾斜。东台境内地势较高，一般海拔为约 4~5m，向北逐渐低落，到射阳河处为 1~1.5m。

通榆河流域地处北亚热带向暖温带气候过渡地带，具有过渡性特征。气候受海洋影响较大，季风气候明显，与同纬度的江苏省西部地区相比，雨水相对较多，但分布不均。夏季受太平洋副热带高压影响，盛行偏南风且多炎热天气，空气温暖而湿润，雨水丰沛。但冬季受欧亚大陆冷气团影响，盛行偏北风且多寒冷天气，降水量少。通榆河流域盐城段年降水量变化较大(图 2-5)，2003 年为最多降水量年，年降水量达到 1369mm，而 2004 年降水量只有 553mm 左右，比多年平均降水量(1956~2012 年)减少 54%，为偏枯年。2012 年，全市年降水量为 866mm，比多年平均减少 14.0%，属于枯水年。

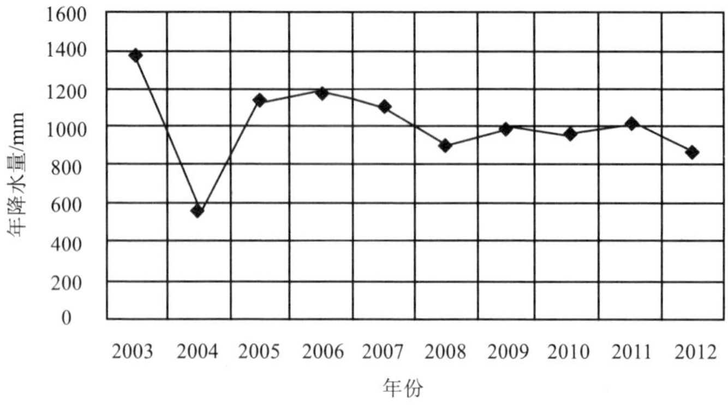

图 2-5　2003~2012 年通榆河流域盐城段年降水量

通榆河流域一年四季降水量时空分布不均匀，2007~2012 年表现得更为明显。2007 年降水量为 1080.7~1307.7mm。春旱秋涝，年降水量分布不均，下半年明显偏多。年内灾害性天气频发，龙卷、大风、暴雨、强雷暴等灾害性天气频繁出现。2008 年降水量北多南少的特征明显，北部响水、滨海分别多 6.9%、6.3%，南部大丰、东台较常年偏少 2 成左右，其余县市接近常年略少。2009 年却呈现南多北少的特点。除了北部响水、滨海、中部射阳、建湖分别比常年偏少 11.7%、9.6%、5.9%和 13.1%外，其余县市比常年略多。2010 年又呈现梅雨期降水空间分布不均的特点，大部分地区梅雨量偏少，局部地区偏多。降水呈间歇性、过程性、短时降水强度大的特点。2011 年的时空分布不均更明显：1 月、3 月分别比常年偏少 9~10 成和 8 成；7 月、11 月降水量比常年偏多，7 月南部异常偏多 1 倍以上。2012 年的降水时空分布不均表现在：3 月、7 月、11 月、12 月降水偏多，7 月射阳异常偏多 1.1 倍，12 月降水异常偏多 2 倍，1 月、2 月、5 月、6 月、10 月降水偏少，1 月异常偏少 9~10 成，5 月显著偏少 7~9 成，6 月南部异常偏少 8 成以上。

以通榆河流域盐城段为例，更可以进一步看出这种时空分布的不均匀性。以 2012 年为例，2012 年降水主要集中在汛期(5~9 月)的 6~9 月份，平均降水量为 563mm 左右，占全年降水量的 64%以上。春季 3~5 月降水量 140mm，占年降水量的 16%；秋季 9~11 月降水量大于春季和冬季，在 160mm 左右，占年降水量的 20%左右；冬季 12~2 月降水最少，降水量为 80mm，占全年降水量 9%。由于盐城处于北亚热带气候向南暖温带气候过渡的地带，又东临黄海，海洋调节作用非常明显，所以历年来在汛期(6~9 月)，大量暖湿空气随季风输入，降水量大且集中程度高，多年平均汛期降水 400~900mm，占全年总量的 50%~70%。图 2-6 为 2012 年通榆河流域盐城段月平均降水量。

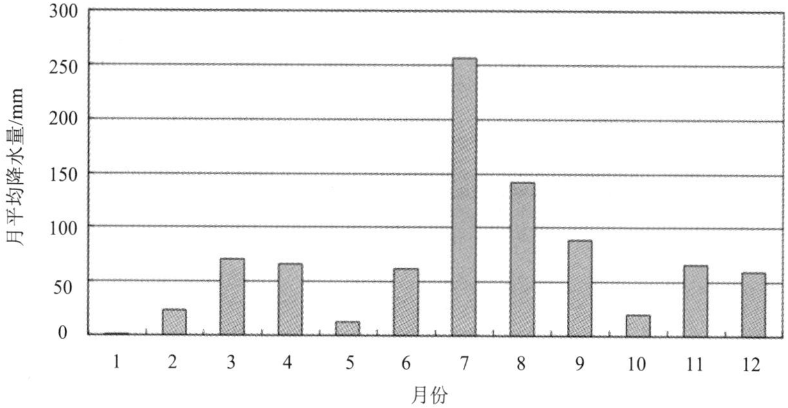

图 2-6　2012 年度通榆河流域盐城段月平均降水量

此外，降水地区分布不均匀。以 2012 年为例，9 个县(市、区)中，除北部响水县年降水量较多年平均偏大 1.6%外，其他县(市、区)均小于多年平均降水量，其中，大丰、射阳、滨海、盐都降幅均超过 15%。年降水量最大值为东台市 940.2mm，最小值为射阳县 813.2mm，前者为后者的 1.16 倍(表 2-8)。图 2-7 为各行政分区年降水量与多年平均值比较。

表 2-8　2012 年行政分区年降水量比较

行政分区	年降水量/mm	与上年比较/%	与多年平均值比较/%
响水县	937.0	45.7	1.6
滨海县	763.2	−4.9	−18.8
阜宁县	886.0	−7.4	−8.2
射阳县	813.2	−22.8	−19.8
建湖县	902.4	−6.7	−8.2
亭湖区	873.4	−16.1	−14.3
盐都区	861.3	−13.3	−15.4
大丰区	858.2	−31.9	−20.0
东台市	940.2	−28.3	−11.7
全市	866.5	−17.1	−14.0

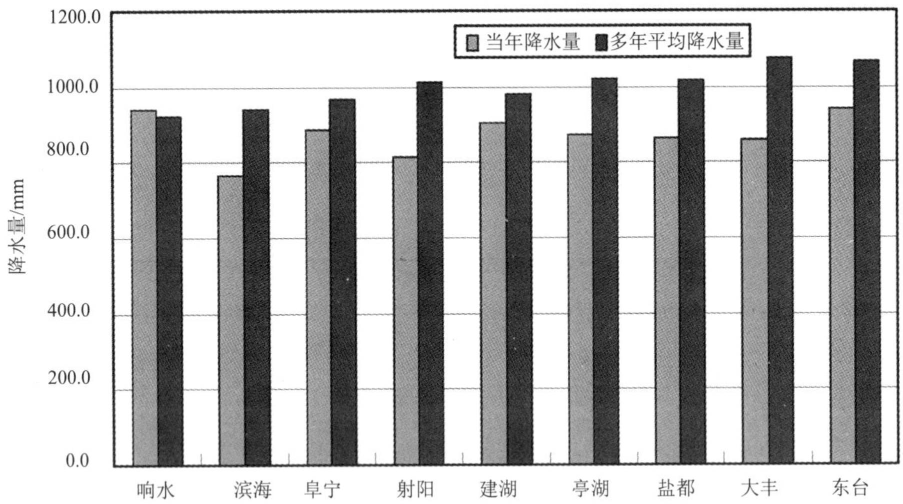

图 2-7　2012 年行政分区年降水量与多年平均值比较

2.3.2　水资源种类多，滩涂海洋湿地资源占明显优势

通榆河流域拥有丰富的海洋和滩涂资源，滩涂总面积 45.53 万公顷，其中潮上带 1677 km^2，潮间带 1610 km^2，分别占江苏省的 75%、64.6%、60.8%。隶属于东台、大丰、射阳、滨海、响水等县(市)的沿海滩涂，近期可供开发利用的面积达 1300 km^2。盐城海域位于江苏沿海中部，海岸线总长 582 km，占江苏省的 56%，深水岸线 70 km。海域面积 1.89 万 km^2，其中内水面积 1.21 万 km^2，领海面积 6753 km^2，沿海海域是中国唯一无赤潮的内海水域。

通榆河流域还是我国著名的湿地保护区。流域东部拥有太平洋西海岸、亚洲大陆边缘最大的海岸型湿地，被列入世界重点湿地保护区，湿地保护区内建有世界上第一个野生麋鹿保护区和国家级珍禽自然保护区，为联合国人与自然生物圈成员。流域西部里下河地区腹地有大纵湖、九龙口、马家荡等湖泊水域面积近百平方公里，为典型的潟湖型湖荡湿地，被誉为“金滩银荡”。流域内有景点 80 多个，其中国家级自然保护区 2 个，国家 4A 级旅游景区(点)4 个。

2.3.3　水资源总量分布不均匀，且因过度开采逐年降低

通榆河流域盐城段全长约 212km，南起东台，北至响水，该流域多年平均水资源总量约为 65 亿 m^3，其中地表水 49 亿 m^3，地下水 16 亿 m^3。受降水和下垫面条件的影响，地表水资源量地区分布总体与降雨一样不均匀，总的趋势是南部大、北部小，平原地区沿海大、内陆小。以 2012 年为例，水资源总量最大的区域为东

台市 8.495 亿 m^3，其中地表水占其总量的 77%，产水总量占降水总量的 34%；水资源总量最小的区域为亭湖区 2.838 亿 m^3，地表水资源量占其总量的 79%，产水总量占降水量的 33%。水资源总量最大的为最小的 3 倍。

随着水资源的过度开采，淮河流域的水资源总量、地表水资源量、地下水资源量均逐年降低。虽然引进了长江和黄河的水资源，但治标不治本，江苏段内的淮河流域水资源状况不容乐观。作为淮河流域在江苏省的重要支流，通榆河流域的水资源也呈现大致相同的趋势。

1. 水资源总量逐年降低

如表 2-9、图 2-8 所示，2003~2012 年淮河流域的水资源总量不断降低，2012 年的水资源总量为 649.4 亿 m^3，只有 2003 年的 38.3%。同期的江苏省水资源量曾经在 2009 年下降到 118.97 亿 m^3，后来引黄、引江等跨流域调入水量才使得水资源量逐渐回升。目前，在淮河流域的范围内，除了依靠降水的天然调节外，引江、引黄水量也在不断加大。20 世纪 50、60 年代每年引水量 10 多亿 m^3，70、80 年代增加到 50 亿 m^3，90 年代达 60 亿 m^3。到 2012 年，引黄、引江等跨流域调入水量高达 119.8 亿 m3。多年平均最大连续四个月引江水量出现在 5~8 月，占年总量的 54%，最小连续四个月引江水量出现在 11 月~次年 2 月，占年总量的 18%。

表 2-9　2003~2012 年淮河流域水资源总量　(单位：亿 m^3)

	2003	2004	2005	2006	2007	2008	2009	2010	2011	2012
淮河流域	1695.04	653.20	1265.89	826.44	1198.87	905.34	710.92	859.59	750.13	649.4
其中：湖北省	449.29	243.82	333.07	187.60	316.64	247.03	186.86	5.45	1.35	1.38
河南省	552.64	159.33	353.80	256.06	356.76	253.27	216.89	278.85	152.33	140.23
安徽省	458.80	89.00	361.65	275.56	353.73	250.57	185.91	246.88	184.28	181.4
江苏省	226.73	156.80	210.57	104.67	164.54	148.20	118.97	220.34	275.30	230.94
山东省	7.57	4.25	6.81	2.55	7.20	6.26	2.29	108.07	136.87	95.45

以通榆河流域盐城段为代表，也可看出水资源量逐年降低。通榆河流域盐城段全长约 212 km，南起东台，北至响水，该流域多年平均水资源总量约为 63 亿 m^3，其中地表水 49 亿 m^3，地下水 16 亿 m^3。受降水和下垫面条件的影响，地表水资源量地区分布总体与降雨一样不均匀，总的趋势是南部大、北部小，平原地区沿海大、内陆小。以 2012 年(表 2-10)为例，水资源总量最大的区域为东台市 8.495 亿 m^3，其中地表水占其总量的 77%，产水总量占降水总量的 34%；水资源总量最小的区域为亭湖区 2.838 亿 m^3，地表水资源量占其总量的 79%，产水总量占降水

量的 33%。水资源总量最大的区域为最小区域的 3 倍。

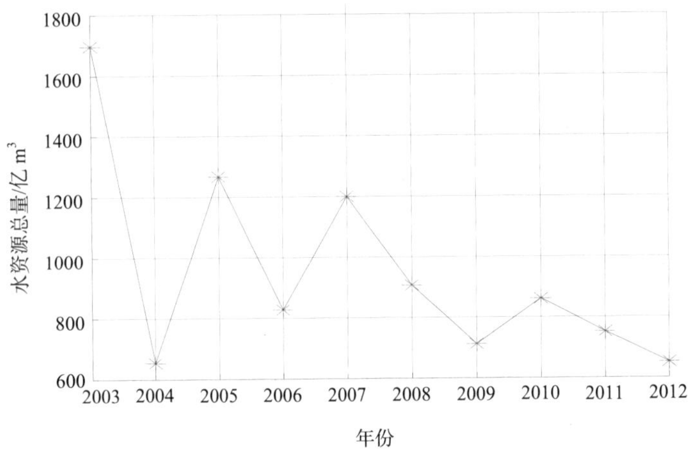

图 2-8　2003~2012 年淮河流域水资源总量

表 2-10　盐城市 2012 年分区水资源总量　(单位：亿 m^3)

	分区	年降水量	地表水资源量	地下水资源量	地下水与地表水重复计算量	水资源总量
行政分区	响水县	12.582	4.065	1.599	0.130	5.534
	滨海县	14.199	4.719	2.509	0.202	4.499
	阜宁县	12.747	3.637	1.063	0.201	4.499
	射阳县	19.867	4.225	2.330	0.184	6.371
	建湖县	10.441	2.763	0.720	0.166	3.317
	亭湖区	8.477	2.248	0.671	0.081	2.838
	盐都区	9.046	2.650	0.623	0.157	3.116
	大丰区	22.399	6.150	2.384	0.174	8.360
	东台市	25.240	6.572	2.129	0.206	8.495

随着水资源被逐渐开采，通榆河流域盐城段的水资源量逐年降低。图 2-9 是 2003 年到 2012 年的盐城段水资源总量变化情况，由图可清晰看出，通榆河流域盐城段的水资源总量不断降低，2012 年的水资源总量为 46.95 亿 m^3，只有 2003 年的 46.4%。而 2004 年由于降水量位居各年之最，所以该年产水量也最少，占降水量的 20%以内。

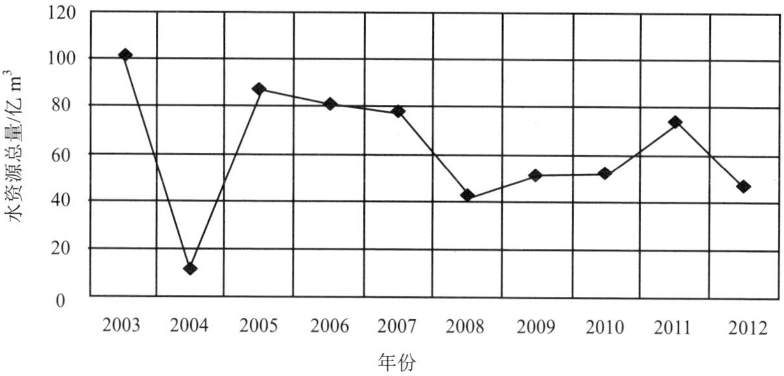

图 2-9　2003~2012 年通榆河流域盐城段水资源总量

此外，由于开采技术的进步，通榆河流域盐城段地表水资源量和地下水资源量也在呈逐年降低趋势。2012 年的地表水资源量为 35.27 亿 m^3，已不足 2003 年的 1/2。2012 年的地下水资源量为 13.99 亿 m^3，比上一年减少 20%。

2. 地表水资源量呈逐年降低趋势

随着开采技术的进步，淮河流域水资源的开发利用率不断提高。从 2003 年到 2012 年，淮河流域地表水资源开发利用率分别为：17.8%、66.9%、32.2%、51.7%、33.3%、49.9%、71.4%、54.6%、59.6%、67.1%；平原区浅层地下水开采率(平原区浅层地下水开采量占平原区浅层地下水资源量的百分比)近几年虽有所降低，但总体还是提高的，2003~2012 年分别为 23.8%、38.7%、51.7%、58.1%、58.0%、63.7%、46.4%、44.2%、32.8%、43.3%，远大于国际规定的 30%的开采率，开采过度，致使淮河流域水资源量逐年下降。随着水资源的过度开采，淮河流域地表水资源量呈逐年降低趋势。由表 2-11 数据可以看出，淮河流域地表水资源量减少的速度很快，2012 年的地表水资源量为 452.67 亿 m^3，已不足 2003 年的 1/3。江苏省地表水资源量曾在 2006 年和 2009 年分别下降到 60.07 亿 m^3 和 75.21 亿 m^3，情况堪忧。引江、引黄之后水量状况才有所改善。

表 2-11　2003~2012 年淮河流域地表水资源量　　(单位：亿 m^3)

	2003	2004	2005	2006	2007	2008	2009	2010	2011	2012
淮河流域	1400.69	440.43	1009.72	600.74	949.63	670.91	483.27	632.60	533.11	452.67
其中：湖北省	348.09	169.85	257.60	117.51	237.85	173.57	107.65	5.45	1.35	1.38
河南省	509.27	118.11	308.23	209.80	311.85	207.31	171.30	204.25	89.70	83.11
安徽省	367.27	42.98	282.69	210.81	276.38	180.88	126.83	201.92	139.01	133.77
江苏省	168.49	105.24	154.39	60.07	116.35	102.88	75.21	158.35	211.77	168.07
山东省	7.57	4.25	6.81	2.55	7.20	6.26	2.29	62.63	91.28	66.34

3. 地下水资源量也在逐年下降

浅层地下水是指赋存于地面以下饱水带岩土空隙中参与水循环的和大气降水及当地地表水有直接补排关系且可以逐年更新的动态重力水。这里引用的评价成果是指 1980~2000 年矿化度小于等于 2g/L 的浅层淡水。淮河流域平原区多年平均年地下水资源量(M≤2g/L)为 257 亿 m^3。此外，微咸水(2~5g/L)地下水资源量为 6.4 亿 m^3(成果不纳入地下水资源量和水资源总量)，主要分布在江苏和山东省的沿海地区。淮河流域山丘区多年平均地下水资源量为 87.0 亿 m^3，扣除重复计算量，得到淮河流域地下水资源量为 338 亿 m^3，二级区及分省(M≤2g/L)多年平均浅层地下水资源量见表 2-12。

表 2-12　淮河流域二级区及分省(M≤2g/L)多年平均浅层地下水资源量（单位：亿 m^3）

分区		山丘区			平原区				计算分区地下水资源量
		一般山丘区	岩溶山丘区	地下水资源量	降水入渗补给量	山前侧向补给量	地表水体补给量	地下水资源量	
二级区	淮河上游	18.37	0	18.37	24.64	0.33	2.28	27.25	44.72
	淮河中游	31.45	5.98	37.43	120.23	0.31	11.92	132.46	167.62
	淮河下游	0.89	0	0.89	18.97	0	6.59	25.56	25.8
	沂沭泗河	29.6	0.76	30.36	57.31	1.00	13.87	72.18	99.93
淮河流域	湖北	1.10	0	1.10	0	0	0	0	1.10
	河南	31.98	4.14	36.12	74.85	0.64	7.19	82.67	117.06
	安徽	16.43	1.84	18.27	66.55	0	5.90	72.45	89.4
	江苏	3.03	0	3.03	52.54	0	15.24	67.79	69.35
	山东	27.77	0.76	28.53	27.21	1.00	6.33	34.54	61.16
	小计	80.31	6.74	87.05	221.15	1.64	34.66	257.45	338.07

表 2-13 是 2003~2012 年淮河流域地下水资源量数据。由表中数据可以看出，2012 年淮河流域地下水资源量仅为 2003 年的 56.6%。而同期的江苏省状况也不容乐观，2012 年的地下水资源量也仅为 2003 年的 71.5%，而且地表水可以靠引江、引黄水量来弥补，但地下水资源量却无法弥补，因此，过度开采水资源的后果只能由沿河的老百姓去承受。

由上述特点可以看出，通榆河流域水资源降水量分布不均，水资源总量、地表水资源量、地下水资源量等均逐年降低，颇有入不敷出之势。虽然有了引江、引黄工程，但通榆河流域固有水资源却是不断减少。加之通榆河流域人口密度大，愈发凸显了水资源的宝贵。这为保护通榆河流域水资源并合理利用敲响了警钟。

表 2-13　2003~2012 年淮河流域地下水资源量　(单位：亿 m^3)

	2003	2004	2005	2006	2007	2008	2009	2010	2011	2012
淮河流域	519.65	330.31	439.06	341.71	410.78	363.35	335.21	353.55	328.24	294.94
其中：										
湖北省	166.56	113.73	133.18	106.30	127.62	114.02	109.47	0.95	0.42	0.50
河南省	146.24	75.01	115.46	92.41	109.63	91.65	84.11	120.75	99.42	87.57
安徽省	101.34	56.67	90.93	76.16	88.43	78.92	69.33	89.96	73.73	74.00
江苏省	104.08	83.85	98.08	66.07	83.66	77.61	71.59	71.70	76.38	74.47
山东省	1.44	1.05	1.41	0.77	1.44	1.15	0.72	70.20	78.29	58.4

2.4　通榆河的水污染状况

通榆河作为江苏沿海地区南水北调的“清水廊道”，是江苏江水东引北调的水利、水运骨干河道，承担着保障水资源供给的重要任务。但通榆河流域水网水污染情势复杂。流域内河流数量众多，流速缓慢，水量交换性较差，污染来源隐蔽，水污染隐患较多。由于通榆河的南延尚未打通，现河流源头是南通海安县境内的新通扬运河。长江水主要从泰州市引江河流入新通扬运河，流经泰州市海陵区、姜堰市、兴化市、海安县进入通榆河，因此新通扬运河水质状况直接影响到下游通榆河水环境质量。从整体上来看，内地好于沿海；从各水源地的保护来看，上游好于下游；从对污染隐患的监管来看，对陆上污染隐患的监管好于对水上污染隐患的监管；从备用水源地的建设看，整体上还存在很大差距。

近年来，受人类经济活动的影响，通榆河功能日趋退化、生态日益脆弱，人河矛盾、人水矛盾越来越突出，水多为患、水少为愁、水脏为忧等诸多问题集中反映在河道，通榆河存在严重的问题。通榆河流域水污染开始于 20 世纪 70 年代后期，进入 80 年代，水污染逐渐加剧。通榆河治污工程耗时数十年，但时至今日污染情况依然很严峻。仅 2010 年，就连续发生了多次水污染事件：2 月 20 日盐城市饮用水源污染事件、2 月 22 日淮安市饮用水源水色异常事件和 3 月 12 日东台市通榆河水质超标事件等。通榆河流域水污染的主要表现如下。

2.4.1　通榆河流域水质状况逐年恶化

通榆河是淮河在江苏省的重要支流，处于淮河的中下游地区，是江苏省沿海地区的主要饮用水源，在沿海发展大局中具有战略地位。淮河水质的好坏直接影响了通榆河流域的水源质量。淮河水利委员会每年组织流域各省水利部门开展全流域水功能区的水质监测，分别采用均值分全年期、汛期、非汛期对淮河片河流水质进行类别评价。表 2-14 为 2003~2012 年的淮河流域全年期水质评价的结果。

表 2-14　2003~2012 年淮河流域水质状况

年份	Ⅰ类水		Ⅱ类水		Ⅲ类水		Ⅳ类水		Ⅴ类水		劣Ⅴ类水	
	河长/km	占比/%	河长/km	占比/%	河长/km	占比/%	河长/km	占比/%	河长/km	占比/%	河长/km	占比/%
2003			1176.6	11.4	1789.5	17.4	1712.5	16.7	907.5	8.8	4696.1	45.7
2004	128	1.1	1499	12.9	2278	19.5	2067	17.8	1311	11.2	4394	37.6
2005	33	0.3	931	7.7	2909	24.0	2652	21.9	874	7.2	4702	38.9
2006	0	0	1177	9.9	3250	27.3	1998	16.8	1293	10.9	4184	35.1
2007	0	0	1629	13.7	2853	24.0	2380	20.0	1257	10.6	3765	31.7
2008	66	0.5	1877	15.6	2677	22.3	2427	20.2	1539	12.8	3441	28.6
2009	81	0.5	2053	12.3	4189	25.1	3812	22.9	2169	13.0	4357	26.2
2010	186	0.8	2695	12.2	5678	25.8	5855	26.7	3044	13.8	4566	20.7
2011	110	0.5	3048	13.8	5333	24.2	6114	27.7	2414	10.9	5066	22.9
2012	0	0	2069	9.2	6380	28.4	6436	28.6	2634	11.7	4984	22.1

从表 2-14 可以看出，水质良好的Ⅰ类水占比始终很少，2006、2007、2012 年甚至为零，也就是说这三年在淮河流域是没有Ⅰ类水的。Ⅱ类水的数量近几年也有逐渐下降的趋势，水质尚可的Ⅲ类水数量变化不大。没有受到污染的Ⅰ~Ⅲ类水从 2003 年到 2012 年的比重分别为：28.8%、33.5%、32%、37.2%、37.7%、38.4%、37.9%、38.8%、38.5%、37.6%，始终没有超过 40%，也就是说超过 60%以上的水是被污染的。《淮河流域水污染防治“十五”计划》确定的治污目标是到 2010 年年底前水质达到Ⅲ类。这一目标并没有实现，2010 年达到Ⅲ类水标准的只有 38.8%。而从 2010 年到 2012 年，水质良好的Ⅰ类水所占比重就从仅有的 0.8%下降到 0.5%再降为零，而没有受到污染的水质的比重也从 38.8%降为 38.5%再降为 37.6%，污染严重由此可见一斑。

受淮河上游水质的影响，加之近年来随着经济发展和人们生活水平的提高，工农业废水、生活污水迅猛增加，大量未经处理的废水、污水排入通榆河，通榆河的水质很大程度上受到影响。从已有的监测指标看，通榆河及其支流承受着极巨大的环境压力。2005 年本河段水质综合评价已没有Ⅱ类水，年均值综合评价各监测断面均劣于Ⅲ类水，主要污染因子为氨氮、溶解氧、高锰酸盐指数、五日生化需氧量。作为调水保护区，通榆河现状水质距《江苏省地表水(环境)功能区划》所规定的 2010、2020 年均为Ⅲ类水水质目标仍有一定的距离，多数断面的水质仍未达到《江苏省地表水(环境)功能区划》所定水质目标(Ⅲ类水标准)。虽然在汛期东台、盐城、上冈断面的水质均尚清洁，大团、北草堰也由原来的轻度污染转为尚清洁水，但是对于非汛期和年平均值来说，多数监测断面所测的水质均为轻度污染，特别是东台、盐城、盐都、阜宁、堆根各断面年平均水质均由原来的尚清洁转化为轻度污染，水质变化趋势不容乐观。据盐城市水环境监测中心监测的资料，沿线 9 个县(市、区)废水排放总量为 1527 万 m^3，废水中 COD 排放总量为 2929t / a，NH_3-N 排放总量为 2417 t /a。主要污染因子为 NH_3-N、DO、COD 等。采用综合污染指数 p 值法以溶解氧、高锰酸盐指数、氨氮、五日生化需氧量为主要评价因子，对富安、东台、滨海、盐城、盐都、大丰、阜宁、堆根、响水 9 个主要监测断面年度综合污染情况进行分析，详情如表 2-15。

$$p=\sqrt{\frac{\left[\max\left(\frac{C_i}{C_{0i}}\right)\right]^2+\left(\frac{1}{k}\sum_{i=1}^{k}\frac{C_i}{C_{0i}}\right)^2}{2}}$$

式中：p 为水环境质量综合污染指数；C_i 为地表水各种污染物测试浓度(mg/L)；C_{0i} 为地表水中各种污染物最高允许值；k 为污染因子个数。

表 2-15　各监测断面的年平均综合污染指数

监测断面	富安	东台	滨海	盐城	盐都	大丰	阜宁	堆根	响水
p 值	1.175	2.05	1.32	1.05	2.21	2.02	1.36	1.43	1.47

对照表 2-16 可知，富安、滨海、阜宁、盐城、堆根及响水段的通榆河已达到轻度污染，而东台、盐都及大丰三段的污染达到中度污染。

表 2-16　地表水环境质量综合指数分级表

分级	清洁	尚清洁	轻度污染	中度污染	重度污染	严重污染
级别	1	2	3	4	5	6
p 值	< 0.5	0.5~1.0	1.0~2.0	2.0~5.0	5.0~10.0	> 10.0

通榆河是盐城市唯一的调水保护区，在盐城市境内共布设 9 个水质监测断面，监测 64 条主河流、122 个水质断面，控制河长 2728.5 km。按年均值综合评价(图 2-10)：2012 年Ⅲ类水及优于Ⅲ类水断面 86 个，占监测断面总数 70.6%，占控制总河长的 67.7%；劣于Ⅲ类水断面 36 个，占监测断面总数 29.4%，河长 882.3 km，占控制总河长 32.3%(其中Ⅴ类及劣Ⅴ类水断面 9 个，占监测断面总数 7.3%，河长 171.9km，占控制总河长 6.3%)。经常为Ⅴ类、劣Ⅴ类污染严重的主要河段有：淮河入海水道南泓；串场河盐城市区段；盐城市区小洋河段；射阳县小洋河段；大四河、老斗龙港、二卯酉河的大丰市区段。主要超标项目为氨氮、高锰酸盐指数、溶解氧等。河流水质非汛期优于汛期。非汛期优于Ⅲ类(含Ⅲ类)水断面 94 个，占监测断面总数 77.0%；控制河长 2099.4km，占总河长 76.9%。汛期优于Ⅲ类(含

Ⅲ类)水断面 22 个，占监测断面总数 18.0%；优于Ⅲ类水控制河长 577.3km，占总河长 19.7%。

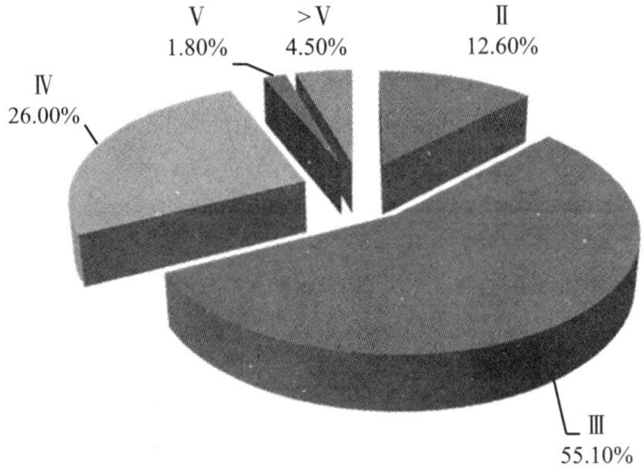

图 2-10 2012 年分类水质河长比例图(按年均值综合评价)

虽然环境行政主管部门和水行政主管部门加大了对沿途工业企业排污口的整治力度，但作为调水保护区，通榆河现状水质距《江苏省地表水(环境)功能区划》所规定的 2010、2020 年均为Ⅱ类水水质目标仍有一定的距离，水资源保护、水质管理和水环境形势依然严峻。

2.4.2 湿地湖泊污染隐患加大，备用水源地建设还存在很大差距

淮河流域水质监测资料显示，从 2010 年到 2012 年的淮河流域水库监测数据中，全年期水质达到Ⅰ类水质标准的水库 2010 年为 4 座，但到 2012 年已经降为零；而且全年期水质达到Ⅲ类级以上的水库占比分别为 80.5%、83.3%、76.4%，汛期水质达到Ⅲ类级以上的水库占比分别为 85.4%、80.9%、73.5%，均逐年降低。这说明淮河流域人们的饮用水已经变得不安全了。作为淮河的支流，通榆河流域湿地水系复杂，水体众多，湿地类型多样，可分为海洋-海岸湿地、内陆湿地(湖泊、沼泽、人工新河、河流)、人工湿地(水库、池塘、稻田)3 种类型。通榆河流域湿地是典型的生态过渡带和脆弱性区域，湿地类型复杂多样，但受自然因素和人类不合理活动的干扰，通榆河流域脆弱性特征显著。通榆河流域湿地脆弱性主要表现为自然灾害频发的干扰性脆弱，湿地水资源紧缺的压力性脆弱，河道断流、湖泊干涸的灾变性脆弱，湿地水体污染严重的胁迫性脆弱，湿地生态系统面临退化威胁的衰退性脆弱和水土流失严重的波动性脆弱等。

水污染也是通榆河流域湿地面临的最严重威胁之一。一些流域性水污染事故经常发生，水环境遭受严重破坏，对湿地供水造成严重破坏。而在湖泊的评价数据中，2010 年江苏省参与评价的 7 个湖泊中有 5 个水质达到Ⅲ类及以上。而到了

2012 年，江苏省评价的 7 个湖泊中仅有高邮湖、邵伯湖和宝应湖 3 个湖全年期水质为Ⅱ~Ⅲ类，通榆河流域多数湖泊介于轻度富营养及中度富营养之间。

经过多次整治，尤其是盐城水污染事件发生后，各地对饮用水源保护工作的重视程度明显提高，对各不符合国家要求的污染企业的清理工作力度进一步加大，陆上的环境安全隐患得到进一步保证，但水上的安全隐患日益突出。苏北地区河网密布，水上运输繁忙，船舶污染日益明显。苏北河道的船舶垃圾回收系统、船舶含油污水回收系统基本没有建设。已建成的京杭运河船舶垃圾、油水回收系统基本形同虚设，没有发挥作用。同时，水上危险化学品运输监管工作基本没有开展，近年来，盐城等地多次发生水上危化品运输船舶沉船事件，对饮用水安全构成很大威胁。为保证用水质量，江苏省政府要求每个县级以上城市都要建设备用水源地，目前苏北 5 市中，淮安市没有备用水源地，连云港市备用水源地没有建成，盐城市虽然有备用水源地，但管网不配套，发生突发事件时，不能保证全城供水。各县除建湖、滨海等少数地方外，基本没有开展备用水源地建设。阜宁县虽然投入巨资开展备用水源地建设，但将备用水源地设在苏北灌溉总渠上，由于苏北灌溉总渠在功能区划上就是灌溉和航道，且水量不能保证，上游存在环境污染隐患，该县的备用水源地建设工作进退两难。

2.4.3　集中式生活饮用水地表水水源地水质污染严重，合格率较低

2010~2012 年，淮河流域分别评价了 82、85、83 个饮用水源保护区，全年水质合格次数比例在 80%以上的分别有 43、49、50 个，占 52.4%、57.6%、60.2%。可见，在饮用水地表水源地中，全年水质合格次数比例在 80%以上的只有百分之五六十，有将近一半的地表水是不合格的。而在这些合格的水源中，分省的数据显示，2010 年，江苏省水质合格次数比例在 80%以上的有 29 个，占江苏省评价总数的 60.4%；2011 年，江苏省水质合格次数比例在 80%以上的有 29 个，占江苏省评价总数的 60.4%；2012 年，江苏省水质合格次数比例在 80%以上的有 30 个，占江苏省评价总数的 62.5%，合格率基本在 60%左右，不够理想。

通榆河流域水资源供给滞后于经济社会与环境可持续发展的需求，饮用水源缺乏稳定的水量保证率，部分地区水质性缺水的状况异常突出，沿线饮用水安全保障存在不少隐患。通榆河饮用水源的污染隐患目前主要是上游客水影响，34 个集中式饮用水源地均为地表水水源、过境河流式水源，而其上游地区的工业污水深度处理能力不足、农业面源监控较为滞后，导致地表水水源地水质容易出现过境式突发性水污染事件，以及底泥季节性释放重金属等污染水质异常事件。沿海地区特别是盐城的饮用水源保护工作还存在较为突出的问题，一是盐城市饮用水源地位于淮河流域的末端，水质较差；二是盐城市河网密布，互相联通，防范难

度大；三是盐城市饮用水源地上游化工企业尤其是小化工仍然较多，存在很大安全隐患；四是盐城市基本上每县都有化工园区，化工生产和危化品船舶运输存在的安全隐患比较大。而且，当前各园区投资规模也在逐步提档升级，由过去的招商引资在向招商选资转变，大多数园区在落实产业定位同时，纷纷表示不再招引低于亿元投资的项目。但是各化工园区污水处理厂所建规模与环评批复不符，多数是分期分批建设，规模偏小，一旦经济复苏后，企业开足马力生产将造成园区污水得不到及时处理。当前，园区污水处理厂普遍出水不能做到稳定达标排放，达标率有待提高。江苏省开展的县级以上集中式饮用水源地和化工生产企业环境专项执法检查中，仅连云港、盐城两地 8 家化工园区污水处理厂就有 6 家超标排放。园区污水处理厂对接管企业的进水水质不能有效控制，尤其是特征污染物。多数园区污水处理厂市场化运营率不高，不利于监管。这些都使得通榆河的地表水水质合格率比较低。据江苏省环境监测中心 2009 年 2 月数据，在上游进入盐城连云港的 12 个市界断面中，劣Ⅴ类水质的 2 个，Ⅲ类水质的 8 个，Ⅱ类水质只有的 2 个。2012 年，盐城市全市城市饮用水源地水质和近岸海域水质基本维持稳定，但河流地表水总体水质仍无好转，部分城市河流污染依然严重，地表水 29 条河流 62 个监测断面中，Ⅲ类水质的断面数 39 个，仅占总数的 62.9%；Ⅳ类水质的断面 21 个，占 33.9%；Ⅴ类水质的断面 2 个，占 1.6%。全市近岸海域水质状况无明显变化，5 个监测点达标率 80%，基本持平。与 2011 年相比，盐城市区河流水质有所下降，水体污染特征表现为有机污染、氨氮和总磷污染，水环境保护形势不容乐观。

表 2-17　2012 年盐城市河流水质监测断面水质统计

区域名称	Ⅲ类	Ⅳ类	Ⅴ类	劣Ⅴ类	统计断面数	符合功能标准断面	2011 年达标率/%	2012 年达标率/%
市 区	3	4	1		8	8	75.0	100
东 台	3	1	1		5	4	60.0	80.0
盐 都	5				5	5	100	100
大 丰	4	6			10	10	100	100
建 湖	2	2			4	3	75.0	75.0
射 阳	5	3			8	8	100	100
滨 海	8	1			9	9	100	100
阜 宁	8				8	8	100	100
响 水	1	4			5	5	100	100
全市合计	39	18	1	4	62	56	91.9	96.8

注：上游客水断面未参与统计。

2.4.4　工业和农业面源污染较重

通榆河流域工业产业仍以粗放式为主，以食品制造、金属、造纸、化工等行业为主导，酸洗及不锈钢污染突出，污水集中处理率低。据统计，徐、淮、盐、连、宿 5 个市近年来共建有省级、市级化工园区 23 个，面积 304.14 km^2，其中连云港、盐城两市 11 个县(市)中，除东海县、建湖县没有化工园区外，其余 9 个县(市)均在沿海建有 1 个以上专业化工园区，并且规模较大。苏北化工园区内共有企业 535 家，园区外仍有较多化工企业没进园入区，主要是这些待迁的企业规模大、职工人数多、搬迁费用高，但恰恰正是这些园区外的老企业环境问题多，群众反响强烈。

盐城饮用水源事件发生后，盐都区对辖区内所有 70 多家化工企业实行关闭、搬迁，建成无化区；淮安水质异常事件后，洪泽县对区域内 10 多家化工企业进行停产整改，对苏北灌溉总渠周边的日辉助剂公司等个别化工企业实施关闭。2010 年 3 月 7 日，地处串场河岸边的东台市东龙化工有限公司废水直排，流入通榆河，造成该河局部河段挥发酚超标，对大丰市饮用水源地构成威胁。近期频繁的水体污染事件表明，尽管通过江苏省化工专项整治行动，取缔关闭了大量小化工企业，一些企业实施了进园入区，对新建项目提高了准入门槛，苏北化工企业结构布局日趋合理，但是为便于取水和航运、建在河道周边的少数化工企业还没实施搬迁，尤其是通榆河、苏北灌溉总渠和洪泽湖沿岸的化工企业，这些企业处于苏北区域饮用水源地上游，一旦超标或非法排污，环境风险较大。

通榆河流域农业面积占区域面积的 47.8%，化肥施用量是全国平均水平的 1.8 倍，区域内畜禽养殖、水产养殖规模较大，投饵、清塘以及农田退水容易对生态环境造成间歇性影响。2013 年，通榆河断面水质达标率仅为 70%，北段受洪泽湖、废黄河来水影响，水质较好；盐城市区以南，受里下河来水影响，水质较差，部分河段达不到Ⅳ类。

2.4.5 多数水质无法达到国家考核标准，主要污染物为 COD 和 BOD

按照国务院办公厅转发的《重点流域水污染防治专项规划实施情况考核暂行办法》(国办发〔2009〕38 号)以及国家环境保护部《关于印发〈重点流域水污染防治专项规划实施情况考核指标解释〉的函》(环办函〔2010〕124 号)的有关规定，对照各年水质目标对淮河流域 24 个国家考核省界断面进行达标评价，淮河流域从 2010 年到 2012 年的考核结果并不能让人满意：2010 年的高锰酸盐指数(或 COD)水质达标的断面有 22 个，占 91.6%，氨氮水质达标的断面有 19 个，占 79.2%；不达标的有 5 个，占 20.8%。2011 年，51 个主要省界断面全年期有 14 个断面水质达标，占 27.5%；汛期有 12 个断面水质达标，占 23.5%；非汛期有 17 个断面水质达标，占 33.3%。其中，江苏省 7 个出境省界断面，水质达标测次比例为 26.3%。2012 年在加大淮河流域水质资源的治理力度之后，情况有所好转。51 个省界断面水质达标测次比例为 39.5%。而江苏省 7 个出境省界断面的水质却下降了，水质达标测次比例仅为 23.2%。

2003~2012 年淮河流域的废污水排放量逐年增加，其中 2004~2010 年的增长速度较快，2010 年加大治理力度后有所缓和，但流域中的污染物依然很高(表 2-18、图 2-11)。

表 2-18　2003~2012 年淮河流域废污水排放量　(单位：亿 t)

年份	2003 年	2004 年	2005 年	2006 年	2007	2008	2009	2010	2011	2012
淮河流域	60.12	56.15	58.79	62.08	65.82	67.05	73.40	76.34	76.30	76.4

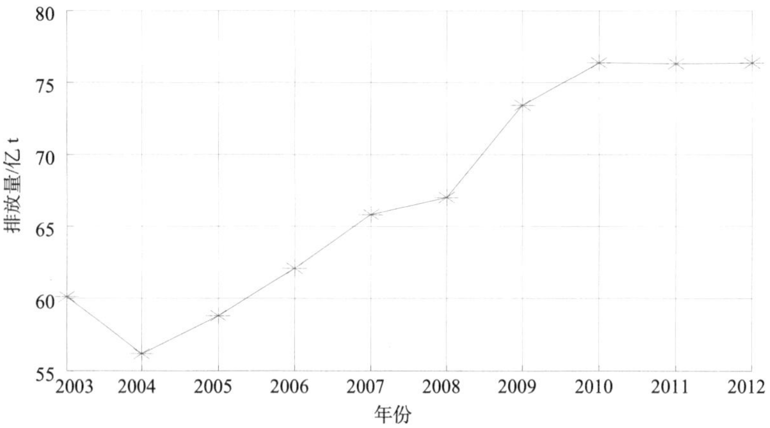

图 2-11　2003~2012 年淮河流域废污水排放量

淮河流域苏北段城镇污水及工业污水化学需氧量情况见表 2-19、图 2-12。

表 2-19　淮河流域苏北段污水 COD 含量(万 t)

年份	工业 COD	生活 COD	农业 COD
2000	24.1	41.2	无记录
2005	33.8	62.8	无记录
2006	29.18	63.85	无记录
2007	28.79	60.35	无记录
2008	25.58	59.57	无记录
2009	25.13	57.04	无记录
2010	25.63	53.17	无记录
2011	23.93	60.23	39.93
2012	23.14	57.25	38.77

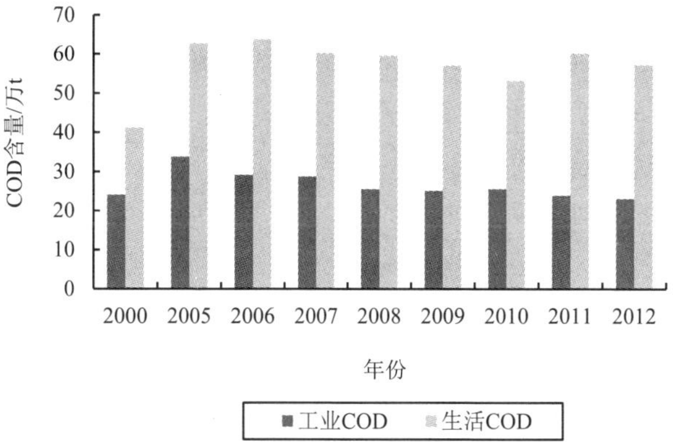

图 2-12 江苏污水 COD 含量

从图 2-12 可以看出淮河流域苏北段城镇污水 COD 含量远远高于工业污水中 COD 的含量，说明淮河流域苏北段工业排水水质有所改善，但是城市污水排放治理现状还比较严峻。

对通榆河水质污染的全面治理，取得了一定成效。2012 年，通榆河虽然总体水质状况为良好，III类水质断面占 87.5%，但随着经济的不断发展，生活污水排放和农业面源污染比重越来越大，有机物和氨氮成为主要的超标项目。通榆河沿岸大部分水厂采用的是传统的混凝—沉淀—过滤—消毒工艺，对这两种指标的去除能力有限，出水水质受到一定影响。从流向来看主要污染物氨氮、总磷和化学需氧量浓度由南向北沿程逐渐下降。其中氨氮平均浓度由 0.773 mg/L 下降为 0.767 mg/L，下降幅度 7.7%；化学需氧量平均浓度由 18.1 mg/L 下降为 17.8 mg/L，下降幅度 1.7%；总磷平均浓度由 0.155 mg/L 上升为 0.167 mg/L，上升幅度 7.7%。

2.5 通榆河水污染的主要原因

引起通榆河水污染原因主要包括以下几个方面。

(1) 生活污水污染

随着经济发展和人们生活条件的改善，居民生活污水排放量增长迅速。与之相比，城镇污水治理措施相对滞后，生活污水对通榆河的影响远超工业废水，部分河段 BOD、COD 严重超标，甚至掩盖了工业污染治理所取得的成效。

(2) 农业污染

通榆河沿线多为水稻、棉花种植区，而水稻、棉花种植过程中化肥、农药使用量比较大，而真正被农作物吸收的只占 30%~40%，绝大部分化肥、农药进入了水体，加重了通榆河的污染程度。由于雨水冲刷和农田浇灌水的渗透，化肥、农药中的 N、P、C、K 等物质以及树叶、枯草等废物大量汇集到通榆河中，造成面源污染，使得水质进一步恶化。农业污染的另一个方面是养殖业的污染，在通榆河内放养鸭、鹅等水禽，也对通榆河的水质构成了一定的污染。

(3) 工业排污

工业排污是造成河水污染的重要原因，沿途城市部分单位对水环境保护工作认识不够，只注重经济效益、短期效益，忽视生态环境效益。有的经营者只顾短期效益，前任不顾后任、上游不顾下游、当代不顾后代的现象还普遍存在，偷排偷放行为时有发生。对环境污染较为明显的主要是石油化工厂、绝缘材料厂、农药厂、造纸厂、染料厂及热工仪器仪表厂、钢铁、焦化、煤气发生站、机械加工等工业部门。由于污水处理设施不足，污水处理能力较低，部分污水处理厂不能正常运转，工业尾水直接或间接流入通榆河，对河流造成严重的污染。带入水体中的主要污染物是有毒的有机污染物和重金属离子如 Pb^{2+}、Cd^{2+}、Zn^{2+}、Cu^{2+}、Hg^{2+}、Co^{2+}、Ni^{2+}、Mn^{2+}、As^{3+}、Cr^{6+}等。

(4) 航运业的污染

目前，盐城与泰州之间的船舶通过通榆河中段、泰东河、泰州引江河进入长江，这些船舶几乎都没有油水分离装置，极易污染河流，因此航道污染也是导致通榆河水污染的主要形式之一。

除上述原因外，还有经济原因和管理体制原因，通榆河流域水资源污染的主要经济原因和管理体制原因如下。

2.5.1 区位发展优势明显，经济快速发展致使水资源不断被污染

通榆河流域位于我国东部，区位优势明显，在江苏经济中占有十分重要的战略地位。首先，通榆河流域资源丰富，航运发达。通榆河流域有着得天独厚的土地、海洋、滩涂资源，射阳河口以南沿海地段还以每年 10 多平方公里的速度向大海延伸，被称之为“黄金海岸”，是江苏最大、最具潜力的土地后备资源。沿海陈家港距连云港 27 海里、日照港 59 海里，集、疏、运条件比较优越，为二级航道，国家二类开放口岸。大丰港北距青岛港 210 海里、连云港 120 海里，东距日本长崎港 460 海里、韩国釜山港 465 海里，南距基隆港 620 海里、上海港 280 海里，是国家对外开放一类口岸。滨海港地处江苏沿海中部、连云港与长江口之内，与日本、韩国隔海相望，–10m 等深线离岸最近处为 1.215 海里，深水直通大海，可建 5 万~10 万吨级码头泊位，是江苏沿海水深条件最好的岸段之一。射阳港现拥有千吨级码头 5 座，并开通了集装箱内河支线，港口年吞吐能力可达 530 万吨。石油天然气资源已探明石油天然气蕴藏量达 800 亿 m^3，预计总储量达 2000 亿 m^3，为中国东部沿海地区陆上最大的油气田。沿海和近海有约 10 万 km^2 的黄海储油沉

积盆地，居全国海洋油气沉积盆地第二位，有着广阔的勘探开发前景。其次，通榆河流域海陆空交通便捷，基本形成高速公路、铁路、航空、海运、内河航运五位一体的立体化交通运输网络。城市快速公交(BRT)实现运行，盐城成为江苏省第二个、江北首个拥有快速公交系统的城市。南洋国际机场和盐城大丰港区成为国家对外开放一类口岸，盐城市成为同时拥有空港、海港两个一类口岸的地级市。盐城空港开通国际、国内航线 14 条，新长铁路盐城站开通全国客货运，宁靖盐、盐通、盐连、徐淮盐高速公路四通八达。再次，通榆河流域在盐城的地段还是沪、宁、徐三大区域中心城市 300km 辐射半径的交汇点，是湿地生态旅游的重要开发区，是江苏省委、省政府确定的“重点发展沿江、大力发展沿海、积极发展东陇海线”的三沿战略及“海上苏东”发展战略实施的核心地区，是“京沪东线”的重要节点，是国家沿海发展和长三角一体化两大战略的交汇点，在区域经济格局中具有独特的区域优势。

上述通榆河流域优越的水资源条件和便捷的水陆交通使得通榆河流域成为江苏省经济发展有较大潜力的地区(图 2-13)。2013 年，盐城市实现地区生产总值 3475.5 亿元，按可比价计算，比上年增长 12.3%；其中第一产业实现增加值 489.2 亿元，比上年增长 3.2%；第二产业实现增加值 1636 亿元，比上年增长 14.0%；第三产业实现增加值 1350.3 亿元，比上年增长 13.4%。产业结构持续优化。三次产业增加值比例调整为 14.1∶47∶38.9，二、三产业比重提高了 0.5 个百分点，人均地区生产总值达 48 150 元(按 2013 年年平均汇率折算约 7775 美元)，比上年增长 12.2%，在江苏省内居于前列。

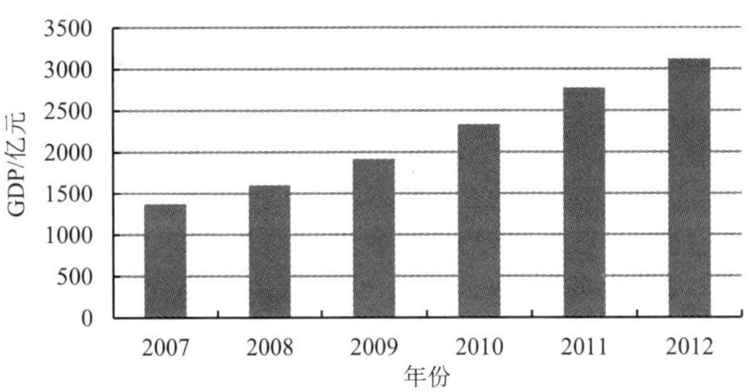

图 2-13　盐城 2007~2012 年的 GDP

随着流域内经济建设的加快，中小城镇的增多，城镇开发区的建设，挤占了部分耕地，流域内各地近几年的耕地面积呈逐渐减少趋势。而且一些地方依然存在“重经济、轻环境、先发展、后治理”的观念，只顾眼前利益，不顾长远利益，在产业结构调整和污水排放处理等方面，不能把好关，致使河流污染日益加重。

2.5.2 经济发展和局域环境容量不适应，结构性污染突出

通榆河流域多年来的区域经济发展很迅速，尤其是工业指标增长很快(表 2-20 和图 2-14)，但经济发展却和区域环境容量不相适应。这主要是因为以前在确定地区产业发展方向、地区生产力布局时，忽视了区域环境容量。通榆河流域出现的严重流域性水污染，在很大程度上与流域产业结构和布局不合理有直接关系。流域化工、造纸、饮料、食品、农副产品加工等主要污染行业产值约占流域工业总产值的 1/3，但化学需氧量和氨氮排放量分别占全流域工业源排放量的 80%和 90%。而一些地区缺乏水污染防治具体实施计划，产业结构、布局与水环境保护要求相比不够合理，通榆河沿线区域内结构性污染仍然突出。

表 2-20 2007~2012 年盐城规模以上工业主要指标

工业指标	计量单位	2007 年	2008 年	2009 年	2010 年	2011 年	2012 年
工业增加值	亿元	432.07	572.89	714.16	985.59	1069.15	1376.96
主营业务收入	亿元	1753.90	2384.82	3051.99	3891.66	4355.32	5561.88
利税总额	亿元	137.88	186.98	309.84	404.45	509.50	690.89
利润总额	亿元	67.51	87.50	146.01	217.08	269.17	396.91

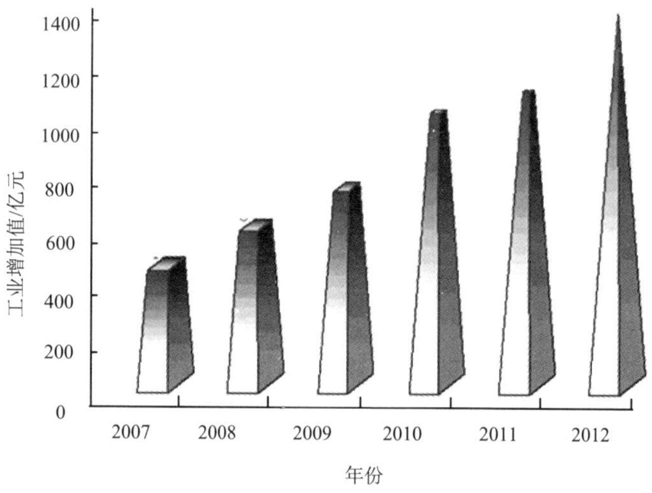

图 2-14 2007~2012 盐城工业增加值

通榆河流域自 20 世纪 80 年代初开始，利用当地资源，大力发展高耗水的化工、造纸、制革、火电、食品等小型工业，污染物排放量超过了通榆河的承载能力，使流域水质急剧恶化；由于缺乏科学认证和科学管理，一些缺水地区盲目发

展高耗水型工业，造成地下水位下降；一些资源丰富的地区发展单一的资源型产业，不发展与之相配套的加工业，产业结构雷同，形成严重的结构型污染。虽然经过治理，但流域工业结构调整力度有限，结构性污染没有根本改变。造纸、酿造、化工等一些高耗水、重污染行业调整力度不够，存在重点工业污染源超标反弹现象。技术落后的企业在发展中注重规模扩张，忽视技术升级，粗放型生产方式没有根本改变；污染企业治理过程中，重视末端治理，忽视清洁生产，难以稳定达标排放；低水平重复建设造成落后的生产能力和生产方式普遍存在。

而且，沿途城市部分单位对水环境保护工作认识不够，只注重经济效益、短期效益，忽视生态环境效益。有的经营者只顾短期效益，前任不顾后任、上游不顾下游、当代不顾后代的现象还普遍存在，偷排偷放行为时有发生。对环境影响较为明显的主要是各类化学化工企业。由于污水处理设施不足，污水处理能力较低，部分污水处理厂不能正常运转，工业尾水直接或间接地流入通榆河，对河流造成严重的污染。带入水体中的主要污染物是有毒的有机污染物和重金属离子如Pb^{2+}、Cd^{2+}、Zn^{2+}、Cu^{2+}、Hg^{2+}、Co^{2+}、Ni^{2+}、Mn^{2+}、As^{3+}、Cr^{6+}等。化工企业的超标排污直接严重影响周边环境质量，应对化工企业开展环境专项治理，确保污染物稳定达标排放。江苏省 2010 年不同行业工业三废的排放情况见表 2-21。

表 2-21 污水排放中工业三废含量情况表

	工业企业数/个	工业废水排放总量/万 t
采矿业	50	4001.37
制造业	7790	216641.90
纺织业	1573	62544.03
造纸业	181	17854.67
化工业	1531	52806.55
黑色金属冶炼及相关工业	329	18188.18
电气燃气业	245	10343.86
其他	5	26.17

2.5.3 城市化进程加快，污水处理设施却严重滞后

随着城市化进程的加快，城乡居民的生活水平有了大幅提高，经济总量不断提升，城镇人口大幅增加，但乡村人口却在逐年下降(表 2-22)。而伴随着这种城市化进程的污染水平也不断升高。

水体污染主要来自两方面，一是工业发展超标排放工业废水，二是城市化中由于城市污水排放和集中处理设施严重缺乏，大量生活污水未经处理直接进入水体造成环境污染。工业废水近年来经过治理虽有所减少，但随着人口迅速增加和人民生活水平的日益提高，生活污水产生量大幅度增长，城市生活污水有增无减，占水质污染的 51%以上，城市生活污水的比例已超过工业废水排放量的比例。通

表 2-22　2007~2012 年盐城城市化进程

	计量单位	2007 年	2008 年	2009 年	2010 年	2011 年	2012 年
经济总量(GDP)	亿元	1371.26	1603	1917.0	2332.76	2771.33	3120
人口数	万人	809.79	811.7	812.4	816.12	820.69	822.4
农业人口数	万人	456.43	507.89	497.46	491.72	472.24	456.09
农民人均纯收入	元	6092	6867	7650	8751	10511	11898

榆河流域城镇生活污染物排放量所占比例不断提高，已成为主要污染来源，其中城镇生活氨氮排放量占工业与生活排放总量的 75%以上。生活污水收集率不高，污泥无害化处理水平低，成为制约城镇水环境改善的主要因素。

从图 2-15 中可以看出从 2000~2012 年城镇污水排放量缓慢上升并逐渐成为江苏省水环境污染的主要来源。

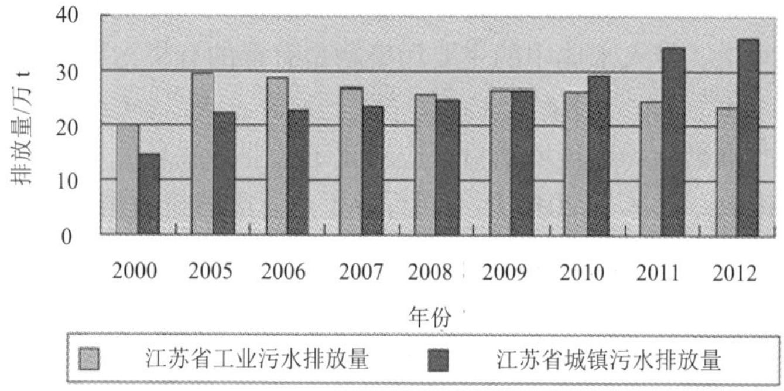

图 2-15　江苏工业污水及城镇污水排放量

随着城市化进程的加快，江苏省淮河流域的城镇人口增长而农村人口下降，但污染水平也随着城市化进程不断上升。从图 2-16 至图 2-18 可以看到，从 2005 年到 2012 年，江苏省淮河流域人口大幅增长，GDP 稳步增长，农村人口数却呈下降趋势，说明城市化进程的步伐不断加快，但污染水平也逐年提高。

为此，我们建立了一个线性回归模型，来说明江苏淮河流域人口的发展对污水量排放的影响。

将 2005 年至 2012 年间江苏淮河流域人口作为自变量，废污水排放量作为因变量，进行回归分析(表 2-23)。

首先画出两者的散点图如图 2-19，从图中可以看出，两者之间呈现一定的线性关系，所以选用线性回归模型。为了求解该回归模型，列表如表 2-24。

根据表 2-24 可以求出 $a=-17.056$，$b=0.0092$，所求解的回归模型为

$$y=0.0092x-17.056$$

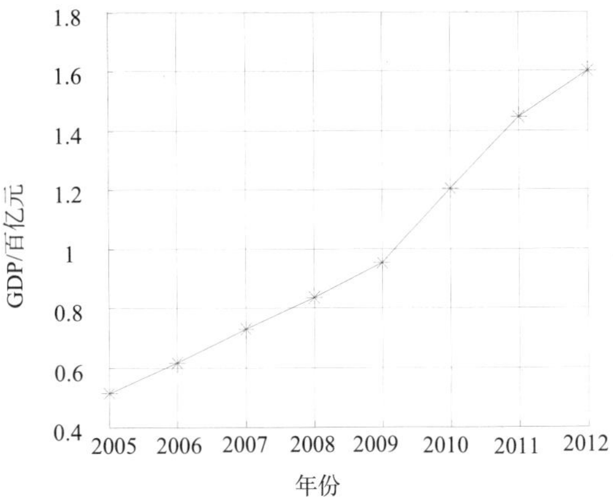

图 2-16　2005~2012 年淮河流域江苏省辖区 GDP

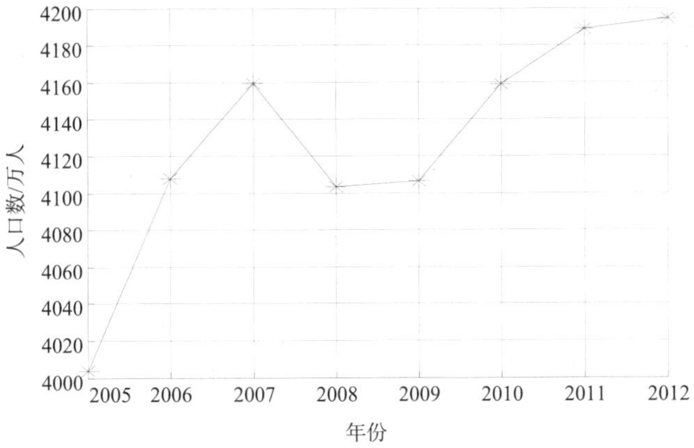

图 2-17　2005~2012 年淮河流域江苏省辖区人口数

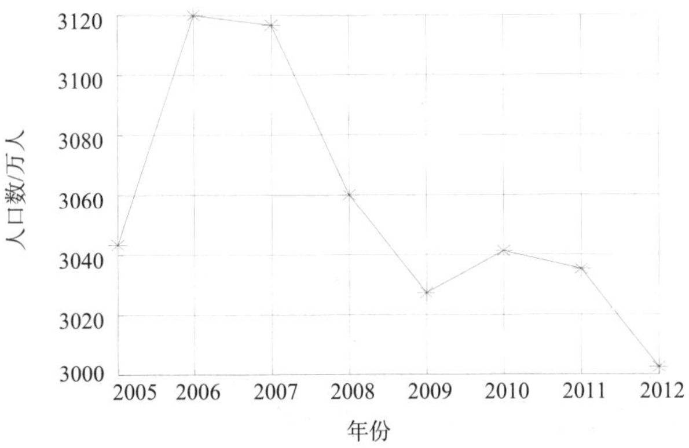

图 2-18　2005~2012 年江苏省淮河流域乡村人口数

表 2-23 2005~2012 年江苏淮河流域人口与废污水排放量

类别	2005 年	2006 年	2007 年	2008 年	2009 年	2010 年	2011 年	2012 年
人口数/万人	4003.98	4107.68	4159.52	4103.18	4106.12	4158.67	4188.45	4194.41
废污水排放量/亿吨	20.01	20.82	20.87	20.09	20.43	21.07	21.46	21.9

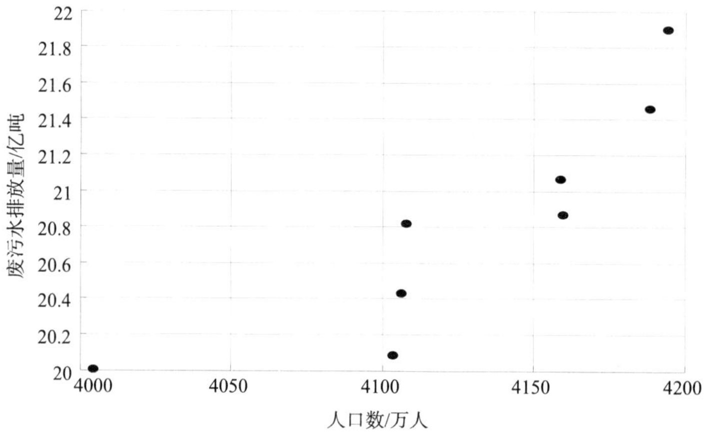

图 2-19 2005~2012 年江苏淮河流域人口与废污水排放量

表 2-24

序号	x_i	y_i	x_iy_i	x_ix_i	y_iy_i
1	4003.98	20.01	8.0120e+04	1.6032e+07	4.0040e+02
2	4107.68	20.82	8.5522e+04	1.6873e+07	4.3347e+02
3	4159.52	20.87	8.6809e+04	1.7302e+07	4.3556e+02
4	4103.18	20.09	8.2433e+04	1.6836e+07	4.0361e+02
5	4106.12	20.43	8.3888e+04	1.6860e+07	4.1738e+02
6	4158.67	21.07	8.7623e+04	1.7295e+07	4.4394e+02
7	4188.45	21.46	8.9884e+04	1.7543e+07	4.6053e+02
8	4194.41	21.9	9.1858e+04	1.7593e+07	4.7961e+02
sum	33022	166.65	6.8814e+05	1.3633e+08	3.4745e+03

为了验证该模型的精度，根据相关指数分析法的计算公式，求得：R^2= 0.7598。由于这个数值接近于 1，说明该模型拟合效果较好，表明江苏淮河流域人口与废污水排放量线性相关性较强，进一步验证了两者的线性关系，从而说明人口的增长是导致废污水排放量增加的非常重要的因素。

与之相比，城镇污水处理设施建设却严重滞后。尽管近年来流域内城镇污水处理厂建设规模有所提高，但城镇污水配套管网建设滞后，城市基础设施是工业建设的载体，制约着工业建设规模和发展速度，生活污水对通榆河流域河流的影响加大，部分河段 BOD、COD 严重超标，甚至掩盖了工业污染治理所取得的成效。长期以来，我国城市建设不恰当地把基础设施建设的载体地位降低为工业的一般附属物地位，基础设施的发展与人口、资源、环境和工业建设不协调，导致基础设施长期超负荷承载。特别是城市环境保护基础设施，仅仅在近几年才开始兴建。绝大多数城市的污水处理能力远远满足不了实际需要。集中式污水处理设施建设缓慢的原因，除了资金短缺外，现行管理和运行机制的掣肘也使城市污水处理厂的建设和运营陷于困境。由于没有真正落实“污染者负担”的政策，地方财政因无力支付污水处理费用，常常使建成后的污水处理厂不能正常运行，环境保护投资不能有效发挥环境效益。

辖区内的污水处理设施没有充分利用，污水处理能力不高，也使得污染不能及时消除。通榆河流域不少地方是在国家的主导和推动下建设污水处理厂，自身思想动力和经济实力相对不足，因此优先建设厂区主体工程，但相关配套条件滞后。一是工程的配套条件长期不到位，项目运行基础差。表现在：由于缺少成熟的防治技术，化工企业工业废水难于处理，尤其是有机特征污染物；污水收集管网不完善，造成进水浓度低，处理水量少，生化池内细菌微生物不能正常增长繁殖，污水处理效果低下，基本不产污泥；自控装置及中控平台建设迟缓，导致运行控制过程中人为因素强，不能保障污水处理稳定达标；卫生防护距离内环境敏感目标拆迁不及时，未落实环评审批要求，给项目验收造成障碍；接管企业废水预处理不达标，超出污水处理厂设计负荷；另外，污水处理费拨付不及时，挫伤了污水处理厂经营管理者的积极性。二是污水处理系统管理不周密，出水水质超标。如有的厂仪器设备维护不及时，如水解池填料大面积塌落，好氧池曝气装置严重堵塞，COD 自动监测取样管、排水管均已断裂；有的厂工艺操作规程不落实，如厌氧池搅拌器基本不运行，二沉池长期不清理污泥，或污泥泵排泥严重回溅入二沉池；有的厂擅自停运处理设施、甚至直排偷排，如长期停运水解酸化工序，停开污泥脱水装置，将回流污泥改排到厂内废地上，或直接排入总排水口，部分污水处理厂出水水质超标。三是污泥处置途径和管理程序不规范，部分地方监管处于失控状态。虽然辖区内各化工园区污水处理厂已将污泥作为危废处理，无论园区污水处理厂还是化工企业都与有资质的危废处理单位签订委托处理协议，但因处理费用较高、手续繁琐，多数企业将危废长期存放在厂区内，多处存放，没做到防渗、防腐、防盗，危险标志也不明显，存放严重不规范。如一些化工园区污水处理厂近一年产生的污泥(属危废)均未安全处置，其中部分在厂内露天存放；一些园区污水处理厂将大量污泥送至周边农田乱堆乱放；一些化工园区污水处理厂将污泥自行提供给其他化工厂作为污水处理菌种，后续监管存在漏洞；个别污水处理厂将污泥倾倒于厂内外废沟、废塘中，威胁河流与地下水的环境安全。还存在使用船舶运输化学生产原料和危废现象，陆路运输车辆没有防范措施，环境风险较大；在管理上，多数企业没有危险废物管理台账，没有严格执行5联单制度，更有甚者为节约处置费用，将危废交给没有资质单位处理或自行焚烧，危废去向和数量说不清，向水体倾倒可能性较大。危废处置已是化工企业重要安全隐患之一。四是治污设施复杂，企业员工操作管理不到位，造成设备年久失修，不能正常运行。如专项检查中发现灌南县堆沟港化工园区内的亚邦染料公司和宏业精细化工有限公司进入园区污水处理厂的接管水质 COD 分别为 1300mg/L 和 1600mg/L，均超过接管标准(1000mg/L)。

2.5.4 传统的农村经济发展模式和航运模式使得面源污染严重

通榆河是苏中、苏北重要饮用水源地，随着农村经济的快速发展，通榆河流域的农林牧渔产值和粮食产量均有大幅提高(表 2-25)，但传统粗放的农村经济发展模式并没有得到根本转变。通榆河沿岸有大量农田，农作物种类比较多，基本上还处于粗放的生产状态，农田与河道之间没有采取隔离措施，甚至河坡上都有农作物，农村生态环境令人担忧，特别是部分村镇环境“脏、乱、差”，饮用水源水质下降，畜禽养殖污染，工业企业和城市污染向农村加速转移等问题突出，使通榆河流域农村环境质量进一步恶化。这些环境问题已严重威胁到广大农民群众的身体健康，制约了农村经济的进一步发展。

表 2-25 盐城 2007~2012 年农业总产值及主要产品产量

项目	计量单位	2007 年	2008 年	2009 年	2010 年	2011 年	2012 年
农林牧渔业总产值(当年价)	亿元	601.84	658.25	693.80	759.21	849.58	925.20
粮食总产量	万吨	543.53	603.03	622.90	651.66	661.79	672.71
棉花产量	万吨	20.11	18.36	13.56	13.61	13.40	10.92
油料产量	万吨	29.78	33.60	35.96	33.43	28.77	30.94

目前，农村经济发展带来的农药、化肥、畜禽养殖污染量大面广，有一定治理难度。通榆河流域是江苏省的粮食主产区，沿线大多为水稻、棉花种植区，多年来，为了提高粮食单位面积产量，广大农民对农作物不断增加化肥施用量，以及施用剧毒农药、高残留农药，偏施化学氮肥，使氮、磷、钾比例失调现象比较严重。目前农民使用的农药中 70%是杀虫剂。通榆河流域平均每公顷耕地化肥施用量逐年增高，水稻、棉花种植过程中化肥农药使用量日益上升。从 20 世纪 50 年代到现在，我国农药施用量增加 100 多倍，成为世界上农药用量最大的国家。

我国每年因农药中毒的人数占世界同类事故中毒人数的 50%，通榆河流域化肥使用量也在成倍增加，而化肥有效利用率却无法提高，而真正被农作物吸收的只占 30%~40%，总体上呈现出化肥农药施用量和施用强度大而有效利用率相对不高的不利局面。由于这些污染物在土壤中大量残留，造成农作物减产和农产品质量下降，对生态环境、食品安全和农业可持续发展构成威胁。由此可见，过量使用化肥不仅造成土壤物理性质恶化，肥力下降，土壤板结，肥效降低，而且绝大部分化肥、农药进入了水体，对水源地保护范围内的土壤造成污染，也加重了通榆河的污染程度。近年来，地膜的广泛推广及大量应用，虽提高了产量，可由于废弃的地膜不易分解，造成农田污染，成为影响苏北农业持续发展的重要障碍；随着农村人口生活方式和农业生产方式的变化，农作物秸秆 50%以上已弃之不用，若一烧了之，不但浪费大量的资源和能源，而且污染大气、水体，影响农村生态环境。秸秆季节性焚烧还严重影响交通、输电线路及人民群众生命财产安全，成为污染农村环境的一大公害。另外，流域内居民家禽家畜饲养量高，沿河两岸畜禽养殖业发展也较快，畜禽养殖、建材类经营项目占用较多，给人们生产生活造成了隐患。畜禽废弃物资源化利用和无害化处理率低以及水产养殖投入品不合理。主要是由于大量化肥的使用，农村畜禽粪便的农业利用减少，畜禽业的集约化程度提高，加重了养殖业与种植业的脱节。畜禽粪便的还田率只有 30%多，大部分未被利用。这些畜禽粪便大部分未经处理直接排入江河湖海。在流域内放养鸭、鹅等水禽，也对通榆河的水质构成了一定的污染。大量的面源污染物不仅随地表径流直接进入地表水体，污染河流与湖泊，而且渗入地下，污染土壤和地下水。而被污染的地下水亦最终排向地表水体，加剧了河流与湖泊的污染。由于基础设施、技术等不到位，流域农村生活污水和生活垃圾也基本得不到处理。这也造成了二次污染，即由于水污染与水资源匮乏造成农业用水危机，许多地区利用污水进行农田灌溉，给农田土壤、地下水和农产品带来污染威胁。随着点源治理力度的加大，面源对流域污染的贡献还将越来越大，面源污染的严重性也将越来越突出。

同时，作为农村经济的重要组成部分，乡镇企业的发展也一直是困扰通榆河流域农村环境的一大难题。通榆河流域的乡镇企业发展曾是让人们引以为豪的事情，但随着乡镇工业的兴起，二氧化硫、烟尘、化学耗氧量和固体废物排放量也在大幅增长。现有的乡镇企业废水、废气、废渣等污染物排放总量很大，远远大于环境承载能力。少数乡镇企业受经济利益的驱使，不惜以身试法。有的虽有治污设施，但长期闲置，没有正常运行，废水不经处理，直接入河、入海；有的企业甚至私设排口，偷排现象严重；不少锅炉、窑炉、生活大灶烟尘超标严重，这对水环境构成了严重威胁。

通榆河作为三级航道，有大量运输、渔业船舶停靠、航行或者作业。在休渔期，成百上千条渔船停靠在港口，这些船舶基本上没有实行垃圾及生活污水集中处理，都是直排河道。内河航运的迅猛发展，使得要想优先保护饮用水源功能的同时兼顾航运等其他功能的难度增大。

2.5.5 污染治理投资严重不足

通榆河流域区域经济发展落后，水污染治理的紧迫性和投入严重不足的矛盾十分突出。在计划经济体制下，污染防治资金以国家预算内资金为主。随着市场经济体制的建立，完全依靠行政手段管理环境已经不能奏效。但是，由于市场经济条件下的环境经济政策体系尚未建立，多元化的环境保护投资体制难以形成。

使用 EViews 6.0 软件对水资源水环境数据进行最小二乘回归，分析区域经济发展与水资源环境状况的协调关系。

首先对工业治污投资和工业废水量数据进行实证，建立线性回归模型如下：

$$y = c + \beta x + \varepsilon$$

其中，x 表示的是全国工业治污投资金额，单位万元；y 表示的是治理废水的量，单位是万吨；c 表示常数项；ε 表示误差的估计值，残差。具体数据如表 2-26。

表 2-26 工业治污投资和治理废水量数据

年份	x(工业治污投资)/万元	y(治理废水的量)/万吨
2002	1883663	714935
2003	2218281	873748
2004	2081060	1055868
2005	4581909	1337147
2006	4839485	1511165
2007	5523909	1960722
2008	5426404	1945977
2009	4426207	1494606
2010	3969768	1295519
2011	4443610	1577471
2012	5004573	1403448

回归结果如图 2-20。由回归结果可知，该模型的拟合程度很高，拟合优度达到了 85.09%，同时 x 的 t 值通过了显著性检验，进一步说明解释变量 x 可以在很大程度上解释被解释变量 y，即当环保投入越大、投资金额越多时，废水量及治理的效果越好。

Dependent Variable: Y
Method: Least Squares
Date: 04/14/14 Time: 15:21
Sample: 2002 2012
Included observations: 11

Variable	Coefficient	Std. Error	t-Statistic	Prob.
C	293340.6	158923.7	1.845796	0.0980
X	0.269013	0.037524	7.169162	0.0001

R-squared	0.850986	Mean dependent var	1379146.
Adjusted R-squared	0.834429	S.D. dependent var	392438.6
S.E. of regression	159685.1	Akaike info criterion	26.96276
Sum squared resid	2.29E+11	Schwarz criterion	27.03511
Log likelihood	-146.2952	Hannan-Quinn criter.	26.91716
F-statistic	51.39688	Durbin-Watson stat	1.987084
Prob(F-statistic)	0.000053		

图 2-20

虽然从 2001 年到 2012 年江苏地区环保投入呈现出逐年上升的趋势，但与国家整体水平相比还是有一定的差距(表 2-27、图 2-21)。

表 2-27　江苏污染治理投资额与 GDP 指标数据

年份	污染治理项目本年完成投资/亿元	江苏省 GDP/亿元	比重/%
2000	13.11	8553.69	1.53
2005	38.95	18598.69	2.07
2006	—	—	—
2007	—	—	—
2008	—	—	—
2009	27.05	34457.3	0.78
2010	18.6	41425.38	0.45
2011	42.78	49110.27	0.87
2012	55.87	54058.22	1.03

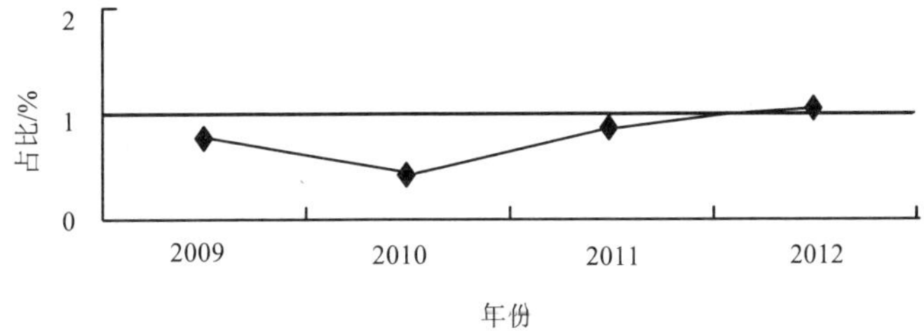

图 2-21　2009~2012 年江苏环保投入占地区 GDP 比重

目前主要问题是，作为促进污染防治的重要经济手段排污收费制度还很不完善。排污收费标准过低，不能发挥刺激污染防治的作用。超标排放污水收费作为排污收费的主体，其收费额不足污染处理设施运行成本的一半；排污收费项目不全，主要对象是大中型企业和部分事业单位，城市污水处理费仅在少数城市开征，而且收费标准较低，“污染者付费”的原则没有充分体现；排污费的转移支付机制尚未建立，流域内上下游之间缺乏利益补偿政策，水资源的开发利用与保护不协调，造成水资源的浪费。虽然从“九五”期间我国环境保护投资有了大幅度提高，特别是国家采取积极的财政政策，在扩大内需中把环境保护作为重点投资领域，通榆河流域一些水污染防治重点项目得到国债资金的支持，但是，由于环境保护资金渠道狭窄，投资量小，污染治理资金短缺的问题仍然非常突出，已经落实的资金与需求相差甚远。财政拨不出太多款项用于水利工程的建设，致使大多水利工程还是建于 20 世纪 50、60 年代，有些还是历史上逐步形成的，存在基础不好、质量隐患、老化抢修等问题。特别是堤防工程，险工险段多，超高不足，缺少必要的基础及防渗处理，查险抢险措施也不完善。由于投资不足导致泄洪、蓄洪能力弱，防汛抗洪任务非常艰巨。一旦出现污染，也无法及时控制住。

2010 年苏北环保督查中心对列入《淮河流域水污染防治规划(2006~2010 年)》和《淮河流域治污工程完善和重点断面水质达标方案》(简称《达标方案》)中的苏北五市重点治污工程、重点断面水质达标工程及两个省界重点断面水质达标情况进行了专项现场督查，截至 2010 年底，苏北五市列入《规划》和《达标方案》的 160 项治污工程完成率仅为 80.6%。其中，《规划》确定在苏北五市实施的重点治污工程共 111 项，已完成 85 项，完成率仅为 76.6%，调试 11 项，占 9.9%，在建 12 项，占 10.8%，未动工(拟取消)3 项，占 2.7%；以企业为责任主体的 55 个工业污染防治项目中，完成 51 项，完成率 92.7%，调试 4 项，占 7.3%；以地方政府为责任主体的 52 个城镇污水处理设施项目，完成 33 项，完成率 63.5%，调试 7 项，占 13.5%，在建 10 项，占 19.2%，未动工 2 项，占 3.8%；4 个重点区域污染防治项目中，验收 1 项，完成率仅为 25%，在建 2 项，占 50%，因建设环境变化应取消的 1 项，占 25%；49 个重点断面水质达标工程项，完成 44 项，完成率 89.8%，在建 5 项，占 10.2%。总体来说，苏北五市列入国家《规划》中的重点治污工程完成率 76.6%，包括调试的基本完成率为 86.5%，列入省《达标方案》的重点断面水质达标工程完成率 89.8%，总体进度均滞后于时序要求。而且，地区治污工程进展不平衡。经济实力较弱的宿迁市重点治污工程、重点断面水质达标工程均已全面完成，淮安市重点治污工程完成率达到 89%，处于苏北五市前列，徐州、盐城、连云港三市重点治污工程完成率仅分别为 76.9%、64.3%、53.8%。在城镇污水处理设施项目中，由于对管网工程的重视程度不足、施工条件复杂、政府投资存在缺口等因素，其建设进展普遍慢于厂区工程，导致部分项目长期引入附近河水进行调试，一些运行的污水处理厂水量负荷不足 50%。

2.5.6 水资源短缺，水生态环境恶化

水作为江苏省重要的基础性资源，水资源合理配置、高效利用，将是关系到当地社会经济可持续发展战略目标是否能够顺利实现的关键因素。

盐城市属水资源短缺较紧张的城市，水作为该市重要的基础性资源，水资源能否合理配置、高效利用，将是关系到当地社会经济可持续发展战略目标是否能够顺利实现的关键因素。

1993 年国际人口行动提出的报告认为：区域人均水资源量少于 1700m^3 时将出现用水紧张现象；少于 1000m^3 将面临缺水紧张现象；少于 500 m^3 则严重缺水。以盐城市为例(表 2-28)，以 2003~2012 年水资源总量和当年人口计算，盐城市人均水资源量逐年下降，从人均 1270 m^3 下降到最低 529 m^3，即将面临严重缺水状态。平均每百元 GDP 水资源占有量面临急速下降趋势，到 2012 年，平均每百元 GDP 水资源占有量不足 2 m^3，严重低于全国水平。水资源与人口发展、经济社会发展、生产布局、生态环境用水需求等不相协调。

表 2-28 盐城市 2003~2012 年水资源与社会经济发展指标状况

年份	水资源量/亿 m^3	单位面积水资源量/(万 m^3/km^2)	人均水资源占有量/m^3	百元 GDP 水资源占有量/m^3
2003	101.16	67.52	1270.04	13.31
2004	11.69	7.8	146.44	1.34
2005	86.41	50.91	1081.92	8.6
2006	81.36	47.94	1011.02	6.92
2007	77.8	45.84	960.74	5.67
2008	42.94	25.3	529.01	2.68
2009	51.6	30.4	635.18	2.69
2010	52.01	30.64	637.28	2.23
2011	73.65	43.4	897.41	2.65
2012	46.96	27.67	571.01	1.51

水资源的自然存量与国民经济的发展大致会经历三个发展阶段：①水资源经济指数 $h>1$，表明水资源量的增加快于经济产值同步增长；②$h=1$，表明水资源量与国民经济产值同步增长；③$h<1$，表明经济发展中的水资源空心化现象，水资源基础不断削弱，经济虚假增长，水资源环境恶化，经济的发展后劲和基础遭到破坏，开始形成经济发展的衰退趋势。

计算公式为：

$$h = R / G$$

式中：h 为水资源经济指数；R 为资源指数；G 为国民生产总值指数。

利用该公式，计算通榆河流域盐城段水资源经济指数 =(盐城市水资源总量−盐城市地下水资源)÷盐城市某年国民生产总值。表 2-29 为 2003~2012 年通榆河流域盐城段水资源经济指数。

表 2-29　2003~2012 年通榆河流域盐城段水资源经济指数

2003 年	2004 年	2005 年	2006 年	2007 年	2008 年	2009 年	2010 年	2011 年	2012 年
0.11	0.001	0.07	0.05	0.04	0.02	0.02	0.01	0.02	0.01

从表 2-29 可以看出，盐城市水资源经济指数 $h \leqslant 1$，水资源空心化现象极其严重，需要人们重新认识水资源的价值。同时也可以看出，其经济发展中水资源环境受到的破坏状况。工业和生活污染有增无减，偷排、超排工业污水、新建、扩建工业污染项目时有发生，农业面源污染未有效控制，航运污染日益严重等问题不断削弱了水资源基础，有些地方明显存在忽视水资源保护、重经济轻环保、先污染后治理的现象，人类无偿或过度使用自然资源，破坏了经济发展后劲，经济发展与水生态环境严重不协调。

为验证水质污染对当地经济的影响，以及考虑数据的可获得性，选取 2012 年响水、滨海等五地地区生产总值为被解释变量，选取对应地区的综合污染指数为解释变量，建立线性回归模型如下：

$$y = c + \beta x + \varepsilon$$

其中，x 表示的是各地综合污染指数，无量纲；y 表示各地地区生产总值，单位是亿元，考虑量纲问题，对其取对数；c 表示常数项；ε 表示误差的估计值，残差。具体数据如表 2-30。

表 2-30　地区生产总值与 p 值数据

	响水	滨海	阜宁	东台	大丰
2012 年 GDP/亿元	181.35	267.69	274.99	506.69	393.36
p 值	1.47	1.32	1.36	1.43	2.02

回归结果为：$y = 4.26 + 0.89x$。由回归结果可知，该模型的拟合程度不是很高，为 66.43%，这与数据样本的容量有关，由于数据的不易获取，只能简单进行验证。x 的 t 值通过了显著性检验，说明解释变量 x 可以在很大程度上解释被解释变量 y，即通榆河流域盐城段各地区的经济增长在很大程度上是以环境的恶化、水生态环境的破坏为代价的，这与当地城市化、工业化步伐不断加快的“市情”符合。同时说明，不加快将水资源环境与经济发展协调，势必影响当地经济的健康可持续发展。

2.5.7 涉河环境管理混乱，跨界污染经济纠纷时有发生

通榆河土地资源十分丰富。多年来，沿河人民的水患意识淡薄，私自占用河道滩地，建设码头货场，修筑房屋道路，人为设置阻水障碍的现象屡禁不止。汛期河道内砂石、煤炭、芦苇等货物堆积如山，杂乱无章。这样无序占用、乱挖乱建，违背了自然规律，污染了河面，侵害了河道天然流势，缩小了河道断面，增大了糙率，减少了流速，壅高了水位，阻碍泄洪通畅，降低河道排洪能力，威胁通榆河防洪安全，也危及沿岸的生态环境。但通榆河及区域统一管理与部门经济管理关系脱节，部门之间协调和信息交换制度缺乏，各自为政，环境管理混乱。河道管理单位缺少履行职能所必需的自主管理权力、制约手段及信息沟通渠道。一些专业部门对涉河项目的审批，不按规定征求河道部门的意见，擅自批准。河流的利用及水土资源开发处于无序失控状态，治污管理混乱。

由于通榆河流域的河道污染会随着水流逐渐扩大，常常引起跨界污染经济纠纷问题。对于跨区域河流及海域来说，目前普遍采用的分段分片治理方式，严重考验各地的自律意识。一方面受地方利益驱动，以及责任与权利的不均衡性，包括经济补偿、损害评估等促进和制约制度的不完善等，各地自愿保护的主动性和积极性普遍不高。这是因为上游水源地无法从治理中获取实际利益，所以各县市在自身辖区范围内，不能站在流域和全局的高度重视饮用水源保护，容易立足本地经济利益，普遍重视对取水口上游的保护，而往往忽视对取水口下游的保护工作，对治理工作积极性不高，对污染行为睁一只眼、闭一只眼。下游水资源利用地面对已经污染的水源，即使付出再大成本进行防治，已经不能解决河水污染的实质性问题，往往积极性也不高。这就使得跨区域水域治理容易形成权责不对称的局面。

另一方面跨区域的环境隐患比较突出。由于跨区域河流和海域往往又是多功能水域，河流往往兼具饮用水源、水运以及行洪功能，海域往往兼具养殖、港口、渔业、旅游等功能，污染源多，涉及主体复杂，防污治污工作难度大，跨界污染时有发生。如：东台市通榆河挥发酚和苯胺超标事件中，通榆河不是东台市的饮用水源地，而是下游大丰、盐城市的饮用水源地。东台市在饮用水源保护工作中，重视了对自身饮用水源地——泰东河取水口上游的保护工作，保护区范围内没有化工企业，而在通榆河及上游串场河沿线有化工企业 21 家，这些化工企业污水污染了下游地区，引致跨界污染经济纠纷问题。2012 年，盐城市的上游入境水质污染较重，5 个入境断面有 3 个达到功能区划要求，达标率 60%。泰州市流入盐城的泰东大桥、扬州市流入盐城的黄土沟断面、淮安市流入盐城的苏嘴灌渠的断面水质均为Ⅲ类水质，南通市流入盐城的古贲大桥断面水质为劣Ⅴ类水质，淮安市

流入盐城的苏嘴排渠断面水质为劣Ⅴ类。这些上游水质就影响了盐城市居民的生活用水安全。通榆河属于跨区域河流，其污染防治工作需要地区间的互信、协作，但目前地区、部门协调工作机制不够完善，各地区间还没有形成较为完善的通报、会商、联动执法机制。而且，由于水污染防治综合性强，牵涉到的管理部门较多，如城建、水利、环保、交通等部门，需要多个部门合作才能有效解决问题。但地方还没有建立起一套完整的、持续的部门协调工作机制，往往局限于临时性的联动，难以有效解决跨界水污染的经济纠纷。

2.5.8　环保部门监管能力严重不足，缺少有效的监督体制

从目前情况看，通榆河流域环境监测、预警、应急处置和环境执法能力薄弱，有些地区有法不依、执法不严现象较为突出，环境违法处罚力度不够。虽然流域内重点工业企业基本具备了污染治理的能力，但监管手段薄弱。此外，由于部门之间以及区域之间的矛盾不同程度存在，治理污染的步伐和措施还不够协调。环境监管的属地管理也使环保部门由于各种因素的影响不能很好地发挥监督和制约作用。

通榆河南起如皋市，北至连云港赣榆区，流经盐城等苏北 7 市，水网密布，河道纵横。特殊的地理、水文条件以及沿岸地区生产力状况，导致通榆河水环境形势一直比较严峻，给环境监测部门带来了很大的挑战。首先是人员严重不足。面对严峻的环境形势和繁重的环保任务，通榆河流域的环境监测能力却存在明显差距。环境监测站人员力量严重不足，通榆河流域现有环境监测站 22 个，但编制仅有 700 多人，对照国家环境监测站建设标准，缺编 260 多人，在岗率不到 90%。其次是水环境质量监测网络还不完善。南水北调沿线共 15 个国控断面，但通榆河流域仅有 3 个，省控监测网络在污染事件易发区域不完善，布局需要优化，区域补偿断面需要补充。再次是减排监测较为薄弱。污染源监控不到位，不按标准测、漏测现象时有发生；污染源企业排污口现场端不规范，在线监控设备第三方运维管理不到位；有效性审核数据应用不完善，污染源监测信息公开刚起步，制度不健全。最后是水环境自动监测和应急预警能力落后。国家和省流域考核断面、主要跨市界断面、区域补偿断面地表水监测自动化程度不高，南水北调 15 个国家考核断面均已建成自动站，出入省界的有 6 个，而通榆河流域仅建成 7 个。对考核断面主要污染来源尚未摸清，对流域内重金属、突发性水污染事故两类污染来源调查研究不够深入，对不达标的考核断面污染来源存在“说不清”的现象。

在现实缺少有效监督体制的情况下，作为政策执行的三方主体：当地政府、排污企业、污水处理厂都扮演了理性“经济人”的角色，都试图在降低成本的情况下，获取高的收益，通过不断的利益调适，达到了一种利益的均衡。当地政府

在执行政策的过程会在保护环境、促进当地经济发展和降低行政成本间权衡，由于环境效应的滞后性和执行人员任期内的“本位”意识，在舍与得的平衡过程中，他们往往会选择那些政绩明显的工作方式，即政府在自己“孩子”——污水处理厂“面子”工程的掩饰下，可以降低其行政动作成本，减少必要的监督检查，从而产生了污染久治不好的问题。通榆河流域内各地发展经济的愿望迫切，“重经济发展、轻环境保护”的现象还比较普遍。对一些企业的违法排污行为，当地政府部门并非不知情，很多却采取了睁一只眼、闭一只眼甚至包庇纵容的态度。同时，也给排污企业造成了一定的自由空间，使其能够有机会直排、偷排、超标排污、超总量排污，降低了生产成本，增加企业效益，履行纳税人义务，增加地方财政收入，从而促进当地的经济发展。目前，通榆河流域工业结构仍然是以重污染行业居多，其中不乏偷排、超标排放污水者。甚至通榆河流域一些大型企业，也存在偷排污水的违法行为。这些企业只顾自身利益，把“环境成本”转嫁给了下游。由于通榆河流域经济在江苏也不是最发达的地区，当地政府的重要任务是发展经济。在面对经济和环境矛盾时，对效益好的“纳税”企业进行保护也在一定程度上达成了默契，“违法成本低，守法成本高”，使得这些企业敢于以身试法。通过博弈论分析，作为政策执行的三方主体，在利益互动中达到了一种平衡，没有一个外部的监督力量是很难改变这种情况的。

第三章　通榆河流域废水深度处理与回用技术

典型污染源废水深度处理与回用技术研发与示范，主要包括行业生化尾水水质特征分析，研发具有针对性的深度处理技术。研发以臭氧-生物炭、人工光源耦合沉水植物法及纳滤为主要处理技术的集成处理工艺流程及设备，开展上述组合工艺的操作条件的研究，试验组合工艺流程相关处理单元的最佳运行参数，开发适用于淮河沿海支流流域的具有推广价值的生化尾水深度处理与回用工艺。

3.1　技 术 原 理

工艺流程主要包含三个处理单元：臭氧生物炭单元、人工光源耦合沉水植物单元和纳滤单元。

臭氧-生物活性炭(O_3-BAC)工艺是在生物活性炭工艺基础上发展起来的一种废水深度处理工艺。臭氧-生物活性炭工艺具有处理效率高、微生物浓度高、产泥量少、操作稳定和固液分离简单等优点，是国际上领先的饮用水处理工艺，近年来在难降解废水的深度处理和回用方面也进行了一些研究，并取得了一定的成果。臭氧-生物活性炭工艺通过臭氧预处理，将废水中难生物降解的大分子有机物氧化成易生物降解的小分子有机物，明显提高废水的可生化性，为活性炭柱内微生物降解有机物创造有利条件，同时也减轻活性炭的吸附负荷；另外，臭氧氧化能增加废水中的溶解氧，为好氧微生物的生命活动提供了有利的条件。

沉水植物是整个植株生长于水下的一类水生植物，其茎、叶和根一样具有吸收作用，且皮层细胞含有叶绿素，有进行光合作用的功能，这种结构提高了其对水下弱光环境的适应和促进对水中氮、磷等物质的吸收作用，比其他水生植物具有更强的富集 N、P 等物质的能力。沉水植物的生长受诸多因子的影响，包括光照强度、营养盐、底质、悬浮物、水流、温度以及其他因子，其中，光因子是沉水植物长势是否良好乃至能否存活的一个关键，包括光照强度、光质两个方面。沉水植物可以起到净化水质的作用，而人工光源的光质和光强均可控，因此本书通过人工光源耦合沉水植物以提高沉水植物的净化效果。

纳滤是一种介于反渗透和超滤之间的一种新型膜分离技术。纳滤膜的分离过程既具有筛分效应，又有电荷效应，使其对低分子量的有机物和无机盐都具有一定的截留效果。本工艺在臭氧生物炭、人工光源耦合沉水植物处理的基础上对部分出水进一步进行纳滤处理，使出水实现回用功能。

3.2 技 术 路 线

本书拟采用的技术路线如图 3-1 所示。

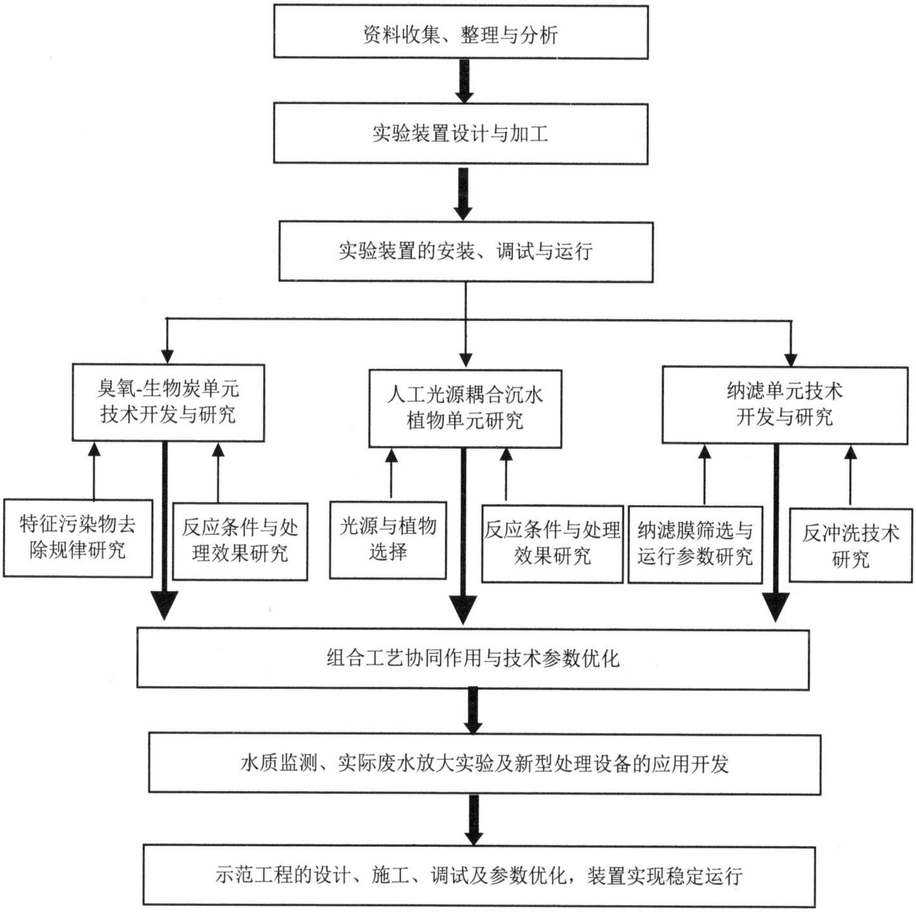

图 3-1　技术路线

3.2.1　臭氧-生物炭技术研究与技术开发

臭氧预氧化-生物活性炭深度处理技术集臭氧氧化、活性炭吸附、生物降解于一体，其中臭氧可将尾水水中残存的难降解有机物氧化为易降解的中间产物提高处理水的可生化性，部分甚至氧化为二氧化碳和水；同时臭氧在水中迅速分解为氧，使后续活性炭床处于富氧状态，增强了活性炭表面好氧微生物的活性，并在表面形成生物膜，降解活性炭中吸附的有机物，使活性炭得到一定程度的再生，提高了使用周期。本书采用此工艺处理生化尾水，主要进行以下两方面研发工作：

研发臭氧单元主要反应条件对残留污染物去除及后续生物炭处理效果的影响。拟考察臭氧用量、投加方式、反应时间、进水 pH 等主要因素对水中典型有机物及 NH_3-N 去除效果的影响；臭氧氧化后出水残留臭氧浓度、溶解氧等对生物炭中微生物活性的影响。

研发臭氧-生物炭协同作用处理生化尾水的效果，获得最佳工艺参数。从运行费用、设备投资、处理效果等方面综合比较，获得臭氧氧化与生物炭技术两者的最佳结合点。分析臭氧-生物炭出水水质特征，为后续人工光源耦合沉水植物法研究工作提供参考。

3.2.2 人工光源耦合沉水植物法深度处理技术研究

利用沉水植物对污水处理厂尾水进行深度处理可提高总氮和总磷的去除率，但这方面的研究甚少。沉水植物的生长受诸多因子的影响，包括光照强度、营养盐、底质、悬浮物、水流、温度以及其他因子，如着生藻类、重金属、pH 等。其中，光因子是沉水植物长势是否良好乃至能否存活的一个关键，包括光照强度、光质两个方面。

本处理单元主要做以下几方面工作：

从常见典型沉水植物如轮叶黑藻(*Hydrilla verticillata*)、梅花藻(*Batrachium trichophyllum*)、苦草(*Vallisneria spiralis*)、金鱼藻(*Ceratophyllum demersum*)、马来眼子菜(*Potamogeton malainus*)、穗状狐尾藻(*Myriophyllum spicatum*)等品种中选择2~3 种典型沉水植物，选择适宜的人工光源光质及光强，测定尾水中的 SS、pH、氨氮、总磷等水质指标。

研发人工光源耦合沉水植物法对生化尾水的净化能力。依据建立的人工光源与各种沉水植物的响应关系，结合光源在生化尾水中的光谱变化特征，设计出人工光源耦合沉水植物的净化装置。系统研究该装置对尾水中的 NH_3-N、TP、SS 和 COD 的去除效果、影响因素、处理水质的变化与光源的调控方法间的对应关系。

3.2.3 纳滤技术研发与技术开发

纳滤膜的微孔直径通常为 1nm 左右。纳滤膜的分离过程既具有筛分效应，又有电荷效应，使其对低分子量的有机物和无机盐都具有一定的截留效果。这不仅提高了纳滤膜的分离效能，而且操作压力低，比反渗透节能。此外，纳滤膜分离还具有无相变、不破坏生物活性、操作简单、自动化程度高、占地面积省等优点，其应用具有明显的社会效益和经济效益。根据对典型园区企业排放污水成分及生化尾水中残存的难降解污染物特点及回用水质，采用纳滤作为回用技术是具有明显优势的。本处理单元主要做以下几方面工作：

系统开展不同纳滤膜对生化尾水 COD、BOD_5、NH_3-N 和 TP 的去除效果研究，筛选出合适的纳滤膜，并对其进行科学表征，为示范工程及工业化奠定理论基础。

研发生化尾水中残留的典型污染物浓度对其截留率和产水量和回收率等参数的影响，确定最佳的工艺参数，为示范工程及工业化提供设计依据。

考察生化尾水中残留的典型污染物对纳滤膜污染的影响以及研发生化尾水膜污染的化学清洗技术，为纳滤设备长期稳定运行提供膜污染控制技术。

3.2.4　研究放大及示范工程应用

有机化工、精细化工以及印染行业产生大量有毒难降解的有机污染物。本书将针对低浓度复杂体系废水中残留难降解有机污染物的特点，研发对生化尾水中该类低浓度难降解有机污染物高效去除技术；采用物化-生化-物化组合工艺，研究臭氧-生物炭—人工光源耦合沉水植物技术—纳滤串联工艺的关键参数设计与处理效果优化，寻求高效、经济的工业化合成技术。

3.3　臭氧-生物炭工艺废水处理技术

3.3.1　装置与材料

臭氧实验装置示意图和实物图见 3-2 和图 3-3，生物炭实验装置分别见图 3-4 和图 3-5。

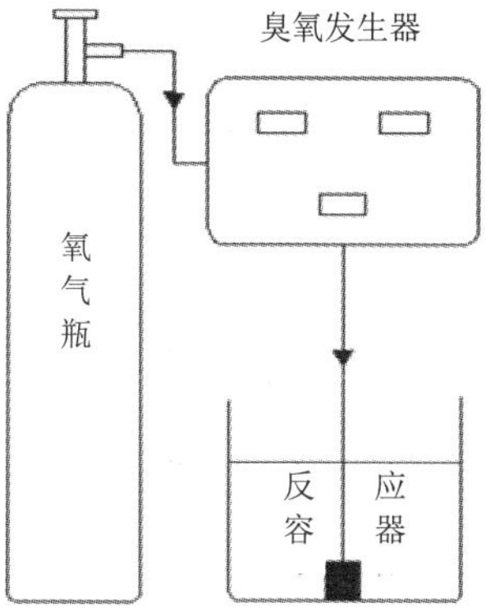

图 3-2　臭氧实验装置示意图

图 3-3　臭氧实验装置实物图

本实验选用南京沃环科技实业有限公司 WH-X 型臭氧发生器(表 3-1)。

表 3-1 沃环 WH-X 型臭氧发生器的参数

臭氧发生量	电源	功率	气源	净重	外形
10g/h	220V/50Hz	120W	氧气	7kg	200 mm×420 mm×250mm

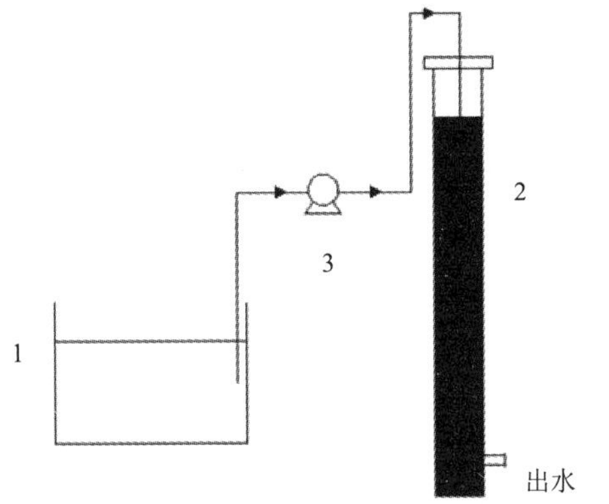

图 3-4 生物活性炭实验装置示意图

1-反应容器；2-生物活性炭柱；3-水泵

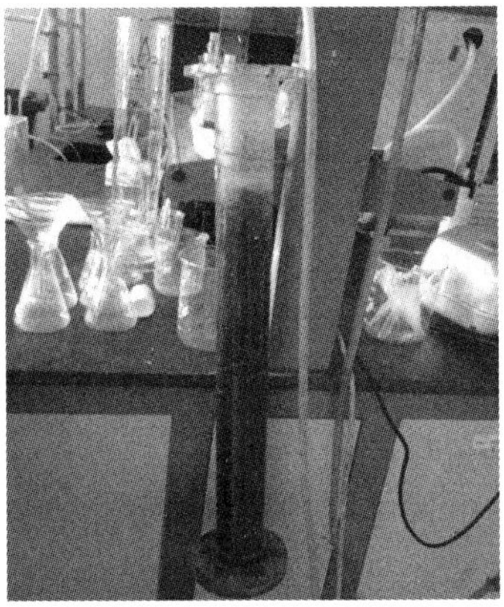

图 3-5 生物活性炭柱实物图

实验中臭氧发生器的氧源为纯度 99%的工业氧气，使用臭氧发生器前必须检查氧气瓶的压力，防止在实验过程中出现氧气不足的情况，影响实验结果。生物活性炭柱由有机玻璃柱和活性炭构成，有机玻璃柱高 1m，直径为 8cm，体积为 5L，活性炭填充高度为 0.82m。活性炭挂膜主要是通过接种活性污泥，然后向柱内通入生活污水进行曝气，经过 1 个月，生物活性炭的挂膜基本完成。

小试过程中的实验水样为实验室配置的模拟印染废水。印染废水水质指标如表 3-2 所示。本实验所用材料及药品见表 3-3。

表 3-2 印染废水水质

COD/(mg/L)	色度/倍	TP/(mg/L)	pH	NH_3-N/(mg/L)
150~200	250~300	0.15~0.20	6.7~7.2	0.5~1.0

表 3-3 实验材料及概况

名称	规格	材质
氧气	体积为 8L 的工业氧气	气体
皮管	2 条长度为 1m 的皮管	硅胶
反应容器	直径为 35cm，高度为 40cm 的圆柱状容器	塑料
活性炭柱	直径为 15cm，高度为 1m 的圆柱状容器	有机玻璃
活性炭	直径为 3mm，高度为 1cm 的圆柱状颗粒	椰壳
酸性大红染料	BR，99%	粉末

3.3.2　方法处理

实验分别采用单独臭氧氧化、催化臭氧氧化和催化臭氧-生物活性炭工艺处理印染废水。

(1) 首先配制模拟印染废水。在单独臭氧氧化实验中，取 4L 去离子水，向其中投加 NH_4Cl、KH_2PO_4、$C_6H_{12}O_6$ 和酸性大红染料分别为 0.32g、0.012g、0.54g 和 0.22g，在催化臭氧氧化实验中，还需再投加不同质量的 $FeSO_4$ 和 $FeCl_3$，搅拌均匀后开始实验。

(2) 通过加酸或碱调节印染废水的初始 pH；通过调节氧气的流量和臭氧发生器的电流大小，控制臭氧的产量；通过控制臭氧发生器的启动和关停，确定臭氧的氧化时间，然后检测经过臭氧氧化后印染废水中 COD、色度和 UV_{254} 值。

(3) 分别在单独臭氧和催化臭氧的最佳工艺条件下投加叔丁醇，然后检测氧化后印染废水的 COD、色度和 UV_{254} 值；然后分别在 pH 为 4、7 和 10 的条件下投加叔丁醇，然后检测单独臭氧氧化后印染废水中 COD、色度和 UV_{254} 值。

(4) 把臭氧处理后的印染废水通入生物活性炭柱，控制不同的停留时间分别取样，然后检测经过生物活性炭处理后印染废水中 COD、色度、氨氮、TP 和 UV_{254} 值。

(5) 中试系统的进水为某工业园区污水处理厂 CASS+滤布滤池工艺处理后的尾水。通过 20 天的监测，记录了经中试系统处理后的废水的 COD、色度、氨氮、TP 和 UV_{254} 值。

3.3.3　分析方法及仪器

分析方法及仪器见表 3-4，UV_{254} 分析方法及其他分析方法参见相关参考文献。

表 3-4　分析方法及仪器

参数	分析方法	仪器及规格
COD	重铬酸钾法	微波炉，聚四氟乙烯消解罐
色度	可见光分光光度法	721 型可见光分光光度计
UV_{254}	紫外分光光度法	岛津 UV-2550 型紫外分光光度计
总磷	钼锑分光光度法	岛津 UV-2550 型紫外分光光度计
氨氮	水杨酸-次氯酸盐光度法	岛津 UV-2550 型紫外分光光度计
臭氧浓度	紫外线吸收法	Lovibond 公司的 ET7700 型臭氧离子浓度测定仪
浊度	浊度计法	HACH 公司的 2100Q 型便携式浊度测定仪
pH	pH 计法	PHS-3C 型实验室 pH 计

3.3.4　单独臭氧氧化处理效果

1. 氧化时间对臭氧氧化效果的影响

针对 pH 为 7 的印染废水，调节臭氧发生器产量为 1.75g/h，控制臭氧氧化时间分别为 5、10、20 和 30min，氧化结束后测定处理后废水的色度、COD 和 UV_{254} 等指标，计算相应的去除率，结果见图 3-6~图 3-8。

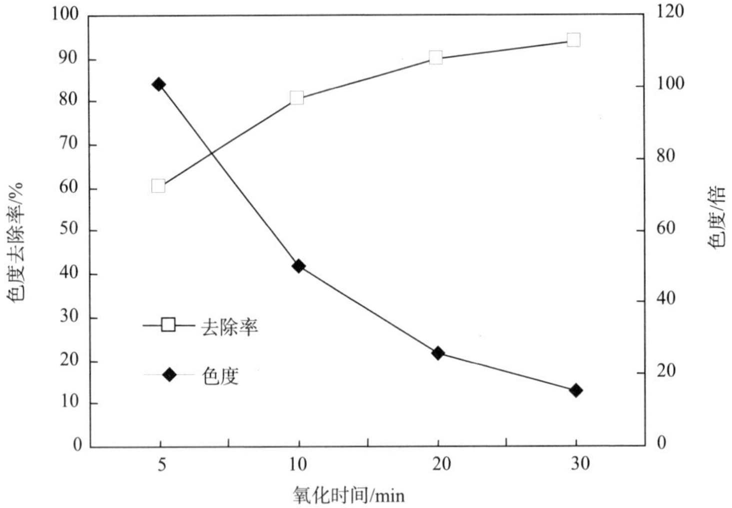

图 3-6　臭氧氧化时间对色度去除效果的影响

如图 3-6 所示，随着臭氧氧化时间的增加，臭氧对色度的去除率增加，30min 时色度去除率达到最佳且趋于稳定，达到 94.1%，印染废水的脱色效果明显。这表明增加氧化时间可以提高色度的去除率，氧化时间的延长可以增加臭氧分子与染料的反应接触时间，同时增加臭氧分子在废水中的浓度，提高了臭氧分子与染料的接触概率。而印染废水取得了良好的脱色效果说明可能染料中的偶氮发色基团(＝N－N)容易被臭氧分子直接氧化，生成无色的中间产物，然后再进一步降解为有机酸、醛和酮等小分子物质。

由图 3-7 和图 3-8 可知，臭氧氧化时间延长，COD 和 UV_{254} 的去除率逐渐提高，30min 时 COD 和 UV_{254} 的去除率最优且趋于稳定，分别为 6.5%和 23.5%，相比 O_3 的脱色效果，臭氧对 UV_{254} 和 COD 去除效果不佳。这是因为臭氧降解 COD 和 UV_{254} 是通过氧化作用破坏有机物的结构，让共轭双键和芳香环等分子键断裂，从而使大分子转化为小分子有机物，但臭氧分子的氧化能力很难完全将有机物矿化为 H_2O 和 CO_2。

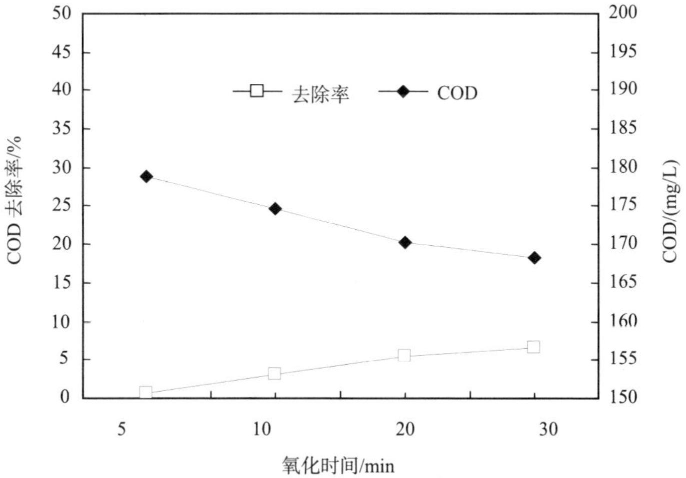

图 3-7 臭氧氧化时间对 COD 去除效果的影响

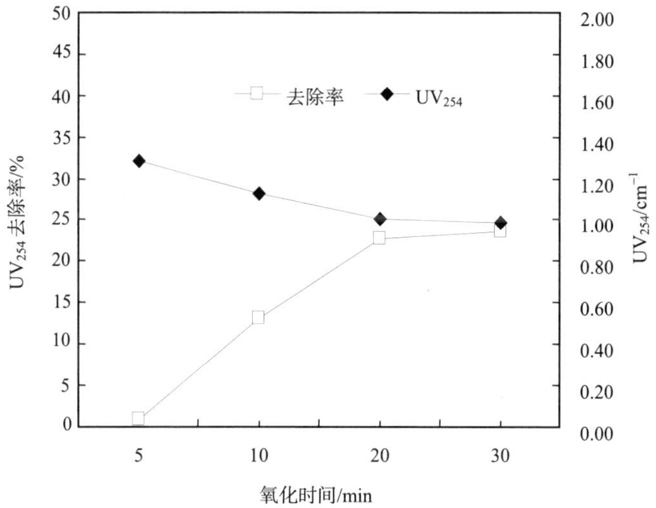

图 3-8 臭氧氧化时间对 UV_{254} 去除效果的影响

从实验结果可知，当臭氧氧化时间达到 30min 时，去除效果基本稳定，因此在实际使用时，氧化时间控制在 30min 左右为宜。

2. pH 对臭氧氧化效果的影响

调节印染废水的初始 pH 分别为 3、5、7、9 和 11，控制臭氧发生器产量为 1.75g/h，30min 氧化结束后测定处理后废水中色度、COD 和 UV_{254} 等指标，计算相应的去除率，结果见图 3-9~图 3-11。

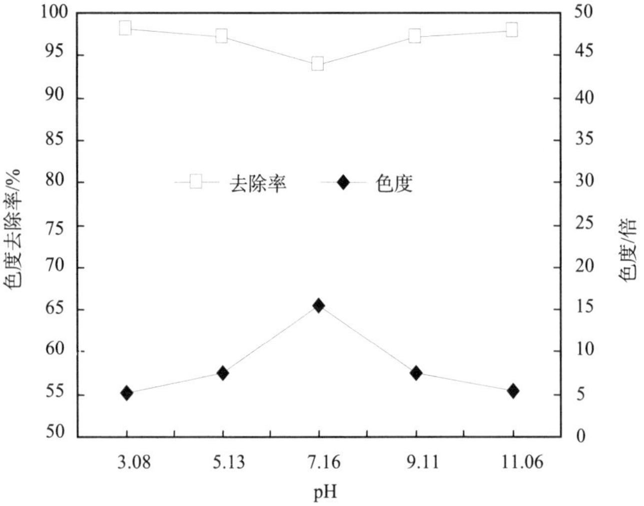

图 3-9　pH 对臭氧脱色效果的影响

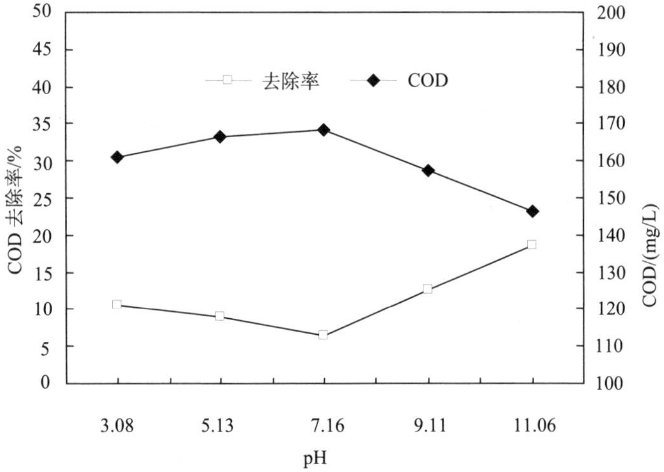

图 3-10　pH 对臭氧氧化 COD 效果的影响

由图 3-9 可知，当印染废水的初始 pH 为 7 时，色度的去除效果最差；当 pH 为 11 和 3 时，色度的去除效果最好，去除率分别达到 97.9%和 98.0%。这表明印染废水在酸性和碱性条件下，臭氧对色度的去除效果较好，这是因为酸性条件下臭氧分子更加稳定，碱性条件下容易分解成氧化能力更强的·OH，中性条件时臭氧分子会分解为 O_2，导致处理效果下降。

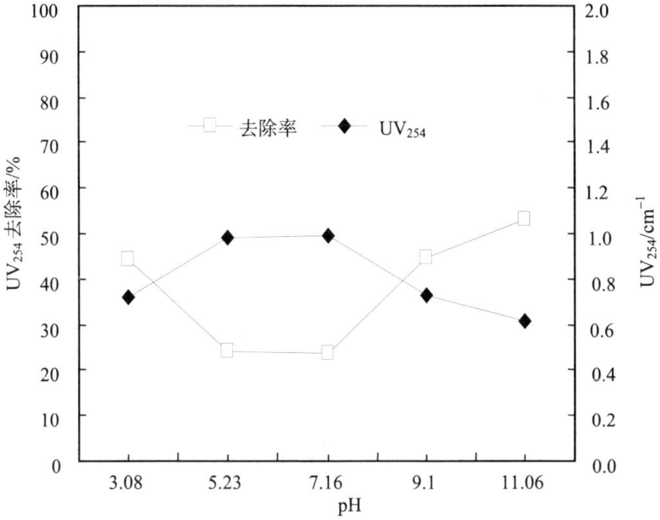

图 3-11　pH 对臭氧氧化 UV_{254} 效果的影响

由图 3-10 可知，当印染废水的初始 pH 为 7 时，COD 的去除效果最差；当 pH 为 11 时，COD 的去除效果最好，去除率达到 18.6%。这表明臭氧对 COD 的去除效果，在印染废水初始浓度为碱性时优于酸性，酸性优于中性。由图 3-11 可知，当印染废水的初始 pH 为 7 时，UV_{254} 的去除效果最差；当 pH 为 11 时，UV_{254} 的去除效果最好，去除率达到 52.9%。UV_{254} 与 COD 去除率的规律基本一致，这说明 UV_{254} 与 COD 具有一定的相关性。UV_{254} 的去除效果比 COD 好，说明 UV_{254} 的组成较为单一，主要是含芳香环的有机物，容易被臭氧分子和其分解产生的 ·OH 所降解，COD 的组成比较复杂，较难被完全氧化降解。

由于 O_3 分子的直接氧化作用具有选择性，所以主要针对有机物中的双键，通过氧化使双键分解成小分子羧酸或醛类，但是 O_3 分子的直接氧化作用难以将有机物彻底矿化。碱性条件下 O_3 分子分解成 · OH，· OH 的氧化还原电位高达 2.8eV，具有强氧化性且选择性小，能与大部分难降解有机物反应生成小分子化合物或是完全矿化为 H_2O 和 CO_2，而中性条件下臭氧容易分解成 O_2，降低了臭氧对印染废水的处理效果。

从图 3-9~图 3-11 的实验结果可知，当印染废水的初始 pH 为 11 时，臭氧氧化去除污染物的效果最好，但是考虑到实际情况，印染废水的起始 pH 应控制在 9 左右。

3. 臭氧产量对臭氧氧化效果的影响

调节印染废水的初始 pH 为 9，分别控制臭氧发生器的产量为 1.75、3.5、4.5、5.5、7g/h，30min 氧化结束后测定处理后废水中色度、COD 和 UV_{254} 等指标，计算相应的去除率，结果见图 3-12~图 3-14。

如图 3-12~图 3-14 所示，臭氧产量增加，污染物的去除率增加，当臭氧产量为 5.5g/h 时，去除效果基本稳定，色度、COD 和 UV_{254} 的去除率分别为 98.8%、17.7%和 55.0%。臭氧产量增加，臭氧对印染废水的处理效果增强，这是因为臭氧产量的增加提高了臭氧分子在水中的浓度。

从实验结果可知，控制臭氧产量为 5.5g/h 较为合理，但是在实际应用过程中臭氧产量为 5.5g/h 时的氧气消耗较大，所以从综合处理效果和经济性上，控制臭氧产量为 4.5g/h 时较为合理。

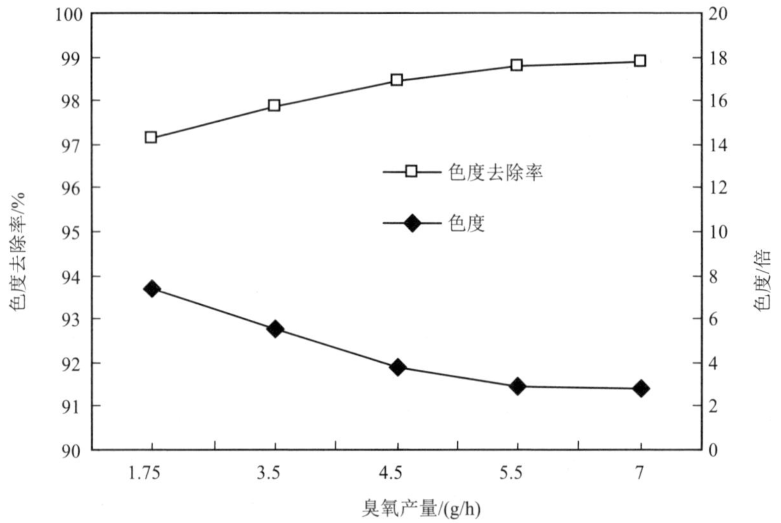

图 3-12　臭氧产量对臭氧脱色效果的影响

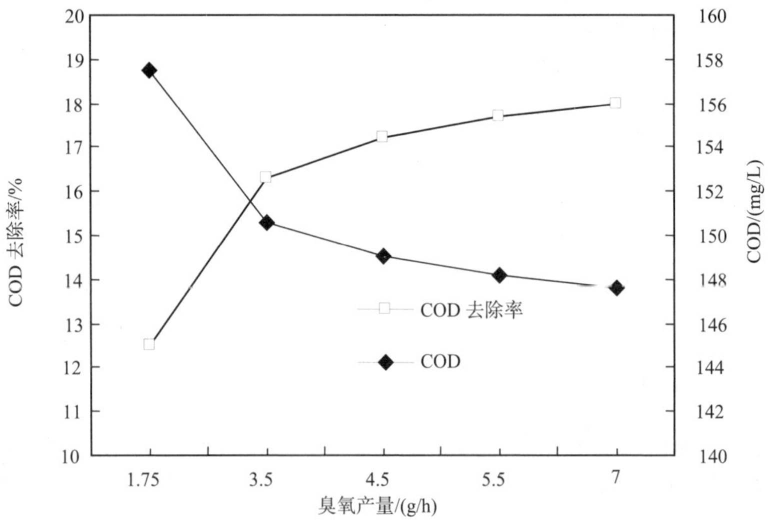

图 3-13　臭氧产量对臭氧氧化 COD 效果的影响

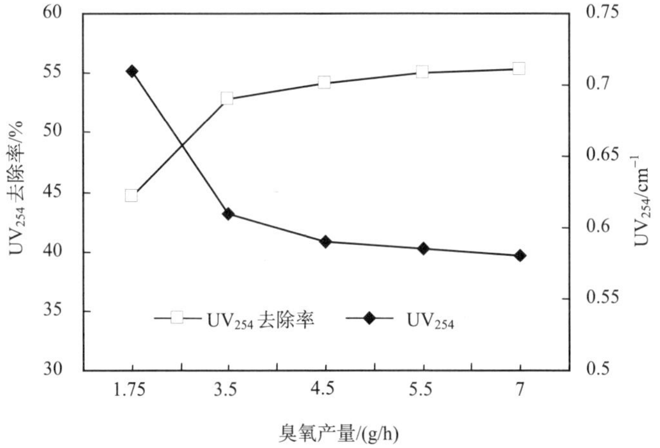

图 3-14　臭氧产量对臭氧氧化 UV_{254} 效果的影响

3.3.5　铁盐催化臭氧处理印染废水效果

由单独臭氧氧化处理印染废水的实验结果可知，在初始废水 pH 为 9，臭氧发生器的臭氧产量控制在 4.5g/h，氧化时间 30min 的条件下，虽取得了较好的色度去除效果，但是 COD 和 UV_{254} 的去除有限。为了降低 O_3 的投加量，提高难降解有机物的去除率，同时降低设备投资和成本，有必要研究臭氧催化氧化技术。

实验选用溶解性的硫酸亚铁(Fe(Ⅱ))和氯化铁(Fe(Ⅲ))作为催化剂，一方面是因为铁盐廉价易得，更重要的是利用铁盐在水中对臭氧分子的高效催化产生羟基自由基，可以有效地去除废水中的难降解有机物。实验研究了氧化时间、pH 和铁盐投加量对催化臭氧氧化处理印染废水效果的影响。

1. 氧化时间对铁盐催化臭氧氧化效果的影响

铁盐催化氧化处理 pH 为 9 的印染废水，Fe(Ⅱ)和 Fe(Ⅲ)的投加量均为 100mg/L，调节臭氧发生器产量为 4.5g/h，控制氧化时间分别为 5min、10min、20min 和 30min，氧化结束后测定处理后废水的色度、COD 和 UV_{254}，计算去除率，结果见图 3 15-图 3 17。

如图 3-15 所示，投加 Fe(Ⅱ)后，臭氧处理印染废水 30min，色度的去除效果达到最佳且趋于稳定，去除率为 98.7%。铁盐投加后，色度的最终去除率与单独臭氧氧化基本一致，这表明臭氧分子和·OH 对酸性大红都具有较好的降解作用。但是 Fe(Ⅱ)投加后色度的去除速度要优于 Fe(Ⅲ)，投加铁盐要优于单独臭氧氧化，这说明·OH 的氧化能力比臭氧分子更强，降解染料的速度比臭氧分子快。

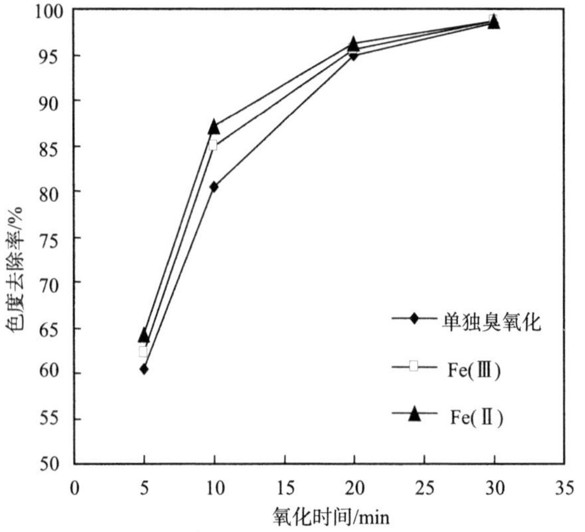

图 3-15　氧化时间对催化臭氧脱色效果的影响

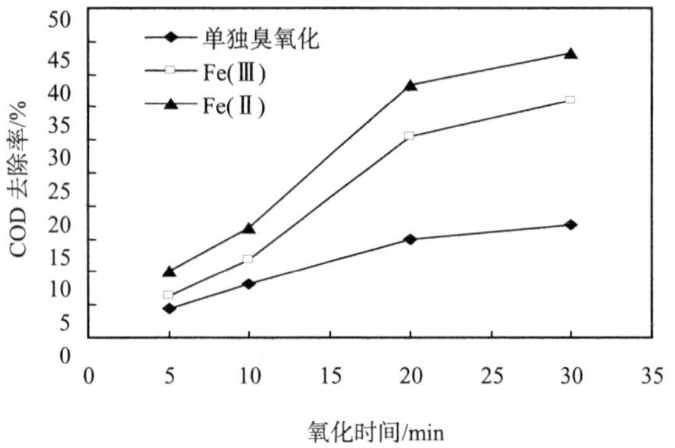

图 3-16　氧化时间对催化臭氧氧化降解 COD 效果的影响

如图 3-16 所示，二价铁催化臭氧氧化处理印染废水，COD 的去除效果最好，经过 30min 的氧化处理，COD 的去除率达到最佳且趋于稳定，为 43.2%。铁盐投加后，COD 的去除率明显升高，表明铁盐投加促进臭氧分子分解成 · OH，由于其具有很强的氧化性，能够进一步降解臭氧分子所不能氧化的有机酸、醛和酮等中间产物，最终矿化为 H_2O 和 CO_2，使印染废水中的 COD 降低。Fe(Ⅱ)投加后 COD 的去除率要优于 Fe(Ⅲ)，这说明 Fe(Ⅱ)催化产生 · OH 的效率更高。

如图 3-17 所示，二价铁催化臭氧氧化处理印染废水 30min 后，UV_{254} 的去除率达到最佳且达到稳定，为 70.2%。铁盐投加后，UV_{254} 的去除率明显升高，Fe(Ⅱ)投加后 UV_{254} 去除率要优于 Fe(Ⅲ)。铁盐催化氧化后 UV_{254} 的去除率要明显高于 COD，这说明含 C═C 双键和 C═O 双键的芳香族化合物既可以被臭氧分子氧化，也可以被·OH降解。

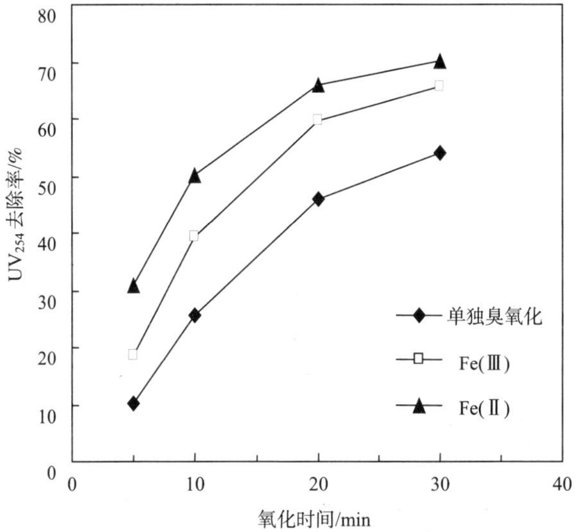

图3-17　氧化时间对催化臭氧氧化去除UV_{254}效果的影响

以Fe^{2+}为催化剂的臭氧催化氧化主要分两步过程。第一步是借助于活泼的金属催化剂，臭氧被分解产生自由基团，其反应方程式如下：

$$Fe^{2+}+O_3 \rightarrow FeO^{2+}+O_2 \tag{3-1}$$

$$FeO^{2+}+H_2O \rightarrow Fe^{3+}+HO\cdot+OH^- \tag{3-2}$$

$$FeO^{2+}+Fe^{2+}+2H^+ \rightarrow 2Fe^{3+}+H_2O \tag{3-3}$$

$$Fe^{3+}+HO\cdot+H\cdot \rightarrow Fe^{2+}+H_2O \tag{3-4}$$

由于·OH来源于FeO^{2+}与水的相互反应，因此·OH对于有机酸的氧化作用产生帮助。对于以Fe^{3+}做催化剂的臭氧处理系统，认为该系统的机理是自由基团的产生和有机酸(org)的氧化作用，第二步的反应方程式如下：

$$Fe^{3}+O_3+H^+ \rightarrow Fe^{2+}+HO\cdot+O_2 \tag{3-5}$$

$$Fe^{3+}+HO\cdot+H\cdot \rightarrow Fe^{2+}+H_2O \tag{3-6}$$

$$Fe^{3+}+[org] \rightarrow Fe^{2+}+\cdots[org] \tag{3-7}$$

$$Fe^{3+}\cdots+[org] \rightarrow Fe^{2+}+[org]^+ \tag{3-8}$$

$$Fe^{3+}+[org] \rightarrow Fe^{2+}+product \tag{3-9}$$

$$HO\cdot+[org] \rightarrow product \tag{3-10}$$

铁盐对臭氧分解产生·OH有很大的影响，铁盐的投加可以催化臭氧分解产生·OH，·OH 的氧化能力强，反应速度快，能降解大多数难降解有机物，使大分子转变为小分子或是完全矿化为 H_2O 和 CO_2。从图 3-10~图 3-12 的实验结果可知，当催化臭氧氧化时间达到 30min 时，去除效果基本稳定，因此在实际使用时，催化氧化时间也应控制在 30min 左右为宜。

2. pH 对铁盐催化臭氧氧化效果的影响

调节印染废水的初始 pH 分别为 3、5、7、9 和 11，Fe(Ⅱ)和 Fe(Ⅲ)的投加量均为 100mg/L，控制臭氧发生器产量为 4.5g/h，30min 氧化结束后测定处理后废水中色度、COD 和 UV_{254} 等指标，计算相应的去除率，结果见图 3-18~图 3-20。

如图 3-18 所示，当印染废水的初始 pH 为 7 时，单独臭氧氧化的色度去除效果最差，而当初始 pH 为 11，投加 Fe(Ⅱ)，臭氧氧化 30min，脱色效果最佳，色度去除率为 99.6%。在酸碱条件下，铁盐的投加对色度的去除效果影响不大，此时 pH 是色度去除的主要影响因素；在中性条件下，投加铁盐后的色度去除率明显高于单独臭氧氧化，此时铁盐是色度去除的主要影响因素。

如图 3-19 所示，单独臭氧氧化时，COD 的去除效果最差；当印染废水的初始 pH 为 11 时，二价铁催化臭氧氧化后 COD 的去除率最高，为 45.3%。在碱性条件下，铁盐催化氧化去除印染废水中 COD 的效果要优于酸性条件，这说明·OH 对 COD 降低起主要作用。

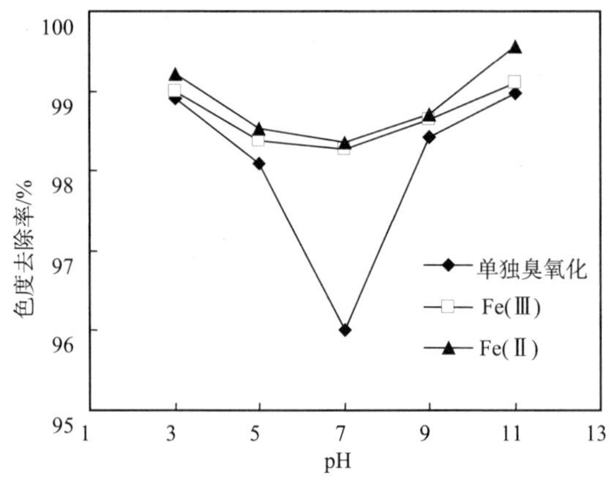

图 3-18　pH 对催化臭氧氧化脱色效果的影响

如图 3-20 所示，单独臭氧氧化时，UV_{254} 的去除效果最差；当印染废水的初始 pH 为 11 时，二价铁催化臭氧氧化后 UV_{254} 的去除率最高，为 77.5%。与 COD 的去除规律不同，在酸性条件和碱性条件下，铁盐催化氧化和单独臭氧氧化后 UV_{254} 的去除率差距不大，这说明臭氧分子和·OH 一样，对 UV_{254} 的去除起重要

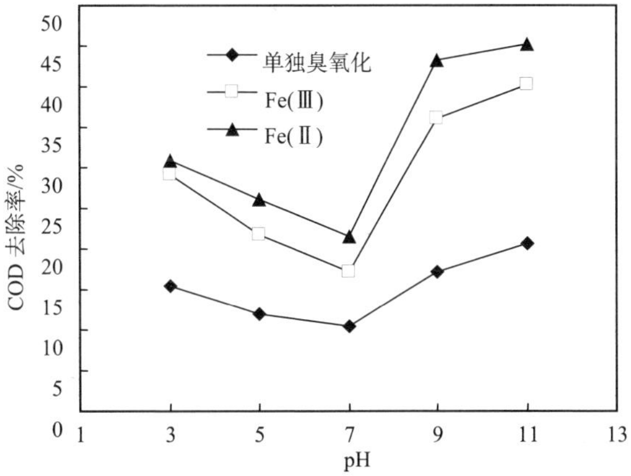

图 3-19　pH 对催化臭氧氧化降解 COD 效果的影响

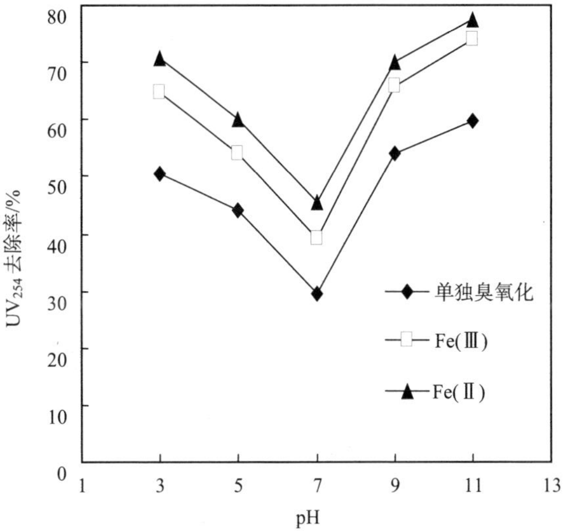

图 3-20　pH 对催化臭氧氧化去除 UV_{254} 效果的影响

作用。铁盐投加后可以促进·OH 的产生，提高污染物的去除率；pH 呈酸性或碱性时的处理效果优于中性条件是由于 O_3 分子在酸性条件下更稳定，碱性条件下更容易分解成·OH，而在中性条件下臭氧分解成 O_2；相比 O_3 的脱色效果，pH 对 COD 和 UV_{254} 的影响更明显，因为染料分子的偶氮发色基团容易被降解且对氧化剂没有选择性，而碱性条件和铁盐的投加都能促进·OH 的产生，使印染废水中的·OH 浓度增加，从而提高了对难降解有机物的去除率。

从实验结果可知，当印染废水的初始pH为11时，催化臭氧氧化去除污染物的效果最好，但是考虑到实际情况，印染废水的起始pH控制在9时为宜。

3. 铁盐投加量对催化臭氧效果的影响

调节印染废水的初始 pH 为 9，Fe(Ⅱ)和 Fe(Ⅲ)的投加量分别为 50、100、200 和 300mg/L，控制臭氧发生器产量为 4.5g/h，30min 氧化结束后测定处理后废水中色度、COD 和 UV_{254} 等指标，计算相应的去除率，结果见图 3-21 ~图 3-23。

由图 3-21 可知，随着铁盐的投加量增加，色度的去除率上升缓慢，当 Fe(Ⅱ)的投加量为 200mg/L 时，色度达到最佳去除效果，去除率为 99.2%，继续投加，去除率基本不变。这说明增加铁盐的投加量对提高印染废水中色度的去除率影响不大。

由图 3-22 可知，铁盐的投加量在 50~100mg/L 时，COD 的去除率明显增加，经过 100mg/L 后，Fe(Ⅲ)投加下的 COD 去除率增长变缓，达到 300mg/L 时，去除率保持稳定，为 42.8%；而当 Fe(Ⅱ)的投加量为 100mg/L 时，COD 基本达到最佳去除效果，去除率为 43.2%，若继续投加，COD 的去除率基本不变。这说明 Fe(Ⅱ)催化臭氧产生 · OH 能力较强且具有较好的经济性。

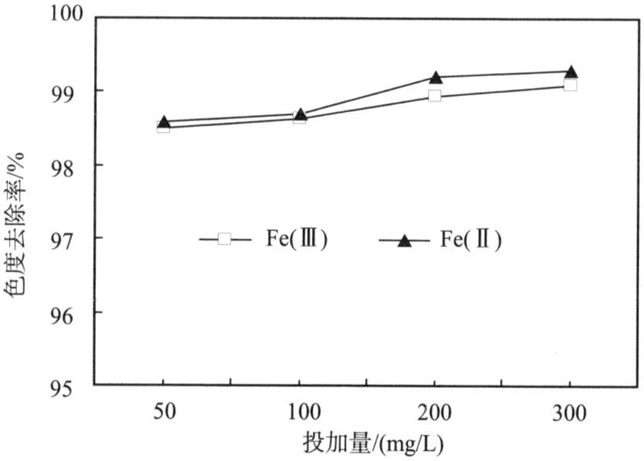

图 3-21 铁盐投加量对催化臭氧脱色效果的影响

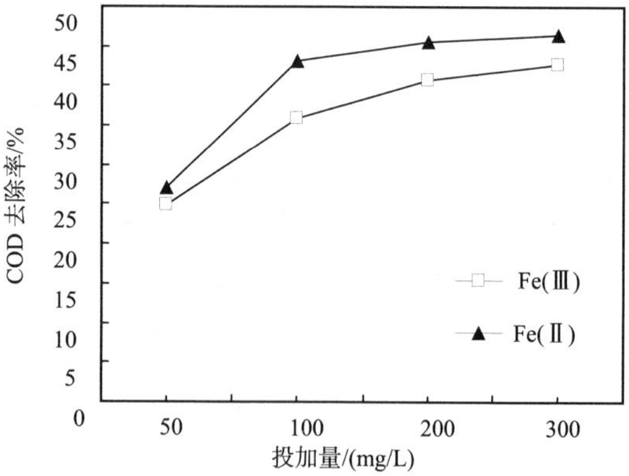

图 3-22 铁盐投加量对催化臭氧氧化降解 COD 效果的影响

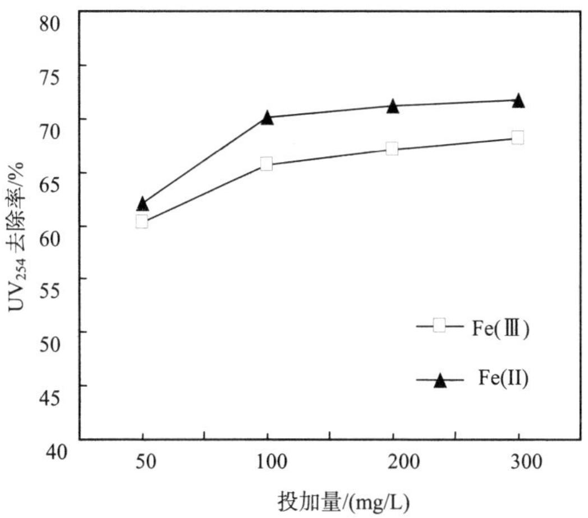

图 3-23　铁盐投加量对催化臭氧氧化去除 UV_{254} 效果的影响

由图 3-23 可知，铁盐投加量为 100mg/L 时，UV_{254} 的去除率趋于平稳，此投加量下，二价铁催化臭氧氧化去除印染废水中的 UV_{254} 取得最佳效果且保持稳定，UV_{254} 的去除率为 70.2%。

铁盐投加量增加对臭氧脱色基本没有影响，对 COD 和 UV_{254} 去除率有明显提升。当铁盐浓度为 100mg/L 时，色度、COD 和 UV_{254} 的去除效率趋于稳定。这表明色度相对于 COD 和 UV_{254} 更容易被去除，染料的偶氮键很容易被 O_3 分子或是·OH 氧化，铁盐的投加可以加快色度的去除，但是对于总量的去除效果并不明显。铁盐投加量增加，COD 和 UV_{254} 的去除率明显增加，这是因为水中铁盐含量越多，催化臭氧分子产生的·OH 越多，但是根据类 Fenton 反应原理，过多的 Fe(Ⅲ)和 Fe(Ⅱ)反而会消耗掉一部分·OH，降低处理效果；铁盐浓度过低，催化生成的·OH 的浓度不足，所以铁盐的投加量不宜过高，应取 100mg/L。

4. 铁盐催化臭氧氧化处理印染废水

调节印染废水的 pH 为 9，Fe(Ⅱ)的投加量为 100 mg/L，臭氧发生器的臭氧产量控制在 4.5 g/h，臭氧氧化时间分别控制为 5min、10min、20min、30min 和 40 min，等氧化时间结束后检测水中 BOD_5 和 COD，然后计算其比值(B/C)，结果见图 3-24。

如图 3-24 所示，起始 B/C 为 0.122，印染废水的可生化性较差，随着臭氧氧化时间的增加，B/C 增加，在 30min 时 B/C 为 0.32，印染废水的可生化性良好，有利于后续生物处理。

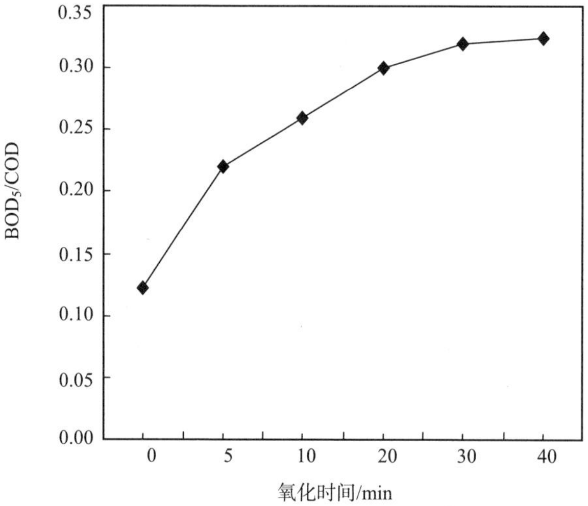

图 3-24　催化臭氧氧化过程中 B/C 的变化情况

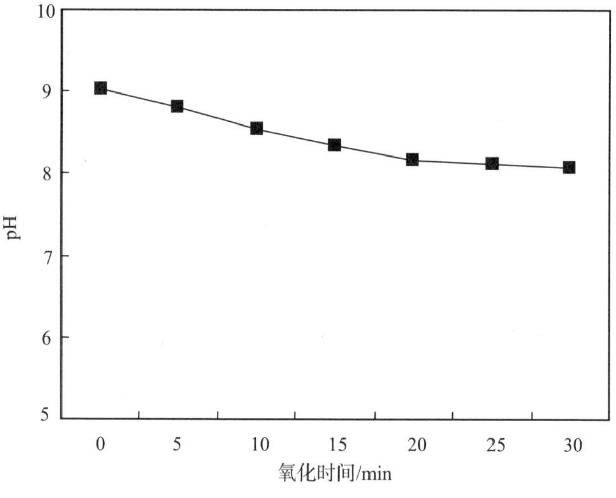

图 3-25　臭氧对印染废水 pH 的影响

由图 3-25 可知，初始 pH 为 9 时，随着臭氧氧化时间的增加，印染废水的 pH 随之下降，30min 后印染废水的 pH 降到 8。这表明臭氧氧化处理印染废水的过程中有酸性物质产生，这些酸性物质主要是在正常臭氧投加量下不能被进一步彻底氧化的中间产物。

5. 催化臭氧氧化合适的工艺参数

基于以上研究，铁盐催化氧化的最佳工艺参数见表 3-5。

表 3-5　铁盐催化氧化的最佳工艺参数

工艺参数	初始 pH	Fe(Ⅱ)投加量/(mg/L)	臭氧产量/(g/h)	氧化时间/min
最佳值	9	100	4.5	30

3.3.6　催化臭氧-生物活性炭处理印染废水的效果

印染废水经过催化臭氧处理后，色度和 UV_{254} 去除效果较好，COD 去除效果一般，废水的可生化性得到改善，适合与生物活性炭构成催化 O_3-BAC 工艺。

基于催化臭氧处理印染废水的结果可知，在 pH 为 9 和铁盐投加量为 100 mg/L 后，氧化 30 min，然后把催化氧化处理后的废水通入生物炭柱进行处理，控制停留时间 (EBCT)分别为 15min、30min、45min 和 60min，测定出水的色度、COD、总磷、氨氮和 UV_{254}，考察 BAC 对印染废水的处理效果。

1. 催化 O_3-BAC 去除色度的效果

催化 O_3-BAC 去除色度的效果，结果见图 3-26。

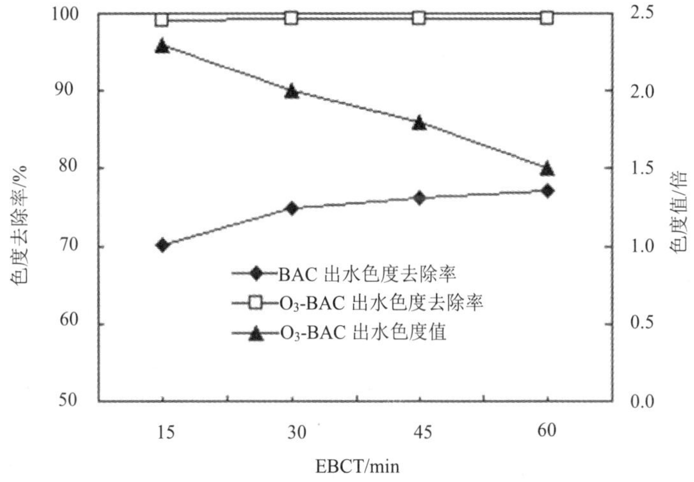

图 3-26　催化 O_3-BAC 去除色度的效果

由图 3-26 可知，单独 BAC 对色度的去除效果一般，EBCT 为 60min 时，去除率仅为 76%；当催化 O_3-BAC 的 EBCT 为 45min 时，色度的去除率已经趋于稳定，去除率为 99%。

生物活性炭对色度的去除主要有 3 种途径：第一，根据极性相似物质能够相互亲和的原理，作为非极性吸附剂的活性炭能够选择性的吸附弱极性和非极性的物质；第二，活性炭上附着的微生物通过吸附和新陈代谢氧化分解废水中的染料；第三，BAC 反应器内的轮虫、纤毛虫等原生动物可以吞食有色细菌和微小的污泥质点，从而降低了出水色度。BAC 对色度的去除主要依靠吸附作用，当生物活性炭吸附饱和，色度去除率不再增加。而在催化 O_3-BAC 工艺中，催化臭氧氧化使染料的偶氮键断裂，色度明显降低，染料由大分子转化为小分子，从而更容易被生物活性炭吸附和生物降解。

2. 催化 O_3-BAC 去除 COD 的效果

催化 O_3-BAC 去除 COD 的效果，结果见图 3-27。

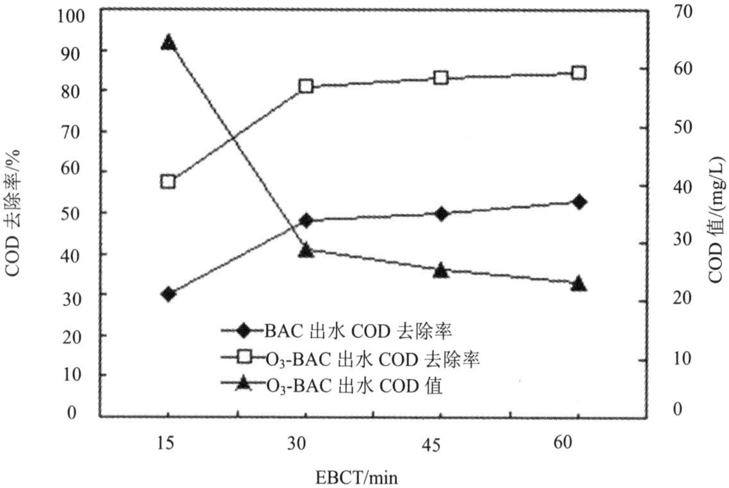

图 3-27　催化 O_3-BAC 去除 COD 的效果

由图 3-27 可知，未臭氧催化氧化仅依靠生物活性炭吸附降解，COD 的去除效果一般，EBCT 为 60min 时，去除率为 52.9%；臭氧氧化后的印染废水进入生物活性炭柱，随着 EBCT 的增加，COD 去除率增加，当 EBCT 为 45min 时，催化 O_3-BAC 的 COD 去除率基本稳定在 83.2%，出水 COD 浓度为 25.4 mg/L。

生物活性炭对有机物的吸附和生物降解有两方面作用，其中生物降解起主导作用且具有选择性，生物降解去除的有机物种类主要是溶解性的小分子和易于降解的有机物，对大分子难降解有机物的利用率较低。在 O_3-BAC 工艺中，催化臭氧氧化不是去除 COD 的主要单元，催化臭氧氧化能够分解水中的一部分简单的有机物及其他还原性物质，使之变为二氧化碳和水，同时把大分子的有机物降解为生化性较好的小分子物质。O_3 氧化后生成的 O_2 可以补充水中溶解氧的耗损，为附着在活性炭上的好氧和硝化细菌提供氧源，保证了好氧微生物的活性，从而提高了生物氧化和硝化的作用。当经过臭氧氧化后的模拟废水进入生物活性炭单元，经过活性炭的吸附和生物膜的生物氧化降解作用，COD 的去除率提高。

3. 催化 O_3-BAC 去除 TP 的效果

催化 O_3-BAC 去除 TP 的效果，结果见图 3-28。

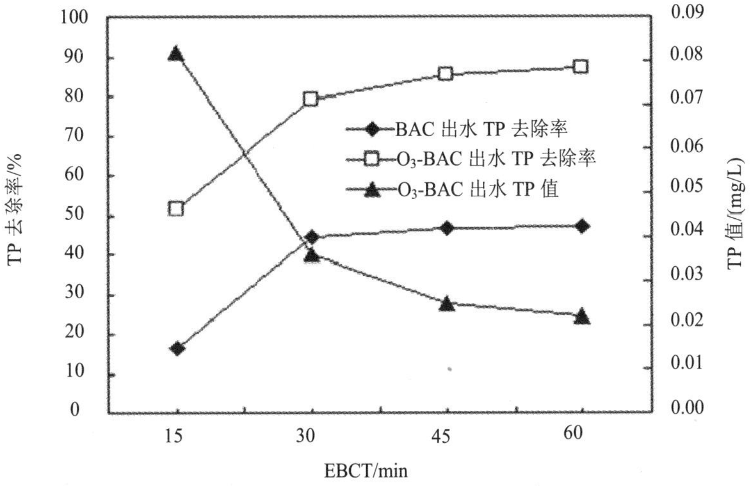

图 3-28　催化 O_3-BAC 去除 TP 的效果

由图 3-28 可知，BAC 对 TP 去除效果一般，停留 60min，去除率为 47.2%；催化臭氧氧化后，EBCT 为 45min 时，TP 的去除率上升趋于平缓，TP 去除率为 85.3%，出水浓度为 0.025mg/L。

催化臭氧氧化对于 TP 的去除效果并不明显，催化臭氧氧化只能把大分子的有机磷降解为生化性较好的小分子磷酸盐，所以预臭氧氧化的时间越长，大分子有机磷被氧化成小分子磷酸盐的效率越高，同时增加水中的溶解氧。BAC 对 TP 的去除主要是依靠生物除磷作用，生物除磷是指生物膜上的聚磷菌生长繁殖摄取污水中的磷，以磷酸盐的形式累积于细胞中，从而达到除磷的效果。当模拟废水经过臭氧氧化后进入生物活性炭单元，废水中的小分子磷酸盐更容易被生物膜上的聚磷菌转化，从而使得 TP 的去除率提高。

4. 催化 O_3-BAC 去除氨氮的效果

催化 O_3-BAC 去除氨氮的效果，结果见图 3-29。

由图 3-29 可知，BAC 对氨氮的去除率最高可达 48.8%，效果一般；在催化 O_3-BAC 工艺中，随着 EBCT 增加，氨氮下降幅度明显，EBCT 为 60min 时，去除率为 72.7%，出水浓度为 0.171 mg/L。

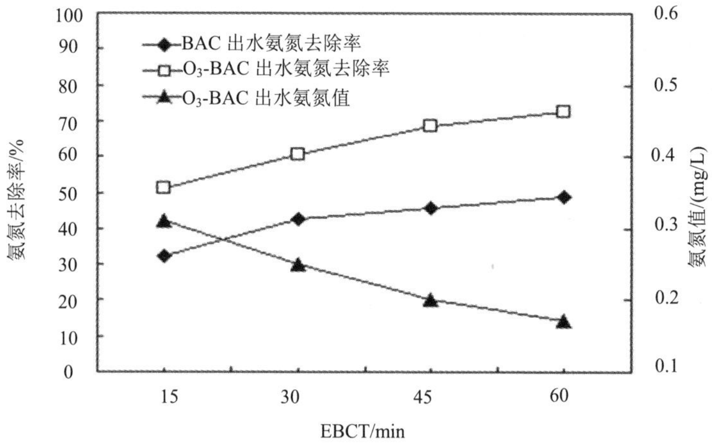

图 3-29 催化 O_3-BAC 去除氨氮的效果

O_3-BAC 工艺对氨氮的处理效果受 EBCT 影响较大，EBCT 越长，氨氮去除效果越好。O_3 主要是通过臭氧分子和羟基自由基的氧化机制使大分子含氮有机物转化为小分子有机氮，小分子有机氮易于被微生物吸附降解。微生物在降解有机物时，同时进行合成代谢，需要摄入碳源、氮及磷。生物炭中也存在一定的硝化和反硝化作用，从而达到生物脱氮的效果。

5. 催化 O_3-BAC 去除 UV_{254} 的效果

催化 O_3-BAC 去除 UV_{254} 的效果，结果见图 3-30。

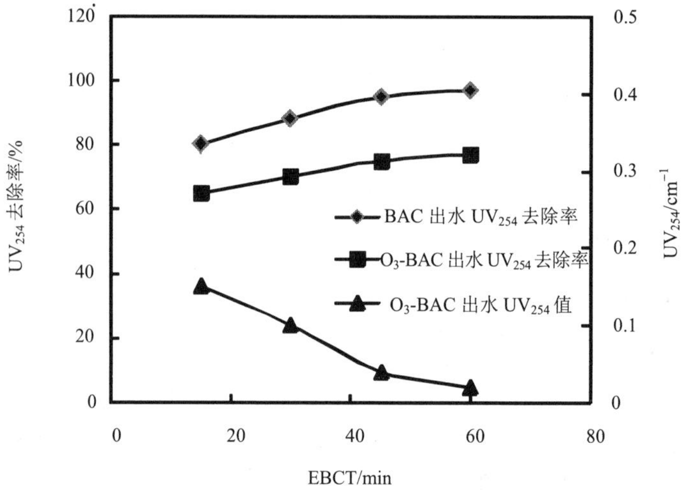

图 3-30 催化 O_3-BAC 去除 UV_{254} 的效果

由图 3-30 可知，仅 BAC 停留，60min 后印染废水中 UV_{254} 的去除率为 77.5%；而经过催化 O_3-BAC 处理后印染废水的 UV_{254} 去除效果优于 BAC，EBCT 为 45min 时，UV_{254} 的去除率上升趋于平缓，UV_{254} 去除率为 94.9%，出水值为 0.04 cm^{-1}。

在催化 O_3-BAC 工艺中，臭氧和生物活性炭对 UV_{254} 的去除都起重要作用，臭氧通过氧化破坏芳环和双键等结构，形成链状分子，从而使芳香类有机物的浓度降低，同时增加水中的溶解氧。当废水经过臭氧氧化后进入生物活性炭单元，通过活性炭的吸附和微生物的转化，使 UV_{254} 的去除效果进一步增强。

3.3.7 BAC 深度处理催化臭氧氧化后的印染废水的动力学分析

本书采用生物活性炭法处理催化臭氧氧化后的印染废水，并对该过程进行了动力学分析，得出动力学参数，为该工艺的实际运行提供了理论指导。

1. 莫诺特方程

微生物在降解有机物时，微生物比增长速率和有机物浓度可以用莫诺特方程表示：

$$\mu = \frac{\mu_{\max} S}{K_s + S} \tag{3-11}$$

式中：μ 代表微生物比增长速率；$\mu_{\max}$ 代表饱和浓度下微生物的最大比增长速率；K_s 代表饱和常数；S 代表限制微生物增殖的基质浓度。

2. 生物活性炭法动力学方程的建立

生物活性炭处理印染废水的过程中，相比附着在活性炭上的生物量，游离的微生物很少，可以忽略不计，所以根据物料平衡原则可得公式：

$$QS_0 + \left[\frac{\mathrm{d}S}{\mathrm{d}t}\right] \cdot V = QS_e \tag{3-12}$$

式中：Q 代表进水流量，L/h；V 代表活性炭上附着的生物膜体积，L；S_0 代表进水有机质浓度，g/L；S_e 代表出水有机质浓度，g/L；$[\mathrm{d}S/\mathrm{d}t]$ 代表单位体积生物膜降解有机质的速度，g/(L · h)。式(3-12)通过变换可得

$$Q(S_0 - S_e) = -\left[\frac{\mathrm{d}S}{\mathrm{d}t}\right] \cdot V \tag{3-13}$$

因为

$$\left[\frac{\mathrm{d}X}{\mathrm{d}t}\right]=-Y_{\mathrm{obs}}\left[\frac{\mathrm{d}S}{\mathrm{d}t}\right] \qquad \left[\frac{\mathrm{d}X}{\mathrm{d}t}\right]=\mu X$$

所以

$$Q(S_0-S_e)=\frac{\mu X}{Y_{\mathrm{obs}}}\cdot V \tag{3-14}$$

式中：X代表活性炭单位体积吸附的生物膜质量；μ代表微生物比增长速率；Y_{obs}代表活性炭上生物膜的表观产率。其中，

$$V=V_a\cdot S_a\cdot d \tag{3-15}$$

式中：V_a代表活性炭体积，L；S_a代表活性炭的比表面积，$\mathrm{m^2/L}$；d代表活性炭上生物膜厚度，mm；V代表活性炭上附着的生物膜体积，L。把式(3-15)代入式(3-14)，得

$$Q(S_0-S_e)=\frac{\mu X}{Y_{\mathrm{obs}}}\cdot V_a\cdot S_a\cdot d \tag{3-16}$$

利用莫诺特方程可得

$$Q(S_0-S_e)=\frac{\mu_{\max}X}{Y_{\mathrm{obs}}}\cdot V_a\cdot S_a\cdot d\cdot\frac{S_e}{K_s+S_e} \tag{3-17}$$

当生物活性炭柱正常运行时，可认为活性炭体积和进水流量恒定，则柱内生物膜的比表面积S_a是一个确定值，视作常数，令

$$\frac{Q(S_0-S_e)}{V_a}=U,\frac{\mu_{\max}X}{Y_{\mathrm{obs}}}\cdot d\cdot S_a=U_{\max} \tag{3-18}$$

则式(3-17)变为

$$U=\frac{U_{\max}S_e}{K_s+S_e}$$

式中：U代表单位体积生物活性炭对有机质的去除速率，g/(L·h)；$U_{\max}$代表单位体积生物活性炭对有机质的最大去除速率，g/(L·h)；K_s和$U_{\max}$均为动力学常数。则有

$$\frac{Q(S_0-S_e)}{V_a}=\frac{U_{\max}S_e}{K_s+S_e} \tag{3-19}$$

设 $Q/N=1/t$，t 是水力停留时间，则公式(3-19)可改为

$$\frac{S_0-S_e}{t}=\frac{U_{\max}S_e}{K_s+S_e} \tag{3-20}$$

将式(3-20)线性化得

$$\frac{t}{(S_0-S_e)}=\frac{K_s}{U_{\max}}\cdot\frac{1}{S_e}+\frac{1}{U_{\max}} \tag{3-21}$$

结合试验得出的实验数据，利用公式得出的常数 K_s 和 $U_{\max}$，可以得到稳定状态下生物活性炭深度处理印染废水的动力学方程。

通过实验得到不同 EBCT 下的 S_0 和 S_e，然后计算得出 $t/(S_0-S_e)$和 $1/S_e$，结果见表 3-6。

表 3-6　实验结果与计算

t/h	S_0/(g/L)	S_e/(g/L)	$t/(S_0-S_e)$ /(L·h/g)	$1/S_e$ /(L / g)
0.25	0.1263	0.0640	4.04	15.53
0.50	0.1263	0.0400	5.79	25.00
0.79	0.1263	0.0277	8.10	36.10
1.00	0.1263	0.0231	9.69	43.29

令

$$y=\frac{t}{S_0-S_e},x=\frac{1}{S_e}$$

则式(3-21)变为

$$y=\frac{K_s}{U_{\max}}\cdot x+\frac{1}{U_{\max}} \tag{3-22}$$

动力学公式中的 K_s 和 $U_{\max}$ 可用图解法求得，利用表 3-5 中数据，计算 x 和 y，以 x 为横坐标、y 为纵坐标，作图 3-31。

通过对直线进行回归分析可得方程：

$$y=0.2038x+0.7959，R^2=0.9987$$

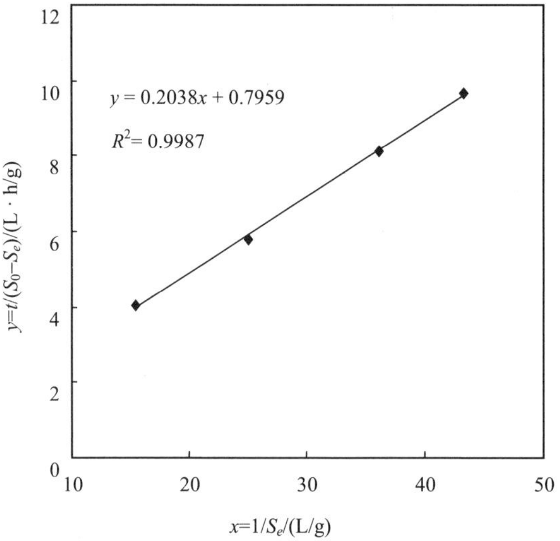

图 3-31　按莫诺特方程拟合的结果

由方程可得

$$U_{\max}=9.99\ \text{g/(L}\cdot\text{h)},\ K_s=2.22\text{g/L}$$

如图 3-31 所示，通过莫诺特方程拟合的相关关系明显。因此利用生物活性炭深度处理印染废水，当 EBCT 在 1h 内，废水中的有机物降解符合莫诺特方程。

采用生物活性炭技术处理经过催化臭氧氧化后的印染废水具有良好的效果。当 EBCT 在 1h 内，生物活性炭处理印染废水的过程符合莫诺特方程，其动力学方程为：$t/(S_0-S_e)=0.2038/S_e+0.7959$，动力学参数 $U_{\max}=9.99\ \text{g/(L}\cdot\text{h)}$，$K_s=2.22\text{g/L}$，实验得出的动力学方程可为印染废水的深度处理的设计运行提供指导。

3.3.8　催化臭氧-生物活性炭处理印染废水的效果

为进一步考察臭氧-生物炭对实际印染废水深度处理的效果，在盐城某园区污水处理厂进行了中试研究。该厂的处理工艺为格栅-水解酸化-CASS-滤布滤池，主要处理印染废水、啤酒厂污水和生活污水的混合废水，处理后的水质见表 3-7。

由表 3-7 可知，经污水处理厂处理后混合废水的 COD 和色度有时会高于《城镇污水处理厂污染物排放标准》中的 1 级 A 排放标准，不能稳定达标，所以需要进行深度处理。

表 3-7　污水处理厂出水的水质

pH	COD/(mg/L)	总磷/(mg/L)	氨氮/(mg/L)	UV_{254}/cm^{-1}	浊度(NTU)	色度/倍
6.8~7.2	30~69	0.21~0.33	0.09~1.0	0.08~0.19	1.5~3	29~44

1. O_3-BAC 中试装置

中试装置设计规模为 2 m^3/h，设计运行时间为 24 h 连续运行，进水引自污水处理厂处理后的尾水，臭氧-生物活性炭中试装置和实物如图 3-32 和图 3-33 所示。

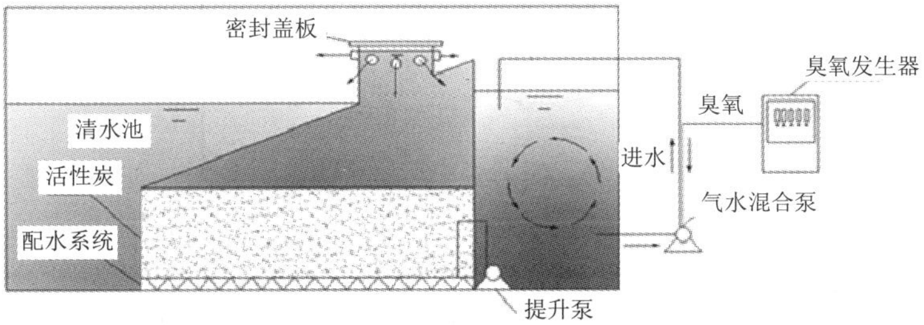

图 3-32　O_3-BAC 中试装置图

图 3-33　O_3-BAC 中试实物图

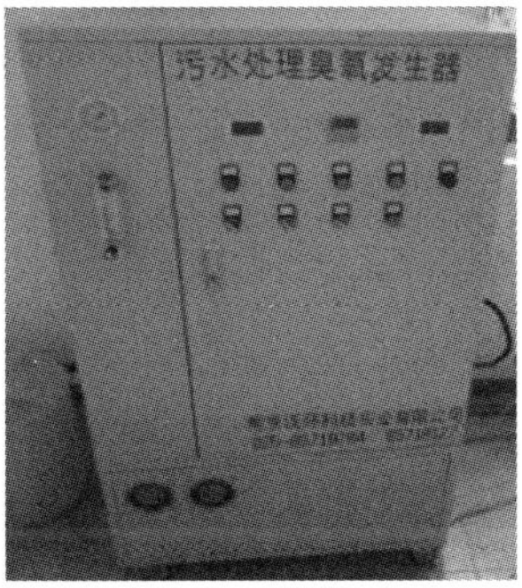

图 3-34　WH-G-2 型臭氧发生器

臭氧接触池和生物活性炭池为一体化设计，由 PVC 材料制成，臭氧接触池和生物活性炭池的容积分别为 2 m^3 和 2.7 m^3。臭氧发生器选用南京沃环科技有限公司生产的 WH-G-2 型臭氧发生器(图 3-34)，以空气为气源，臭氧产量为 100 g/h；生物活性炭池内椰壳活性炭的质量为 600 kg，均匀分布在池底。经过 O_3-BAC 工艺处理过的废水通过生物活性炭池上的溢流口流进清水池。

中试 O_3-BAC 的运行参数以小试得到的工艺参数为基础，考虑一定的富余系数，确定的参数见表 3-8。

表 3-8　中试 O_3-BAC 的运行参数

处理水量/(L/h)	Fe(Ⅱ)投加量/(mg/L)	臭氧产量/(g/h)	pH	氧化时间/min	EBCT/min
2000	100	100	6.5~6.9	45	45

2. 色度的去除效果研究

臭氧-生物炭中试装置出水色度的监测结果见图 3-35。

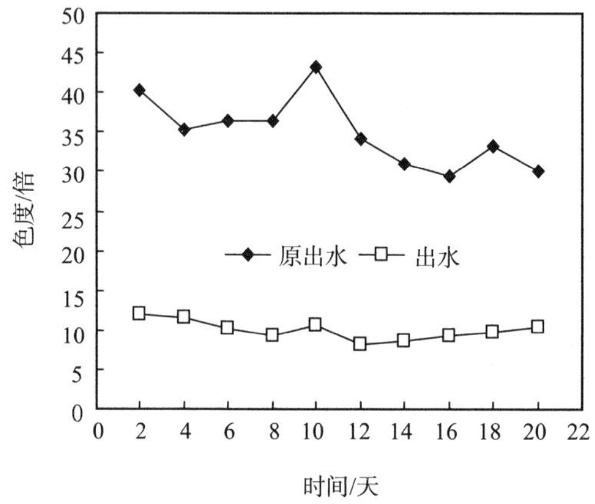

图 3-35 臭氧-生物活性炭池出水色度监测结果

由图 3-35 可知，污水处理厂的原出水色度并不稳定，色度最高可达 45 倍，最低也在 30 倍以上，不能满足《城镇污水处理厂排放标准》1 级 A 的排放标准，经过 O_3-BAC 的深度处理，色度的平均去除率为 71.6%，O_3-BAC 出水的色度值低于 15 倍，优于《城镇污水处理厂排放标准》1 级 A 的排放标准。

3. COD 的去除效果研究

臭氧-生物炭中试装置出水 COD 的监测结果见图 3-36。

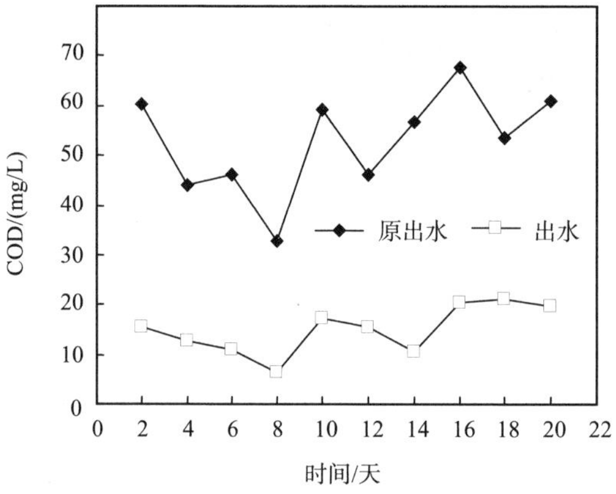

图 3-36 臭氧-生物活性炭池出水 COD 监测结果

由图 3-36 可知，污水处理厂的原出水 COD 并不稳定，经常超过 50mg/L，不能满足《城镇污水处理厂排放标准》1 级 A 的排放标准，而 O_3-BAC 系统对 COD 的平均去除率为 71.9 %，出水低于 20 mg/L，不仅优于《城镇污水处理厂排放标准》1 级 A 的排放标准，而且达到了《地表水环境质量标准》GB3838—2002 中

Ⅳ类水标准，可回用作非人体直接接触的娱乐用水或农业灌溉。

4. TP 的去除效果研究

臭氧-生物炭中试装置出水 TP 的监测结果如图 3-37 所示。

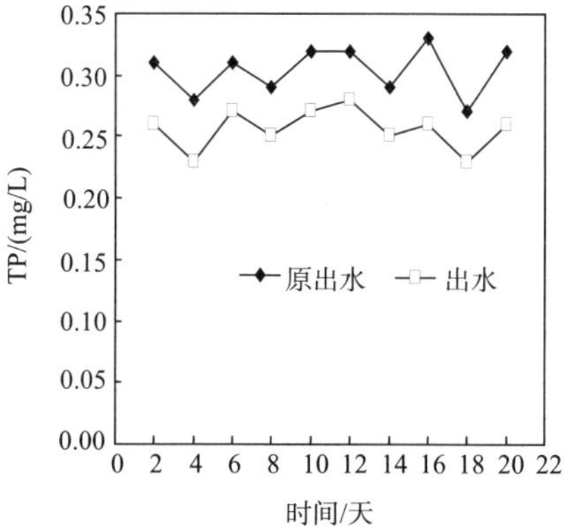

图 3-37　臭氧-生物活性炭池出水 TP 监测结果

由图 3-37 可知，O_3-BAC 系统对 TP 的去除效果比较稳定，出水 TP 浓度低于 0.28mg/L，达到了《地表水环境质量标准》GB3838—2002 中Ⅳ类水规定的标准。

5. 氨氮的去除效果研究

经过臭氧-生物炭中试装置出水氨氮的监测结果如图 3-38 所示。

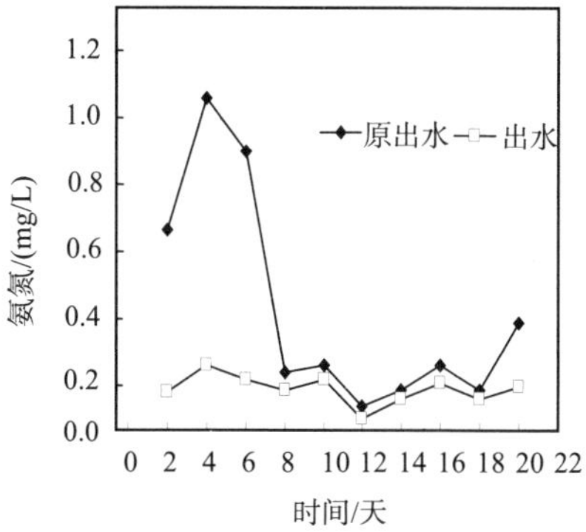

图 3-38　臭氧-生物活性炭池出水氨氮监测结果

由图 3-38 可知，原出水中氨氮的浓度的波动较大，前 6 天的氨氮浓度高于 0.6 mg/L，第 8 天开始氨氮基本维持在 0.4 mg/L 以下，但是 O_3-BAC 系统对 NH_4^+-N 的去除效果稳定，平均去除率为 66.6%，出水氨氮的浓度低于 0.2 mg/L，达到了《地表水环境质量标准》GB3838—2002 中Ⅳ类水规定的标准。

6. UV_{254}的去除效果研究

经过臭氧-生物炭中试装置出水 UV_{254} 的监测结果如图 3-39 所示。

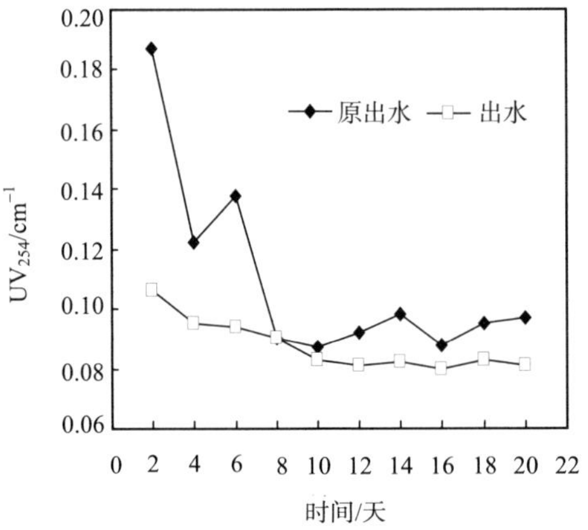

图 3-39　臭氧-生物活性炭池出水 UV_{254} 监测结果

如图 3-39 所示，原出水的 UV_{254} 波动较大，前 6 天的 UV_{254} 值高于 $0.12cm^{-1}$，第 8 天开始 UV_{254} 值基本维持在 $0.1\ cm^{-1}$ 左右。臭氧和生物活性炭单元对于 UV_{254} 都具有一定的处理效果，经过 O_3-BAC 系统的处理，出水 UV_{254} 值稳定在 $0.11cm^{-1}$ 以下，平均去除率为 16.8%。

7. 运行成本分析

中试 O_3-BAC 工艺的运行费用包括：人工管理费、电费和活性炭更换费等。

(1) 人工管理费：中试 O_3-BAC 装置运行简单，开启后基本不需要人维护管理，所以人工管理费可以忽略不计。

(2) 电费：中试设备的运行功率见表 3-9。由表可知，运行总功率=3.5kW·h，以 0.5 元/h 计，共用电费：$3.5\times24\times0.5=50.4$ 元/天，每天处理的水量约为 48 吨，则每吨水所需电费为 0.875 元。

表 3-9　中试设备运行功率

设备	潜水泵	气液混合泵	臭氧发生器
功率/kW	0.75	1.1	0.9
数量/个	2	1	1

(3) 活性炭更换和铁盐消耗费用：每处理 1 吨水需要 100 g 二价铁，则每吨水的铁盐消耗费用为 0.8 元；活性炭 2 年更换 1 次，1 次更换费用为 2100 元，则每吨水所需运行费用为 0.175 元。

运行成本主要是由人工管理费、电费和活性炭更换费用组成，则运行成本为 1.85 元/吨，该系统经济可行。

3.3.9 小结

本书在不同运行条件(臭氧产量、氧化时间、起始 pH、催化剂投加量和 EBCT)下研究了单独臭氧、催化臭氧和催化臭氧-生物活性炭技术，然后选出最佳工艺和最佳运行参数应用到中试，最后得出以下结论。

(1) 氧化时间、pH 和臭氧产量对单独臭氧氧化处理印染废水的效果有一定影响。氧化时间和臭氧产量增加，污染物去除率增加；初始 pH 在酸碱条件下的污染物去除效果优于中性条件。实验结果表明，单独臭氧技术在 pH 为 9、臭氧产量为 4.5g/h 和氧化时间 30min 的条件下对印染废水取得了较好的处理效果，色度、COD 和 UV_{254} 的去除率分别为 98.4%、17.2%和 54.1%。

(2) 氧化时间、pH 和铁盐投加量对催化臭氧氧化处理印染废水的效果有一定影响。氧化时间和铁盐投加量增加，污染物去除率增加；初始 pH 在酸碱条件下的污染物去除效果优于中性条件；二价铁的催化效果优于三价铁。实验表明催化臭氧氧化处理印染废水的过程中，pH 为 9、二价铁的投加量为 100mg/L、臭氧产量为 4.5g/h 和氧化时间 30min 的条件下，催化臭氧技术对印染废水取得了较好的处理效果，色度、COD 和 UV_{254} 的去除率分别为 98.7%、43.2%和 70.2%。

(3) 对比单独臭氧和催化臭氧对印染废水的处理效果发现，最佳工艺参数下，催化臭氧的色度、COD 和 UV_{254} 的去除率分别比单独臭氧高出 0.3%、26%和 16.1%，所以应选择催化臭氧作为生物活性炭工艺的前处理技术。

(4) 单独臭氧和催化臭氧处理印染废水，色度的去除机理可能是依靠臭氧分子直接氧化，COD 的去除遵循自由基氧化机理，UV_{254} 的去除可能是以臭氧为主，羟基自由基为辅。实验同时表明酸性条件可能抑制了臭氧分解产生羟基自由基，碱性条件促进臭氧分解产生羟基自由基。

(5) 通过臭氧氧化印染废水的动力学分析结果可知，臭氧对有机物的去除都是分 2 个阶段，各阶段均为一级反应，并得出反应动力学方程。同时由动力学方程可知，臭氧氧化的时间最少不能低于 20min，低于 20min 可能导致臭氧与有机物反应不充分，但是时间也不能太长，通过前面研究可知，在 30min 内为宜，所以臭氧氧化时间应控制在 20~30 min 内。

(6) 实验通过催化臭氧氧化的最佳工艺参数和不同 EBCT 组合，确定了催化臭氧-生物活性炭工艺的最佳运行参数：初始印染废水 pH 为 9，Fe(Ⅱ)投加量为 100mg/L，臭氧发生器的臭氧产量控制在 4.5g/h，氧化时间为 30min，EBCT 为 45min。该条件下 COD、UV_{254}、色度、氨氮和总磷的去除率分别为 83.2%、94.9%、

99.1%、72.7%和 85.3%，基本达到最佳。

(7) 通过实验数据计算得出生物活性炭处理印染废水的过程符合莫诺特方程，其动力学方程为：$t/(S_0-S_e)=0.2038/S_e+0.7959$，动力学参数 $U_{max}=9.99$ g/(L·h)，$K_s=2.22$ g/L，实验得出的动力学方程可为印染废水的深度处理的设计运行提供指导。

(8) 把臭氧-生物活性炭技术应用到盐城某工业园区污水处理厂二级生化出水的深度处理。由实验结果可知，COD、色度、总磷、氨氮和 UV_{254} 的平均去除率分别为 71.9%、71.6%、15.7%、66.6%和 16.8%；色度、氨氮、总磷、COD 和 UV_{254} 的出水值分别低于 1/15、0.28mg/L、0.2 mg/L、20 mg/L 和 0.11 cm^{-1}。出水水质满足《地表水环境质量标准》中的Ⅳ类水标准和《城镇污水处理厂排放标准》1 级 A 排放标准。

3.4 人工光源耦合沉水植物法污水处理技术

3.4.1 概述

(1) 研究光质(波长)、光强与沉水植物的响应关系；

(2) 人工光源在污水处理厂尾水中的光质变化和光强衰减规律；

(3) 人工光源耦合沉水植物法对污水处理厂尾水的净化能力研究。

3.4.2 实验内容

1. 实验材料

实验水样：采月湖原水 2L+染料+营养液配制模拟印染厂生化尾水。

实验沉水植物：金鱼藻、苦草。

人工光源：红色、白色、蓝色光源。

2. 实验方法

在 2L 量筒内装有实验水质 2L；挑选沉水植物鲜重 50g 左右，以纱布包裹石子用线绳轻缠植物茎部，放置于实验用量筒中，呈直立状。实验共设四组：第一组为对照组，无补光；第二组为补蓝光；第三组为补红光；第四组为补白光。白天，将它们置于窗台边，可接受自然光，如图 3-40 所示；晚上，分别将这它们置于不透光的大桶中，并在大桶的中心安置人工光源，如图 3-41 所示，补光时间为 19:00~22:00，总共 3 小时。实验稳定 1 周后开始实验，实验周期为两周。

图 3-40 白天实验照片

图 3-41 晚上补光实验照片

分析方法：水温测定仪表、水下光强测定仪及浊度仪。

3. 测试方法

1) 酶活性测试：超氧化物酶(SOD)活性的测定(NBT)；过氧化氢酶(CAT)活性测定；蒸馏水洗净，吸水纸吸干，截取顶枝，准确称取 0.5g，置于−80℃超低温冰箱，冰浴研磨，12000r/min 冷冻离心 2 次，24 小时内测定酶活。

2) 叶绿素的提取与测定。

3) 水质测试：色度、NH_3-N、TP 参见《水和废水分析方法指南》。

3.4.3　处理效果

1. 对水质的净化效果

(1) 对 TP 的去除

不同补光处理的金鱼藻和苦草对水中 TP 的去除效果见图 3-42。

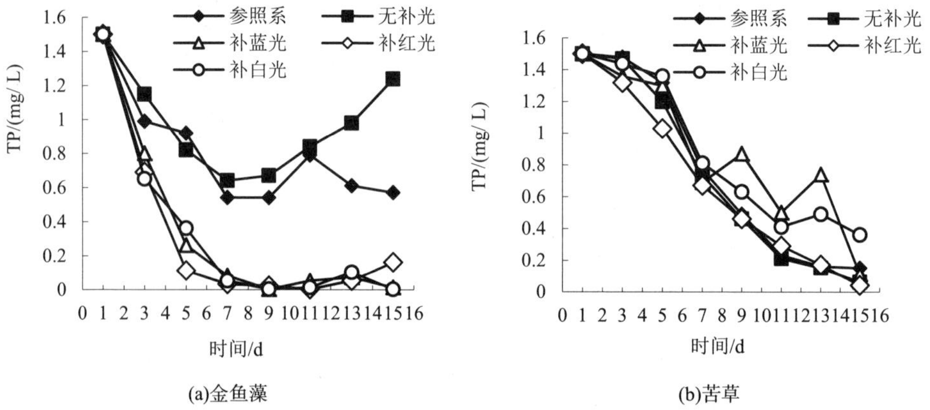

图 3-42　不同补光处理的金鱼藻和苦草对水中 TP 的去除效果

由图 3-42(a)可知，沉水植物金鱼藻对水中的 TP 有良好的去除效果，补光的条件下金鱼藻对水中的 TP 去除效果明显优于未补光情况，其中补红光的金鱼藻对 TP 去除速度是最快的，5d 对 TP 去除率达到 92.5%，而补蓝光的对 TP 去除率为 82.5%、补白光的为 75.9%，略差于补红光的效果；无补光的仅为 45.3%，处理效果最差。从处理后的水质看，补红光的金鱼藻 5d 可将 TP 从 1.5mg/L 降到 0.15mg/L 以下，优于城镇污水处理厂一级 A 0.5mg/L 排放标准，达到地表水环境质量标准 GB3835—2002 三类水(湖库)0.2mg/L 的标准；而补蓝光及白光也有明显的效果。

图 3-42(b)为另一种沉水植物苦草对水中 TP 的去除效果。可知，无论是否补光，苦草对水中 TP 的去除也是有较好的效果。在处理 7 天之前，补红光的苦草对 TP 去效果优于补蓝光、白光及无补光的体系。

对比图 3-42(a)和图 3-42(b)可知，苦草与金鱼藻相比，处理效果有明显的差距，主要原因在于苦草系宽叶沉水植物，金鱼藻系细叶沉水植物，后者的比表面积远大于前者，与水的接触面积也远大于苦草，有利于 P 的传递与吸收。

(2) 对 NH_3-N 的去除

不同补光处理的金鱼藻和苦草对水中 TP 的去除效果见图 3-43。

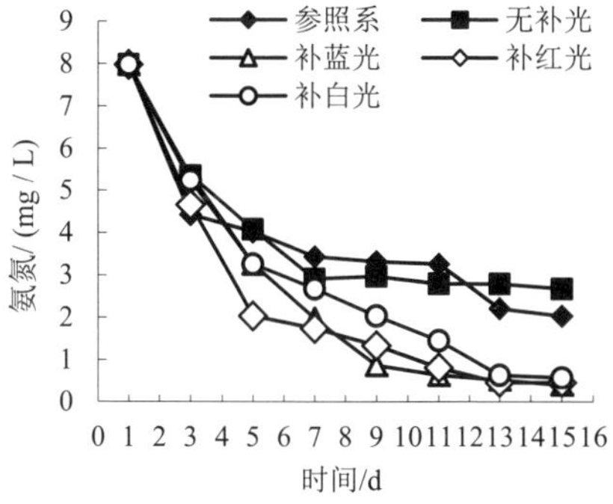

(a) 金鱼藻

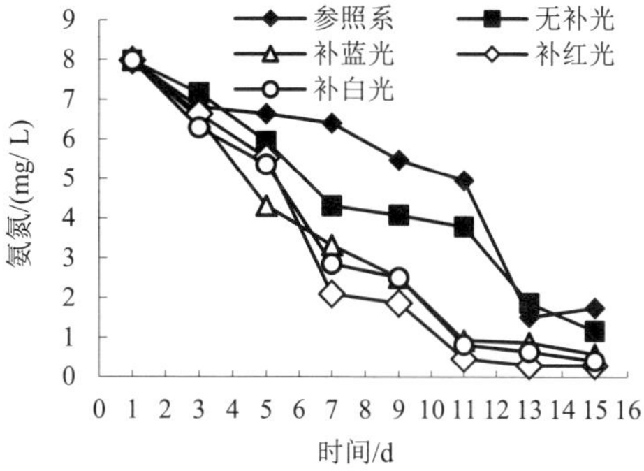

(b) 苦草

图 3-43　不同补光处理的金鱼藻和苦草对水中 NH_3-N 的去除效果

由图 3-43(a)可知，沉水植物金鱼藻对水中的 NH_3-N 也有良好的去除效果，补光的条件下金鱼藻对水中的 TP 去除效果略优于未补光情况，其中补红光的金鱼藻对 NH_3-N 去除速度也是最快的，5d 对 NH_3-N 去除率达到 74.5%，而补蓝光的对 NH_3-N 去除率为 59.1%、补白光的为 59.1%，明显比补红光的效果差；无补光的仅为 48.9%，处理效果最差。从处理后的水质看，补红光的金鱼藻 5d 可将 NH_3-N 从 8mg/L 降到 2mg/L 以下，达到地表水环境质量标准 GB3835—2002 Ⅴ类水(湖库)2mg/L 的标准，处理 8d 可降到 1.5mg/L 以下，达到地表水环境质量标准 GB3835—2002 Ⅳ类水(湖库)1.5mg/L 的标准。

图 3-43(b)是苦草对水中的 NH_3-N 去除效果。与对 TP 的吸收去除相似，无论是否补光，苦草对水中 TP 的去除也是有较好的效果。在处理 7 天之前，补光的效果优于不补光的，补红光的苦草对 TP 去效果与补蓝光、白光的相差不大。

对比图 3-43(a)和图 3-43(b)可知，苦草与金鱼藻相比，后者处理效果要明显优于前者，与对 TP 的结果一致。

(3) 对色度的去除

不同补光处理的金鱼藻和苦草对水中色度的去除效果见图 3-44。

由图 3-44(a)可知，金鱼藻对水中的色度也有良好的去除效果，补光的效果总体优于不补光的效果。其中补白光的金鱼藻 5d 对色度去除率达到 83.4%，效果略优于补红光和补蓝光的效果；从处理后的色度看，金鱼藻 5d 可将色度从 40 倍降到 15 倍以下，处理 7d 可降到 10 倍以下，其中补白光和红光的金鱼藻可将色度降到 5 以下，达到较好的效果，见图 3-45。

图 3-44(b)是苦草对水中的色度去除效果。与金鱼藻的去除情况相似，补光的效果总体优于不补光的效果。

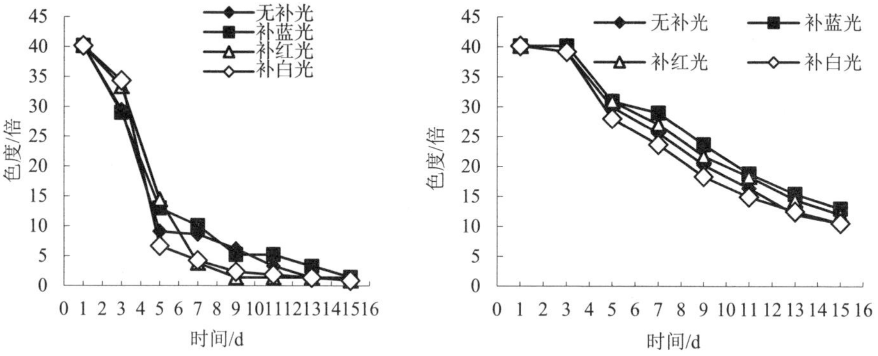

(a) 金鱼藻　　(b) 苦草

图 3-44　不同补光处理苦草和金鱼藻对水中色度的影响

对比图 3-44(a)和图 3-44(b)可知，苦草与金鱼藻相比，后者处理效果要明显优于前者，与对 TP 和 NH_3-N 的结果一致。

图 3-45　补红光的金鱼藻的净化 10 天后的实验照片

2. 生物量的变化

实验 15d 结束时生物量见图 3-46。

3. 生理响应

(1) 叶绿素含量变化

不同补光处理的金鱼藻和苦草的叶绿 a、叶绿素 b 及叶黄素的变化见图 3-47~图 3-49。

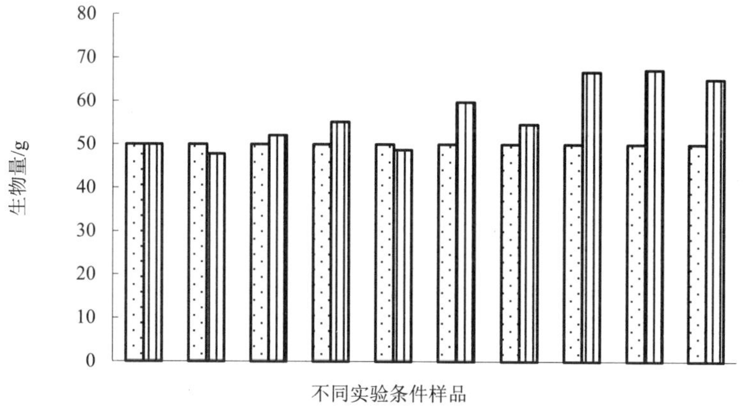

图 3-46　第 15d 生物量

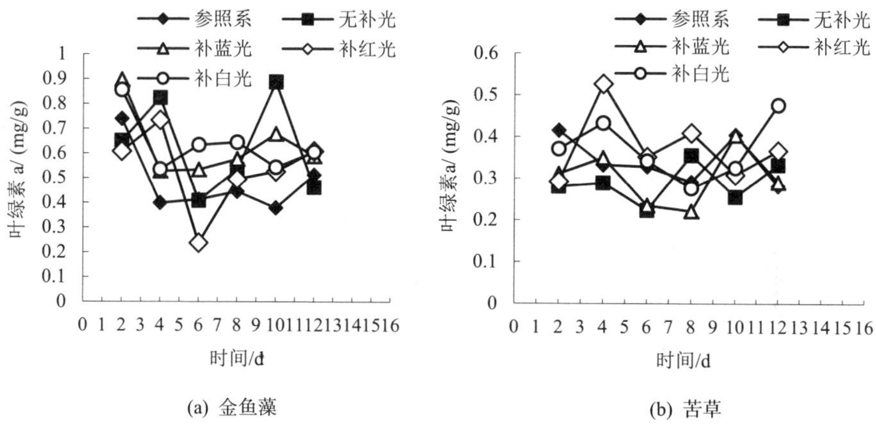

图 3-47　不同补光处理对金鱼藻和苦草叶绿素 a 的影响

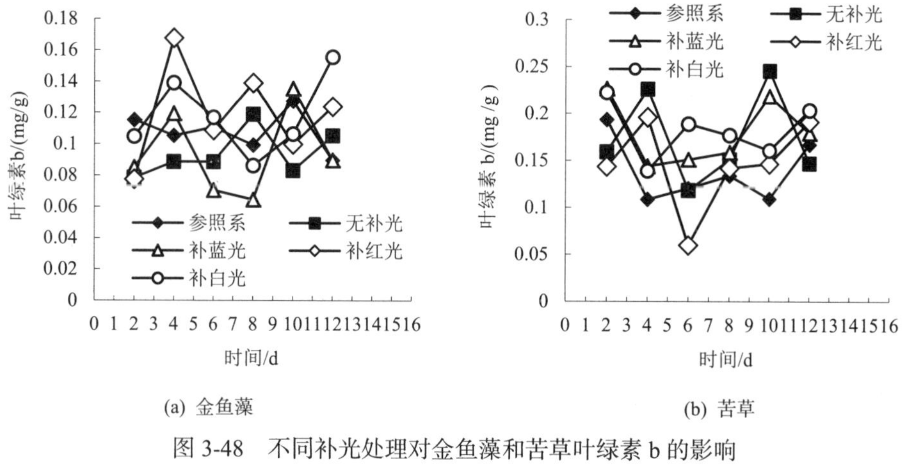

图 3-48　不同补光处理对金鱼藻和苦草叶绿素 b 的影响

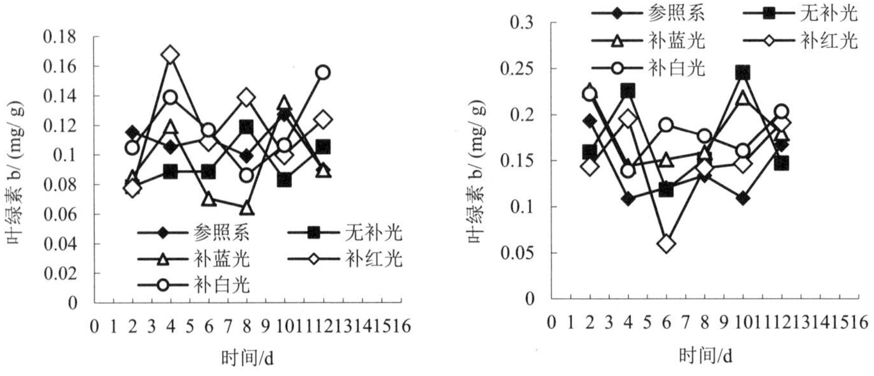

(a) 金鱼藻　　(b) 苦草

图 3-49　不同补光处理对金鱼藻和苦草叶黄素的影响

(2) 超氧化物酶(SOD)的变化

不同补光处理对金鱼藻和苦草 SOD 的变化见图 3-50。

从图 3-50(a)可以看出，补光的金鱼藻和未补光的金鱼藻的超氧歧化酶的活性变化基本一致，表明补光对金鱼藻的生理变化无不良影响。第 6~8 天出现明显升高，主要是天气发生较显著变化，出现台风下雨和显著降温所致。从图 3-50(b)看，第 8 天前，补光的苦草和未补光的苦草的超氧歧化酶的活性变化基本一致，第 8 天后，补光的苦草的超氧歧化酶的活性低于未补光的苦草，表明补光导致苦草对不良天气引起的不良生理变化的自我恢复能力好于未补光的苦草。

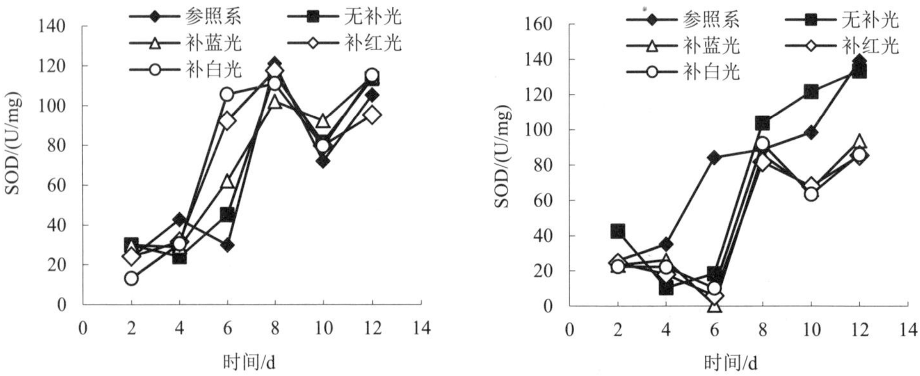

(a) 金鱼藻　　(b) 苦草

图 3-50　不同补光处理对金鱼藻和苦草 SOD 的影响

(3) 过氧化氢酶(CAT)的变化

不同补光处理对金鱼藻和苦草 CAT 的变化见图 3-51。

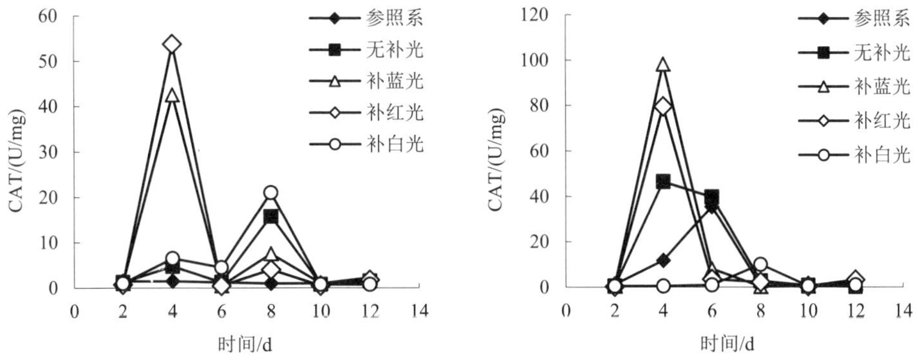

(a) 金鱼藻　　　　(b) 苦草

图 3-51　不同补光处理对金鱼藻和苦草 CAT 的影响

(4) 过氧化物酶(POD)的变化

不同补光处理对金鱼藻和苦草 POD 的变化见图 3-52。

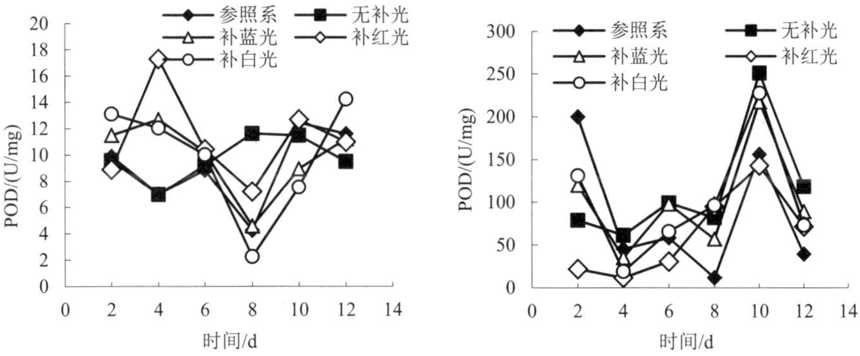

(a) 金鱼藻　　　　(b) 苦草

图 3-52　不同补光处理对金鱼藻和苦草 POD 的影响

从图 3-52 可以看出，补光的和未补光的金鱼藻和苦草的过氧化物酶的活性变化不十分显著，表明补光对金鱼藻和苦草的过氧化物酶的活性无不良影响。

(5) 丙二醛(MDA)的变化

不同补光处理对金鱼藻和苦草 MDA 的变化见图 3-53。

从图 3-53 可以看出，补光的金鱼藻和未补光的金鱼藻和苦草的 MDA 的活性变化不十分显著，表明补光对金鱼藻和苦草的 MDA 酶活性无不良影响。

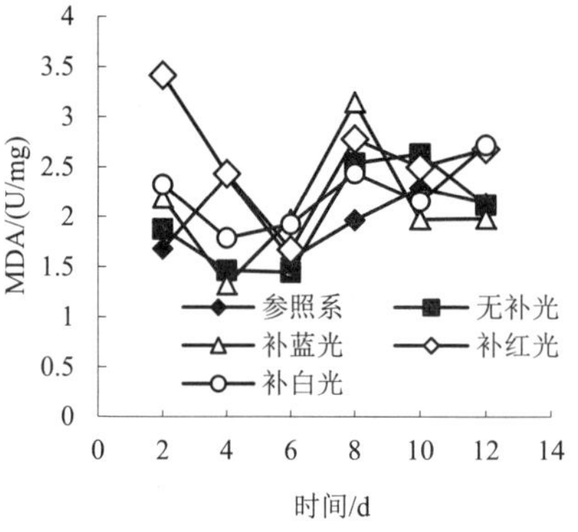

(a) 金鱼藻

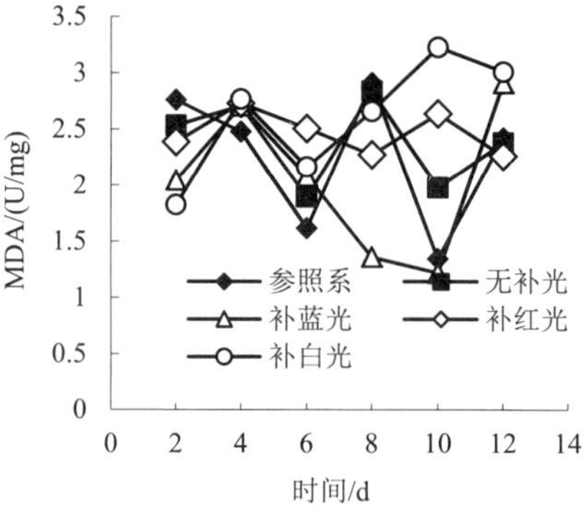

(b) 苦草

图 3-53 不同补光处理对金鱼藻和苦草 MDA 的影响

3.4.4 人工光源的辐照度在水体中衰减规律研究

在运用人工光源对沉水植物补光时，光强在水体中的衰减是光源布置和设计的关键问题。一般来说，水深和浊度又是引起光衰减的主要因素。本节分别模拟泥水型、藻类型及混合型三种浊度水体，采用高精度水下光谱仪，对人工光源在水体中的光谱及总辐照强度的变化展开研究，为人工光源对沉水植物的补光设计提供理论基础。

1. 实验

(1) 实验仪器

高精度水下光谱仪：8189.8199.81F9 型，德国 Trios 公司生产。

浊度仪。

(2) 三种类型浊度的水体模拟方法

在高 1m、直径 2m 的圆形水箱中充 80%的污水处理厂尾水，开启位于水箱底部的微型水泵搅拌。当模拟泥水型浊度水体时，缓慢加入湖泊底泥，待泥水混合均匀后可视为泥水型浊度的水体；当模拟藻类型浊度水体时，加入培养后藻液，藻种取自无锡西南处绿波湾度假村湖湾(120.12736°E，31.43112°N)，混合均匀后视为藻类型浊度的水体；将一定量藻类培养液和泥水混合均匀后的水体视为混合型浊度水体。

(3) 人工光源水下光谱的测量方法

在实验水箱中心正上方 20cm 处搭建一固定支架，将功率为 9W 的人工光源(白光)固定在支架上。将水下光谱仪沿实验水箱中心轴线垂直缓慢下放，分别测量水面(0cm)及水下 5cm，10cm，15cm，20cm 处的光谱分布，每种对应情况测量 3 次，取平均值。

2. 结果与分析

(1) 不同浊度类型水体的光谱分布特征

不同类型浊度水体的水下光谱测定结果见图 3-54~图 3-56。

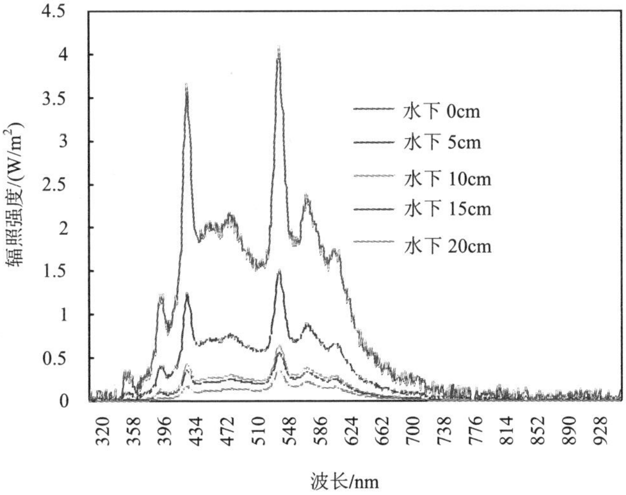

图 3-54　泥水型浊度水体 80NTU 时的水体光谱分布

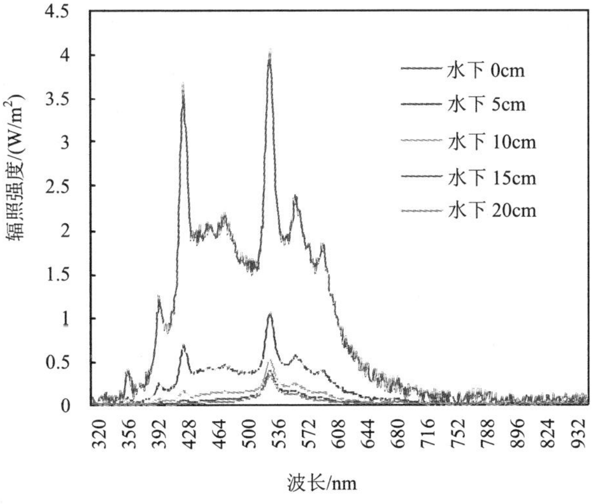

图 3-55　蓝藻型浊度水体 81NTU 时的水体光谱分布

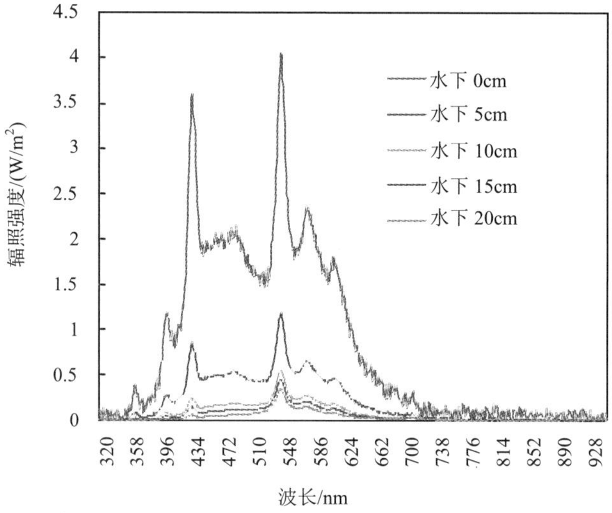

图 3-56 混合型浊度水体 78NTU 时的水体光谱分布

可以看出，同在浊度为 80NTU 附近的三种水体中，同一光源的水下光谱特征都与光源本身的光谱基本相同，分别在波长为 435nm 及 545nm 处出现较大峰值。从图示的结果可以发现，在光源光线垂直入射水体的过程中，三种浊度类型水体中的水下光谱强度都随水下深度增大出现衰减，并且泥水型浊度水体中的光谱强度衰减较藻类型的小，混合型水体中的光谱轻度衰减则介于泥水型和藻类型水体之间。这可能是水体中的蓝藻对光的吸收强于泥水中悬浮物的遮挡，因此在藻类滋生的水体中进行人工光源补光时应考虑藻类的不利因素。

(2) 人工光源水下总辐照度随浊度和深度的变化规律

对水下光谱仪所测得的光谱分布曲线在 320~950nm 范围内进行积分，可得到相同浊度条件下不同深度的总辐照强度 E：

$$E = \int_a^b f(\lambda)\mathrm{d}\lambda \tag{3-23}$$

式中：λ是波长，nm；a、b 分别是计算所对应的波长下限和上限，即 a=320 nm，b=950 nm。

在实际测量中所测得的波长是间隔 $\Delta\lambda = 1$ nm 的离散量，故 E 由式(3-24)计算得到：

$$E = \sum_{i=1}^{n} y_i \cdot \Delta\lambda \tag{3-24}$$

式中：$n=(b-a)/\Delta\lambda=630$，$y_i$是对应的辐照度值。

水下总辐照度随浊度和水深的变化见图 3-57~图 3-59。

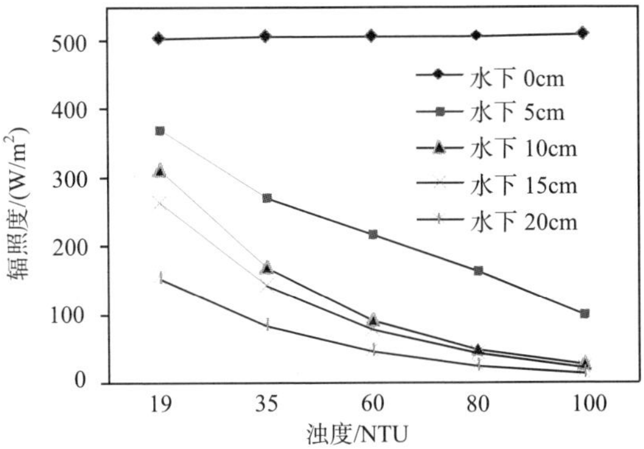

图 3-57　泥水型浊度水体辐照度随浊度和深度的变化

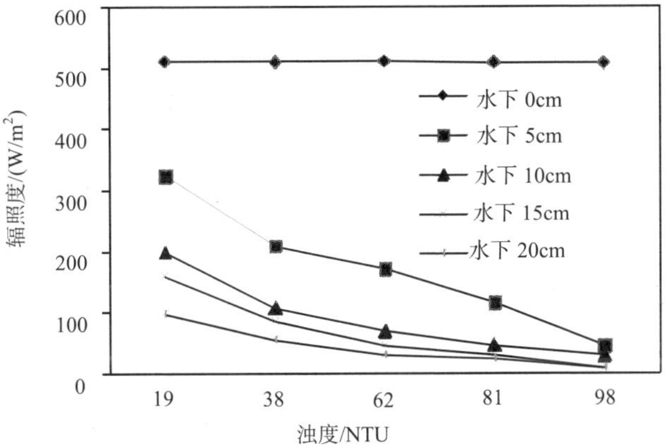

图 3-58　蓝藻型浊度水体辐照度随浊度和深度的变化

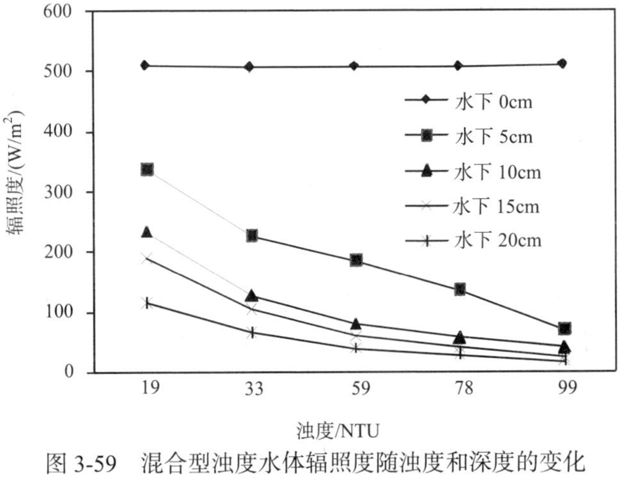

图 3-59　混合型浊度水体辐照度随浊度和深度的变化

从图 3-57~图 3-59 可知，水下总辐照度随水深和浊度的增加均降低，呈现出衰减的现象。为进一步明确其衰减程度，可用衰减系数 K_d 来表达。

因本实验的三种类型水体是混合均匀的，可近似认为光学性质均一的水体，其水下辐照度的衰减系数 K_d：

$$K_d = -\frac{1}{h}\ln\left[\frac{E(h)}{E(0)}\right] \tag{3-25}$$

式中：K_d 表示光衰减系数；h 表示从水面到测量处的深度，cm；$E(h)$为深度 h 处的总辐照度；$E(0)$为水面总辐照度。利用 Matlab 软件对同一浊度不同深度的水下总辐照度进行指数回归，得到该浊度下的 K_d。通过此方法可得到不同浊度对应的衰减系数，并通过数据拟合得到不同浊度类型水体中衰减系数 K_d 与浊度 t 之间的线性关系

$$K_1(t) = 0.1345t + 0.1206 \tag{3-26}$$

$$K_2(t) = 0.203t + 0.4684 \tag{3-27}$$

$$K_3(t) = 0.1708t + 0.2279 \tag{3-28}$$

将式(3-26)、式(3-27)、式(3-28)分别与式(3-25)相结合可分别得出泥水型浊度水体、蓝藻型浊度水体、混合型浊度水体中总辐照度与深度(h)和浊度(t)之间的关系式

$$E(t,h) = E_0 \mathrm{e}^{-K(t)h} = E_0 \mathrm{e}^{-(0.1345t+0.1206)h} \tag{3-29}$$

$$E(t,h) = E_0 \mathrm{e}^{-K(t)h} = E_0 \mathrm{e}^{-(0.203t+0.4684)h} \tag{3-30}$$

$$E(t,h) = E_0 \mathrm{e}^{-K(t)h} = E_0 \mathrm{e}^{-(0.1708t+0.2279)h} \tag{3-31}$$

式中：E_0 是水下 0 cm(即水面)处的辐照度。

水下总辐照度随水深和浊度变化的三维示意图见图 3-60。

通过式(3-29)、(3-30)、(3-31)或图 3-60 可得到不同类型水体中水深和浊度对总辐照度的定量影响，应用于人工光源补光时，可依据满足沉水植物所需的辐照强度反求光源布置深度或距离，从而为人工光源补光设计提供理论依据。

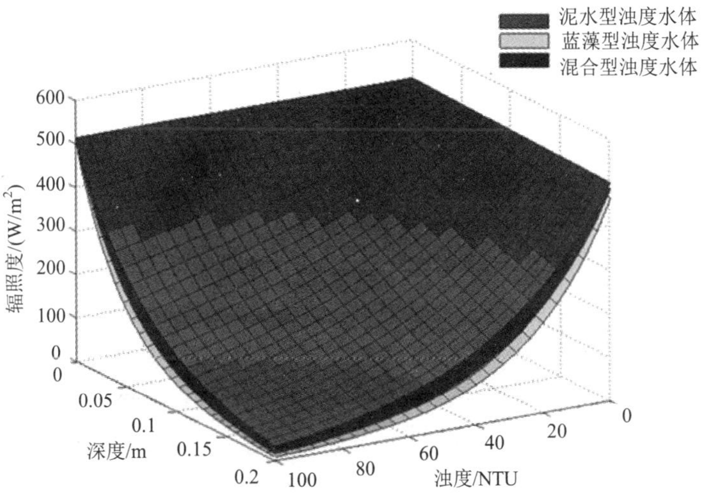

图 3-60　水下总辐照度随水深和浊度变化的三维示意图

3.4.5 小结

(1) 人工光源的水下光谱强度在泥水型、藻类型和混合型浊度的水体中均随水深和浊度的增大而衰减，并且泥水型浊度水体中的光谱强度衰减较藻类型的小，混合型水体中的光谱轻度衰减则介于泥水型和藻类型水体之间。

(2) 泥水型、藻类型和混合型浊度的水体中总辐照度与深度(h)和浊度(t)之间的关系式可分别为 $E(t,h)=E_0\mathrm{e}^{-K(t)h}=E_0\mathrm{e}^{-(0.1345t+0.1206)h}$，$E(t,h)=E_0\mathrm{e}^{-K(t)h}=E_0\mathrm{e}^{-(0.203t+0.4684)h}$ 和 $E(t,h)=E_0\mathrm{e}^{-K(t)h}=E_0\mathrm{e}^{-(0.1708t+0.2279)h}$。在应用人工光源对沉水植物补光时，可依据满足沉水植物所需的辐照强度通过这些关系式反求光源布置深度或距离，从而为人工光源补光设计提供理论依据。

3.5 重污染废水纳滤处理技术

针对沿海淮河流域产业体系及对水资源污染的危害性，本书选择重污染行业产生的废水，染料(印染)废水、农药废水、重金属废水等难处理废水展开系统研究，考察纳滤处理效果及应用前景。

3.5.1 实验条件

1. 实验装置

根据研究内容的需要，拟订的实验装置工艺流程见图 3-61，实物照片见图

3-62。该装置主要性能参数见表 3-10。

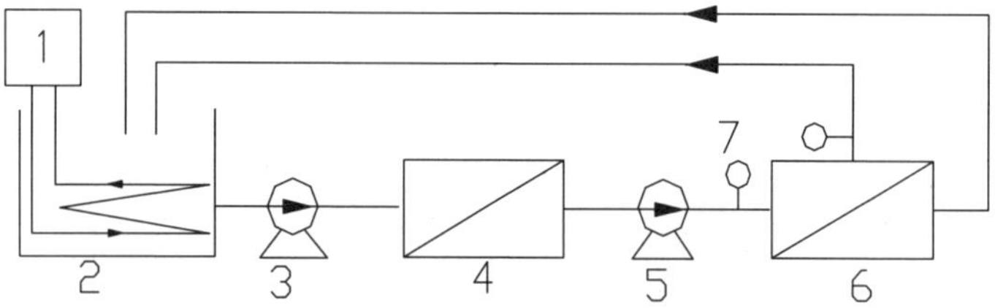

图 3-61 纳滤实验装置示意图

1. 恒温仪；2. 水箱；3. 低压泵；4. 微滤器；5. 高压泵；6. 纳滤器；7. 压力表

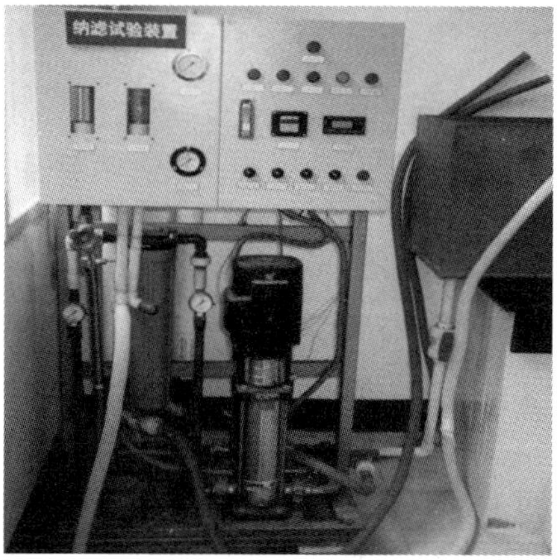

图 3-62　纳滤实验装置照片

表 3-10　实验装置的主要部件与性能参数

名称	型号规格	材质	厂商
原水箱	$300m^3$	PVC	
增压泵	Q-2m/h　H=30m	不锈钢	丹麦
保安过滤器	5μm	PP	
高压泵	Q-2m/h　H=120m	不锈钢	丹麦
NF90 纳滤膜	2540 型，膜有效面积 $2.6m^2$，截留相对分子质量 300 左右	聚酰胺	DowChem.Co
NF270 纳滤膜	2540 型，膜有效面积 $2.6m^2$，截留相对分子质量 600 左右	聚酰胺	DowChem.Co

2. *实验方法*

纳滤透过实验在图 3-61 所示的装置上进行。实验之前对纳滤膜进行清洗，清洗用水为二级反渗透净化后的出水。实验所用的药品均为分析纯，未进一步纯化。配制料液用水均为二级反渗透出水，电导率低于 0.2μS/cm。当改变料液浓度或更换不同料液时需对原水箱中料液充分搅拌并启动设备让原料液和透过液都循环回到原水箱，循环 10min 后测定原水箱中料液浓度为进料浓度，原料液流量通常保持在 800L/h。实验操作压力范围为 0.3~1.2MPa，温度范围在 15~35℃。在调节实验压力或温度之后，待稳定运行 5 分钟后才能取样，以保证所取样品真实可靠而不是系统中残留水样，测定项目主要包括料液和透过液的浓度、循环流量和渗透流量。

3. 分析方法和仪器

分析方法见表 3-11。

表 3-11　分析方法一览

	物质	测定方法	分析仪器
1	单组分电解质；含盐量	电导法	DDS-11A 型电导率仪，上海分析仪器二厂
2	Cr(Ⅵ)	高于 1.0mg/L 时采用硫酸亚铁铵滴定法；低于 1.0mg/L 时采用二苯碳酰二肼分光光度法	可见分光光度计
3	Ni^{2+}，Cu^{2+}，Zn^{2+}	原子吸收分光光度法	原子吸收分光光度计，北京普析
4	pH	pH 计	
5	直接黑 D-BR、酸性大红 GR、活性艳红	分光光度法	可见分光光度计
6	COD	重铬酸钾微波消解法	微波消解 COD 测定装置

3.5.2　纳滤处理染料废水实验

1. 实验过程

实验前对纳滤试验装置彻底清洗，采用染料直接黑 D-BR(相对分子质量 782)、酸性大红 GR(相对分子质量 556)、活性艳红(相对分子质量 876)及氯化钠(分析纯)配制各种浓度的染料废水。从所选染料的分子量看，采用 NF270 膜比较合适。实验时浓缩液和透过液均返回原水箱，浓缩液循环流量控制在 800L/h。染料浓度采用分光光度法测定，通过对染料溶液波长扫描，测得直接黑 D-BR、酸性大红 GR、活性艳红最大吸收波长分别为 580nm、510nm、625nm；氯化钠浓度用电导法测定，COD 采用微波消解快速测定装置测定，色度采用稀释倍数法测定。

2. 实验结果与讨论

(1) 膜对染料和盐的截留性能

由于染料料液和染料废水中主要涉及染料分子和 NaCl，而采用膜处理时料液浓度变化最显著同时也通常是影响膜性能的主要因素，因此本文着重考察 NaCl 和染料浓度对纳滤过程的影响。

1) NaCl 浓度对纳滤过程的影响

在纳滤处理染料废水过程中，NaCl 浓度对染料直接黑截留效果、盐截留效果及产水量的影响见图 3-63~图 3-65。

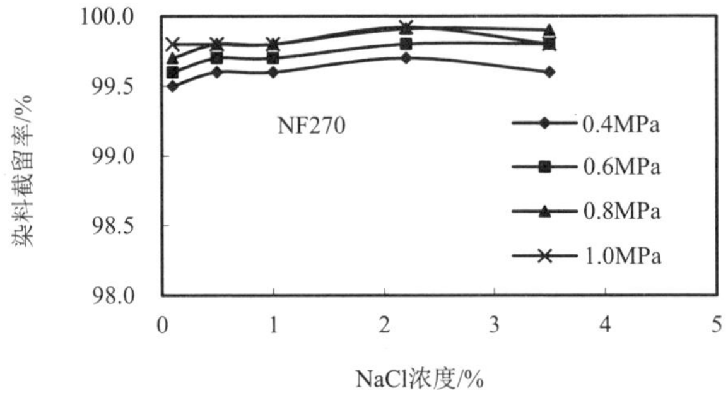

图 3-63 初始 NaCl 浓度对染料截留率的影响(直接黑)

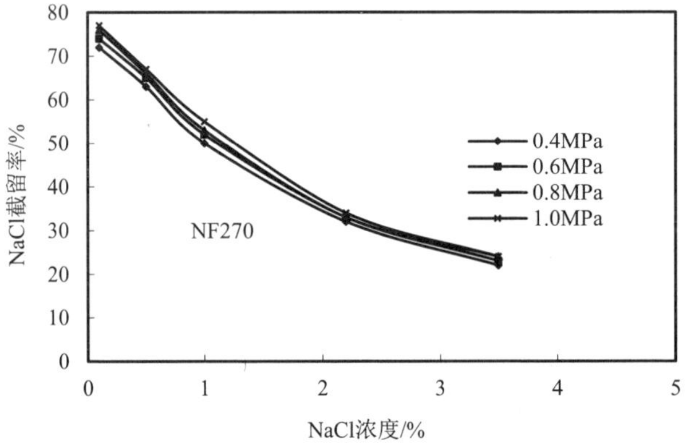

图 3-64 初始 NaCl 浓度对 NaCl 截留率的影响(直接黑)

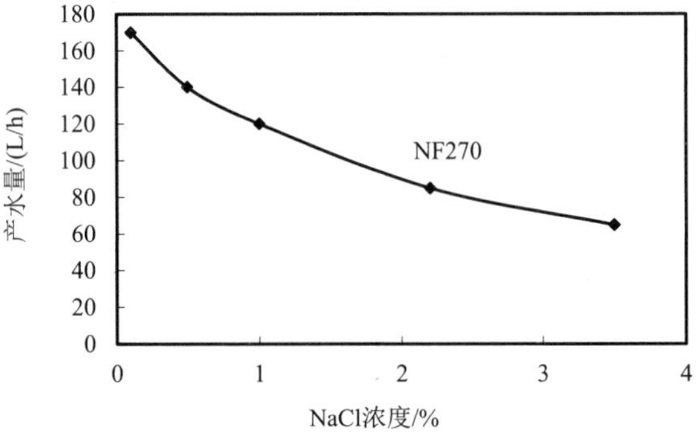

图 3-65 初始 NaCl 浓度对产水量的影响(直接黑)

从图 3-63 可以看出，盐浓度对染料截留率无明显影响，在试验盐浓度范围 NF270 膜对染料的截留率一直非常高，均在 99%以上。理论上讲，直接黑的相对分子质量为 782，其 Stokes 直径相当于 0.7nm，大于膜孔半径 0.62nm，膜对其截留率应为 100%。但由于试验染料为市售工业品，含有一定的小分子副产物(分子质量小于膜截留分子质量)，这些小分子副产物透过膜后造成透过液产生吸光度，使得计算的截留率小于 100%；此外膜的孔径也通常围绕平均孔径呈一定分布，存在较大的孔也造成少量染料分子透过膜，因此，实际上膜对溶质的截留率通常不能完全达到 100%。

由图 3-64 可以看出，NaCl 截留率随料液中 NaCl 浓度的增加而下降。当盐浓度达到 3.5%时，NaCl 的截留率低于 25%，这对于从含盐染料废水中回收染料是有利的，由于盐分大量透过，膜两侧的渗透压差小使得渗透通量能保持较高，这一点可以从图 3-65 进一步得到证实。从图 3-65 可以看出，尽管膜产水量随盐浓度升高呈现较快速下降，但盐浓度达到 2%以上时，产水量下降减缓，在盐浓度为 3.5%时，并且在较低的操作压力(0.6MPa)，产水量仍然达到 60L/h，具有较好的经济性，因此采用 NF270 膜处理含盐染料废水是合适的。

2)染料浓度对纳滤过程的影响

在 NaCl 浓度为 10g/L 时，染料浓度对染料截留率的影响见图 3-66。可以看出初始染料浓度对染料截留率的影响明显，一直保持着 99%以上的截留率，且随初始染料浓度升高截留率略有升高的趋势，这反映出凝胶层的形成。

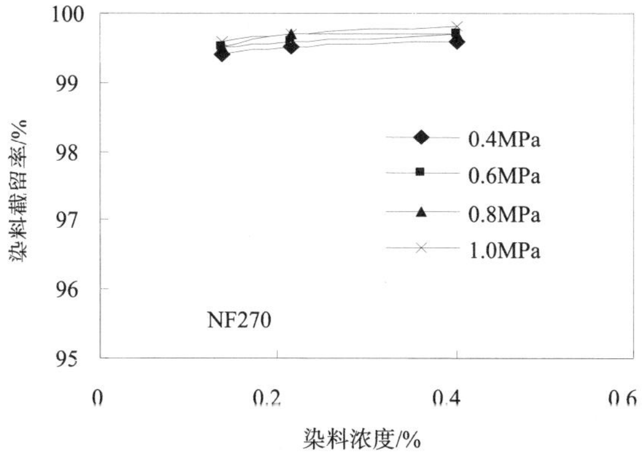

图 3-66　初始染料浓度对染料截留率的影响(直接黑)

3) NF270 膜对几种染料的截留效果

从上面的研究可以看出，NF270 具有对染料截留高和对盐截留低的特点，适合于染料脱盐浓缩和从染料废水中回收染料。NF270 膜对其他几种水溶性染料的截留效果见图 3-67。

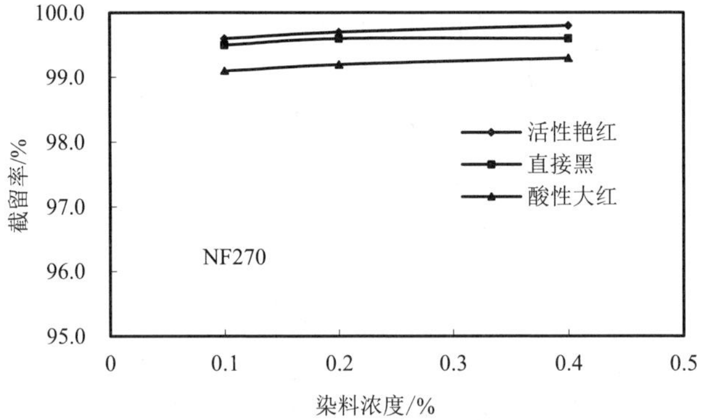

图 3-67　NF270 膜对活性艳红、直接黑和酸性大红的截留效果

从图 3-67 可以看出 NF270 膜对直接黑、活性艳红的截留率达到 99.5%以上，对酸性大红的截留率也在 99%以上，进料浓度提高对截留率并无明显影响，说明纳滤膜对这几种染料和水的分离主要以筛分作用为主。同时也表明 NF270 膜应用于相对分子质量在 600 左右的染料废水的处理，回收染料以实现染料废水的资源化在技术上是可行的。

(2) 纳滤对 COD 的去除效果

在操作压力为 0.6MPa，温度 25℃条件下，纳滤对染料废水 COD 的去除效果见图 3-68、表 3-12。

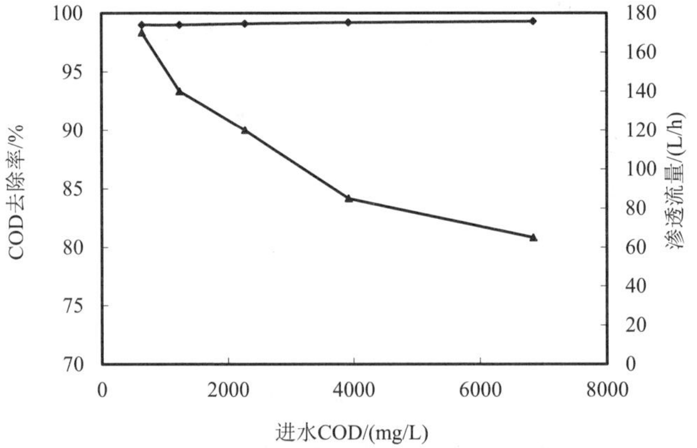

图 3-68　纳滤对染料废水 COD 的去除率和渗透流量

图 3-68 和表 3-12 表明纳滤对染料废水的 COD 去除是非常有效的，去除率在 99.5%左右，渗透流量随进水浓度升高而下降。当进水 COD 浓度控制在 2000mg/L 以下时，产水 COD 浓度能达到国家一级排放标准；如果从回收染料考

表 3-12　纳滤对染料废水 COD 的去除效果

原水 COD/mg/L	渗透液 COD/mg/L	COD 去除率/%	出水色度/倍
650	32	99.5	10
1240	62	99.5	25
2275	136	99.4	50
3920	196	99.5	125
6845	342	99.5	200

虑，当浓缩倍数较高，浓缩液 COD 浓度很高(超过 2000mg/L)，会出现渗透流量较小和渗透液 COD 浓度超标的现象。对于渗透流量较小，可通过适当提高操作压力解决；渗透液 COD 浓度超标可采用二级纳滤的方式解决，二级纳滤效果见表 3-13。

表 3-13　二级纳滤对染料废水 COD 的去除效果

一级渗透液 COD/(mg/L)	二级渗透液 COD/(mg/L)	COD 去除率/%	出水色度/倍
157	27	82.5	5
235	44	81.3	20
378	75	81.1	30
452	89	80.3	50

从表 3-13 可以看出，二级纳滤对 COD 的去除效果低于一级纳滤，主要因为一级纳滤渗透液中小分子有机物较多。同时可以看出二级纳滤出水可以达到排放标准。

3.5.3　纳滤处理农药废水

(1) 农药生产废水的特性与水质

吡虫啉(相对分子质量 162，分子直径 6.81Å)是一种高效、低毒、强内吸的广谱杀虫剂，广泛应用于水稻、小麦、玉米、马铃薯、甜菜、棉花、蔬菜等的害虫防治。工业生产中将 2-氯-5-氯甲基吡啶与 2-硝基亚氨基咪唑烷溶于乙腈中，加入过量 K_2CO_3 作酸吸收剂，在 CsCl 的参与下合成，反应产物经水洗除去碳酸钾等无机盐得吡虫啉产品。1t 产品的洗水量约为 3~4t，该废水的主要成分为碳酸钾、碳酸氢钾、氯化钾及有机物。废水所含有机物主要为流失的吡虫啉二甲基甲酰胺(DMF)、咪唑烷、催化剂及丁酮等，它们的相对分子质量在 165~255，直径为 6.05~8.24Å。

从农药厂取得的吡虫啉废水，先经过沉淀，除去大颗粒杂质后的水质见表 3-14。

表 3-14 农药废水的水质

pH	COD/(mg/L)	Cl^-/(mg/L)	总盐量/%
9	5769	70	4.0

(2) 实验

实验前对纳滤试验装置彻底清洗. 由于吡虫啉废水中有机物的相对分子质量小于 300，因此选择截留相对分子质量小的 NF90 膜。由于废水 COD 浓度很高，实验时进行适当稀释。实验时浓缩液和透过液返回原水箱，浓缩液循环流量控制在 800L/h，考察操作压力、进水浓度对处理效果的影响。COD 采用重铬酸钾微波消解法测定；盐分采用电导率仪测定。

(3) 纳滤处理农药废水的实验结果

在进水 COD 浓度为 3975mg/L 时，不同操作压力下 NF90 膜处理吡虫啉废水试验结果见图 3-69。

从图 3-69 所示的实验结果可以看出 NF90 膜对废水 COD 的去除率在 85%左右；对盐的去除率在 90%左右。盐的去除率高于 COD 主要是因为 NF90 膜是高荷负电膜，而该废水中又含有 CO_3^{2-}等二价阴离子，膜对阴离子的静电排斥效应强，截留率高，这对于农药废水的预处理是有利的，因为除去大部分 COD 和盐，易于采用低成本的生化法处理达标。

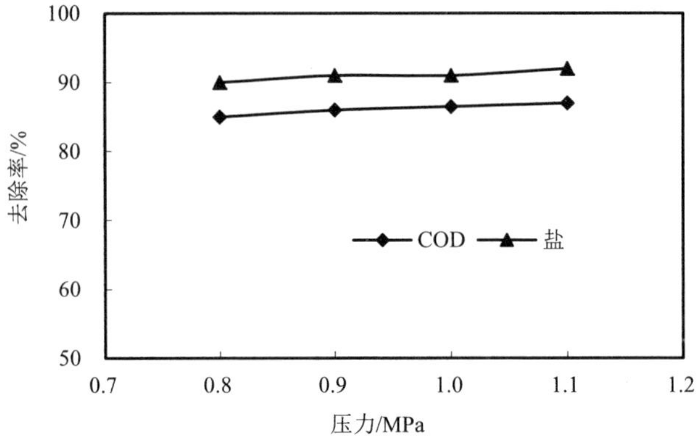

图 3-69 NF90 膜对吡虫啉废水中 COD 和盐的去除率

采用纳滤处理废水后产生浓缩液和透过液。在实际应用过程中，总是希望浓缩液少和透过液达标，但废水不断浓缩后，其浓度越来越高，根据纳滤传质机理，透过液的浓度将有增高的趋势，就有可能超标。废水浓度对 NF90 膜纳滤过程的影响见图 3-70。

从以上实验结果可知，采用纳滤膜(NF90 膜)处理相对分子质量较小的农药(吡虫啉)生产废水，可达到较好的预处理效果，尽管一级纳滤产水的 COD 尚不能达标，但由于 COD 浓度和盐分含量较低，易于采用低成本的生化法处理达标；浓水可以回收钾盐也可采用催化湿式氧化处理。由于浓水量相对较少，可使得总运行费用不会太高。

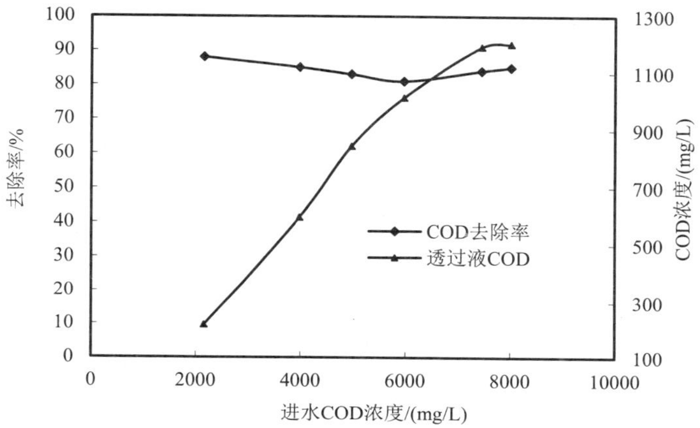

图 3-70　进水浓度对废水处理效果的影响

3.5.4　纳滤膜对废水中重金属离子的去除效果

1. 去除废水中的 Cr(Ⅵ)

铬是公认的有毒物质，其毒性与价态有关。Cr(Ⅵ)的毒性大于 Cr(Ⅲ)，且易为人体吸收蓄积，因此各国对 Cr(Ⅵ)的排放限制非常严格。我国污水综合排放标准(GB8975—1996)规定 Cr(Ⅵ)的最高容许排放浓度为 0.5mg/L。

电镀行业还会排放大量的含镍(Ni)、铜(Cu)、锌(Zn)废水。其中镍属于第一类污染物。镍的化合物有毒，能刺激人体的精氨酶、羟化酶，引起各种炎症，伤害心肌和肝脏，属致癌物。在电镀镍工业中，主要污染问题是化学品的毒性和漂洗操作中大体积水向天然水域或市政下水系统排放会导致环境污染和降低生物水处理的效率，同时也损失了有价值的化学品和水。因此各国对 Ni 离子的排放限制非常严格。我国污水综合排放标准(GB8975—1996)规定总镍的最高容许排放浓度为 1.0mg/L。铜和锌则属于第二类污染物，最高容许排放浓度分别为：2.0mg/L、5.0mg/L。

(1) 实验过程

采用重铬酸钾(基准试剂)配置模拟含 Cr(Ⅵ)废水，采用硫酸镍、硫酸铜、硫酸锌配制模拟含镍、含铜和含锌废水，用硫酸和氢氧化钠溶液调节废水的 pH，在不同的操作条件下进行透过实验，分别测定进水和产水的 Cr(Ⅵ)浓度以及流量。

在模拟废水研究的基础上，对实际废水进行纳滤处理，废水取南京七桥电镀厂，为镀铬制品的漂洗废液。分析方法：当 Cr(Ⅵ) 的浓度高于 1.0mg/L 时采用硫酸亚铁铵滴定法；低于 1.0mg/L 时采用二苯碳酰二肼分光光度法。

(2) 实验结果与讨论

1)NF270 和 NF90 膜截留 Cr(Ⅵ) 的初步试验与膜的选择

铬液初始浓度为 19.89mg/L，pH 为 7.2，温度在 30℃条件下，不同操作压力下 NF270 和 NF90 膜截留 Cr(Ⅵ) 的效果见图 3-71。

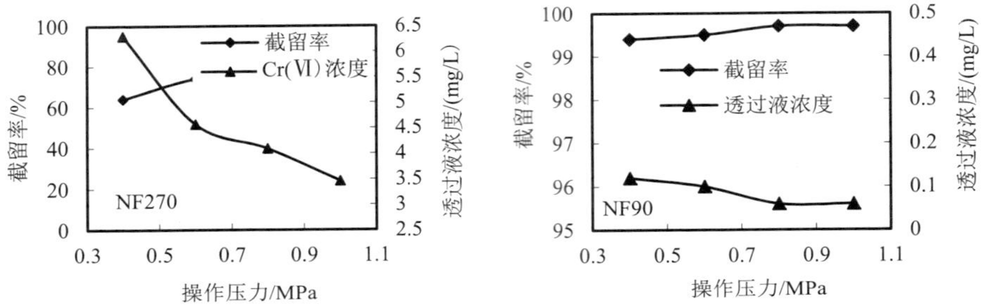

图 3-71 NF270 和 NF90 膜对 Cr(Ⅵ)的截留效果

图 3-71 表明 NF270 膜对 Cr(Ⅵ)有一定的截留效果，截留率在 65%~80%，但产水中的铬含量较高，超过了国家排放标准；NF90 膜对 Cr(Ⅵ)截留效果很好，在试验的操作压力范围内，Cr(Ⅵ)的截留率在 99%以上，透过液的 Cr(Ⅵ)浓度低于国家排放标准。因此，对于纳滤膜处理重金属离子废水，宜采用截留相对分子质量小(300 以下)的荷电纳滤膜。

2) 进水浓度对 NF90 膜截留 Cr(Ⅵ) 的影响

在操作压力为 0.8MPa、温度在 30℃条件下，不同进水浓度对 NF90 膜截留 Cr(Ⅵ)的影响见图 3-72。

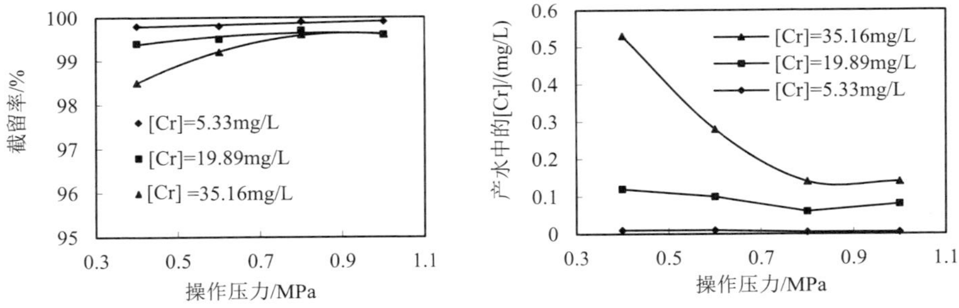

图 3-72 Cr(Ⅵ)浓度对 NF90 膜截留效果的影响

由图 3-72 可见，铬液浓度对截留率影响不大，但对产水的 Cr(Ⅵ)浓度有影响，随铬液浓度的增加，产水的 Cr(Ⅵ)浓度增加。在试验的浓度范围内，NF90 膜产水的 Cr(Ⅵ)浓度整体上低于 0.5mg/L。这表明采用 NF90 膜处理含铬废水是能够达到国家排放标准的。

3) pH 对 NF90 膜截留效果的影响

图 3-73 表明 pH 对 Cr(Ⅵ)的截留效果影响显著。随 pH 升高，Cr(Ⅵ)的截留率显著提高，当 pH 达到 9 以上时，Cr(Ⅵ)的截留率接近 100%。pH 对截留率的影响主要是由于 pH 会影响 Cr(Ⅵ)的形态。

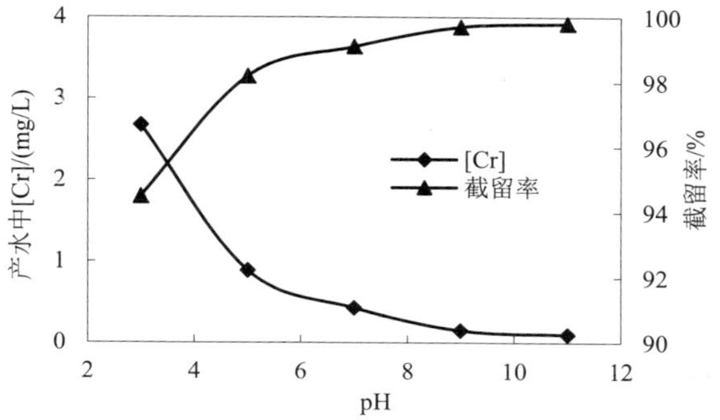

图 3-73 pH 对 NF90 膜截留 Cr(Ⅵ)的影响

由于 Cr(Ⅵ)的水溶液体系存在下列化学平衡：

$$Cr_2O_7^{2-} + H_2O \Leftrightarrow 2HCrO_4^- \Leftrightarrow 2CrO_4^{2-} + 2H^+$$

当体系处于 pH 较高的碱性溶液时，CrO_4^{2-}成为主要离子，膜电荷对其排斥作用强，截留率高；当体系处于 pH 较低酸性溶液时，$HCrO_4^-$ 则成为主导离子，膜电荷对其排斥作用较弱，截留率低。这也进一步表明荷负电的纳滤膜对水中离子的去除效果主要取决于膜对阴离子静电排斥的强弱。

4) 对含铬电镀废水的处理

实际废水取自南京七桥电镀厂，为镀铬制品的漂洗废液，Cr(Ⅵ)浓度为 107.46mg/L，pH 为 3.2。根据对模拟废水的试验结果，并考虑到废水 pH 排放标准和成本，将废水的 pH 调节到 8，不同压力和温度下的处理效果见表 3-15。

表 3-15 表明纳滤对实际含 Cr(Ⅵ)废水的处理是有效的，Cr(Ⅵ)截留率达到 99.5%以上。在较宽的压力(>0.5MPa)和温度范围(<35℃)，产水浓度均能达到国家排放标准。由于纳滤产水的水质高，电导率在 25.1μS/cm 以下(南京自来水一般在 260~300μS/cm)，完全可以作为镀件漂洗水的补充水回用；浓水可进一步浓缩，也存在回收的潜力，比如用作镀件的钝化液，返回钝化槽。

表 3-15 纳滤处理含铬电镀废水的试验结果

操作条件		原水浓度/(mg/L)	出水浓度/(mg/L)	截留率/%	出水电导/(μS/cm)
压力/MPa	温度/℃				
0.5	20	107.46	0.51	99.5	19.8
0.7	20	107.46	0.46	99.6	17.6
0.9	20	107.46	0.45	99.6	16.1
1.1	20	107.46	0.40	99.6	14.3
1.1	25	107.46	0.42	99.6	18.8
1.1	30	107.46	0.46	99.6	20.3
1.1	35	107.46	0.52	99.5	25.1

2. 对废水中镍(Ni)、铜(Cu)、锌(Zn)的去除效果

(1) NF90 膜截留 Ni 的效果

在 pH 为 7，温度为 20℃，进水流量为 1000L/h 的条件下，不同初始浓度与操作压力下的 Ni 的截留效果如图 3-74 和图 3-75 所示。

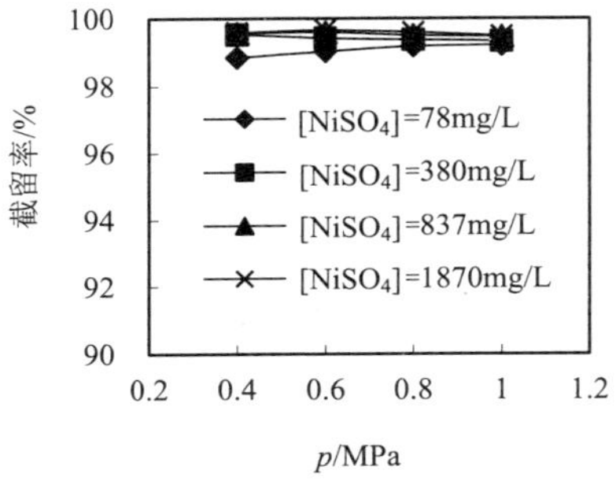

图 3-74 NF90 膜对 $NiSO_4$ 的截留率

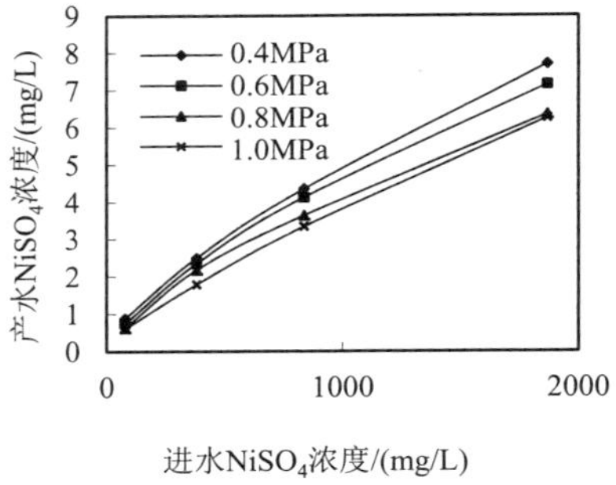

图 3-75 NF90 膜产水中的 $NiSO_4$ 浓度

由图 3-74 和图 3-75 可知，NF90 膜对 $NiSO_4$ 截留效果良好，在试验的操作压力范围内截留率在 98%以上。镍液浓度对截留率影响不大，但对产水的 Ni^{2+}离子浓度有影响，随镍液浓度的增加，产水的 Ni^{2+}浓度增加。在试验的浓度范围内，NF90 膜产水中的 Ni^{2+}浓度整体上比较低的，当进水中 $NiSO_4$ 浓度达到 500mg/L 以下时，产水中的 Ni 离子能够达标排放或回用；当进水中 $NiSO_4$ 浓度达到 500mg/L 以上含镍浓度很高的电镀废水时，需要进一步地处理。

(2) NF90 膜截留 Cu、Zn 的效果

在 pH 为 7，温度为 20℃，进水流量为 1000L/h 的条件下，不同初始浓度与操作压力下的 Cu 的截留效果如图 3-76、图 3-77 所示；对 Zn 的截留效果如图 3-78、图 3-79 所示。

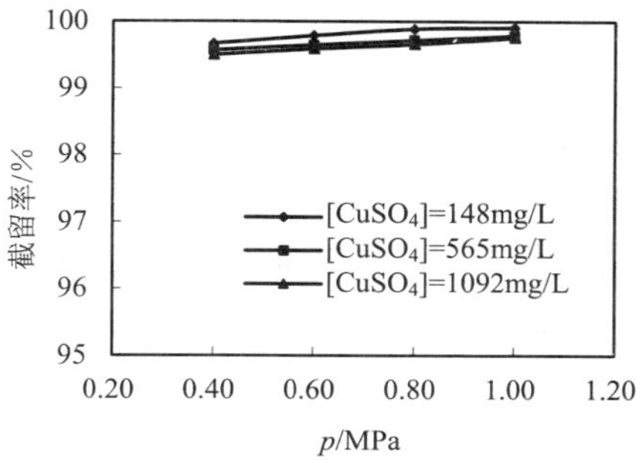

图 3-76　NF90 膜对 Cu 的截留率

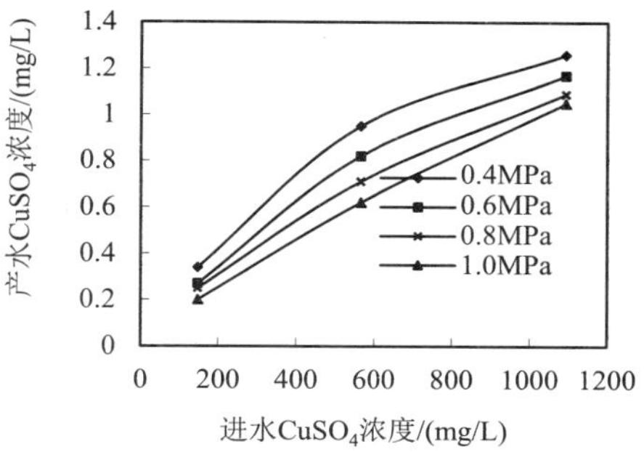

图 3-77　NF90 膜产水中的 Cu 浓度

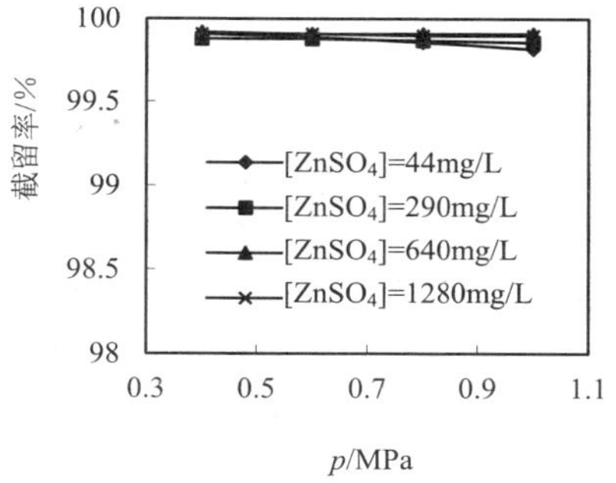

图 3-78　NF90 膜对 Zn 的截留率

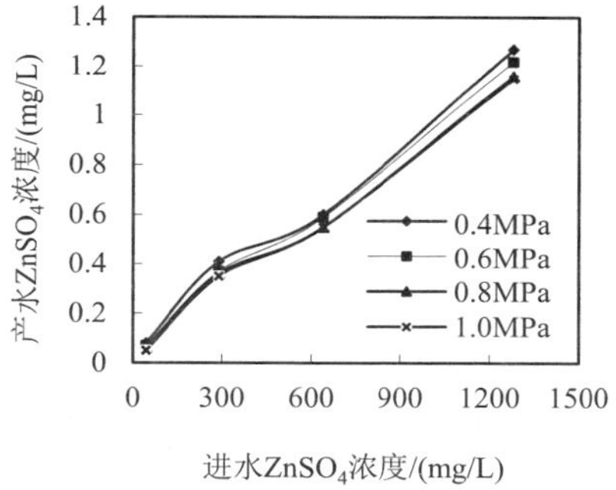

图 3-79　NF90 膜产水中的 Zn 浓度

由图 3-76~图 3-79 可知，NF90 膜对 $CuSO_4$、$ZnSO_4$ 截留效果都很好，在试验的操作压力范围内，Cu 离子和 Zn 离子的截留率在 99%以上。含铜或锌的料液浓度对截留率影响不大，但对产水的浓度有影响，随料液中 Cu、Zn 离子浓度的增加，产水的浓度增加。在试验的浓度范围内，NF90 膜产水的 Cu、Zn 浓度整体上是很低的，即使在进水中 $ZnSO_4$ 浓度达到 1280mg/L、$CuSO_4$ 浓度 1092mg/L 的情况下，产水中的总铜和总锌含量都仍在 1.0mg/L 以下，分别达到国家二级和一级排放标准。这表明采用纳滤处理含铜或锌废水是能够达到国家排放标准的。

3.5.5　废水处理过程中纳滤膜污染的控制

(1) 膜污染

膜的污染在废水处理中是不可避免的。膜污染可定义为由于被截留的颗粒、胶粒、乳浊液、悬浮液、大分子和盐等在膜表面或膜内的(不)可逆沉积，这种沉积包括吸附、堵孔、沉淀、形成滤饼等。膜污染能恶化膜的性能并最终缩短膜的寿命，而增加膜的操作和维护费用，是限制膜技术成功应用的主要因素。从表观上看，膜污染使过滤的通量随时间而衰减。浓差极化、膜面吸附和粒子沉积作用是纳滤膜在应用中被污染的主要因素。由于膜能截留某些溶质，被截留组分在膜面处积累起来，使得靠近膜面处形成高浓层，这就是浓差极化层。该浓差极化层使水的渗透性降低，且因较高的渗透压进一步降低了渗透通量。但这种影响是可逆的，通过降低料液浓度或改善膜面料液的流体力学条件，如提高流速，采用湍流促进器和设计合理的流通结构等方法，可以减轻已经产生的浓差极化现象，使膜的分离特性得以部分恢复。另一种是溶质吸附和粒子沉积(膜外部形成凝胶层的滤饼层，膜内部则形成孔堵塞)。膜面的高浓度溶质会沉降而形成凝胶层；悬浮态的粒子迁移到膜表面而形成沉积物。这种凝胶层和滤饼层降低了水力渗透性和渗透通量，并可形成长期而不可逆的污染。浓差极化与污染并不等同，但浓差极化往往是形成膜污染的一个重要因素。膜受到污染后需用化学溶液清洗，因污染物质各不相同，对膜进行清洗未必完全有效，部分膜的产水能力可能永久丧失，此时就需要更换膜。

纳滤膜的污染与超滤和反渗透有所不同。超滤膜是有孔膜，通常用于分离大分子溶质、小颗粒、胶体及乳液等，一般通量较高，而溶质的扩散系数低，因此受浓差极化的影响较大，所遇到的污染问题也常是浓差极化造成的。反渗透膜是无孔膜，截留的物质大多为盐类，因为通量较低和传质系数比较大，在使用过程中受浓差极化的影响较小，其应用中被污染的原因主要是膜面对溶质吸附和沉积作用。纳滤膜介于有孔膜和无孔膜之间，浓差极化、膜面吸附和粒子沉积作用均是其应用中被污染的主要因素。此外，纳滤膜通常是荷电膜，溶质与膜面之间的静电效应也会对纳滤过程的污染产生影响，这一点是纳滤污染与超滤、反渗透污染的一个重要不同之处。

(2) 膜污染控制方法

控制膜污染主要有减轻膜浓差极化、加强预处理以及化学清洗等方法。

1) 减轻浓差极化

浓差极化与膜污染并不等同，浓差极化导致的渗透通量下降是可逆的。但是，浓差极化往往又是形成膜污染的一个重要因素。因此，减轻膜浓差极化对于控制膜污染是很重要的。可通过控制料液浓度或改善膜面料液的流体力学条件，如提高膜面流速，采用湍流促进器和设计合理的流通结构等方法，减轻浓差极化。对于卷式纳滤膜，本书前面研究表明当膜面流速高于 0.2m/s 时浓差极化可降到比较小的程度。

2) 加强预处理

试验表明，对进膜前的料液进行一定的预处理，如采用预微滤和预超滤等以去除一些较大的粒子，可有效减轻染料液对膜的污染。例如，采用纳滤膜处理染料废水时，若对进膜前的染料废水进行较好的预处理，则一般运转一定时间后，用去离子水清洗一下，即可恢复膜通量；而用酸洗涤剂清洗，则可有效去除污染，恢复膜的性能。

3) 清洗

清洗是减少污染的一个重要方法，主要可分为物理清洗和化学清洗两大类。物理清洗法有变流速冲洗法(脉冲、逆向及反向流动)、海绵球清洗法、超声波法、热水及空气和水混合冲洗法等；化学清洗所用的药剂可分为氧化剂(NaOCl、Cl_2、H_2O_2、O_3)、还原剂(如 HCHO)、螯合剂(EDTA、六偏磷酸钠)、酸(HNO_3、H_3PO_4、HCl、H_2SO_4、草酸、柠檬酸)、碱(NaOH、NH_4OH)、有机溶剂(乙醇)、表面活性剂(如 SDS、吐温 80、Triton、X-100 等)、酶(能水解蛋白质的含酶清洗剂)清洗等。尽管预处理方法非常适当，但是长时间运行不可避免地导致膜组件的污染，因此必须对膜组件进行定期的清洗。表 3-16 简要地介绍了针对不同污染物所采用的清洗方法。

表 3-16　膜组件的清洗方法

膜面污染物质	清洗方法
有机悬浮物	(1)~(6)
软垢：$Al(OH)_3$、$Fe(OH)_3$、 $Mn(OH)_3$	(1)　(2)　(4)　(6)
硬垢：$CaSO_4$、$MgSO_4$、Ba SO_4、$CaCO_3$、$MgCO_3$	(2)　3)　(4)　(6)
微生物	(3)　(5)

注：(1)水洗(热水、脉冲、空气-水混合冲洗); (2)酸洗(HCl、H_2SO_4、草酸、柠檬酸); (3) 碱(NaOH、Na_2CO_3); (4) 化学药剂(EDTA、表面活性剂); (5) 酵母清洗剂;(6) 机械清洗。

(3) 膜的清洗实验

对于本节所采用的实验装置，经过一段时间的实验(间歇运行 1 年)，主要处理自来水、过染料废水、农药废水，监测发现水通量有一定的下降，为此对实验装置进行化学清洗试验，考察清洗效果。

1) 清洗剂的选择

考虑到自来水中的硬度离子以及重金属离子可能在膜面吸附、结垢，首先采用盐酸酸洗，再考虑采用表面活性剂去除膜面的有机物。对于表面活性剂的选择，虽然应用最普遍的是十二烷基苯磺酸钠(SDS)，但此处选用氯化 *N*-十二烷基苯-*N*,*N*,*N*-三乙胺(俗称 1227)，因为 1227 属于阳离子表面活性剂，对吸附在膜表面上的阴离子型染料和生物黏泥具有剥离作用，同时 1227 还是一种无毒的非氧化性广谱杀生剂，对系统及膜元件中的微生物具杀灭作用，防止微生物对膜的破坏。

2) 清洗过程

整个清洗过程采用低压(小于 0.2MPa)清洗，以不会产生明显的渗透产水为宜，以便最大程度地降低污垢再次沉淀到膜表面。清洗过程如下：

自来水清洗 15min → 0.5%盐酸循环清洗 20min →自来水清洗 20min → 50mg/L 的 1227 溶液无压差循环清洗 20min→自来水无压差清洗 20min，再低压清洗 20min 结束，测膜通量。

无压差指无跨膜压差，这时膜渗透通量为 0，可防止清洗剂对膜造成新的污染。可通过关闭淡水管阀门做到背压。

酸洗过程中注意酸洗液 pH 的变化。当 pH 的增加超过 0.5 个 pH 单位时，就应该向清洗箱内补充酸，酸性清洗液循环时间以 20 分钟为宜，若超过 20 分钟清洗液可能会被清洗下来的无机盐所饱和，可能会再次沉淀在膜表面，此时应排放掉酸洗液，重新配制酸液进行第二遍酸洗操作。

3) 清洗结果

在操作压力为 0.8MPa，进水流量为 800L/h，温度为 25℃下测得清洗前后膜的产水量，以此表征清洗效果，结果见表 3-17。

表 3-17 清洗前、后膜的产水量

膜型号	NF90	NF270
清洗前膜产水量/(L/h)	171.5	213.6
清洗后膜产水量/(L/h)	203.8	260.5
膜通量提高率/%	18.8	22.0

可见清洗后，膜的产水量提高了 20%左右，表明所拟清洗方法是比较合理的。

4) 膜闲置时的保护措施

清洗完毕后停运一周以上时，注入约 1%亚硫酸氢钠溶液，注满后关闭所有阀门。防止空气进入纳滤膜中。闲置超过一个月时，每月换一次药剂。

纳滤膜停运一周以内时采用下列保护措施：每周用清水低压运行 2~3 小时，完毕关闭所有阀门，防止膜脱水和空气进入。

3.5.6 小结

1) 试验研究结果表明纳滤膜对染料的截留率非常高，可达 99%以上。初始染料浓度对染料截留率影响甚小，盐浓度对染料截留也无明显影响，但对 NaCl 截留率影响显著，即随料液中 NaCl 浓度的增加盐截留率快速下降。对于 NF270 膜，当盐浓度达到 3.5%时，NaCl 的截留率低于 25%，这对于从含盐染料废水中回收染料是有利的，由于盐分大量透过，膜两侧的渗透压差小使得渗透通量能保持较好的经济性。因此，采用 NF270 膜处理含盐染料废水比较合适。

2) 纳滤对染料废水 COD 去除率也在 99%以上，若进水 COD 浓度很高，采用二级纳滤可使 COD 出水达到排放标准。

3) 膜对农药(吡虫啉)废水也有较好的处理效果：对水杨醛废水 COD 的去除率在 85%左右，盐去除率在 90%左右。虽然纳滤产水的 COD 尚不能达标，但由于 COD 浓度和盐分含量较低，易于采用低成本的生化法处理达标；浓水可回收钾盐或采用氧化或焚烧等方法处理。由于浓水量相对较少，大大降低运行费用。

因此，纳滤可作为农药废水的预处理技术。

4) 虽然膜的污染不可避免，但只要采用合理的控制措施，注重在纳滤过程中加强进综合控制，是能够有效地减轻膜污染的。试验表明氯化 *N*-十二烷基苯-*N*,*N*,*N*-三乙胺(1227)做清洗剂，膜的产水量提高了 20%左右，具有清洗和杀菌双重效果。

第四章　示范工程——盐城经济开发区污水处理

4.1　概　　述

盐城苏水水务有限公司是由江苏水务投资有限公司和香港北美 UVD 技术投资有限公司共同组建的水务公司，公司承建的盐城高新技术产业园污水处理厂远期规划 10 万吨，一期 1.5 万吨，工艺为水解—CASS—混凝—沉淀—滤池—消毒，出水应达到《城镇污水处理厂排放标准》的一级 A 标准。由于污水波动较大，出水水质不稳定。

针对盐城高新技术产业园企业排污特点及污水处理厂尾水水质，为达到深度处理及可回用的水质，在小试的基础上建立处理规模为 50 t/d 的示范工程。

示范工程的工艺流程如图 4-1 所示。

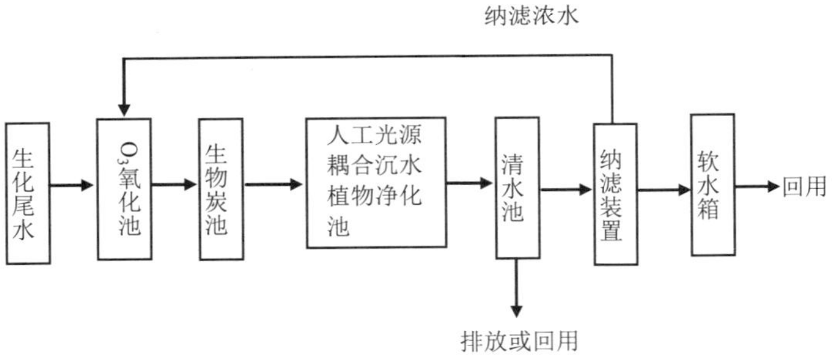

图 4-1　生化尾水深度处理工艺流程

示范工程布置见图 4-2。臭氧-生物炭池系统见图 4-3。

人工光源耦合沉水植物净化池见图 4-4~图 4-6。

纳滤设备见图 4-7。

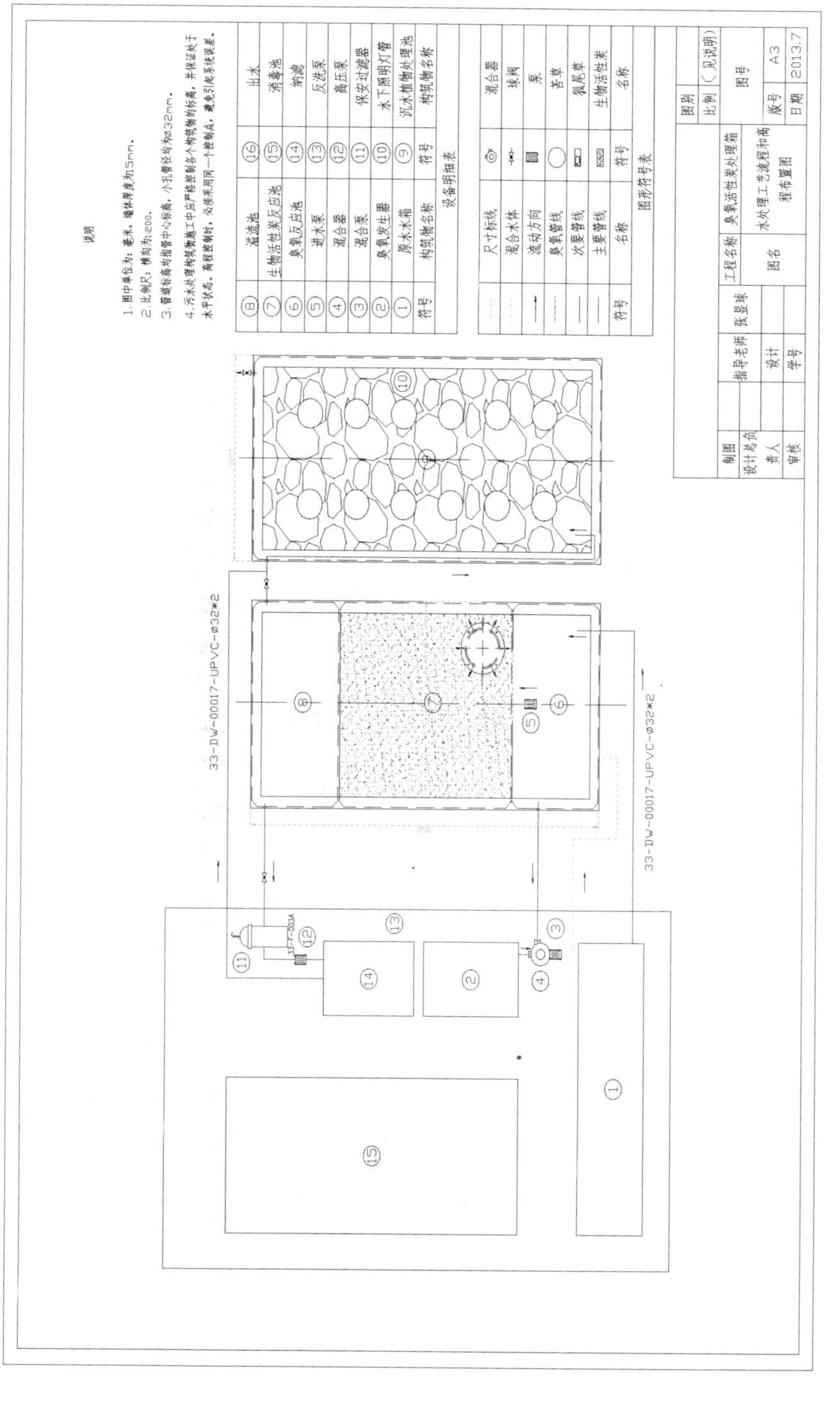

图 4-2　盐城高新技术产业园污水深度处理示范工程平面布置图

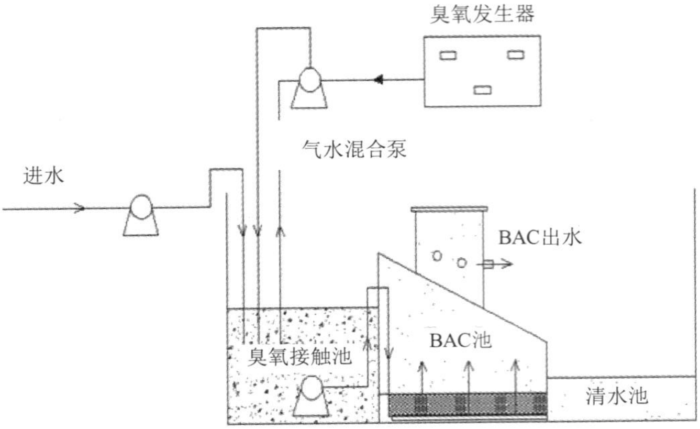

图 4-3　O_3-生物炭工艺流程图

图 4-4　人工光源(太阳能 LED 灯)耦合沉水植物净化池照片(1)

图 4-5　人工光源(太阳能 LED 灯)耦合沉水植物净化池照片(2)

图 4-6 人工光源(太阳能 LED 灯)耦合沉水植物净化池照片(3)

图 4-7 纳滤设备

4.2 主要设备

4.2.1 臭氧-生物炭

臭氧-生物炭主要设备材料清单见表 4-1。

表 4-1 臭氧-生物炭主要设备材料清单

序号	名称	规格	材料
1	臭氧混合池	1 m^3	PVC
2	臭氧发生器	100g/h	见表
3	臭氧混合泵	5 m^3/h	不锈钢
4	生物炭池	2 m^3	PVC
5	活性炭	颗粒活性炭	果壳类

其中，臭氧发生器技术参数为：

型　　号：WH-S-B100Y

臭氧产量：≥100 g/h

出气压力：≥0.05MPa

臭氧出口口径：DN15 不锈钢内螺纹

冷却水进出口口径：DN15 不锈钢内螺纹

冷却方式：臭氧管内外双水冷却

冷却水量：≤300L/h

冷却水压力：≥0.02MPa

电　　源：380V/50Hz；功率：3.5kW

外形尺寸：700mm×550mm×1580mm　(制氧机内置，混合泵外置)

臭氧发生器组成材料见表 4-2。

表 4-2　臭氧发生器组成清单

序号	部件名称	材质及规格	单位	数量	产地
1	外壳	SUS304	套	1	沃环
2	固定架	304 方管	套	1	沃环
3	臭氧放电管	50g/h 钛金搪瓷管	根	2	沃环
4	臭氧电源	4000Hz/8kV	套	2	
5	高效过滤器	0.1μm	只	1	上海天工
6	冷却器	NE-0.5	只	1	南京赛格
7	PSA 吸附富氧机	GWX-1.0	套	1	沃环定制
8	无油空压机	AFO1100	台	1	上海
9	固定面板	环氧树脂	块	1	自制
10	流量计	ZLB-40	只	2	无锡
11	150气量调节阀	3042B	只	1	南阀
12	电磁阀	1/2 不锈钢	只	1	三力信
13	气源分配器	1/2 不锈钢	套	1	自制
14	散热风机	1/2　5A	只	2	上海
15	超温保护器	CB-50	只	1	上海
16	交流接触器	CJX1-0910	只	2	环宇
17	断路器	CN45	只	1	环宇
18	延时继电器	ST-3	只	1	环宇
19	指示灯	AD23-3	只	3	环宇
20	按钮开关	AC220/2	只	3	环宇
21	电流表	69L17	只	1	环宇
22	电压表	69L17	只	1	环宇
23	声光报警器	AC-25	只	1	环宇
24	不锈钢止回阀	DN-15	只	1	自制

4.2.2　人工光源耦合沉水植物净化池

人工光源耦合沉水植物净化池主要材料清单见表 4-3。

表 4-3 人工光源耦合沉水植物净化池主要清单

序号	名称	规格及型号	主要功能
1	沉水植物池	2m × 4m × 1.5m	用于栽培沉水植物，保证污水与沉水植物接触
2	沉水植物	金鱼藻、苦草等	降低氮磷
3	太阳能电池板	50W 多晶硅	将太阳的辐射能力转换为电能，送往蓄电池中储存起来推动负载工作
4	灯具及光源	DC 12V/20W LED	特制高效节能 20W LED 植物灯
5	蓄电池	DC 12V/38 Ah	在有光照时将太阳能电池板所发出的电能储存起来，需要时释放出来
6	控制器	DC 12V/5A 微电脑智能控制器	控制整个系统的工作状态主副灯之间转换及时间调节，保护蓄电池过充电及过放电
7	灯杆及电池板架	RZT-2026	钢体镀锌防锈处理 H:3~3.5m
8	蓄电池埋地箱	200 × 170 × 180	胶木件防雨，隔热
9	LED 水下植物灯	LED 9W	特制 9W LED 防水植物灯
10	100W 防水变压器	AC 220V/DC 12V	电压转换

4.2.3 纳滤水处理设备

纳滤水处理设备构成清单见表 4-4。

表 4-4 纳滤设备清单

序号	品 名	型号	规格	单位	数量	备注
1	原水箱			台	1	用户自备
2	原水泵	CHL4-40	0.75kW	台	1	杭州南方
3	预处理系统			套	1	用户自备
4	加药装置			套	1	添加阻垢剂
	计量泵	AKS603		台	1	意大利 SEKO
	计量箱		$0.10m^3$	台	1	PE 整体
5	精密过滤器	JL-2B	D=220，H=750	台	1	SUS304 不锈钢
	滤芯		Φ60 × 500 / 5μm	套	1	PP 滤芯
6	多级泵	CDL4-14	2.2kW	台	1	杭州南方
7	纳滤膜装置	NF41R-02X	2500 × 750 × 1600	套	1	
	膜元件	NF270-4040		支	5	美国陶氏
	膜容器	4 英寸 1 芯装		支	8	不锈钢
	支 架			台	1	不锈钢
	管 件			套	1	不锈钢
	电控箱			台	1	钢制喷塑
	流量计			台	2	管道式
	冲洗电磁阀			只	1	德国产
	电导仪	CM-230		台	2	上海产
	压力表		0~3 MPa	只	2	台湾产
	压力开关		0~5 kg	台	1	韩国产
	低压电控			套	1	德国西门子
8	清洗装置			套	1	
	清洗泵	CHL2-30		台	1	杭州南方
	清洗箱	PT-300L		台	1	PE 整体
9	系统管阀件			配套	1	不锈钢

4.3 环境监测

废水深度处理示范工程安装调试后，经两个多月的试运行，经盐城市环境监测站现场采样监测(图 4-8~图 4-11)，出具了权威的监测报告和监测结果(图 4-12、图 4-13)。目前示范工程应用稳定，得到了相关单位的认可。项目成果应用证明见图 4-14。

图 4-8　盐城市环境监测站现场环境监测照片(1)

图 4-9　盐城市环境监测站现场环境监测照片(2)

图 4-10 盐城市环境监测站现场环境监测照片(3)

图 4-11 盐城市环境监测站现场环境监测照片(4)

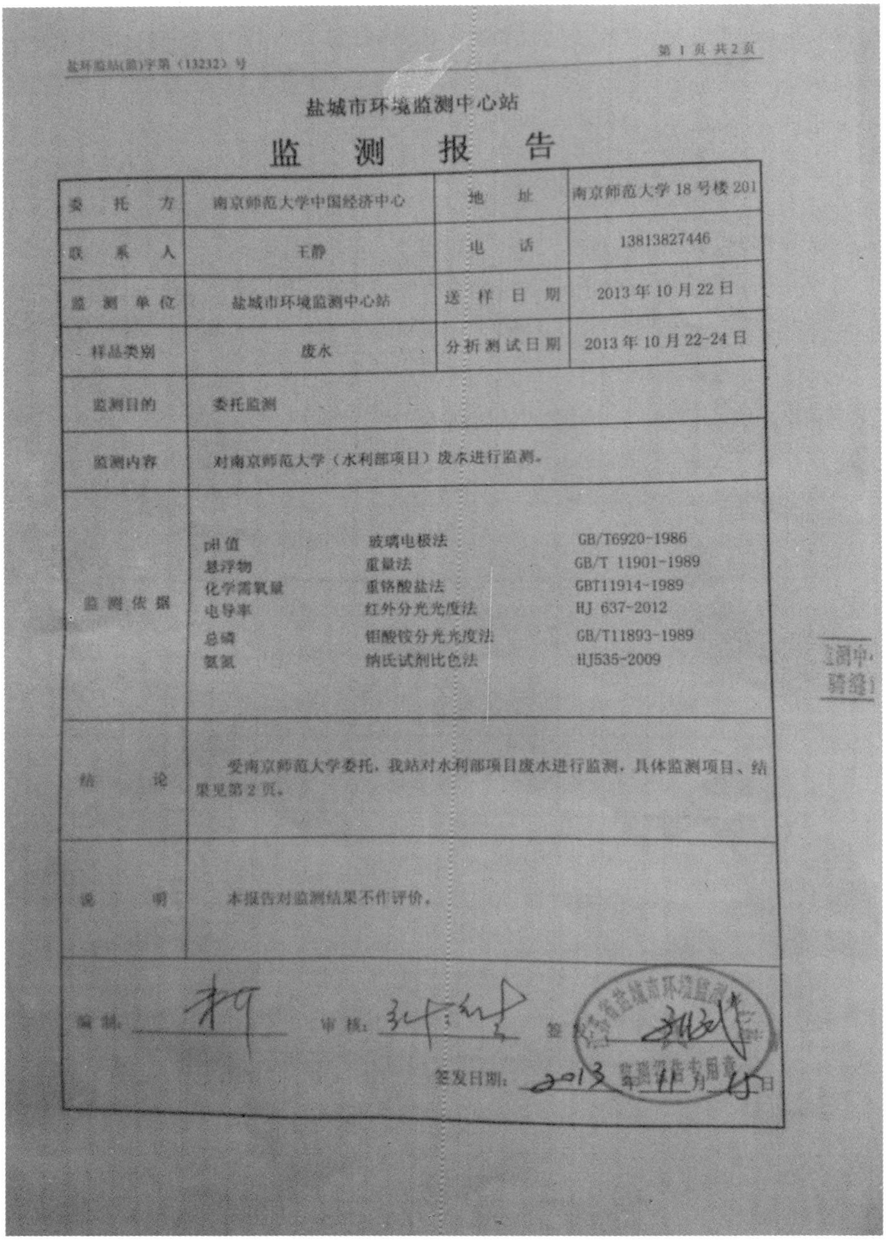

盐环监站(监)字第（13232）号　　　　第 1 页 共 2 页

盐城市环境监测中心站

监　测　报　告

委　托　方	南京师范大学中国经济中心	地　址	南京师范大学 18 号楼 201
联　系　人	王静	电　话	13813827446
监　测　单　位	盐城市环境监测中心站	送　样　日　期	2013 年 10 月 22 日
样品类别	废水	分析测试日期	2013 年 10 月 22-24 日
监测目的	委托监测		
监测内容	对南京师范大学（水利部项目）废水进行监测。		
监测依据	pH 值　玻璃电极法　GB/T6920-1986 悬浮物　重量法　GB/T 11901-1989 化学需氧量　重铬酸盐法　GBT11914-1989 电导率　红外分光光度法　HJ 637-2012 总磷　钼酸铵分光光度法　GB/T11893-1989 氨氮　纳氏试剂比色法　HJ535-2009		
结　　论	受南京师范大学委托，我站对水利部项目废水进行监测，具体监测项目、结果见第 2 页。		
说　　明	本报告对监测结果不作评价。		

编制：　　审核：　　签发：

签发日期：2013 年 11 月 15 日

图 4-12　盐城市环境监测站原始监测报告

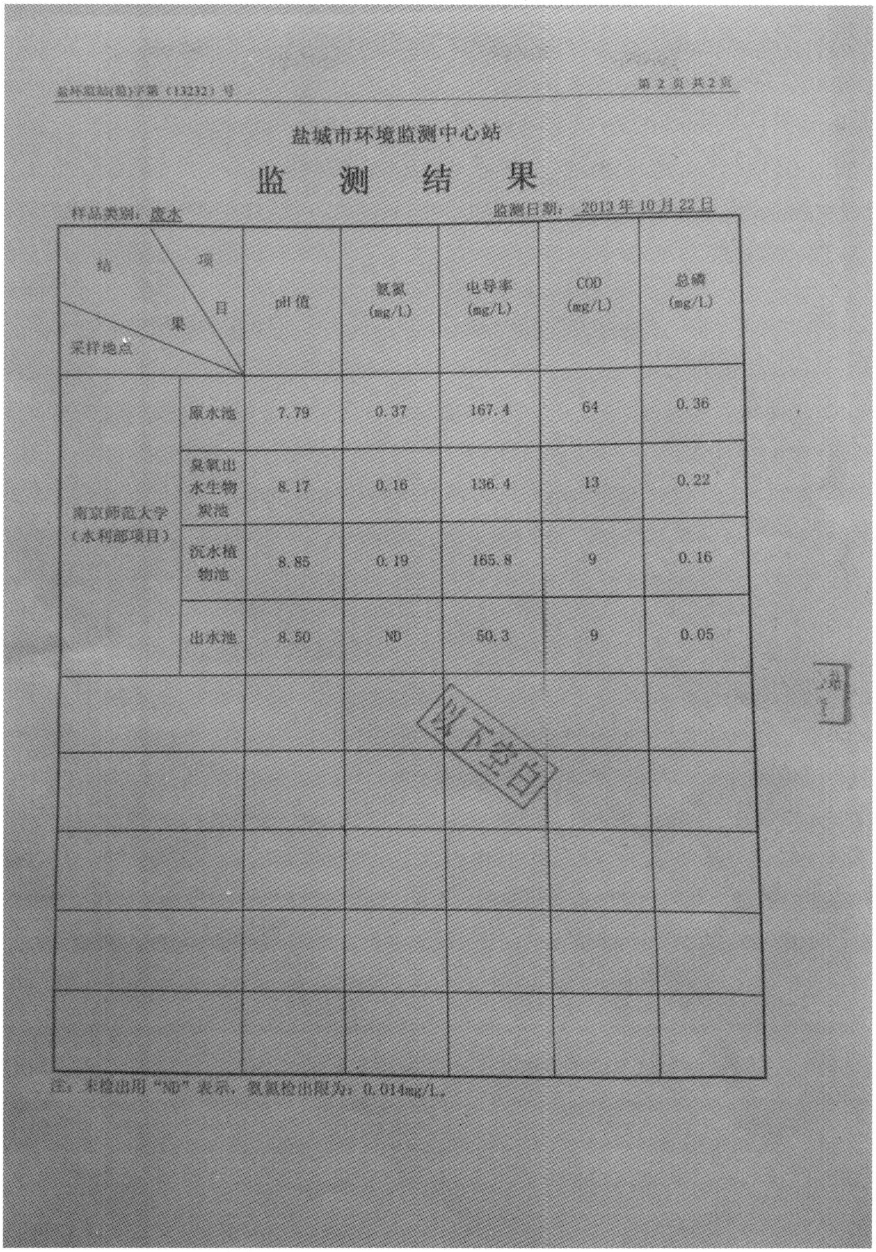

盐环监站(监)字第（13232）号　　　　第 2 页 共 2 页

盐城市环境监测中心站

监　测　结　果

样品类别：废水　　　　监测日期：2013 年 10 月 22 日

采样地点 \ 结果 \ 项目		pH 值	氨氮 (mg/L)	电导率 (mg/L)	COD (mg/L)	总磷 (mg/L)
南京师范大学（水利部项目）	原水池	7.79	0.37	167.4	64	0.36
	臭氧出水生物炭池	8.17	0.16	136.4	13	0.22
	沉水植物池	8.85	0.19	165.8	9	0.16
	出水池	8.50	ND	50.3	9	0.05

以下空白

注：未检出用“ND”表示，氨氮检出限为：0.014mg/L。

图 4-13　盐城市环境监测站原始监测结果

附件：

项目成果应用证明

项目名称	淮河沿海支流水资源保护和水质管理控制
应用单位	盐城苏水水务有限公司
应用单位通讯地址	江苏省盐城市盐都西区龙乘北路
应用成果起止时间	2013 年 11 月——2015 年 11 月

应用情况：

由南京师范大学承担的水利部公益性行业专项经费项目“淮河沿海支流水资源保护和水质管理控制”（项目编号：201201018），针对盐城高新技术开发区污水处理厂尾水的水质，在深入研究、反复试验的基础上确立了深度处理与回用的组合工艺为“臭氧-生物炭→人工光源耦合沉水植物净化池→纳滤→回用”，并建立了臭氧生物碳-人工光源耦合沉水植物-纳滤深度处理生化尾水的示范工程。经检测，示范工程出水水质满足回用要求，经我们回用于生活和生产，证明具有显著的效果。示范工程出水水质稳定，运行成本低，具有显著的环境效益和推广价值。

盐城苏水水务有限公司

2015 年 11 月 13 日

图 4-14　项目成果应用证明

4.4　中试处理效果

经盐城市环境监测站监测，原水及各单元的处理出水见表 4-5。

表 4-5　污水处理厂生化出水水质

处理单元	pH	COD/(mg/L)	总磷/(mg/L)	氨氮/(mg/L)	电导率/(μS/cm)
原水	7.9	64	0.36	0.37	167.4
O_3-生物炭出水	8.17	13	0.22	0.16	136.4
人工光源耦合沉水植物池出水	8.85	9	0.16	0.19	165.8
纳滤出水	8.50	9	0.05	ND	50.3

处理出水效果显著，COD 等各项均达到理想要求，达到并超过国家标准。

4.5　问题及建议

1) 本示范工程臭氧为混合泵混合，敞口式，臭氧损失量较大，所以选用的臭氧发生器规模较大，建议今后改用管道混合式并将臭氧化池封闭，可显著降低臭氧发生器规模，减少动力消耗；同时臭氧氧化尾气用活性炭处理，防止对空气造成污染。

2) 生物炭池有机负荷不可过高，并考虑设立反冲洗措施，防止生物炭池中生物膜的堵塞。

3) 沉水植物换季时需及时清理残体，并引种当季生长旺盛的植物。

4.6　研 究 结 论

本研究的主要结论如下：

1) 臭氧氧化可把染料等大分子的有机物降解为小分子有机酸，有效降低色度，提高废水的可生化性，促进生物活性炭对有机物的降解，提高了 COD 的去除率。

2) 采用臭氧-生物炭处理低浓度有机废水时，臭氧流量可控制在 $30g/(h \cdot m^3)$ 废水，氧化时间可控制在 20~30 min，生物炭停留时间控制在 30 min 中以上，废水 COD 的去除率可达 70%以上，TP 去除 60%，NH_3-N 可去除 50%左右，色度去除 90%以上。

3) 人工光源耦合沉水植物金鱼藻对水中的 TP、NH_3-N 有良好的去除效果。

处理 5d 时补红光的金鱼藻对 TP 和 NH_3-N 去除率分别达到 92.5%和 74.5%，可将 TP 和 NH_3-N 分别从 1.5mg/L 和 8mg/L 降到 0.15mg/L 和 2mg/L 以下，优于城镇污水处理厂一级 A 0.5mg/L 排放标准，TP 达到地表水环境质量标准 GB3838—2002 三类水(湖库)0.2mg/L 的标准，NH_3-N 达到 V 类水(湖库)2mg/L 的标准，明显好于不补光的或补其他光质的情况。此外，对染料引起的色度的去除率也达到 65%以上，显著改善了透明度。

4) 人工光源耦合苦草对水中的 TP 和 NH_3-N 也显示良好去除效果。在处理 7d 之前，补红光的苦草对 TP 去效果优于补蓝光、白光及无补光的体系。苦草与金鱼藻相比，处理效果有明显的差距。在夏季宜首选金鱼藻。

5) 采用人工光源耦合沉水植物净化废水时，生物量(鲜重)可控制在 5~10kg/m^2 水池，水力停留时间控制 3~8 d。

6) 纳滤膜 NF270 处理低浓度染料及农药等有机废水时去除率可达 99%以上，出水清澈可回用；NF90 纳滤膜处理低浓度重金属废水时对重金属去除率可达 99%以上，出水可回用。确定的纳滤主要工艺参数为工作压力 0.8~1.0MPa，回收率 75%~85%。

7) 在小试的基础上，针对盐城高新技术开发区污水处理厂尾水的水质，确立了深度处理与回用的组合工艺为 “臭氧-生物炭→人工光源耦合沉水植物净化池→纳滤→回用”。稳定运行后经盐城市环境监测站的监测，表明该组合工艺具有显著的效果，主要指标均达到地表水 III 类水的标准，可回用于园区的工业生产。

4.7 创 新 点

经江苏省科技情报中心科技查新(国内外)，该成果的创造性在于：

1) 首次采用臭氧生物炭-人工光源耦合沉水植物-纳滤深度处理生化尾水，处理水质达到地表水 III 类水的标准，可无害化排放或回用于园区企业用水。

2) 首次对人工光源耦合沉水植物技术对水质的净化能力(包括水体的 NH_3-N、TP 和色度指标)及生理响应展开研究，考察了不同光质对沉水植物净化能力的影响，确立了人工光源耦合沉水植物技术的关键工艺参数。

3) 建立了臭氧生物炭-人工光源耦合沉水植物-纳滤深度处理生化尾水的示范工程，并开发了沉水植物专用太阳能 LED 光源。示范工程出水水质稳定，运行成本低于 2.5 元，具有显著的环境效益和推广价值。

第五章　淮河沿海支流及通榆河水资源回用对水环境影响的分析评价技术

5.1　概　　述

5.1.1　研究背景

淮河流域位于黄河、长江两大流域之间，总面积 27 万 km^2，江苏省内淮河流域分为淮河水系和沂沭泗水系。淮河流域面积 6.29 万 km^2，其中淮河水系面积 3.71 万 km^2、沂沭泗水系面积 2.58 万 km^2。淮河流域人均水资源 488 m^3，是全国人均水量的 18%，每公顷平均水量为 4935 m^3，仅占全国每公顷平均水量的 19%，水资源相当贫乏，开发利用量仅占全国的 1/9 左右。由于受人类经济活动的影响，淮河功能日趋退化、生态日益脆弱，人口与用水矛盾越来越突出，水多为患、水少为愁、水脏为忧等诸多问题集中反映在河道，淮河存在着较严重的水环境问题。

为了改善河流的水质状况，国家及地方都在积极倡导水资源回用，江苏省关于尾水回用提出了不低于 25%回用率的要求。污水回用的范围很广，如工业补给水、生活杂用水、抑尘以及绿化灌溉、景观娱乐等方面，但目前由于经济技术等原因，污水处理厂回用水装置建成数量较少，可以说我国污水处理厂的尾水回用体系并未真正建立。自 2011 年中央一号文件下达，全国开始实行最严格水资源管理制度，恪守“三条红线”(即用水总量、用水效率、水功能区限制纳污)，其中江苏省对用水效率这条红线更加明确了到 2015 年城市再生水回用率要达到 30%。尾水回用一方面增加非常规水资源利用，可以降低区域用水总量，同时亦减少污染物排放，从表面或直观上分析是利国利民的，对节能减排有着显著的正效应，但是尾水回用这种人类行为与水环境影响的内在联系研究在学术界开展的较少，特别是定量化研究则更少，目前我们只能简单地判别这类行为的好与坏，但更深层次的内在关系研究尚未有效开展。我们认为实施尾水回用从表面上分析的确直接降低了污染物入河排放量，但由于回用方式(途径)、回用的水量及水质的不同，对外界的水文水环境都可能存在不同的影响，本书将试图建立一套指标体系，以更加直观的方式表达出尾水回用这类人类活动与水环境影响程度二者的内在关系。除此之外，再考虑到淮河流域的实际情况。淮河流域内的大小河流上分布了众多的闸坝和水库，闸坝的存在在很大程度上满足了沿岸生产生活的需求，但由于不尽合理的闸坝调控，对河流的水质水量也产生了较大的影响，尤其是闸控段，经常导致河道内蓄积大量的工业废水和生活污水。由于水利调度主要以满足防洪灌溉为前提，而针对水环境保护这方面的因素考虑相对不足，因此在汛期开闸泄洪时经常导致污染物集中下泄，在短时间内容易造成突发性水污染事故，对下游的水环境保护目标特别是饮用水水源地可能构成严重威胁，这类事故在淮河流域已发生多次。因此我们认为闸坝对河流水质水量具有调控能力，我国相关专业的专家学者也初步构建了闸坝调控能力的评价指标体系，闸坝调控这类行为对河流水环境亦有一定影响。

因此，本章研究由 2 个部分构成，分别为：①水资源回用对水环境影响的分析评价技术；②水质-水量联合调度系统。以研究区域水环境综合承载能力为切入点，按照污水处理厂→排污及回用→河流水环境的研究路线，针对三个重点过程研究相关人类活动对区域水循环和小流域水质的影响，建立这些人类活动对河流水文水环境影响的评价指标体系与系统评价技术，并最终将指标体系应用到数学模型中。

5.1.2 研究重点和预期目标

本书试图建立一套指标体系，以更加直观的方式表达出尾水回用这类人类活动与水环境影响程度这二者的内在关系。针对重点河段以及相关的区域，基于历史资料和实地调研观测并结合“3S”等先进技术，开展水资源回用对区域水循环和小流域水质的影响与模拟研究。发展河流水资源回用及闸坝调控等高强度人类活动对河流水文水环境影响的评价指标体系与系统评价技术。通过水资源回用等对水文水环境变化的系统分析，以研究区域水环境综合承载能力为切入点，发展重点河流水资源回用等高强度人类活动对河流水文水环境影响的评价指标体系与系统评价技术。

试图建立在闸坝调控影响下的尾水回用行为对外界水环境影响的指标体系，以进一步认识污水回用和闸坝调控等人类行为对河流水环境质量的作用规律，对科学调控闸坝以改善污染河流水质具有一定指导意义。

5.1.3 研究方法

1) 评价指标体系的构建。城市污水处理厂污水回用这类活动作为本次评价的主体，它是一个多目标、多层次、多功能的复杂系统，影响其综合效益评价的相关因素较多，如回用途径、水量水质等方面。

2) 指标体系初选方法。综合评价指标体系的指标初选方法有理论分析法、综合法、频度统计法、归类法、专家咨询法等多种方法。本书指标体系的选取基于多种方法相结合，以理论分析法为基础，综合考虑在相关研究文献中出现频度较高的因子作为评价指标，同时也请教水利环境领域的专家学者。

3) 指标体系选取范围。本书主要研究在闸坝影响下的污水处理厂尾水回用这种人类活动对外界水环境的影响，并确定相关评价指标体系。参考清洁生产的全过程评价思想，因此整个研究对象从源头到受体总体包括以下 4 个方面，即污水处理厂自身、排污及回用活动、外界水环境以及闸坝调控。

4) 评价指标体系的构建。根据分析，与尾水回用活动相关的可分为四个部分，即污水处理子系统、回用活动子系统、外界环境子系统及闸坝调控子系统，由这四个子系统可综合表达出该类活动对外界水环境的影响。污水处理厂尾水指标与尾水回用活动密切相关，并以此建立污水处理厂子系统指标体系。

5) 模拟软件选择。在淮河流域河网地区由于该地区河道数量众多，而且该河网属于感潮河网，河道中水量水质都是非稳定变化。同时河网中水工建筑物运行十分复杂，河道中水的流向顺逆变化大，所以并不是所有的水动力水质模型都适用于这种水流情况。常见模型有 QUAL2E/2K，CE-QUAL-W2，MIKE 21，Delft3D，MIKE 11，WASP，BASINS，SMS，SWAT。

5.1.4 研究内容和技术路线

本书针对重点河段以及相关的区域，基于历史资料和实地调研观测并结合“3S”等先进技术，开展水资源回用对区域水循环和小流域水质的影响与模拟研究。发展河流水资源回用及闸坝调控等高强度人类活动对河流水文水环境影响的评价指标体系与系统评价技术。通过水资源回用等对水文、水环境变化的系统分析，以研究区域水环境综合承载能力为切入点，发展重点河流水资源回用等高强度人类活动对河流水文、水环境影响的评价指标体系与系统评价技术。相关技术路线如图 5-1 所示。

5.1.5 国内研究现状

污水处理厂尾水回用设施作为一项重要的节能减排工程，在降低水环境污染、节约水资源利用等方面发挥了积极的作用。目前国内关于污水处理厂尾水回用研究，主要集中体现在尾水回用技术、用途、经济价值、人群健康、风险评价等领域，更多的是从环境效益、经济效益及社会效益方面积极倡导污水回用，但关于污水回用对水环境的影响程度研究鲜有报道，我国专家学者亦未提出相关的评价指标体系。

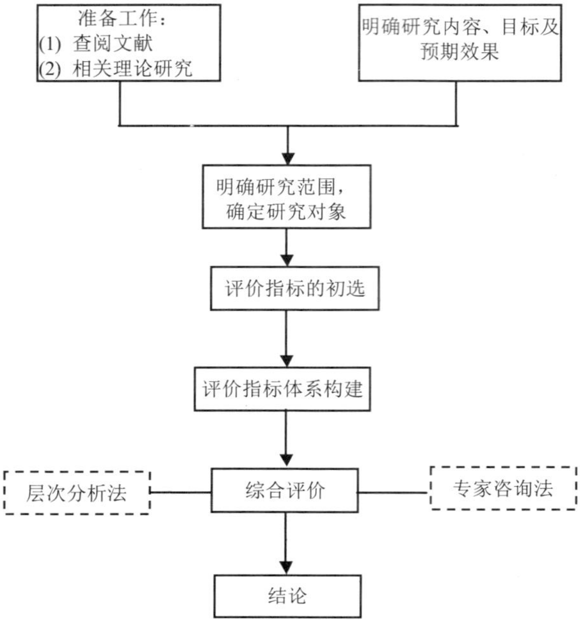

图 5-1　研究技术路线图

关于闸坝调度和河流水环境的关系研究，在 20 世纪 80 年代淮委相关工作人员开始研究蚌埠闸对河流稀释扩散作用的影响，方子云、林巍、左其亭等一批专家学者在这个领域进行了广泛的研究，也开发了一系列模型系统，我国在闸坝调度和河流水质之间的关系研究上已经取得了一定的成绩。但总体上来说，闸坝对河流水质水量的影响作用尚没有形成公认的具体观点，多数研究以定性分析为主，定量研究则相对缺乏。目前闸坝与水环境的研究热点已从单闸调度转向闸坝群的联合运行调度、防洪防污调度以及生态调度等方面。

5.2　评价指标体系的构造

5.2.1　评价指标体系的原则、初选方法和选取范围

1. 基本原则

所谓指标，就是用以评价系统的参量，是反映系统要素或现象的数量概念和具体数值。指标体系则是由多个彼此联系、互相补充的指标综合构成，用以全面地、准确地反映主体的性质。

城市污水处理厂污水回用这类活动作为本次评价的主体，它是一个多目标、多层次、多功能的复杂系统，影响其综合效益评价的相关因素较多，如回用途径、水量水质等方面，在构建城市污水处理厂尾水回用对水环境影响评价指标体系时应遵循以下基本原则：

1) 科学性与实用性原则。在进行指标的选取过程中，首先应从理论上去考虑使用的科学性和正确性，即指标体系的建立，应以科学为基础，并且所选指标能客观真实地反映带来的影响；其次应强调的是指标的可比性和实用性，即所选取的评价指标不是随意选取的，而是需要考虑污水处理厂在运行处理过程中能否如实反映水环境影响程度等方面，从而确定该指标的实用价值。

2) 灵活性与可操作性原则。在构建指标体系中需要根据不同的要求灵活运用，针对不同的对象其要求自然有所不同，所谓可操作性则是强调选择指标时要考虑数据获得的难易程度和可靠程度，尽量保证数据分析的进行。

3) 定量与定性相结合原则。衡量某类活动对外环境影响的综合评价指标应最大程度的定量化、标准化，以便于结果的比较，对于无法用定量方法来表达的指标则可以采用定性的方法来描述，这就是定性与定量方法相结合应用的原则。

2. 指标体系初选方法

综合评价指标体系的指标初选方法有理论分析法、综合法、频度统计法、归类法、专家咨询法等多种方法。一般来说，理论分析法应用较广泛。现将各种方法简要介绍如下。

1) 理论分析法。即依据分析法的原理，对城市污水处理厂尾水回用综合评价指标体系建设的内涵、特征进行综合分析，从而确定该指标体系的层次结构，而对于各子目标层的进一步细分有利于确定并筛选出相对重要的指标因子。

2) 综合法。基于某种标准或原则对现有指标进行聚类分析，从而建立指标体系的方法，称为综合法。

3) 频度统计法。类似于综合法，该方法主要根据当前有关城市污水处理厂尾水回用以及闸坝调度等综合评价的会议论文及研究报告进行相关的频度统计，并将那些使用频度较高的指标作为评价指标更具有可行性和实用性。

4) 归类法。该方法常采用聚类分析法或定性判断法，针对所选指标划分过细会导致体系条理性不明确的问题，需采用归类法对所选指标进行归类处理 。

5) 专家咨询法。该方法是在征询各相关领域内的专家学者基础上，通过经验指导来确定评价指标的方法。

本书指标体系的选取基于多种方法相结合，以理论分析法为基础，综合考虑在相关研究文献中出现频度较高的因子作为评价指标，同时也请教水利环境领域的专家学者。

3. 指标体系选取范围

本书主要研究在闸坝影响下的污水处理厂尾水回用这种人类活动对外界水环境的影响，并确定相关评价指标体系。参考清洁生产的全过程评价思想，因此整个研究对象从源头到受体总体包括以下 4 个方面，即污水处理厂自身、排污及回用活动、外界水环境以及闸坝调控。

(1) 污水处理厂

本书主要研究尾水回用活动对水环境的影响指标体系，与尾水回用这类活动密切相关的即污水处理厂自身，因此污水处理厂纳入本书指标体系选取范围内。

我国污水处理产业发展进步较晚，新中国成立以来到改革开放前，我国污水处理的需求主要是以工业和国防尖端使用为主。改革开放后，国民经济快速发展，人民生活水平显著提高，拉动了污水处理的需求。进入 20 世纪 90 年代后，我国污水处理产业进入快速发展期，污水处理需求的增速远高于全球水平。我国污水处理工艺分三级：一级处理，通过机械处理，如格栅、沉淀或气浮，去除污水中所含的石块、砂石和油脂等；二级处理，生物处理，污水中的污染物在微生物的作用下被降解和转化为污泥；三级处理，污水的深度处理，它包括营养物的去除和通过加氯、紫外辐射或臭氧技术对污水进行消毒。根据来源水质和处理标准的不同，有的污水处理厂并不是包含上述所有过程。

(2) 排污及回用活动

本书研究的活动主体即是尾水回用这类活动，因此理所当然的纳入指标体系选取范围。由于回用和排污是相辅相成的，不可能孤立一方看问题，因此除回用活动外，污水处理厂排污也应该纳入选取范围。

污水回用即将废水或污水经二级处理和深度处理后回用于生产系统或生活杂用等。污水回用的范围很广，从工业上的重复利用到水体的补给水和生活用水。污水处理后可应用于农业、工业、建筑、地下水回灌、景观、娱乐、河流生态维持等方面，不同的用途对污水处理有不同的要求。

通常认为回用的环境效益具体体现在：①减少地下水开采量，减轻对地下水资源的污染，有效缓解因地下水超采而引发的地表沉降等环境问题；②有利于减轻对天然地表水的开发强度，缓解天然河流缺水、断流问题，进而减轻因河流缺水而造成的其他环境问题；③污水经处理后回用于农业灌溉，可以提高农业灌溉水质，保护农业生态，发展绿色农业，促进人民身体健康。

我国目前积极倡导污水处理厂尾水回用，这是节能、降耗、减污、增效的具体体现，同时亦是建立节水型社会的一条重要途径。但关于污水回用活动和水环境影响之间的内在关系研究一直鲜有报道，我们认为白于污水回用途径、回用方式、回用量等的不同，污水回用活动也可能会对外界水环境产生一定的不利影响。

(3) 外界水环境

本书主要研究的直接受体即外界水环境，因此水环境自身某些指标应该纳入本次指标体系选取范围内。

随着淮河流域沿海支流社会经济的高速发展，用水量快速增加，建设了大量造纸、皮革加工企业，大量未经处理的工业废水和生活污水直接排污淮河干、支流，排放总量远远超过了水体纳污能力，致使淮河干、支流都出现不同程度的水质污染。淮河流域 1956~2000 年多年平均水资源总量 799 亿 m^3，人均水资源占有量仅为全国人均占有量的 21%，其水资源短缺主要由资源性缺水和污染性缺水两方面造成的。其中，流域内污染造成的缺水更为严重，每年因污染使得 100~300 亿 m^3 的水丧失或降低其使用功能。根据对各流域监测断面的监测情况，近年来淮河流域 COD 和氨氮多次发生超标现象，不能满足水环境功能区划要求，受有机污染较为严重。

随着经济的高速发展、区域的开发强度和开发范围不断增加、城市化加快、人口剧增，工业废水和生活污水排放量不断增加，最终超过了河流的自净能力，造成河流水体污染越来越严重，尤其是流经城镇的河流污染更为突出。水环境污染已成为制约平原河网地区社会经济可持续发展的重要因素。定量研究平原地区大型河网的水流、水质状况，依据其污染特性探讨相应的治理对策，对可持续发展战略的实施具有非常重要的意义。

淮河是流经豫、皖、鲁、苏的重要河流，也是一条受到严重污染、强人工干扰的河流，水库、闸坝众多。经过十多年的努力，淮河流域水污染恶化的趋势得到了初步遏制，水质有了一定程度的改善，但是白于淮河流域水污染防治工作的艰巨性和复杂性，目前的水污染状况距离国家确定的目标和人民群众的要求仍然有较大的差距。根据《淮河片水资源公报》介绍，淮河干流仍以 IV 类水体为主，支流及省界河段水质 V 类和劣 V 类水体还仍然存在，淮河流域污染防治迫在眉睫。

(4) 闸坝

本书主要研究的直接受体为外界水环境，虽与闸坝直接关系较小，但由于考虑到区域河流闸坝数量存在较多的特点，在一定程度上改变了河流的水量水质，因此应该纳入本书指标体系选取范围内。

通过左其亭等一批专家学者的研究，闸坝的存在直接改变了河流的天然形态，对河流水质水量有负面影响，但在截污方面也有积极的作用，不同的闸坝调度对河流水质的影响作用不同，但通过合理的闸坝调度能够使该作用积极的一面最大程度地发挥出来。

闸坝对河流水质的调控作用，主要解决好 3 个要素：①洪水预见期，在预报洪水来临之前，闸坝应该如何调控闸内污水，以防止洪水来临时污染物集中排泄；②合理确定汛初闸坝的水位，充分利用闸坝所形成的河道库容，协调防洪和防污矛盾，合理科学调控污水下泄过程；③清水，在以上两要素确定的条件下，清水来流应该达到什么水平，才能保证控制断面的污染物浓度符合水质要求。

目前闸坝效应评估使用较多的方法有：数学模式法、类比调查法、专业判断法和物理模型法等。数学模式法能给出定量的预测结果，但需一定的计算条件和输入必要的参数、数据。选用数学模式时要注意其应用条件，如实际情况不能很好满足模式的应用条件时，要对模式进行修正和验证。类比调查法是选择自然环境、功能特性和运行方式与所评价工程相似的地区进行对比分析，属于半定量性质。专业判断法是依据专家意见定性反映水利工程的环境影响。物理模型法定量化程度较高，再现性好，能反映比较复杂的环境特征，但需要有合适的试验条件和必要的基础数据，而且建立复杂环境下模型需要花费较大的人力、物力和时间。

5.2.2　评价指标体系的系统和子系统

评价指标体系的构建应尽可能多地包含研究对象及过程的信息，同时要尽可能避免重复及可操作性差的问题。根据前述的研究分析，与尾水回用活动相关的可分为四个部分，本书称为四个子系统，即污水处理子系统、回用活动子系统、外界环境子系统及闸坝调控子系统，由这四个子系统可综合表达出该类活动对外界水环境的影响。

1. 污水处理子系统

本书研究拟构建出尾水回用这类活动对水环境的影响指标体系。尾水回用的主体或来源是污水处理厂，因此我们认为污水处理厂尾水指标与尾水回用活动密切相关，并以此建立污水处理厂子系统指标体系(表 5-1)。

指标释义：

执行标准：由于污水处理厂尾水排放执行的标准不同，直接关系尾水回用的水质。目前，我国污水处理厂尾水执行标准主要根据受纳水体功能的不同、地域不同，执行的标准也比较多样，仅江苏地区就有多种标准，各污染物对应的允许排放限值也不同，如《城镇污水处理厂污染物排放标准》(GB18918——2002)一级(A、B)、二级及三级标准，《化学工业主要水污染物排放标准》(DB32/939——2006)一级、二级标准等。

污水水量：由于污水处理厂排放规模不同，可能造成可回用水量的差异，同时影响着排放水量大小，因此直接影响着污染物回用和排放量。

表 5-1　污水处理厂子系统指标

一级指标	二级指标		三级指标	单位
污水处理厂子系统	执行标准		污水处理厂执行标准等级	—
	污水水量		尾水排放规模	t/d
	尾水水质	常规污染物	化学需氧量	mg/L
			氨氮	
			总氮	
			总磷	
			五日生化需氧量	
		特征污染物	金属离子污染物，如铜、锌、硒、砷、汞、镉、铬、铅等	
			化学特征污染物(氰化物、挥发酚、石油类、阴离子表面活性剂、硫化物、氟化物)	
			生物特征污染物(粪大肠菌群、总大肠杆菌、细菌总数)	
			物理特征污染物(色度、浑浊度、臭味)	

污水污染物浓度：由于污水处理厂的原水水质、处理工艺、管理水平等不同，污染物的处理效率亦不尽相同，因此各污染物实际排放浓度是不同的，污染物实际排放浓度可通过原水水质与去除效率来测算，同时本书将常规和特征污染物区分开来。

2. 回用活动子系统

从国家到地方政府，一直积极倡导污水回用、节能降耗等环保理念，并在各类环保及水利规划中要求将污水回用率作为职能部门的考核指标，因此总体来说污水回用活动直观上是利于环境保护的，但是这种认识是偏定性化、表面化，同时层次也比较浅。如何将这种影响定量化表述，影响程度的大小，从更深层次上表达这类活动与水环境影响的具体关系是我们研究的核心。

我们认为污水回用活动对水环境的影响应该要结合污水的回用途径分析，这主要是因为并非所有的污水回用活动都直接减少了污染物排放，根据调查，目前我国尾水回用途径的范围仍然较窄，并不十分广泛，仍主要局限于洒水降尘、绿化、景观用水、企业循环水、灌溉等。根据污水回用去向不同，部分回用水仍将以污水形式排放，同时污染物浓度会相应增加，典型的如企业循环冷却水；部分可通过径流形式仍将回到天然水体中，如绿化、灌溉、景观用水等。我们以此建立了污水回用活动子系统指标(表 5-2)。

指标释义：由上述分析可知，尾水回用根据回用途径不同，比如回用企业生产工序、绿化或除尘等，这部分水可能终究以污水形式存在，当然可能会发生继续排入水体、部分排入水体或完全不排入水体这几种可能，而这三种情形对水环境有着直接的影响，因此确定了回用水在重复利用后返回水体比例作为一项重要的水量指标。水质指标同样根据用途不同，可能会发生污染物排放量增加或减少情形，这主要靠污染物浓度差与污染物排放量变化 2 项重要的水质指标来反映。

表 5-2 污水回用活动子系统指标

一级指标	二级指标	三级指标	单位
尾水回用活动子系统	水量	回用水在重复利用后返回水体比例	t/d
	水质	回用前后污染物浓度增减变化	—
		各项污染物排放量的增减变化	t/d

假设需污水的污染物种类为 N，污水回用前各污染物浓度为 C_1、C_2、C_3、C_4、…、C_n，污水回用后相对应的污染物浓度为 D_1、D_2、D_3、D_4、…、D_n。污水回用前的污水量为 L_1，污水回用后返回水体的污水量为 L_2，回用水会有多种用途分用水量为 L_3、L_4、L_5、L_6、…回用水在重复利用后返回水体比例 X_3、X_4、X_5、X_6、…，返回水体时对应的各污染物浓度为 E_{NX3}、E_{NX4}、E_{NX5}、E_{NX6}、…

$$W_1=L_1*(C_1+C_2+C_3+C_4+\cdots+C_n)$$

$$W_2=L_2*(D_1+D_2+D_3+D_4+\cdots+D_n)$$

$$W_3=L_3*X_3(E_{1X3}+E_{2X3}+E_{3X3}+E_{4X3}+\cdots)$$

$$W_4=L_4*X_4(E_{1X4}+E_{2X4}+E_{3X4}+E_{4X4}+\cdots)$$

$$W=\frac{W_1}{W_2+W_3+W_4+\cdots}$$

3. 外界环境子系统

(1) 流量指标

经查阅大量文献资料，与外界河流相关的水量指标有：河流生态需水量(河道内、外)，河流流量以及污水排放量。关于生态需水量的定义，国内尚未统一认识，目前接受度相对较高的一种观点认为河流生态需水是将河流生态系统结构、功能和生态过程维持在一定水平所需要的水量。这些功能包括维持河流生物多样性功能、调节功能(自净功能、调节水量)、疏通河道功能(维持河道形态)、文化功能(精神与宗教方面、娱乐与生态旅游、美学方面、激励功能、教育功能、故土情、文化继承等方面)等。河道外生态环境需水量则包括工农业生产、水产林草需水及各类补水等。

考虑到淮河流域某些河网地区地表水流量较少的实际情况，河水流动性较差，更有甚者需要尾水排放来推动，因此尾水回用这种活动直观上也减少了入河水量，根据尾水回用量的不同，可能造成河流流量的变化。河流生态需水量与河流流量的比值作为评价指标可反映出保持河流生态系统稳定的生态需水量多少是由河流流量来贡献，尾水回用活动是否会对河流生态系统稳定有影响。同时由于尾水回用途径不同，不同的回用去向可导致这部分回用的尾水仍以不同比例的污水形式重新排入水体，因此需要考虑回用后的污水排放量这个指标。

(2) 河流特性指标

河流作为本书研究的直接受体，其自身的某些特征直接影响着人类活动对其的影响程度，如河流的水文参数特征、自净能力等。水文参数特征在很大程度上决定了河流的性质，由于地形、地貌和水文条件等的差异，不同的水域呈现出不同的水动力特征，表现出不同的纳污和自净特点，对同一水域而言，不同的环境功能区划，其纳污能力也各不相同。污染物在水域中的自净主要包括物理、生物、化学等过程。水流中污染物的迁移、扩散、沉降等均属于物理过程，对污染物的输运、稀释自净有非常重要的作用，而这其中的动力基础是由水体的动力要素提供的。不同的水域由于其水动力条件的不同(水文特征不同)，其自净能力有较大差异。因此需要考虑河流水文特征作为指标。

表 5-3　外界环境子系统指标

一级指标	二级指标	三级指标	单位
外界水环境子系统	河流流量指标	河流生态需水量与河流流量比值	
		污水排放量与河流流量比值	
	河流水文特征	流速	m/s
		流量	m^3/s
		河宽	m
		水深	m
		糙率	
		比降	
		含沙量	
	河流自身指标	汛期时间长短	
		降解系数大小	
		自净能力大小	
		河流性质(季节性河流、常年性河流、冰封期)	
		枯水期、平水期、丰水期	
	生态保护目标	河流生态保护目标的现状	
		河流生态保护目标的规划目标	
		生态保护目标与闸坝的相对位置	m
		生态保护目标与排污口的距离	m

(3) 生态保护目标

根据区域的社会经济、自然环境及环境功能区划的差异，河流存在各类的生态保护目标，同时也造成保护目标的现状及规划目标各不相同。人类各种活动都可能对水生态保护目标造成或大或小的影响，但我们认为这种影响程度除了上述已建立的评价指标体系外，还跟它的保护现状、规划目标以及相对位置有一定关系，因此我们本次确定生态保护目标的现状、规划目标，以及保护目标相对于闸坝和排污口的位置这几个指标综合反映水生态保护目标可能受人类活动的影响程度(表 5-3)。

4. 闸坝调控子系统

我国《水污染防治法》及实施细则规定，水资源在开发利用和调节、调度的时候，应当统筹兼顾，维护江河的合理流量和湖泊、水库以及地下水体的合理水位，维持水体的自然净化能力。闸坝调度在承担防洪、发电、航运和灌溉任务的同时需要兼顾改善水环境的任务。通过调整闸坝的调度运行方式，恢复、增强水系的连通性，包括干支流的连通性、河流湖泊的连通性等，保证水闸下游维持河道基本功能的流量，保持河流具有一定自净能力的水量，防止河流断流、河道萎缩和维持河流水生生物繁衍生存。

根据新闻媒体报道，淮河流域已多次发生突发性水污染事件，根据我国水利环境专业的学者研究表明，突发的水污染事件跟不合理的调度方式可能有一定关系，淮河流域的河流上修建数量相当多的闸坝，提高了水资源利用效率但却改变了河流的天然流态，直接阻断了原有的河流整体性和连通性。在河流枯水期，闸坝上游经常蓄积大量的工业废水和生活污水，在汛期集中开闸导致污染团下泄，容易诱发突发性水污染事件。同时也有学者研究表明闸坝对河流水质水量的影响机理是比较复杂的且非线性，不同调度方式对下游水环境影响范围和影响程度不同，主要原因是在于调度方式的不同，造成上下游的流速场变化不同，因此造成污染物的迁移转化规律不同。

本书在研究污水回用活动这类高强度人类活动对外界水环境的影响的同时必须考虑当地现实情况，即多闸坝存在特性，闸坝调度的某些指标直接影响着下游水生态保护目标(表 5-4)。

表 5-4 闸坝调控子系统指标

一级指标	二级指标	三级指标	单位
闸坝调控指标	闸坝调度指标	闸坝的开启与关闭的时间	
		闸坝前后的上下游水位	m
		闸坝可调度水位下限	m
	闸坝自身指标	闸坝的设计流量	m^3/s
		闸坝开设的孔数、孔宽	个、m
		闸坝的开度	m
	闸坝相关指标	闸坝前库区面积	km^2

指标释义：经上述分析，闸坝的调度运行规则会影响河流的水量与水质，其中包括闸坝的开启与关闭的时间，闸坝的设计流量，闸坝开设的孔数，闸坝的开度，闸坝前后的水位，闸坝调度水位的下限，闸坝前库区面积等。闸坝调控的水量由闸坝前后水位、闸坝可调度水位下限、闸坝前库区面积决定。闸坝开启与关闭的时间和开度决定下泄量，并影响到河水流速和流场，改变水生生物的生存环境，进而影响河流自净能力和污染物迁移转化规律。

5.2.3　评价总指标体系

综上所述，按照全过程分析方法，通过对尾水回用活动进行细致的剖析，表明与尾水回用活动对外环境的影响的评价指标体系可分为四个子系统，分别是污水处理子系统、回用活动子系统、外界环境子系统及闸坝调控子系统。各类子系统再具体分解成二级、三级指标，高强度人类活动——尾水回用活动对外界水环境的影响评价指标体系构建如表 5-5。

表 5-5　尾水回用活动对水环境的影响评价指标体系

总目标层	一级指标	二级指标		三级指标	单位
尾水回用活动对外界水环境影响	污水处理厂子系统(S_1)	执行标准(S_{11})		污水处理厂执行标准等级	—
		污水水量(S_{12})		尾水排放规模	t/d
		尾水水质(S_{13})	常规污染物	化学需氧量、氨氮、总氮、总磷、五日生化需氧量	mg/L
			特征污染物	金属离子污染物，如铜、锌、硒、砷、汞、镉、铬、铅等	
				化学特征污染物(氰化物、挥发酚、石油类、阴离子表面活性剂、硫化物、氟化物)	
				生物特征污染物(粪大肠菌群、总大肠杆菌、细菌总数)	
				物理特征污染物(色度、浑浊度、臭味)	
	尾水回用活动子系统(S_2)	水量(S_{21})		回用水在重复利用后返回水体比例	t/d
		水质(S_{22})		回用前后污染物浓度增减变化	mg/L
				各项污染物排放量的增减变化	t/d
	外界水环境子系统(S_3)	河流流量指标(S_{31})		河流生态需水量与河流流量比值	
				污水排放量与河流流量比值	
		河流水文特征(S_{32})		流速、流量、河宽、水深、糙率、比降、含沙量	
		河流自身指标(S_{33})		汛期时间长短	
				降解系数大小	
				自净能力大小	t/a
				河流性质(季节性河流、常年性河流、冰封期)	
				枯水期、平水期、丰水期	

续表

总目标层	一级指标	二级指标	三级指标	单位
尾水回用活动对外界水环境影响	外界水环境子系统(S_3)	生态保护目标(S_{34})	河流生态保护目标的现状	
			河流生态保护目标的规划目标	
			生态保护目标与闸坝的相对位置	m
			生态保护目标与排污口的距离	m
	闸坝调控指标(S_4)	闸坝调度指标(S_{41})	闸坝的开启与关闭的时间	
			闸坝前后的上下游水位	m
			闸坝可调度水位下限	m
		闸坝自身指标(S_{42})	闸坝的设计流量	m^3/s
			闸坝开设的孔数、孔宽	个、m
			闸坝的开度	m
		闸坝相关指标(S_{43})	闸坝前库区面积	km^2

5.3　通榆河水质-水量联合调度及模型

本节旨在借鉴和继承前人研究的基础上，探索在淮河沿海支流的通榆河河网地区选择建立河网水质模型和水量模型。

我国是水资源严重短缺的国家，水资源形势异常严峻。水资源短缺已经成为制约经济社会可持续发展的主要因素之一，加强水资源的管理调控是提高水资源利用效率和改善水质的重要方向。水资源调度是水资源管理的重要内容，其实质是为落实水量分配方案和取用水总量控制方案，统筹水量水质和水生态保护，对流域或行政区域水资源实行统一调配。

传统的水资源调度主要包括供水调度、防洪调度、发电调度、水沙调度、航运调度等，重点解决中国四大水问题中的“水多、水少、水浑”问题；随着水污染和水生态退化问题日趋严重，“水脏”的问题乃至水生态问题成为日益突出的现实问题，以改善水质和维持环境流量、改善河湖生态的水质-水量联合调度成为水资源调度重要组成。从水务一体化管理的发展趋势来看，水质-水量的联合调控是未来水量调配和水污染控制的主要决策技术之一。

5.3.1　水质水量联合调度管理的内涵

(1) 水资源调度的概念及分类

水资源调度管理的宗旨为实现水资源的优化配置，其目的是落实水量分配方案和取水总量控制指标，保障生产、生活和生态合理用水需求，实现人与自然和谐共处。水资源调度管理对象为流域内各区域地表水、地下水和非传统水源。其调度手段主要包括行政、法律、经济、科技和工程等多方面，综合性较强。在调度类型上根据调度时间和紧迫性可分为常规水资源调度和应急水资源调度；按照水资源调度的目的可分为防汛抗旱应急调度、生态用水调度、供水调度等；根据调度影响区域也可分为流域内水资源调度和跨流域水资源调度。

(2) 水质水量联合调度管理的意义

水量和水质是水资源的二重属性，二者相互影响不可分割。现有的水资源配置的理论和应用存在重水量轻水质的问题，传统的水资源优化配置方式，只重视水量的配置，而忽视了水质的重要性，轻视水质的优化，造成有限的水资源不能充分高效利用。在未来发展中，水质导致的水资源危机大于水量危机。基于可持续协调发展的水资源优化配置，水质水量同时参与优化配置，充分实现水资源的高质高用、低质低用，分质供水。实现水质水量统一合理的配置，必将有利于水环境与生态的改善和保护，最终实现水资源开发利用的良性循环。

(3) 水质水量联合调度的定义

所谓的水质水量联合调度是指按照流域水资源综合管理的理念，以防洪安全保证为前提，以流域水生态功能目标需求为导向，依托各种水利工程或非水利工程调度措施，优化调整径流的时空分配特征，从而实现水资源的经济、社会和生态环境综合效益最大化的一种水资源开发利用模式。按照调度目标指向可以分为以提高水环境容量改善水质状况为目标的水质调度和以保障环境流量为目标的生态调度，按照调度所依托的水工程类型可以分为水库(群)调度、闸坝(群)调度及流域综合调度，按照时段划分可以分为常规调度和应急调度。

5.3.2　水质水量联合调度研究现状与发展趋势

水质水量联合调度与调控远较单一水量调度与调控复杂，其改善水质关键技术研究不仅涉及水文循环模拟、排入河污染负荷、河道水动力模拟、河流水质模拟与预报、水库防洪、防污调度等方面的技术，而且与多闸坝运行河流的水质水量信息监测技术、闸坝对河流水环境影响的评价技术、河流水系统的水质水量联合调度的科学方法技术密切相关。

(1) 国外研究现状

国外对于水质水量联合调控的研究较早。从 20 世纪 80 年代后期，随着水资源研究中量与质统一管理理论研究的不断深入，国际上从单纯的水配置研究发展到水量、水质统一配置模型研究，从追求流域经济最优到追求流域总体效益最优为目标的合理配置研究，更加重视生态环境与社会经济的协调发展。

Loftis 等就使用水资源模拟模型和优化模型方法研究了综合考虑水量-水质目标下的湖泊水资源调度方法。Pingryd 等通过建立水量-水质联合调度决策支持系统研究科罗拉多流域上游主干河流，研究水资源配置规划和水污染处理规划方面平衡的问题。在区域规划层面，Cai 等通过集成了流域水文、水质、农业和经济模型，并通过大系统的分解协调技术求解，分析水量的分配和灌溉引起盐碱化的环境问题。Avogadro 等建立了考虑水质约束的水资源规划决策程序过程，通过在水量模拟结果基础上进行水质模拟，分析水量分配结果是否满足流域时空水质目标，进而分析污染物削减。随着计算机技术的发展，提供水量-水质联合功能的软件得到了较快发展，如以水量模拟为主的 MODSIM 和流域水量分配的 MIKEBasin，河道水量水质模型 QUAL 和 WASP，并逐渐得到广泛应用。

(2) 国内研究现状

20 世纪 90 年代，随着社会经济发展对水资源优化配置的需求变化，我国的水质-水量联合调度研究逐步开展。徐贵泉等研制出适应性较强的河网水量水质统一模型——Hwqnow 模型，提出了调水改善水环境的措施，并应用于上海浦东新区河网水环境进行调水方案研究。樊尔兰等在分析水库水温、水质与取水水位的基础上，建立了分层型水库水量-水质综合优化调度的动态确定性多目标非线性数学模型，运用逐次逼近的逐步优化法对数学模型进行求解计算。张文鸽以可持续发展为基础，以社会、经济、环境综合效益最大为目标，建立了区域水质-水量联合优化配置模型。模型中考虑了社会目标、经济目标、环境目标的识别和度量方法，给出了三类目标的具体表达式。王好芳等则提出基于量与质的多目标配置模型，在水资源配置中嵌套了水质分析模型，为了使有限的水资源更为有效地发挥其使用价值，在其合理配置时应充分考虑水资源的水质，使不同水质的水资源尽量满足不同行业或用户的生产、生活需要。郭新蕾结合岐江河及相关水系的实际情况，建立了相应的水动力模型，并与反映耗氧有机物的 BOD_5-DO 水质模型相耦合，形成了水动力水质模型。曹茜建立目标函数为绿色效益最大的水资源配置模型，将水质状况代入模型，构建了以水资源价值为基础的分质供水引导模式，初步实现了分质供水，实现了配置过程中水质与水量的耦合。李星等考虑了水质级别，提出了基于分质供水的区域水资源配置，并对基于水质的水资源配置模型给出了大系统分解协调及子区模拟计算相结合的求解方法，在此基础上分析出优质水量和一般水需水量及其供水量，配置效益情况。吴浩云提出了水量-水质一、二维模型耦合模拟的逐时段嵌套模式，建立了考虑供水保证、水质改善、防洪安全等多目标选择的优化调度模型，并以交互方式实现水量-水质模型与调度模型间的耦合。牛存稳在分布式水文模型(WEP-L)的基础上建立了流域水量-水质综合模拟模型。该模型描述了不同点源和面源污染物的产生过程、入河过程及其在河道中的迁移转化过程，为水量-水质综合调控提供了很好的工具。游进军等总结了水量-水质联合调控的思路，提出根据不同目标给出相应的控制方案，最后进行水量-水质联合配置，形成总量控制方案并进行评估。

综上所述，国内水质-水量联合调控始于平原河网和湖库的水环境整治工作。在 2003 年全国水资源综合规划工作中，水资源数量与质量联合评价方法已作为研究的重点之一。2005 年第四届环境模拟与污染控制学术研讨会上，明确指出水质-水量的联合配置和调度是水资源优化配置的研究方向。但“十一五”以前，国内对水质性缺水及水质-水量联合配置研究还比较少，在配置过程考虑水质影响主要体现在分质供水思想，以水质作为约束条件来进行水资源优化配置。

(3) 国内最新研究进展

随着有关机构和学术界日益重视水质-水量联合调度与调控方面的研究与实践，很多流域开始制定或实施相关的调度管理方案并开展有针对性的技术示范等。例如：“十一五”期间，水体污染控制与治理科技重大专项根据流域水环境问题和特点设计“松花江河流水质安全保障的水质-水量联合调控技术及工程示范”，重点关注典型河流水资源可持续利用和针对环境风险控制的水质水量优化配置及调度方案；“辽河流域水质水量优化调配技术及示范研究”重点研究辽河流域河流水质功能达标为导向的流域水量配置、库群调度及河流闸坝调控关键技术，“北运河水系水量水质联合调度技术研究与示范”重点针对城市化和半城市化复合流域河流再生水利用河流水量水质调控技术，“淮河－沙颍河水质-水量联合调度改善水质关键技术研究”重点关注闸坝高度控制河流水污染事件闸坝调控技术，“东江水库群调度与生态系统健康监测、维持技术研究与应用示范”重点研究流域供水水质安全保障及生态保护的梯级水库群生态调度模式，“西北缺水河流水污染防治关键技术研究与集成示范”重点研究基于库群和地下水调度保障生态基流的技术。

这些研究重点解决了河流生态基流保障和枯水期间的水环境容量调控问题，基本形成了水资源调度中的水质调度技术体系，极大地扩充了水资源调度的内涵，开创了我国水质-水量联合调度与调控的新局面。

5.4　通榆河流域河网水动力模型与水质模型建立

在淮河流域沿海支流通榆河的河网地区由于该地区河道数量众多，而且该河网属于感潮河网，河道中水量、水质都是非稳定变化。同时河网中水工建筑物运行十分复杂，河道中水的流向顺逆变化大，所以并不是所有的水动力水质模型都适用于这种水流情况。

平原河网地区已经有多种运用比较成功的河网水动力模型，可至今没有开发出与该模型直接匹配的水质模型。我们认为以下九种模型可作为建立淮河沿海支流，特别是通榆河河网水动力与水质模型的思路和参照，以供管理部门做出决策选择。

5.4.1 QUAL2E/2K

QUAL2K 是一个综合性、多样化的河流水质模型，其水质基本方程是一维平流-弥散物质输送和反应方程，该方程考虑了平流弥散、稀释、水质组分自身反应、水质组分间的相互作用以及组分的外部源对组分浓度的影响。

QUAL2K 是在 QUAL2E 的基础上改进而成的，两者的共同之处是：①一维，水体在垂向和横向都是完全混合的；②定常，模拟的是不均匀定常流场和浓度场；③日间热收支，日间热收支和温度在日间时间轴上用一个气象学方程模拟；④日间水质动力学，所有水质变量在日间时间轴上模拟；⑤热量和物质输入，模拟点源和非点源负荷和去除。

较 QUAL2E 而言，QUAL2K 的不同之处包括：①软件环境和界面，QUAL2K 在 Microsoft Windows 环境下实现，所用的编程语言是 Visual Basic for Applications(VBA)。用户图形界面则用 Excel 实现。可从美国环保局的网站获得该模型的可执行程序、文档及源代码；②模型分割，QUAL2E 将系统分割成几个等距河段，而 QUAL2K 则将系统分割成几个不等距河段。另外，在 QUAL2K 中，多个污水负荷和去除可以同时输入到任何一个河段中；③碳化 BOD(CBOD)分类，QUAL2K 使用两种碳化 BOD 代表有机碳。根据氧化速率的快慢把碳化 BOD 分为慢速 CBOD 和快速 CBOD。另外，在 QUAL2K 中，对非活性有机物颗粒(碎屑)也进行了模拟。这种碎屑由固定化学计量的碳、氮和磷颗粒组成；④缺氧，QUAL2K 通过在低氧条件下将氧化反应减少为零来调节缺氧状态。另外，在低氧条件下，反硝化反应很明确地模拟为一级反应；⑤沉积物-水体之间的交互作用，在 QUAL2E 中，溶解氧和营养物在沉积物-水体之间的流量只是做了一些文字性的描述，而在 QUAL2K 中，则是在内部做了模拟，即氧(SOD)和营养物流量可用一个方程模拟，该方程是由有机沉淀颗粒、沉积物内部反应及上层水体中可溶解物质的浓度构成；⑥底栖藻类，QUAL2K 模拟了底栖藻类；⑦光线衰减，光线衰减是由藻类、碎屑和无机颗粒方程计算；⑧pH，对碱度和无机碳都进行了模拟，在它们的基础上模拟河流 pH；⑨病原体，对一种普通病原体进行了模拟。病原体的去除由温度、光线和沉积方程决定；⑩不仅适用于完全混合的树枝状河系，而且允许多个排污口、取水口的存在以及支流汇入和流出；其他还有对藻类-营养物质-光三者之间的相互作用进行了矫正、在模拟过程对输入和输出等程序有了进一步改进、计算功能的扩展、新反应因子的增加，如藻类 BOD、反硝化作用和固着植物引起的 DO 变化等。

5.4.2 CE-QUAL-W2

CE-QUAL-W2(简称 W2)模型是由美国陆军工程兵团水道实验站开发的立面二维水动力水质模型。该模型一般用以解决水动力和用户指定水质指标的侧向平均模拟问题，最适宜模拟侧向水动力和水质参数变化都非常小的狭长水体，例如河流、水库、河口以及较为复杂的组合系统。W2 模型的垂向二维是指沿河流走势的纵向和垂直于河流指向地心的垂向，基本方程是将 N-S 方程沿河宽积分，并取横向平均而得。该模型的特点是擅长求解物理量的垂向分布，如流速、营养盐浓度、泥沙、冰盖等，能够较为准确地模拟出上下层水体之间的物质交换。

W2 模型的技术研发团队 Berger 等已多次在美国典型水库或湖泊的水动力水质问题上，应用 CE-QUAL-W2 模型成功开展了模拟研究。2001 年构建了威拉米特河流(Lower Willamette River)系统的计算机仿真模型，在其夏季水质模拟中充分考虑潮汐对水质的影响，研究影响水质变化的限制因子，并进一步探索如何通过数学模型评估泄流方式对水环境的影响。2004 年构建了华盛顿格林河(Green River)水动力水质模型，基于 1995~1996 年、2001~2002 年的实测数据，校正模型的准确性；模拟了洪水冲刷格林河形成三条新渠道后对整体河流的水流、水温和水质的影响。2005 年建立了劳伦斯 (Laurance) 湖的水动力和水温模型，通过大量实测数据校准模型，来评估水库运行对 Laurance 湖水温分布的影响，进而提出改善水温结构的调控策略。2007 年构建了庞德雷河(Pend Oreille River)水动力水质模型，详细评估了河流自然条件、现状条件、点源面源、箱型峡谷大坝等贡献下的水温、水质变化过程。

W2 模型在世界范围内的应用非常广泛。Afshar 和 Saadatpour 针对伊朗西部河流长、容积大、水位波动剧烈的卡尔黑河水库(Karkheh Reservoir)建立了 W2 模型，模拟了不同流域管理策略下水库发生富营养化的可能性，得到磷是导致水库富营养化的主要诱发因子的结论。Debele 等测试了 W2 的兼容性，同时应用 SWAT 和 W2 建立了锡达河(Cedar Creek)上游山地流域和下游河流水域的水动力水质模型，结果证明两种模型可以良好地结合应用，进行复杂流域系统的水资源管理模拟。Bartholow 等为了验证加利福尼亚州北部莎士达湖(Shasta Lake)温度控制策略(TOC)对于提高下游水温保护濒危大马哈鱼的效果，建立了莎士达水库 W2 水动力水质模型，不同工况下水温分层和生物量的模拟结果表明：水库蓄放管理带来的湖泊效应和泄流效应比 TOC 单独作用起到更大效果。Kurup 等应用 TISAT 和 W2 这两个横向平均二维模拟模型分别建立了斯旺河口(Swan River Estuary)水动力水质模型，通过盐分浓度分布的模拟值和实测值的对比，得出 W2 模型能够更精准地模拟斯旺河口盐分浓度的季节性变化特性。

5.4.3 MIKE 21

丹麦水力研究所(Danish Hydraulic Institute，DHI)是丹麦一家私营研究和技术咨询机构，成立于 1964 年，MIKE21 是该公司开发的系列水动力学软件(DHI Software)之一，属于平面二维自由表面流模型。丹麦水力研究所不断采用 MIKE21 作为研究手段，在应用中发展和改进该软件。20 多年来，MIKE21 在世界范围内大量工程应用经验的基础上持续发展，在平面二维自由表面数值模拟方面具有强大的功能。

1) 用户界面友好，属于集成的 Windows 图形界面。

2) 具有强大的前、后处理功能。在前处理方面，能根据地形资料进行网格的划分；在后处理方面具有强大的分析功能，如流场动态演示及动画制作、计算断面流量、实测与计算过程的验证、不同方案的比较等。

3) 可以进行热启动，当用户因各种原因需暂时中断 MIKE21 模型时，只要在上次计算时设置了热启动文件，再次开始计算时将热启动文件调入便可继续计算，极大地方便了计算时间有限制的用户。

4) 能进行干、湿节点和干、湿单元的设置，能较方便地进行滩地水流的模拟。

5) 具有功能强大的卡片设置功能，可以进行多种控制性结构的设置，如桥墩、堰、闸、涵洞等。

6) 可以定义多种类型的水边界条件，如流量、水位或流速等。

7) 可广泛地应用于二维水力学现象的研究，潮汐、水流、风暴潮、传热、盐流、水质、波浪紊动、湖震、防波堤布置、船运、泥沙侵蚀、输移和沉积等，被推荐为河流、湖泊、河口和海岸水流的二维仿真模拟工具。

MIKE21 计算参数包括两类：数值参数，主要是方程组迭代求解时的有关参数，如迭代次数及迭代计算精度；物理参数，主要有床面阻力系数，动边界计算参数以及涡动黏性系数等。

5.4.4 Delft3D

Delft3D 系统能非常精确地进行大尺度的水流(flow)、水动力(hydrodynamics)、波浪(waves)、泥沙(morphology)、水质(waq)和生态(eco)的计算。Delft3D 采用 Delft 计算格式，快速而稳定，完全保证质量、动量和能量守恒；通过与法国 EDF 合作，Delft3D 已经实现了类似 TeleMac 的有限单元法(finite elements)计算格式供用户选择；系统自带丰富的水质和生态过程库(processes library)，能帮助用户快速建立起需要的模块。此外，在保证守恒的前提下，水质和生态模块采用了网格结合的方式，大幅度降低了运算成本。系统实现了与 GIS 的无缝链接，有强大的前后处理功能，并与 Matlab 环境结合，支持各种格式的图形、图像和动画仿真；基于 Visual Basic 的用户界面非常友好。系统的操作手册、在线帮助和理论说明全面、详细、易用，既适合一般的工程用户，也适合专业研究人员。Delft3D 支持所有主要的操作系统，如 Windows，Unix，Linux，Mac 等。

Delft3D 是目前为止世界上最为先进的完全的 3 维水动力-水质模型系统，包含水流、水动力、波浪、泥沙、水质、生态等 6 个模块，各模块之间完全在线动态耦合(online dynamic coupling)；整个系统按照目前最新的“即插即用(plug and play)”的标准设计，完全实现开放，满足用户二次开发和系统集成的需求。

Delft3D 系统在国际上应用十分广泛，如荷兰、俄罗斯、波兰、德国、澳大利亚、美国、西班牙、英国、新西兰、新加坡、马来西亚等，尤其是美国已经有很长的应用历史。中国香港地区从 20 世纪 70 年代中期就开始使用 Delft3D 系统，已经成为香港环境署的标准产品。Delft3D 从 80 年代中期开始在内陆也有越来越多的应用，如长江口、杭州湾、渤海湾、滇池、辽河、三江平原。此外 Delft3D 已经成为很多国际著名的水环境咨询公司的有力工具，如 DHV、Witteven+Boss、Royal Haskoning、Halcrow 等公司。

5.4.5 MIKE 11

MIKE11 是动态模拟河流和水道水力的世界级标准，具有无限的河流模拟能力。以河流作为起点，可以使用 MIKE11 设计、管理和运行河流系统。使用 MIKE11 可以轻松将分析扩大至泥沙输运和水质。MIKE11 为河流水动力和环境模拟提供功能强大的和最全面的方法。MIKE11 已经被美国联邦应急管理局(FEMA)拟准应用“全国洪水保险计划”相关的项目中。它经过世界上成百上千次应用验证并已成为多个国家的标准工具。

MIKE11 的特点：扩充性，多种模块选择，可用于各种类型的河流模拟；有效性，计算模块含一些自动率定、灵敏度分析和不确定性分析功能；多种价位，各种模块设计可满足不同用户的应用需求；界面友好，结构、流程合理，易于学习、使用及结果演示；数据表现，提供有效演示工具及多种结果表现形式

MIKE11 主要应用于河流和湿地的生态及水质评价，洪水风险分析和洪泛图绘制，分洪道，水工建筑物和调蓄池的设计，桥梁的水力设计，洪泛区侵蚀分析，排水和灌溉研究，河流和水库优化运作，溃坝分析，实时洪水预报，泥沙输运及河床演变研究，地下水和地表水综合分析(与 MIKESHE 结合)等。

MIKE11 中各模块的主要功能如下：

1) HD 水动力模块。求解明渠流完全非线性 St.Venant 方程，还包括扩散波和动力波简化方程，包含一个准稳态程序用于长期模拟的快速计算，包含 Muskingum

和 Muskingum-Cunge 方法用于简化的河道演算，自动匹配次临界流和超临界流计算。可以模拟多种水工建筑物，包括堰、箱涵、桥梁和自定义建筑物，灵活运行洪水控制和水库构筑物。

2) SO 结构物操作模块。模拟水工结构物的运行，包括闸、堰、抽水泵、水库等水工结构物。

3) RR 降雨径流模块。MIKE11 中包括众多降雨径流模型：NAM，集中型、概念型模型，用于连续降雨径流模拟；UHM，单位水文过程线技术，用于单一暴雨事件无河流流量记录的地区；SMAP，月度土壤湿度计算模型；FEH，英国 CEH Wallington 开发的洪水估算手册；MIKE11RR，允许河网内任何模块的联合应用，允许与 MIKE11 独立的模型灵活链接，包含基于混合综合评估(SCE)方法的 NAM 自动率定工具，自动计算流域面积和 Thiessen 平均面积降雨权重。

4) ST 非黏性泥沙输运模块。将床阻力和断面改变反馈给水动力模拟、输出传输率、床面高度变化、阻力值和沙丘尺寸、计算分级泥沙输运分布和颗粒尺寸分布。

5) Load 污染负荷计算模块。非点源污染物负荷估算，包括农业、禽畜、工业及生活等多种污染源，可根据时间进行污染负荷分配以及根据距离进行污染物衰减。

6) AD 对流扩散模块。求解溶解物或悬浮物的一维对流扩散方程，能精确计算较大浓度梯度，模拟黏性泥沙的侵蚀和沉积(视其为源/汇项)。

7) EcoLab 水质模块。EcoLab 是一个完备的、用于生态模拟的数值实验室，它提供了从简单到复杂的解决方案。而且，还提供了一系列的模板，用户可根据自己的具体应用选择使用模板，并可在此基础上写入自己的公式来创建自己的应用模板，从而为用户节省了大量用于编程的时间。该模块用于河流、湿地、湖泊、水库等的水质模拟、预报生态系统的响应、简单到复杂的水质研究工作、水环境影响评价及水环境修复研究、水环境规划和许可研究、水质预报等。EcoLab 包括一整套子模块，每一个子模块用于具体的水质问题，包括：WQ，BOD/COD-DO 关系(模型复杂程度分七级)，N 和 P 输运(硝化、反硝化、吸附)等，湿地中 N 和 P 的持留(植物吸收、反硝化、泥炭中积聚等)，大肠杆菌(粪及总大肠杆菌)；EU，富营养化(12 个模型组分的营养盐循环)，浮游植物和生物动力学(叶绿素 a、碳、氮和磷)，着床植物和碎屑的氧平衡；HM，重金属归宿，水相浓度(溶解的和悬浮的)，沉积物中金属(空隙水中含量、吸收和富集)，生物体内累积。

8) DB 溃坝模块。模拟河系中一处或多处溃坝，将裂口扩大作为时间或侵蚀速率的函数，包括裂口流量及越坝流量或进入泄洪道的流量。

9) MIKE11GIS 模块。MIKE11GIS 是基于 ArcViewGIS 界面特点的工具，用于

河网数字化和编辑，生成和显示三维水表面，绘制洪泛图及淹没等深线，断面和水面曲线，洪灾评估等。

5.4.6 WASP

WASP(The water quality analysis simulation program，水质分析模拟程序)是美国环境保护局提出的水质模型系统，能够用于不同环境污染决策系统中分析和预测由于自然和人为污染造成的各种水质状况，可以模拟水文动力学、河流一维不稳定流、湖泊和河口三维不稳定流、常规污染物(包括溶解氧、生物耗氧量、营养物质以及海藻污染)和有毒污染物在水中迁移和转化规律，被称为万能水质模型。

WASP 最原始的版本是于 1983 年发布的，它综合了以前其他许多模型所用的概念，之后 WASP 模型又经过几次修订，逐步成为 USEPA 开发成熟的模型之一。WASP5 及其以前的版本都为 DOS 程序，而 WASP6 则发展为 Windows 下的程序，但是只能在 Windows 98 操作系统下使用，随着 Windows98 操作系统被 Windows 2000 和 Windows XP 取代，WASP6 的不适应性就显现了出来。于是，能够在 Windows 2000 和 XP 系统下运行的 WASP7 版本于 2005 年应运而生了。WASP6 和 WASP7 都具有可视化的操作界面，运行速度是以前 DOS 版本的 10 倍以上。它们的主要特点是：基于 Windows 开发友好用户界面；包括能够转化生成 WASP 可识别的处理数据格式；具有高效的富营养化和有机污染物的处理模块；计算结果与实测的结果可直接进行曲线比较。但是由于它们的源码不公开，给模型的二次开发带来了很大限制。

5.4.7 BASINS

BASINS(Better Assessment Science in Integrating Point and Non-point Sources，更佳的综合性点源与非点源污染评价科学系统)是由美国环保局发布的多目标环境分析系统，基于 GIS 环境，可对水系和水质进行模拟。最初用于水文模拟，后来集成了河流水质模型 QUAL2E 和其他模型，同时使用了土壤水质评价工具 WEAT 和 ARCVEIW 界面，可使用 GIS 从数据库抽取数据。该系统由 6 个相互关联的能对水系和河流进行水质分析、评价的组件组成，它们分别是国家环境数据库、评价模块和工具、水系特性报表、河流水质模型、非点源模型和后处理模块。BASINS 模型体系中的 HSPF(Hydrological Simulation Program—Fortran)即水文模拟 FORTRAN 程序，是当今最常用的水系模型之一。它能模拟标准的富营养化过程，也能模拟其他水质组分如杀虫剂的传输。现在由 USGS 和 USEPA 联合支持。

1) BASINS 的概述。集成 GIS、分析工具与模型系统，用于流域分析、评价与管理，以现有的、有文献支持的技术为基础，便于用户使用 GIS 处理信息，图形用户界面等。

2) BASINS 的模拟能力。表达多目标要求：污染源评价，受纳水体评价。应用于各种复杂水平：初步评价，细节评价。评价各种尺度的问题：本地尺度，集水区尺度，流域尺度。

3) BASINS 中的模型：PLOAD，初步分析、年平均非点源、采用输出参数或简单的评价方法；SWAT，长期预测土地管理措施对大面积复杂流域水文、泥沙、农业化学物质产量的影响；AGWA，基于 GIS 的水文模拟工具，与 SWAT 和 KINEROS2 等水文模型组合，执行流域评价；AQUATOX，可模拟多种环境压力(包括营养、有机负荷、化学物质、温度等)以及它们对水生生物影响。

5.4.8　SMS

SMS(Surface Water Modeling System)水动力学软件是由美国 Brigham Young 大学环境模型研究实验室开发的，该软件可用于模拟和分析地表水的运动规律，并包括前后处理软件。它包含一、二维有限单元模型、有限差分模型以及三维水动力学模型。该软件中的计算模块包含美国陆军工程兵水道实验站开发的几个程序模块和美国联邦公路管理局的两个模块。每种模块都可以计算特定类型的水动力学问题，软件包含的模块可计算以下范围水动力学问题：计算水位、流速等的模块；计算污染物运移的模块；计算波浪要素(如波高、波向等)的模块；计算急变流的模块；计算泥沙的模块。这些模块中既有恒定流模块，也有非恒定流模块。下面简要介绍该软件中包含的各种模块，以及其强大的前后处理功能。

SMS 软件界面为高度的可视化界面，其中包含的计算模块来自美国陆军工程兵水道实验站与美国联邦公路管理局，这些程序以及代码都是美国政府公开的。美国陆军工程兵水道实验站的程序分为有限单元模型与有限差分模型 2 种。其中，有限单元模型包括以下几个模块：①RMA2，计算沿水深平均的二维水动力程序模块，其网格为无结构的三角形或四边形网格，2 种网格可混合使用；②GFGEN，将网格地形文件转换为二进制文件，提供给 RMA2 程序计算；③RMA4，在 RMA2 计算基础上计算污染物集中扩散变化情况的程序模块；④SED2D2WES，在水动力模块 RMA2 计算结果的基础上计算泥沙输运与河床演变的程序模块；⑤HIVEL22D，用来计算急变流(如水跃)的程序模块；⑥ADCIRC，最新一代高级循环多维水动力模块，其网格同样采用高度灵活的无结构网格；⑦CGWAVE，模拟人工建筑物(如码头、防波堤等)条件下港口波浪泊稳的程序模块。有限差分模型包含的模块有两个，分别为：①STWAVE，有效计算恒定状态波谱能量传播的程序模块；②GHOST，模拟不规则波在近海传播的程序模块，模型中用方向谱来定义波浪要素。

除上述二维有限单元模型与有限差分模型外，SMS 软件中还包含了模拟河网地区水位与流速的一维程序模块 HecRas 以及三维水动力模块 RAM10。

SMS 水动力学软件应用广泛，涉及水动力学多个研究领域。该软件与其他一些商业软件(如 MIKE21, Delft3D 和 ECOM 等)相比最大的优势在于其计算所用的网格多为无结构网格，这比一般商业软件使用矩形网格或正交曲线网格模拟复杂边界要方便得多。SMS 软件无结构的网格生成技术可方便地模拟复杂边界下的流动；强大的后处理功能可使数值计算结果得以直观的展示。由于 SMS 软件所用的程序模块多为美国政府公开的程序，该软件可根据具体工程情况加以改进。

5.4.9　SWAT

SWAT(Soil and Water Assessment Tool)是由美国农业部(USDA)农业研究中心(Agricultural Research Service)Jeff Amonld 博士于 1994 年开发的。模型开发的最初目的是为了预测在大流域复杂多变的土壤类型、土地利用方式和管理措施条件下，土地管理对水分、泥沙和化学物质的长期影响。它是一种基于 GIS 基础之上的分布式流域水文模型，近年来得到了快速的发展和应用，主要是利用遥感和地理信息系统提供的空间信息模拟多种不同的水文物理化学过程，如水量、水质以及杀虫剂的输移与转化过程。

SWAT 模型综合了早期开发的 SWRRB(the Simulator for Water Resources in Rural Basins)模型和 ROTO(the Routing Outputs to Outlet)模型的特征，问世以来经历了 SWAT94.2，96.2，98.1，99.2，2000 等版本，在原理算法、结构、功能等方面都有很大的改进，现在使用的 SWAT 2005 版本可以在 Arcview、ArcGIS 等常见的软件平台上运行，具有良好的用户界面。

SWAT 是一个物理基础的模型，可以进行连续时间序列的模拟。SWAT 模拟的流域水文过程分为水循环的陆面部分(即产流和坡面汇流部分)和水循环的水面部分(即河道汇流部分)。前者控制着每个子流域内主河道的水、沙、营养物质和化学物质等的输入量；后者决定水、沙等物质从河网向流域出口的输移运动。

SWAT 模型所需的数据有地形、土壤、土地利用、气象、水文、营养物质等，根据研究目的不同可以选择建立不同的数据库，模型本身带有 Land Cover/Plant Growth Database、Urban Database 数据库。除此之外，还需要结合研究区域的特点和研究目的，建立用户数据库，其中包括耕作数据库、杀虫剂数据库、营养物质数据库、土壤数据库。

模型的应用主要表现在 8 个方面：校准与敏感性分析，气候变化模拟，GIS 平台描述，水文评价，结构和数据输入效果评价，与其他模型比较，多种模型分析的结合，污染评价。在国内，北京师范大学、北京林业大学、河海大学、南京大学、黄河水利委员会、中科院南京地理与湖泊研究所等高校与研究机构都将

SWAT 模型作为研究的工具，研究范围十分广泛，包括模型的探索与改进，径流分析，土地利用评价，非点源污染研究等等。

目前常用的水动力以及水质预测模型汇总见表 5-6。

表 5-6 目前常用的水动力及水质模型汇总表

软件名称	空间维数	开发/支持机构	适用范围	特点
QUAL2E/2K	一维	美国国家环保局	包含支流的河流系统	可按用户希望的任意组合方式模拟 15 种水质组分；将河流系统划分为一系列恒定非均匀流的河段；既可作稳态模型，也可作动态模型；增强版可进行不确定性分析
CE-QUAL-W2	一维	美国陆军工程兵团	河流、分支河网	尤其适合模拟高速非恒定流；能够处理控制建筑物；能够模拟水流和水质梯度很陡的情况
MIKE11	一维	丹麦水动力研究所	河流、河口、河网、洪水	可用于从陡峭的山区河流到感潮河口的各种垂向均质水流条件；可进行洪水实时预报；包含地理信息系统，用户界面良好；售价昂贵
MIKE21	二维	丹麦水动力研究所	湖泊、河口、海湾	新一代基于集成的 Windlows 界面，编译为真 32 位应用软件；数据前处理、计算结果分析及图表后处理功能强大；可应用于潮汐、盐流、泥沙输移沉积等；售价昂贵
Delft3D	二维、三维	荷兰 Delft 水力研究所	河流、河口、海岸	独一支持曲面格式；可供用户选择有限单元法计算格式；系统自带丰富的水质和生态过程库，可自行建立需要模块；与 GIS 无缝链接，并与 Matlab 环境结合，按照“即插即用”的标准设计，满足用户二次开发和系统集成要求
WASP	一、二、三维	美国国家环保局	河流、湖泊、水库、河口、海湾	可模拟常规污染物和有毒有机物、重金属，“万能水质模型”，常应用于富营养化问题；灵活性好，WASP 程序可与其他水动力程序相连；可与 GIS 集成；免费
BASINS	模型系统	美国国家环保局	水系、流域	专门用以计算受纳水体的总最大日排污负荷的工具；运行在 AreView 环境下，交互式界面操作；体系中的水文模拟程序 hspf 是当今最常用的水系模型之一
SMS	模型系统	Brigham Young 大学	2D 和 3D 的河流，港湾，海湾	功能强大的格网/栅格创建工具；有限元法和有限差分法都可执行；能够有效地处理 GIS 数据
SWAT	模型系统	美国农业部农业研究中心	水系、流域水系、流域	SWAT 模型方便提取天气、土地利用、土壤类型、农业活动和其他输入数据能力使它能够对大流域进行模拟。模型在土地利用活动和流域过程之间建立了重要的联系，可以对流域管理各种决策的适用性进行评估

5.4.10 层次分析法

层次分析法是一种多准则思维的方法，它将定性分析和定量分析相结合，把人们的思维过程层次化和数量化，在目标结构复杂且缺乏必要的数据情况下尤为实用。自 20 世纪 70 年代美国运筹学家 T. L. Saaty 提出以来，此方法在实际应用中发展很快。

过去的物理是建立在纯化的实验和理想化的模型的基础上，分析和探索物质世界最基本的规律。现代物理则开始呈现出一种研究复杂性现象的趋势，除了把物理知识应用到其他更复杂的科学领域，建立像量子化学、生物物理、量子生物学等交叉学科之外，在物理领域的本身也一反过去研究理想模型的惯例，开始向非理想、不规则的复杂现象进军。非晶态、无序、混沌、多体等问题正在吸引许多物理学家的注意。对这些复杂问题，传统的纯定量分析方法越来越变得软弱无力，需要借助于定性分析的方法来整体考虑。

前文已经列举了 9 种数值模拟软件，现在要通过层次分析法分析得出最合适软件。需要考虑的因素：功能性 *A*1、可靠性 *A*2、界面友好性 *A*3、效率 *A*4、认可性 *A*5。

我们对这些因素的重要性进行排序，见表 5-7。

表 5-7　重要性标度含义表

重要性标度	含义
1	表示两个元素相比，具有同等重要性
3	表示两个元素相比，前者比后者稍重要
5	表示两个元素相比，前者比后者明显重要
7	表示两个元素相比，前者比后者强烈重要
9	表示两个元素相比，前者比后者极端重要
2、4、6、8	表示上述判断的中间值 倒数 若元素 *i* 与元素 *j* 的重要性之比为 A_{ij}，则元素 *j* 与元素 *i* 的重要性之比为 $A_{ji}=1/A_{ij}$

经过研究对比得出各因素重要性之间的相对关系，则两两相对比较的定量结果矩阵如表 5-8 所示。

表 5-8　重要性矩阵

	*A*1	*A*2	*A*3	*A*4	*A*5
*A*1	1	5	1/3	7	3
*A*2	1/5	1	1/5	3	1/3
*A*3	3	5	1	9	5
*A*4	1/7	1/3	1/9	1	1/5
*A*5	1/3	3	1/5	5	1

求解的最大特征值为 T_1=5.2696，特征向量为 ***X***=(0.2684，0.0697，0.4959，0.03354，0.1324)。

对 9 款软件的评价矩阵如表 5-9~表 5-13 所示，其中 *B*1~*B*9 分别代表 QUAL2E/2K、CE-QUAL-W2、MIKE11、Delft3D、MIKE21、WASP、BASINS、

SMS、SWAT。

表 5-9　矩阵 1-*A*1 功能性

	*B*1	*B*2	*B*3	*B*4	*B*5	*B*6	*B*7	*B*8	*B*9
*B*1	1	1	3	3	2	4	2	4	4
*B*2	1	1	3	3	2	4	2	4	4
*B*3	0.33	0.33	1	1	0.67	1.33	0.67	1.33	1.33
*B*4	0.33	0.33	1	1	0.67	1.33	0.67	1.33	1.33
*B*5	0.5	0.5	1.5	1.5	1	2	1	2	2
*B*6	0.25	0.25	0.75	0.75	0.5	1	0.5	1	1
*B*7	0.5	0.5	1.5	1.5	1	2	1	2	2
*B*8	0.25	0.25	0.75	0.75	0.5	1	0.5	1	1
*B*9	0.25	0.25	0.75	0.75	0.5	1	0.5	1	1

表 5-10　矩阵 2-*A*2 可靠性

	*B*1	*B*2	*B*3	*B*4	*B*5	*B*6	*B*7	*B*8	*B*9
*B*1	1	1	1.5	2	1	1.5	1.5	2	1
*B*2	1	1	1.5	2	1	1.5	1.5	2	1
*B*3	0.67	0.67	1	1.33	0.67	1	1	1.33	0.67
*B*4	0.5	0.5	0.75	1	0.5	0.75	0.75	1	0.5
*B*5	1	1	1.5	2	1	1.5	1.5	2	1
*B*6	0.67	0.67	1	1.33	0.67	1	1	1.33	0.67
*B*7	0.67	0.67	1	1.33	0.67	1	1	1.33	0.67
*B*8	0.5	0.5	0.75	1	0.5	0.75	0.75	1	0.5
*B*9	1	1	1.5	2	1	1.5	1.5	2	1

表 5-11　矩阵 3-*A*3 界面友好性

	*B*1	*B*2	*B*3	*B*4	*B*5	*B*6	*B*7	*B*8	*B*9
*B*1	1	1	1.5	1	0.5	0.5	0.5	2	0.5
*B*2	1	1	1.5	1	0.5	0.5	0.5	2	0.5
*B*3	0.67	0.67	1	0.67	0.33	0.33	0.33	1.33	0.33
*B*4	1	1	1.5	1	0.5	0.5	0.5	2	0.5
*B*5	2	2	3	2	1	1	1	4	1
*B*6	2	2	3	2	1	1	1	4	1
*B*7	2	2	3	2	1	1	1	4	1
*B*8	0.5	0.5	0.75	0.5	0.25	0.25	0.25	1	0.25
*B*9	2	2	3	2	1	1	1	4	1

表 5-12　矩阵 4-*A*4 效率

	*B*1	*B*2	*B*3	*B*4	*B*5	*B*6	*B*7	*B*8	*B*9
*B*1	1	3	4	4	1	3	1	2	2
*B*2	0.33	1	1.33	1.33	0.33	1	0.33	0.67	0.67
*B*3	0.25	0.75	1	1	0.25	0.75	0.25	0.5	0.5
*B*4	0.25	0.75	1	1	0.25	0.75	0.25	0.5	0.5
*B*5	1	3	4	4	1	3	1	2	2
*B*6	0.33	1	1.33	1.33	0.33	1	0.33	0.67	0.67
*B*7	1	3	4	4	1	3	1	2	2
*B*8	0.5	1.5	2	2	0.5	1.5	0.5	1	1
*B*9	0.5	1.5	2	2	0.5	1.5	0.5	1	1

表 5-13　矩阵 5-A5 认可性

	B1	B2	B3	B4	B5	B6	B7	B8	B9
B1	1	1	1.5	1.5	0.5	1	1.5	1.5	1.5
B2	1	1	1.5	1.5	0.5	1	1.5	1.5	1.5
B3	0.67	0.67	1	1	0.33	0.67	1	1	1
B4	0.67	0.67	1	1	0.33	0.67	1	1	1
B5	2	2	3	3	1	2	3	3	3
B6	1	1	1.5	1.5	0.5	1	1.5	1.5	1.5
B7	0.67	0.67	1	1	0.33	0.67	1	1	1
B8	0.67	0.67	1	1	0.33	0.67	1	1	1
B9	0.67	0.67	1	1	0.33	0.67	1	1	1

求解的最大特征值为 $\boldsymbol{X}_1$=8.9961，$\boldsymbol{X}_2$=9.005，$\boldsymbol{X}_3$=8.9969，$\boldsymbol{X}_4$=8.9944，$\boldsymbol{X}_5$=9.0028。特征向量矩阵如表 5-14 所示。

表 5-14　矩阵 6 特征向量矩阵

	$\boldsymbol{X}_1$	$\boldsymbol{X}_2$	$\boldsymbol{X}_3$	$\boldsymbol{X}_4$	$\boldsymbol{X}_5$
B1	0.226458	0.142793	0.082218	0.193606	0.119966
B2	0.226458	0.142793	0.082218	0.064358	0.119966
B3	0.075357	0.095356	0.054642	0.048411	0.080026
B4	0.075357	0.071379	0.082218	0.048411	0.080026
B5	0.113248	0.142793	0.164399	0.193606	0.239969
B6	0.056624	0.095356	0.164399	0.064358	0.119966
B7	0.113248	0.095356	0.164399	0.193606	0.080026
B8	0.056624	0.071379	0.041109	0.096822	0.080026
B9	0.056624	0.142793	0.164399	0.096822	0.080026

特征向量矩阵乘以特征向量 $\boldsymbol{X}$ 可以得出结果向量如表 5-15 所示。

表 5-15　结果向量 X

B1	B2	B3	B4	B5	B6	B7	B8	B9
0.1339	0.1295	0.0662	0.0782	0.1602	0.1214	0.1357	0.0544	0.1205

通过层次分析法的分析，确定最合适本书研究使用的模型为 MIKE21 模型。

5.5　指标体系的评价结果

5.5.1　对通榆河河流部分段环境质量现状监测与评价

1. 现状监测

(1) 监测因子

监测项目为 pH、COD、BOD_5、高锰酸盐指数、氨氮、总磷、石油类、挥发酚、硫化物、总铬、总铜等。

(2) 监测断面与测点布设

根据评价区内水域功能及水系水文特征进行现状监测断面布设。断面布置情况见表 5-16、图 5-2。

表 5-16　地表水环境监测断面及监测因子

断面代号	河流	断面名称
W1	王港河	王港闸上游 500m
W2	王港河	王港闸下游 800m(污水处理厂拟设排口上游 500m)
W3	王港河	王港闸下游 2.8km(污水处理厂拟设排口下游 1500m)
W4	王港河	王港闸下游 6.3km(污水处理厂拟设排口下游 5000m)

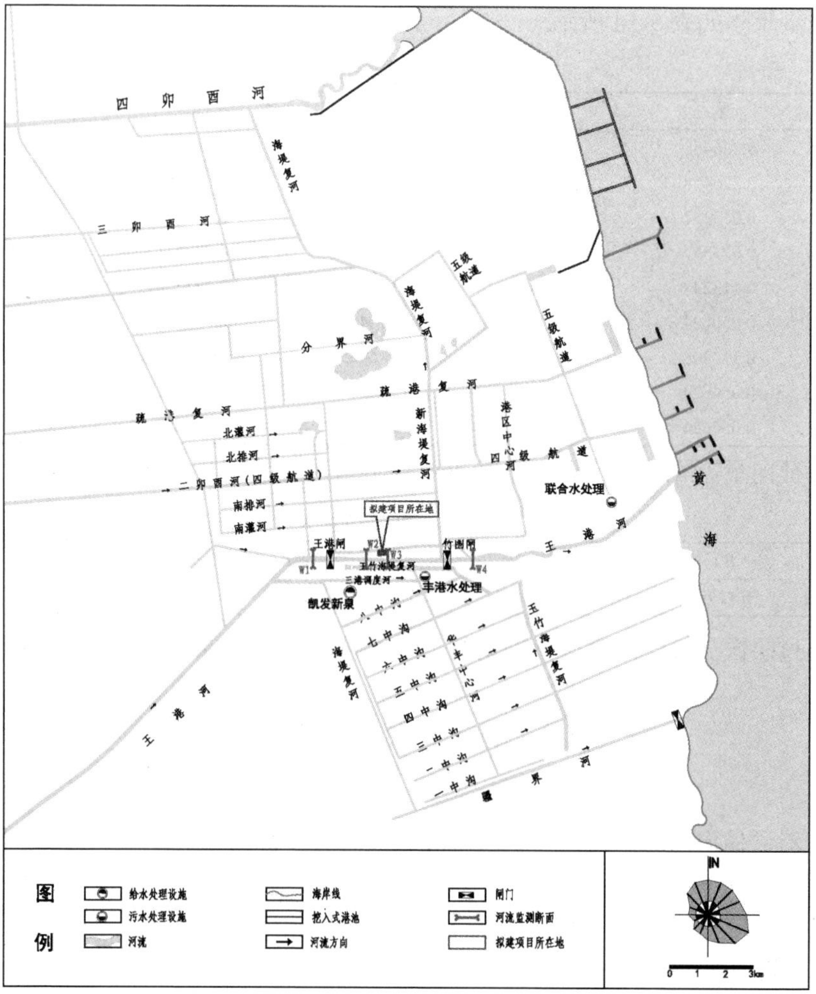

图 5-2　监测断面布点图

(3) 监测时间及采样分析方法

通过连续监测 2 个月，每天监测两次，涨落潮各一次，发现河流水质经常不稳定，主要原因是王港河上游部分区域间断清理河道，后取连续较稳定水质的 3 天为分析对象，采样及分析按照国家环保部发布的《环境监测技术规范》(地面水环境部分)执行。

同时监测流向、流量、水深、流速等水文参数。

(4) 监测结果

监测结果见表 5-17。

表 5-17　河流水质监测结果统计　　(单位：mg/L，pH 除外)

编号	监测日期		pH	高锰酸盐指数	化学需氧量	五日生化需氧量	氨氮	总磷	石油类	挥发酚	硫化物	铬	铜
W1	2014.4.28	涨潮	7.01	5.1	18.9	3.8	0.709	0.16	0.03	0.0025	0.019	0.022L	1.54×10^{-3}
		落潮	7.23	5.2	18.5	3.7	0.689	0.17	0.04	0.0024	0.017	0.022L	1.31×10^{-3}
	2014.4.29	涨潮	7.05	5	19.3	3.4	0.72	0.16	0.05	0.0024	0.018	0.022L	1.38×10^{-3}
		落潮	7.15	5.1	18.9	3.5	0.727	0.15	0.04	0.002	0.017	0.022L	1.82×10^{-3}
	2014.4.30	涨潮	7.22	5	18.9	3.3	0.694	0.19	0.04	0.0025	0.019	0.022L	1.04×10^{-3}
		落潮	7.41	5.1	18.7	3.4	0.715	0.19	0.04	0.0021	0.017	0.022L	2.14×10^{-3}
	平均值	涨潮	7.09	5.03	19.03	3.5	0.708	0.17	0.04	0.0025	0.019	0.022L	1.32×10^{-3}
		落潮	7.26	5.13	18.7	3.53	0.710	0.17	0.04	0.0022	0.017	0.022L	1.76×10^{-3}
W2	2014.4.28	涨潮	7.51	5.4	23.8	3.4	0.571	0.15	0.04	0.0018	0.02	0.022L	1.86×10^{-3}
		落潮	7.63	5.4	24.2	3.2	0.584	0.16	0.04	0.0019	0.018	0.022L	2.08×10^{-3}
	2014.4.29	涨潮	7.23	5.2	23.2	3.5	0.579	0.12	0.04	0.0025	0.019	0.022L	3.56×10^{-3}
		落潮	7.43	5.3	23.6	3.8	0.576	0.13	0.04	0.0024	0.017	0.022L	2.38×10^{-3}
	2014.4.30	涨潮	7.36	5.1	23.2	3.6	0.622	0.16	0.04	0.0021	0.02	0.022L	1.91×10^{-3}
		落潮	7.49	5.2	23.8	3.4	0.615	0.16	0.04	0.002	0.018	0.022L	1.88×10^{-3}
	平均值	涨潮	7.37	5.23	23.4	3.5	0.591	0.14	0.04	0.0021	0.019	0.022L	2.44×10^{-3}
		落潮	7.52	5.3	23.87	3.47	0.592	0.15	0.04	0.0021	0.018	0.022L	2.11×10^{-3}
W3	2014.4.28	涨潮	7.07	5.5	24	3	0.482	0.14	0.04	0.0019	0.018	0.022L	3.44×10^{-3}
		落潮	7.11	5.4	23.6	3	0.499	0.15	0.04	0.002	0.017	0.022L	1.42×10^{-3}
	2014.4.29	涨潮	7.55	5.2	24	3.5	0.515	0.15	0.04	0.0019	0.02	0.022L	1.65×10^{-3}
		落潮	7.34	5.4	23.8	3.3	0.53	0.15	0.04	0.002	0.018	0.022L	1.92×10^{-3}
	2014.4.30	涨潮	7.52	5.4	24	3.2	0.533	0.18	0.04	0.002	0.019	0.022L	1.14×10^{-3}
		落潮	7.13	5.3	23.6	3.4	0.522	0.17	0.04	0.0021	0.017	0.022L	1.65×10^{-3}
	平均值	涨潮	7.38	5.37	24	3.23	0.51	0.16	0.04	0.0019	0.019	0.022L	2.08×10^{-3}
		落潮	7.19	5.37	23.67	3.23	0.517	0.16	0.04	0.002	0.017	0.022L	1.66×10^{-3}

续表

编号	监测日期		pH	高锰酸盐指数	化学需氧量	五日生化需氧量	氨氮	总磷	石油类	挥发酚	硫化物	铬	铜
W4	2014.4.28	涨潮	7.08	5.5	22.6	3.7	0.95	0.17	0.04	0.002	0.02	0.022L	1.46×10^{-3}
		落潮	7.53	5.3	23	3.7	0.937	0.19	0.04	0.0021	0.018	0.022L	2.26×10^{-3}
	2014.4.29	涨潮	7.61	5.5	24	3.5	0.917	0.15	0.04	0.0021	0.019	0.022L	1.51×10^{-3}
		落潮	7.23	5.5	23.8	3.7	0.907	0.16	0.04	0.0021	0.018	0.022L	1.87×10^{-3}
	2014.4.30	涨潮	7.19	5.3	23.6	3.5	0.899	0.19	0.04	0.0025	0.02	0.022L	0.91×10^{-3}
		落潮	7.32	5.5	23.8	3.4	0.889	0.2	0.04	0.0021	0.018	0.022L	1.44×10^{-3}
	平均值	涨潮	7.29	5.43	23.4	3.57	0.922	0.17	0.04	0.0022	0.019	0.022L	1.29×10^{-3}
		落潮	7.36	5.43	23.53	3.6	0.911	0.18	0.04	0.0021	0.018	0.022L	1.86×10^{-3}

注：未检出用“检出限 L”表示。

2. 现状评价

(1) 评价方法

采用单因子标准指数法进行水环境质量现状评价。单项污染指数计算如下。

1) 单项水质参数 i 在第 j 断面单项污染指数

$$S_{ij}=C_{ij}/C_{sj}$$

式中：S_{ij} 为第 i 种评价因子在第 j 断面的单项污染指数；C_{ij} 为该评价因子污染物的实测浓度值，mg/L；C_{si} 为该评价因子相应的评价标准值。

2) pH

$$S_{\mathrm{pH}_j}=\frac{7.0-\mathrm{pH}_j}{7.0-\mathrm{pH}_{\mathrm{sd}}} \qquad (\mathrm{pH}_j \leqslant 7.0)$$

$$S_{\mathrm{pH}_j}=\frac{\mathrm{pH}_j-7.0}{\mathrm{pH}_{\mathrm{su}}-7.0} \qquad (\mathrm{pH}_j > 7.0)$$

式中：S_{pH_j} 为水质参数 pH 在 j 点的标准指数；pH_j 为 j 点的 pH；$\mathrm{pH}_{\mathrm{su}}$ 为地表水水质标准中规定的 pH 上限；$\mathrm{pH}_{\mathrm{sd}}$ 为地表水水质标准中规定的 pH 下限。

(2) 评价标准

王港河水环境质量执行《地表水环境质量标准》(GB3838—2002)Ⅳ类标准。

(3) 评价结果

各监测项目的单因子指数见表 5-18。

表 5-18 河流水质现状单因子指数表(单位：mg/L，pH 除外)

编号		项目	pH	高锰酸盐指数	化学需氧量	五日生化需氧量	氨氮	总磷	石油类	挥发酚	硫化物	铬	铜
W1	涨潮	平均值	7.09	5.03	19.03	3.5	0.708	0.17	0.04	0.0025	0.019	0.022L	1.32×10^{-3}
		污染指数	0.045	0.503	0.634	0.583	0.472	0.567	0.080	0.250	0.038	/	1.32×10^{-3}
		达标情况	达标	达标	达标	达标	达标	达标	达标	达标	达标	达标	达标
		超标率/%	0	0	0	0	0	0	0	0	0	0	0
	落潮	平均值	7.26	5.13	18.7	3.53	0.710	0.17	0.04	0.0022	0.017	0.022L	1.76×10^{-3}
		污染指数	0.130	0.513	0.623	0.588	0.473	0.567	0.080	0.220	0.034	/	1.76×10^{-3}
		达标情况	达标	达标	达标	达标	达标	达标	达标	达标	达标	达标	达标
		超标率/%	0	0	0	0	0	0	0	0	0	0	0
W2	涨潮	平均值	7.37	5.23	23.4	3.5	0.591	0.14	0.04	0.0021	0.019	0.022L	2.44×10^{-3}
		污染指数	0.185	0.523	0.780	0.583	0.394	0.467	0.080	0.210	0.038	/	2.44×10^{-3}
		达标情况	达标	达标	达标	达标	达标	达标	达标	达标	达标	达标	达标
		超标率/%	0	0	0	0	0	0	0	0	0	0	0
	落潮	平均值	7.52	5.3	23.87	3.47	0.592	0.15	0.04	0.0021	0.018	0.022L	2.11×10^{-3}
		污染指数	0.260	0.530	0.796	0.578	0.395	0.500	0.080	0.210	0.036	/	2.11×10^{-3}
		达标情况	达标	达标	达标	达标	达标	达标	达标	达标	达标	达标	达标
		超标率/%	0	0	0	0	0	0	0	0	0	0	0
W3	涨潮	平均值	7.38	5.37	24	3.23	0.51	0.16	0.04	0.0019	0.019	0.022L	2.08×10^{-3}
		污染指数	0.190	0.537	0.800	0.538	0.340	0.533	0.080	0.190	0.038	/	2.08×10^{-3}
		达标情况	达标	达标	达标	达标	达标	达标	达标	达标	达标	达标	达标
		超标率/%	0	0	0	0	0	0	0	0	0	0	0
	落潮	平均值	7.19	5.37	23.67	3.23	0.517	0.16	0.04	0.002	0.017	0.022L	1.66×10^{-3}
		污染指数	0.095	0.537	0.789	0.538	0.345	0.533	0.080	0.200	0.034	/	1.66×10^{-3}
		达标情况	达标	达标	达标	达标	达标	达标	达标	达标	达标	达标	达标
		超标率/%	0	0	0	0	0	0	0	0	0	0	0
W4	涨潮	平均值	7.29	5.43	23.4	3.57	0.922	0.17	0.04	0.0022	0.019	0.022L	1.29×10^{-3}
		污染指数	0.145	0.543	0.780	0.595	0.615	0.567	0.080	0.220	0.038	/	1.29×10^{-3}
		达标情况	达标	达标	达标	达标	达标	达标	达标	达标	达标	达标	达标
		超标率/%	0	0	0	0	0	0	0	0	0	0	0
	落潮	平均值	7.36	5.43	23.53	3.6	0.911	0.18	0.04	0.0021	0.018	0.022L	1.86×10^{-3}
		污染指数	0.180	0.543	0.784	0.600	0.607	0.600	0.080	0.210	0.036	/	1.86×10^{-3}
		达标情况	达标	达标	达标	达标	达标	达标	达标	达标	达标	达标	达标
		超标率/%	0	0	0	0	0	0	0	0	0	0	0
Ⅳ类标准			6~9	10	30	6	1.5	0.3	0.5	0.01	0.5	0.05	1.0

注：未检出用“检出限 L”表示。

由表可知，王港河水质满足《地表水环境质量标准》(GB3838—2002)中的Ⅳ类标准。

5.5.2　淮河沿海支流通榆河入海口沿海海洋环境质量现状监测与评价

1. 海洋环境质量现状监测

(1) 监测断面与测点布设

国家海洋局南通海洋环境监测中心站2013年3月在工程周边海域开展了海洋环境质量与生态现状调查，共布设20个调查站位。考虑到本项目情况，本书引用其1~10号监测点位的监测数据。

具体站位布设见图5-3和表5-19所示

表5-19　监测点位坐标

1	120°51′46.47"	33°8′47.13"
2	120°55′0.34"	33°9′48.85"
3	120°58′30.19"	33°11′8.75"
4	120°50′43.22"	33°11′16.27"
5	120°52′56.43"	33°12′7.73"
6	120°54′59.60"	33°12′58.71"
7	120°57′24.48"	33°13′51.85"
8	120°49′26.94"	33°14′18.73"
9	120°52′22.17"	33°15′31.21"
10	120°55′48.89"	33°16′46.77"

图5-3　海洋水环境质量监测布点图(本次引用1-10#点位数据)

(2) 监测因子

监测因子为pH、悬浮物、石油类、溶解氧、化学需氧量、生化需氧量、氨氮、磷酸盐、硫化物、挥发酚、总汞、砷、铜、铅、镉、总铬、锌等。

(3) 水质监测时间、频次

2013 年 3 月涨落潮两次采样监测。

2. 通榆河入海口环境质量现状评价

(1) 评价标准

江苏沿海王港河入海口近海海域为盐城市大丰港工业与城镇用海区，其水环境质量执行《海水水质标准》(GB3097—1997)第三类标准；大丰港口航运区执行第四类标准；农渔业区执行第二类标准。

(2) 评价方法

采用单项水质参数评价模式，在各项水质参数评价中，对某一水质参数的现状浓度采用多次监测的平均浓度值。单因子污染指数计算公式为 $S_{ij}=C_{ij}/C_{sj}$，式中，S_{ij} 为第 i 种污染物在第 j 点的标准指数；C_{ij} 为第 i 种污染物在第 j 点的监测值，mg/L；C_{Sj} 为第 i 种污染物的地表水水质标准值，mg/L。

溶解氧为

$$S_{\mathrm{DO},j}=\frac{\left|\mathrm{DO}_f-\mathrm{DO}_j\right|}{\mathrm{DO}_f-\mathrm{DO}_s}\qquad \mathrm{DO}_j\geqslant \mathrm{DO}_s$$

$$\mathrm{DO}_f=\frac{468}{31.6+T}\qquad \mathrm{DO}_j<\mathrm{DO}_s$$

pH 为

$$S_{\mathrm{pH},j}=\frac{7.0-\mathrm{pH}_j}{7.0-\mathrm{pH}_{\mathrm{sd}}}\qquad \mathrm{pH}_j\leqslant 7.0$$

$$S_{\mathrm{pH},j}=\frac{\mathrm{pH}_j-7.0}{\mathrm{pH}_{\mathrm{su}}-7.0}\qquad \mathrm{pH}_j>7.0$$

式中：$S_{\mathrm{pH},j}$ 为水质参数 pH 在 j 点的标准指数；pH_j 为 j 点的 pH；$\mathrm{pH}_{\mathrm{su}}$ 为地表水水质标准中规定的 pH 上限；$\mathrm{pH}_{\mathrm{sd}}$ 为地表水水质标准中规定的 pH 下限；$S_{\mathrm{DO},j}$ 为水质参数 DO 在 j 点的标准指数；DO_f 为该水温的饱和溶解氧值，mg/L；DO_j 为实测溶解氧值，mg/L；DO_s 为溶解氧的标准值，mg/L；T_j 为在 j 点水温，℃。

(3) 评价结果

采用单因子指数法对海洋环境质量现状进行评价，其水质监测结果统计见表 5-20 和表 5-21。

表 5-20　海水水质监测结果(涨潮)

监测点位		SS	石油类	COD	DO	BOD_5	氨氮	磷酸盐	锌	铅	镉	铜	总铬	汞	砷	挥发酚	硫化物	pH
1	涨潮/(mg/L)	1200	0.0527	2.62	10.2	1.7	0.0436	0.0155	0.0102	0.000515	0.00025	0.00321	0.022L	0.0000428	0.00154	0.00302	0.00276	8.03
	标准指数	12.00	0.18	0.87	0.186	0.57	/	0.517	0.102	0.052	0.025	0.064	0.055	0.214	0.031	0.302	0.028	0.572
	超标率/%	100	0	0	0	0	0	0	0	0	0	0	0	0	0	0	0	0
2(表层)	涨潮/(mg/L)	788	0.0497	2.14	9.82	1.28	0.0409	0.0173	0.0148	0.000071	0.000379	0.00336	0.022L	0.0000235	0.00118	0.00256	0.00206	8.02
	标准指数	7.88	0.17	0.71	0.227	0.43	/	0.577	0.148	0.007	0.038	0.067	0.055	0.118	0.024	0.256	0.021	0.567
	超标率/%	100	0	0	0	0	0	0	0	0	0	0	0	0	0	0	0	0
2(底层)	涨潮/(mg/L)	1050	0.01L	2.53	10.1	0.8	0.0546	0.0208	0.0183	0.000124	0.000328	0.00257	0.022L	0.0000357	0.00124	0.00209	0.00228	8.02
	标准指数	10.50	0.02	0.84	0.200	0.27	/	0.693	0.183	0.012	0.033	0.051	0.055	0.179	0.025	0.209	0.023	0.567
	超标率/%	100	0	0	0	0	0	0	0	0	0	0	0	0	0	0	0	0
3	涨潮/(mg/L)	546	0.0479	1.85	9.92	0.88	0.051	0.0189	0.0179	0.000479	0.00014	0.00374	0.022L	0.0000244	0.00135	0.00209	0.00208	8.02
	标准指数	54.60	0.96	0.62	0.278	0.29	/	0.630	0.358	0.096	0.028	0.374	0.110	0.122	0.045	0.418	0.042	0.680
	超标率/%	100	0	0	0	0	0	0	0	0	0	0	0	0	0	0	0	0
4	涨潮/(mg/L)	1080	0.101	2.84	10.1	1.6	0.0347	0.0245	0.00653	0.000226	0.000314	0.00302	0.022L	0.0000381	0.00143	0.00186	0.0032	8.02
	标准指数	10.80	0.34	0.95	0.187	0.53	/	0.817	0.065	0.023	0.031	0.060	0.0014	0.191	0.029	0.186	0.032	0.567
	超标率/%	100	0	0	0	0	0	0	0	0	0	0	0	0	0	0	0	0
5(表层)	涨潮/(mg/L)	527	0.104	2.16	10.2	1.2	0.0221	0.0101	0.0134	0.00009	0.000166	0.00364	0.022L	0.0000193	0.00126	0.00209	0.00185	8.02
	标准指数	5.27	0.35	0.72	0.184	0.40	/	0.337	0.134	0.009	0.017	0.073	0.055	0.097	0.025	0.209	0.019	0.567
	超标率/%	100	0	0	0	0	0	0	0	0	0	0	0	0	0	0	0	0
5(底层)	涨潮/(mg/L)	778	0.01L	2.28	9.81	1.79	0.0189	0.0192	0.0152	0.00122	0.000211	0.00277	0.022L	0.0000193	0.00138	0.00163	0.00265	8.01
	标准指数	7.78	0.02	0.76	0.233	0.60	/	0.640	0.152	0.122	0.021	0.055	0.055	0.097	0.028	0.163	0.027	0.561
	超标率/%	100	0	0	0	0	0	0	0	0	0	0	0	0	0	0	0	0

续表

监测点位		SS	石油类	COD	DO	BOD_5	氨氮	磷酸盐	锌	铅	镉	铜	总铬	汞	砷	挥发酚	硫化物	pH
6(表层)	涨潮/(mg/L)	565	0.117	1.69	9.87	0.83	0.0176	0.0251	0.011	0.000134	0.000157	0.00321	0.022L	0.0000291	0.00146	0.00186	0.00224	8.01
	标准指数	5.65	0.39	0.56	0.216	0.28	/	0.837	0.110	0.013	0.016	0.064	0.055	0.146	0.029	0.186	0.022	0.561
	超标率/%	100	0	0	0	0	0	0	0	0	0	0	0	0	0	0	0	0
6(底层)	涨潮/(mg/L)	783	0.01L	2.7	9.83	1.36	0.0322	0.0237	0.0149	0.000118	0.000148	0.00352	0.022L	0.0000277	0.00126	0.00233	0.00211	8.01
	标准指数	7.83	0.02	0.90	0.225	0.45	/	0.790	0.149	0.012	0.015	0.070	0.055	0.139	0.025	0.233	0.021	0.561
	超标率/%	100	0	0	0	0	0	0	0	0	0	0	0	0	0	0	0	0
7	涨潮/(mg/L)	838	0.0402	2.05	10	1.2	0.0242	0.0219	0.0106	0.000747	0.00019	0.00272	0.022L	0.0000338	0.00138	0.0014	0.00198	8
	标准指数	83.80	0.80	0.68	0.270	0.40	/	0.730	0.212	0.149	0.038	0.272	0.110	0.169	0.046	0.280	0.040	0.667
	超标率/%	100	0	0	0	0	0	0	0	0	0	0	0	0	0	0	0	0
8	涨潮/(mg/L)	1040	0.0498	2.62	10.6	2	0.0126	0.0224	0.0125	0.000871	0.000115	0.00354	0.0005	0.000032	0.00149	0.00326	0.0029	8.02
	标准指数	10.40	0.17	0.87	0.167	0.67	/	0.747	0.125	0.087	0.012	0.071	0.003	0.160	0.030	0.326	0.029	0.567
	超标率/%	100	0	0	0	0	0	0	0	0	0	0	0	0	0	0	0	0
9(表层)	涨潮/(mg/L)	883	0.0488	2	10.3	1.6	0.0166	0.0283	0.018	0.00121	0.000249	0.00756	0.022L	0.0000249	0.00132	0.00256	0.00256	8.03
	标准指数	5.89	0.98	0.40	0.200	0.32	/	0.629	0.036	0.024	0.025	0.151	0.022	0.050	0.026	0.051	0.010	0.572
	超标率/%	100	0	0	0	0	0	0	0	0	0	0	0	0	0	0	0	0
9(底层)	涨潮/(mg/L)	1050	0.01L	2.04	10.6	1.9	0.0124	0.0307	0.0179	0.000208	0.000217	0.00267	0.022L	0.0000268	0.00143	0.00209	0.00184	8.04
	标准指数	7.00	0.1	0.41	0.161	0.38	/	0.682	0.036	0.004	0.022	0.053	0.022	0.054	0.029	0.042	0.007	0.578
	超标率/%	100	0	0	0	0	0	0	0	0	0	0	0	0	0	0	0	0
10	涨潮/(mg/L)	1220	0.0443	2.3	9.81	1.76	0.0214	0.0283	0.0181	0.000438	0.000274	0.00329	0.022L	0.0000343	0.00138	0.00186	0.00295	8.03
	标准指数	122.00	0.89	0.77	0.325	0.59	/	0.943	0.181	0.088	0.055	0.329	0.110	0.172	0.046	0.372	0.059	0.687
	超标率/%	100	0	0	0	0	0	0	0	0	0	0	0	0	0	0	0	0

表 5-21　海水水质监测结果(落潮)

监测点位		SS	石油类	COD	DO	BOD_5	氨氮	磷酸盐	锌	铅	镉	铜	总铬	汞	砷	挥发酚	硫化物	pH
1	落潮/(mg/L)	998	0.0455	2.58	10.3	2	0.0587	0.0176	0.00243	0.000298	0.000134	0.00988	0.022L	0.0000395	0.00154	0.00233	0.00252	8.01
	标准指数	9.980	0.152	0.860	0.172	0.667	/	0.587	0.024	0.030	0.013	0.198	0.055	0.198	0.031	0.233	0.025	0.561
	超标率/%	100	0	0	0	0	0	0	0	0	0	0	0	0	0	0	0	0
2(表层)	落潮/(mg/L)	525	0.0685	1.93	10	1.3	0.087	0.0203	0.00548	0.000224	0.000152	0.0104	0.022L	0.0000315	0.00143	0.00279	0.00229	8.01
	标准指数	5.250	0.228	0.643	0.195	0.433	/	0.677	0.055	0.022	0.015	0.208	0.055	0.158	0.029	0.279	0.023	0.561
	超标率/%	100	0	0	0	0	0	0	0	0	0	0	0	0	0	0	0	0
2(底层)	落潮/(mg/L)	942	0.01L	1.69	10	1.3	0.0815	0.0288	0.00338	0.000367	0.000159	0.0106	0.022L	0.0000183	0.0014	0.00186	0.0027	8.01
	标准指数	9.420	0.002	0.563	0.206	0.433	/	0.960	0.034	0.037	0.016	0.212	0.055	0.092	0.028	0.186	0.027	0.561
	超标率/%	100	0	0	0	0	0	0	0	0	0	0	0	0	0	0	0	0
3	落潮/(mg/L)	533	0.048	1.54	10.2	1.6	0.0612	0.0267	0.00152	0.000222	0.000252	0.0097	0.022L	0.0000381	0.0016	0.00163	0.00178	8.03
	标准指数	53.300	0.960	0.513	0.237	0.533	/	0.890	0.030	0.044	0.050	0.970	0.110	0.191	0.053	0.326	0.036	0.687
	超标率/%	100	0	0	0	0	0	0	0	0	0	0	0	0	0	0	0	0
4	落潮/(mg/L)	968	0.105	2.22	10.1	1.3	0.0455	0.0203	0.00208	0.000473	0.000252	0.0142	0.000682	0.0000395	0.00185	0.0014	0.00193	8.04
	标准指数	9.680	0.350	0.740	0.200	0.433	/	0.677	0.021	0.047	0.025	0.284	0.0887	0.198	0.037	0.140	0.019	0.578
	超标率/%	100	0	0	0	0	0	0	0	0	0	0	0	0	0	0	0	0
5(表层)	落潮/(mg/L)	476	0.0919	1.27	10.1	1.2	0.0481	0.0245	0.00287	0.000127	0.00018	0.0142	0.022L	0.0000207	0.00154	0.00209	0.00246	8.03
	标准指数	4.760	0.306	0.423	0.195	0.400	/	0.817	0.029	0.013	0.018	0.284	0.055	0.104	0.031	0.209	0.025	0.572
	超标率/%	100	0	0	0	0	0	0	0	0	0	0	0	0	0	0	0	0
5(底层)	落潮/(mg/L)	751	0.01L	1.8	10	1.8	0.0611	0.0213	0.00201	0.000423	0.000193	0.015	L0.022L	0.0000211	0.00143	0.00186	0.00236	8.03
	标准指数	7.510	0.002	0.600	0.209	0.600	/	0.710	0.020	0.042	0.019	0.300	0.055	0.106	0.029	0.186	0.024	0.572
	超标率/%	100	0	0	0	0	0	0	0	0	0	0	0	0	0	0	0	0

续表

监测点位		SS	石油类	COD	DO	BOD_5	氨氮	磷酸盐	锌	铅	镉	铜	总铬	汞	砷	挥发酚	硫化物	pH
6 (表层)	落潮 /(mg/L)	559	0.0354	1.42	10.2	0.9	0.0667	0.0277	0.00274	0.00114	0.000223	0.0242	0.022L	0.0000193	0.00152	0.0014	0.0022	8.02
	标准指数	5.590	0.118	0.473	0.184	0.300	/	0.923	0.027	0.114	0.022	0.484	0.055	0.097	0.030	0.140	0.022	0.567
	超标率/%	100	0	0	0	0	0	0	0	0	0	0	0	0	0	0	0	0
6 (底层)	落潮 /(mg/L)	875	0.01L	2.68	10	0.9	0.0534	0.0267	0.0021	0.00126	0.000197	0.0189	0.022L	0.0000423	0.00154	0.00163	0.00265	8.03
	标准指数	8.750	0.1	0.893	0.217	0.300	/	0.890	0.021	0.126	0.020	0.378	0.055	0.212	0.031	0.163	0.027	0.572
	超标率/%	100	0	0	0	0	0	0	0	0	0	0	0	0	0	0	0	0
7	落潮 /(mg/L)	538	0.0427	1.32	9.92	1.14	0.0534	0.0264	0.00243	0.000532	0.000126	0.0094	0.022L	0.0000099	0.0018	0.00163	0.00281	8.02
	标准指数	53.800	0.854	0.440	0.272	0.380	/	0.880	0.049	0.106	0.025	0.94	0.110	0.050	0.060	0.326	0.056	0.680
	超标率/%	100	0	0	0	0	0	0	0	0	0	0	0	0	0	0	0	0
8	落潮 /(mg/L)	884	0.0788	2.08	10.5	1.8	0.0404	0.0245	0.004	0.000983	0.000209	0.0212	0.022L	0.0000381	0.00182	0.00256	0.00322	8.04
	标准指数	8.840	0.263	0.693	0.178	0.600	/	0.817	0.040	0.098	0.021	0.424	0.055	0.191	0.036	0.256	0.032	0.578
	超标率/%	100	0	0	0	0	0	0	0	0	0	0	0	0	0	0	0	0
9 (表层)	落潮 /(mg/L)	867	0.0411	1.85	10.4	2.2	0.0444	0.0267	0.00308	0.000267	0.000126	0.0127	0.022L	0.000023	0.00182	0.00279	0.00204	8.05
	标准指数	5.780	0.82	0.370	0.189	0.440	/	0.593	0.006	0.005	0.013	0.254	0.022	0.046	0.036	0.056	0.008	0.583
	超标率/%	100	0	0	0	0	0	0	0	0	0	0	0	0	0	0	0	0
9 (底层)	落潮 /(mg/L)	1140	0.01L	1.93	10.4	2.4	0.0346	0.0288	0.00409	0.000515	0.000141	0.0132	0.022L	0.0000545	0.00191	0.00186	0.00245	8.05
	标准指数	7.600	0.01	0.386	0.183	0.480	/	0.640	0.008	0.010	0.014	0.264	0.022	0.109	0.038	0.037	0.010	0.583
	超标率/%	100	0	0	0	0	0	0	0	0	0	0	0	0	0	0	0	0
10	落潮 /(mg/L)	1260	0.0468	2.55	10.2	1.5	0.0595	0.0245	0.00593	0.000472	0.0001	0.0098	0.022L	0.0000343	0.0016	0.00233	0.00314	8.02
	标准指数	126.000	0.936	0.850	0.264	0.500	/	0.817	0.059	0.094	0.020	0.9800	0.110	0.172	0.053	0.466	0.063	0.680
	超标率/%	100	0	0	0	0	0	0	0	0	0	0	0	0	0	0	0	0

由表可知，除 SS 外其余监测因子均能满足相应的标准。W_9 断面满足《海水水质标准》(GB3097——1997)中第四类标准；W_1、W_2、W_4、W_5、W_6、W_8 断面水质指标均满足《海水水质标准》(GB3097——1997)中第三类标准。W_3、W_7、W_{10} 断面水质指标均满足《海水水质标准》(GB3097——1997)中第二类标准。

5.5.3　水质水量模型及通榆河应用案例

本节主要研究高强度人类活动对水环境的影响评价指标体系，高强度人类活动主要为污水处理厂尾水回用以及河流的闸坝调度。以上述建立的指标体系为例，选取淮河流域下游江苏沿海支流大丰市王港河以及临海海域作为研究对象，利用 MIKE21 模型模拟地表水回用及闸坝调度对于淮河流域下游及淮河沿海支流下游水质的影响。

1. 研究区域概况

(1)王港河

王港河是大丰市沿海垦区中部单独排水入海的干河，流域范围南至疆界河以北，北至一卯西河以南，西至五十里河(又称西团河)以东，东至海堤复河，流域面积 593km^2。该河西头在董家庄衔接五十里河和通榆河，经草堰北闸与串场河相通，向东经洋心洼、小海、大圩头、庆生渡至王港新闸入海；该河全长 44km，底宽 30m，底高程−1.5m，河坡 1 比 3，河道主要功能为灌溉、排涝、保港等。

(2) 黄海

1) 波浪。大丰港附近没有实测的波浪资料，在进行波浪分析时采用风场资料间接推算波要素的方法。利用大气气象站 1958 年至 2002 年最大风速资料及 1991 年《王港(现改名为大丰港)建港总体规划》报告对该地区风浪推算的结果，NNW、N、NNE 三个方向风速较大，为港区和航道的主要波向，波高值经计算可以求出。

2) 岸外地形。岸外地形包括两部分，即低潮位以下的水下地形和低潮位以上的滩地地形。王港河口外 0m 线距离中堤岸约 8~10 km，−10 m 等深线的水域宽度有 5 km，相应水域面积在 100 km^2 以上，该区域以北航道水深均大于 10 m，而且深槽位置及尺度三十年来较稳定的，其西部边缘从 0~−10 m 均无明显变化，但东部沙洲区域有较多淤涨。

海堤以外 3~4 km 宽的高潮位区域一直处于淤积状态，此区域外的大面积滩地处于一种有冲有淤的状态，无明显的规律，但高程均在 1.5 m 以下。由于深槽相对稳定，所以滩地延伸到深槽边缘后不会继续向前淤涨。

3) 潮位。江苏沿海北部和南部全部受旋转潮波和前进潮波的控制，两潮波波峰线在距大丰港 50 km 的港外辐合。能量的集中使该地区的潮波振幅最大，成为江苏乃至全国潮差最大的海区之一，也是江苏沿海辐射状水下沙脊群形成和演变的主要水动力条件。江苏沿海潮汐性质一般为正规半日潮，王港河口一带海域浅海分潮明显。

王港河口外西洋的主要潮位特征值为：平均高潮位为 2.10m；平均低潮位为−1.58m；平均潮差为 3.68m；平均海面为 0.34m；10%高潮位为 2.66m；90%低潮位为−2.15m；校核高潮位为 4.16 m；校核低潮位为−3.35m。

4) 潮流。大丰港附近海区为强流区，涨潮流速可达 1.9 m/s，落潮流速经为 1.8 m/s，且主流方向与岸线平行。无论大、小潮，涨潮期和落潮期各侧站流向基本一致，涨潮期水流以南偏东方向为主，落潮期大都为北偏西向，与深槽走向一致。往复流特征明显，转流时间很短，不利于水体中泥沙的扩散和沉积，对维持深槽稳定有利。

5) 泥沙。江苏沿海海域的含沙量普遍高于两侧相邻海域，其来源可分为陆域来沙、海岸侵蚀和海域来沙，以海域来沙为主。海域含沙分布有以下几个物质特点：近岸含沙量很高，向海逐渐降低；水深较浅，水下地形复杂的水域含沙量较高，反之则低；平面上含沙等值线大致与等深线平行，与岸线走向一致；含沙量在冬季比在夏季高得多，底层比表层高得多。

(3) 水利工程(闸、坝)建设

1) 王港闸。王港闸建于 1959 年，主要作用排涝、挡潮，原设计排水范围二卯西河以南、老斗龙港以东、竹港以北、海堤以西，排涝设计标准 20 年一遇，挡潮标准 50 年一遇设计、200 年一遇校核，设计最大流量 1060 m^3/s 、日平均流量 306 m^3/s。该闸按三级水工建筑物标准设计，闸底板面高程−2.5 m，闸室共 19 孔，其中北岸 1 孔为通航孔、净宽 6 m，其余 18 孔为排水孔、每孔净宽 4 m。根据资料统计，王港闸上游年平均径流量约 29.3 m^3/s，王港闸开闸放水流量平均约 122 m^3/s。在正常月份，可基本保证一天开闸一次，汛期一天开闸两次，每次开闸时间基本维持 4~6 小时。

2) 王港新闸。由于大丰沿海为典型的淤长型海岸，王港闸下游港道淤积严重，为彻底解决王竹流域东南片水质恶化和部分排涝问题，大丰市于 2012 年 11 月开始实施王港闸下移工程施工，工程已经建成，目前河道的疏浚工程正在开展。

新闸位于老王港闸下游 12.5 km 处。设计日平均排涝流量 542 m^3/s ，最大瞬时过闸流量 1184 m^3/s，原老闸暂不拆除，维持原状，调度原则为“同关同开”，“同”并不是指同时开关，而是有一定的延时，通常为 30 分钟~1 小时左右。

研究区域现状水系及水利工程设施分布见图 5-2。

2. 对河流的影响

(1) 预测模型

在闸门关闭期间，新老闸直接的河道形成小湖库，不再是平直河流，因此不采用河流模型，可采用导则推荐的湖泊完全混合平衡模式(小湖库)

$$c=\frac{W_0+c_pQ_p}{Q_h}+\left(c_h-\frac{W_0+c_pQ_p}{Q_h}\right)\exp\left(-\frac{Q_h}{V}t\right)$$

平衡时

$$c=(W_0+c_pQ_p)/Q_h$$

式中：c 为 t 时刻离源 r 处污染物的浓度，mg/L；Q_p 为污水流量，m^3/s；c_p 为污水中污染物的浓度，mg/L；Q_h 为湖库水出流量，m^3/s；c_h 为湖库水中污染物本底浓度(t=0 时的出水浓度)，mg/L；W_0 为湖库中现有的污染物排入量，g/s；t 为预测时刻离排放时刻的时间，s；V 为湖库体积，m^3。

(2) 预测方案

在闸门关闭期(即涨潮期)，新、老闸之间的 12.5 公里河道类似于狭长形水库，本书按四级航道最低通航水深 1.8m 计算，对应的河道断面面积为 174.96~336.96m^2，平均约 282m^2，相应的库容为 352.5 万 m^3。

闸门关闭期(按 18 小时计算)，尾水污水排放量 1 万吨/日(0.1m^3/s)，污水排放对王港河的影响，尾水污染物 COD 和氨氮浓度分别为 50mg/L、5mg/L。

(3) 预测结果

该方案为闸门每天关闭期，污水排放对王港河的影响。

在正常情况下，闸门每日开关。在闸门关闭期，两闸之间无出入流，河道类似狭长形小水库，库容最低 352.5 万 m^3，王港河 COD 和氨氮的本底浓度按监测期间最大值考虑，即 24.0mg/L、0.95mg/L，尾水连续一天排放量为 0.75 万吨，尾水排放执行一级 A 标准。尾水排放对王港河的影响可采用湖泊完全混合平衡模式，在不考虑本底值和污染物降解的情况下，关闸期间尾水排放对王港河的 COD 和氨氮的贡献值平均分别为 0.1mg/L、0.01mg/L，贡献值占标率为 0.3%、0.67%。需要说明：由于闸门启闭有一定延时，因此上游存在一定的水动力，在水动力推动下污水通常会在闸前聚集，闸前形成局部高污染区域。这种现象目前已经形成，根据现场咨询堤防管理人员的经验表明，局部污染区域长度在 300~400m 左右。

总体来说，相比闸间河道的容积，本项目尾水排放量较小，因此在正常情况下(即每日开闸至少一次)，尾水排放对王港河 COD 和氨氮浓度的贡献值较小。

3. 对近海海域的影响

对近海海域影响采用二维水量水质模型。

(1) 水量模型基本方程及求解方法

1) 基本方程。对于水平尺度远大于垂直尺度的情况，由于水深、流速等水力参数沿垂直方向的变化比沿水平方向的变化要小得多，因此，将三维流动的控制方程沿水深积分，并取水深平均，可得到沿水深平均的二维浅水流动质量和动量守恒控制方程组。其连续性方程、X 和 Y 方向动量方程，可分别表示为：

$$\frac{\partial \zeta}{\partial t}+\frac{\partial p}{\partial x}+\frac{\partial q}{\partial y}=\frac{\partial h}{\partial t}$$

$$\frac{\partial p}{\partial t}+\frac{\partial}{\partial x}\left(\frac{p^2}{H}\right)+\frac{\partial}{\partial y}\left(\frac{pq}{H}\right)+gH\frac{\partial \zeta}{\partial x}+\frac{gp\sqrt{p^2+q^2}}{C^2H^2}$$
$$-\frac{1}{\rho}\left[\frac{\partial}{\partial x}(H\tau_{xx})+\frac{\partial}{\partial y}(H\tau_{xy})\right]-fq-f_w|W|W_x=0$$

$$\frac{\partial q}{\partial t}+\frac{\partial}{\partial y}\left(\frac{q^2}{H}\right)+\frac{\partial}{\partial x}\left(\frac{pq}{H}\right)+gH\frac{\partial \zeta}{\partial y}+\frac{gq\sqrt{p^2+q^2}}{C^2H^2}$$
$$-\frac{1}{\rho}\left[\frac{\partial}{\partial y}(H\tau_{yy})+\frac{\partial}{\partial x}(H\tau_{xy})\right]-fq-f_w|W|W_y=0$$

式中：H 为水深，$H=h+\zeta$，其中ζ、h 分别为水位和水深；p、q 分别为 x、y 方向上的流通通量；c 为谢才系数；g 为重力加速度；f 为科氏力系数；ρ为水的密度；W、W_x、W_y 为风速及在 x、y 方向上的分量；f_w 为风阻力系数；τ_{xx}、τ_{xy}、τ_{yy} 为有效剪切力分量。

2) 方程数值离散。采用隐式交替方向(ADI)技术对潮流模型质量和动量方程进行离散，所得的矩阵方程用追赶法求解，各微分项和重要系数均采用中心差分格式，防止离散过程中可能发生的质量和动量失真及能量失真，Taylor 级数展开的截断误差可达到二阶至三阶精度。模型网格布置方式见图 5-4。

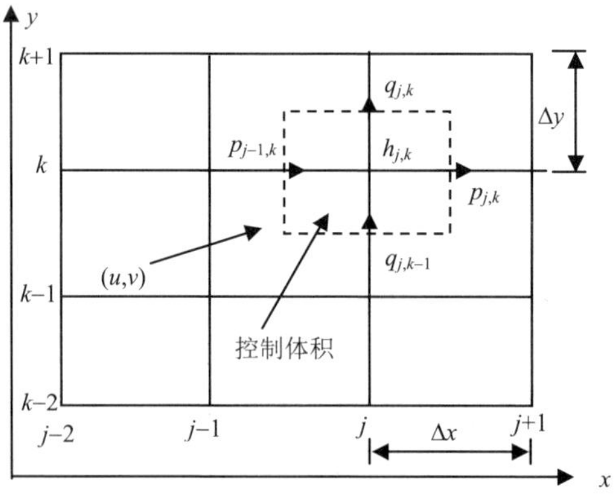

图 5-4　模型网格布置方式

3) 连续方程离散格式。X、Y 方向连续方程，可分别表示为：

$$2\left(\frac{\varsigma^{n+1/2}-\varsigma^{n}}{\Delta t}\right)_{j-k}+\frac{1}{2}\left\{\left(\frac{p_j-p_{j-1}}{\Delta x}\right)^{n+1}+\left(\frac{p_j-p_{j-1}}{\Delta x}\right)^{n}\right\}_k$$
$$+\frac{1}{2}\left\{\left(\frac{q_k-q_{k-1}}{\Delta y}\right)^{n+1/2}+\left(\frac{q_k-q_{k-1}}{\Delta y}\right)^{n-1/2}\right\}_j=0$$

$$2\left(\frac{\varsigma^{n+1}-\varsigma^{n+1/2}}{\Delta t}\right)_{j-k}+\frac{1}{2}\left\{\left(\frac{p_j-p_{j-1}}{\Delta x}\right)^{n+1}+\left(\frac{p_j-p_{j-1}}{\Delta x}\right)^{n}\right\}_k$$
$$+\frac{1}{2}\left\{\left(\frac{q_k-q_{k-1}}{\Delta y}\right)^{n+3/2}+\left(\frac{q_k-q_{k-1}}{\Delta y}\right)^{n+1/2}\right\}_j=0$$

4) 动量方程离散格式。对动量方程逐项给出离散格式，此处仅给出 X 方向动量方程格式，Y 方向动量方程离散格式类似，不再列出。

①时间偏导项，可表示为：

$$\frac{\partial p}{\partial t}\approx\left(\frac{p^{n+1}-p^{n}}{\Delta t}\right)_{j,k}$$

②重力项，可表示为：

$$gH\frac{\partial\zeta}{\partial x}\approx g\left(\frac{H_{j,k}+H_{j+1,k}}{2}\right)^{n}\left(\frac{\zeta_{j+1,k}-\zeta_{k}}{\Delta x}\right)^{n+1/2}$$

③对流项，可分别表示为：

$$\frac{\partial}{\partial x}\left(\frac{pq}{H}\right)\approx\left[\frac{\left(p_{j+1}+p_j\right)^{n+1}}{2}\frac{\left(p_{j+1}+p_j\right)^{n}}{2}\frac{1}{H_{j+1}^{n}}-\frac{\left(p_j+p_{j-1}\right)^{n+1}}{2}\frac{\left(p_j+p_{j-1}\right)^{n}}{2}\frac{1}{H_j^{n}}\right]_k\frac{1}{\Delta x}$$

$$\frac{\partial}{\partial y}\left(\frac{pq}{H}\right)\approx\left[\frac{p_{k+1}^{a}+p_k^{b}}{2}{}_j\,\upsilon_{j+1/2,k}^{n+1/2}-\frac{p_k^{a}+p_{k-1}^{b}}{2}\upsilon_{j+1/2,k-1}^{n+1/2}\right]\frac{1}{\Delta y}$$

其中：向下追赶时 $a=n+1$，$b=n$；向上追赶时 $a=n$，$b=n+1$，表达式可写成：

$$\upsilon_{j+1/2,k}^{n+1/2}=\frac{2(q_j+q_{j+1})_k^{n+1/2}}{(H_{j,k}+H_{j,k+1}+H_{j+1,k}+H_{j+1,k+1})^n}$$

$$\upsilon_{j+1/2,k-1}^{n+1/2}=\frac{2(q_j+q_{j+1})_{k-1}^{n+1/2}}{(H_{j,k-1}+H_{j,k}+H_{j+1,k-1}+H_{j+1,k})^n}$$

④底床阻力项，可表示为：

$$\frac{gp\sqrt{p^2+q^2}}{C^2H^2}=\frac{gp_{j,k}^{n+1}\sqrt{p^{*2}+q^{*2}}}{C^2H^{*2}}$$

其中：

$$p^*=p_{j,k}^n$$

$$q^*=\frac{1}{8}(q_{j,k}^{n-1/2}+q_{j+1,k}^{n-1/2}+q_{j,k-1}^{n-1/2}+q_{j+1,k-1}^{n-1/2}+q_{j,k}^{n+1/2}+q_{j+1,k}^{n+1/2}+q_{j,k-1}^{n+1/2}+q_{j+1,k-1}^{n+1/2})$$

$$H^*=\begin{cases}H_{j,k}^n & \text{for}\quad p^*\geqslant 0\\ H_{j-1,k}^n & \text{for}\quad p^*<0\end{cases}$$

⑤科氏项，可用显式表达为：

$$fq=fq^*=\frac{1}{8}(q_{j,k}^{n-1/2}+q_{j+1,k}^{n-1/2}+q_{j,k-1}^{n-1/2}+q_{j+1,k-1}^{n-1/2}+q_{j,k}^{n+1/2}+q_{j+1,k}^{n+1/2}+q_{j,k-1}^{n+1/2}+q_{j+1,k-1}^{n+1/2})$$

⑥风阻力项中各值已知，可用 Smith 和 Banke 方法计算风阻力系数，计算式为：

$$f_w = \begin{cases} f_0 & W < W_0 \\ f_0 + \dfrac{W - W_0}{W_1 - W_0}(f_1 - f_0) & W_0 \leqslant W < W_1 \\ f_1 & W > W_1 \end{cases}$$

其中：$f_0 = 0.00063$，$W_0 = 0$，$f_1 = 0.0026$，$W_1 = 30$；

⑦科氏力项，可表示为

$$\Omega q = \Omega q^*$$

式中 q^* 同上。

5) 有限差分方法。①空间差分方法：模型采用 ADI 逐行法(alternating direction implic)对质量及动量方程分别进行时空上的积分，每个方向及每个单独的网格线产生的方程矩阵用追赶法求解。各个差分项在交错网格中的分布，见图 5-5。

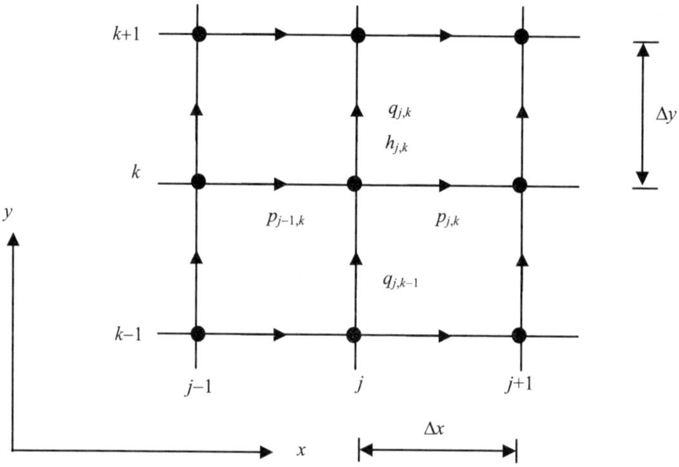

图 5-5　各差分项在交错网格中分布示意图

②时间中心差分方法：将 1 个时间步长中心差分，为 x-sweep(t 从 n 到 n+1/2) 和 y-sweep(t 从 n+1/2 到 n+1)。方程采用一维推进方式，x-sweep 方向求解 x 连续方程和 x 动量方程时，ξ从 n 到 n+1/2，p 从 n 到 n+1，q 为已知的 n−1/2 到 n+1/2 的值；y-sweep 方向求解 y 连续方程和 y 动量方程时，ξ从 n+1/2 到 n+1，p 从 n 到 n+1，q 为已知的 n+1/2 到 n+3/2 的值。时间中心差分示意见图 5-6。

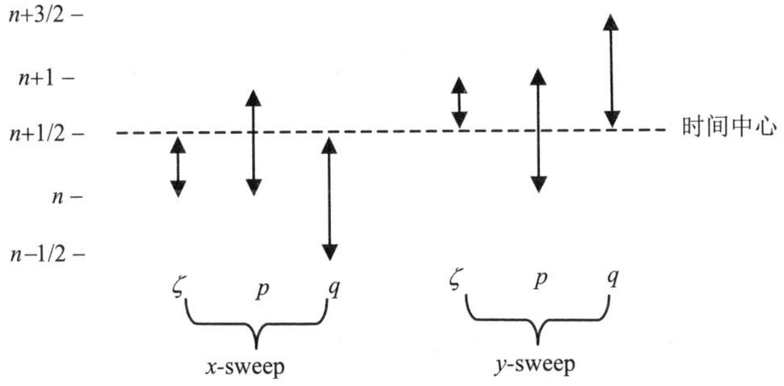

图 5-6　时间中心差分格式示意图

(2) 水质模型基本方程及求解方法

1) 基本方程。水质方程是以质量平衡方程为基础的。由于三维水质输移方程包含很多不可确定的参数，在现有条件下，模型的验证存在困难，考虑到资料及模型计算工作量等因素，采用垂向平均的二维水质模型。二维水质输移方程为：

$$\frac{\partial C_i}{\partial t}+U\frac{\partial C_i}{\partial x}+V\frac{\partial C_i}{\partial y}$$
$$=\frac{\partial}{\partial x}\left(E_x\frac{\partial C_i}{\partial x}\right)+\frac{\partial}{\partial y}\left(E_y\frac{\partial C_i}{\partial y}\right)+K_iC_i+S_i$$

式中：C_i为污染物浓度；u、v为x、y方向上的流速分量；E_x、E_y为x、y向上的扩散系数；K_i为污染物降解系数；S_i为污染物底泥释放项。

方程包括三大项：物理输移扩散项、生化项及源汇项。①物理过程是指水体中物质的迁移扩散过程，主要由水流流动过程所引起的。其中，流速项由前述的水动力学模型解决。②生化项。是模型的核心部分，也是水质模型建立的难点。③源汇项。湖泊周围外环境输入水体中的污染物量。

2) 方程数值解。对每一时间步长的计算采用剖开算子法进行，具体分平流项、扩散项、源汇项对垂向二维水质模型进行求解。

①平流项。求解n+1/3 时刻中的值，差分格式如下：

$$\frac{C_k^{n+1/3}-C_{kx}^n}{\Delta t}+U_k\frac{\partial C_k}{\partial x}+V_k\frac{\partial C_k}{\partial y}=0$$

式中：U_k为第k层上x方向的流速；V_k为第k层上y方向的流速；E_{kx}、E_{ky}为第k层x方向和y方向的紊动扩散系数。

采用特征线法进行平流项的求解，将上式进一步分裂成：

$$\frac{C_k^{-n+1/3}-C_k^n}{\Delta t}+U_k\frac{\partial C_k}{\partial x}=0,\frac{C_k^{n+1/3}-C_k^{-n+1/3}}{\Delta t}+V_k\frac{\partial C_k}{\partial y}=0$$

特征线值为：

$$\frac{dx}{dt}=U_\alpha^n,\frac{dy}{dt}=V_\alpha^n$$

求出特征线后，令 $v_1=U_\alpha^n\dfrac{\Delta t}{\Delta x}$ ，$v_2=V_\alpha^n\dfrac{\Delta t}{\Delta y}$ 得 C_k 的插值公式为：

$$\begin{aligned}\Phi_i^{-n+1/3}&=-0.25v_1(1-v_1)(\Phi_{i-2}^n+\Phi_{i+1}^n)+(1.25v_1-0.25v_1^2)\Phi_{i-1}^n\\&\quad+(1-0.75v_1-0.25v_1^2)\Phi_i^n\\\Phi_i^{n+1/3}&=-0.25v_2(1-v_2)(\Phi_{j-2}^{-n+1/3}+\Phi_{j+1}^{-n+1/3})+(1.25v_2-0.25v_2^2)\Phi_{j-1}^{-n+1/3}\\&\quad+(1-0.75v_2-0.25v_2^2)\Phi_j^{-n+1/3}\end{aligned}$$

式中，$\Phi=c_k$ ，求得 Φ 即求出了 $C_k^{n+1/3}$ 的值。

②扩散项。求解 n+2/3 时刻中的值，差分格式如下：

$$\frac{C_k^{n+2/3}-C_k^{n+1/3}}{\Delta t}=\frac{\partial}{\partial x}\left(E_{kx}\frac{\partial C_k}{\partial x}\right)+\frac{\partial}{\partial y}\left(E_{ky}\frac{\partial C_k}{\partial y}\right)$$

扩散项数值通常较小，采用显式求解。

③源汇项。求解 n+1 时刻中的值，差分格式如下：

$$\frac{C_k^{n+1}-C_k^{n+2/3}}{\Delta t}=F_k(C)+S_k$$

式中：$F_k(C)=-K_pC$ ，$S_k=\dfrac{\alpha_p}{H}$ ，$\dfrac{C_k^{n+1}-C_k^{n+2/3}}{\Delta t}=F_k(C)+S_k$ ，C 为污染物浓度；K_p、α_p 为污染物降解系数和单位面积底泥释放系数；H 为水体深度。

(3) 模型计算范围及网格划分

计算范围为王港河入海口近海海域。利用三角形网格对计算范围进行网格概化，形成 5468 个节点，10559 个网格；根据海底地形资料进行计算区域内地形的内插，研究区域模型网格概化及地形内插见图 5-7。

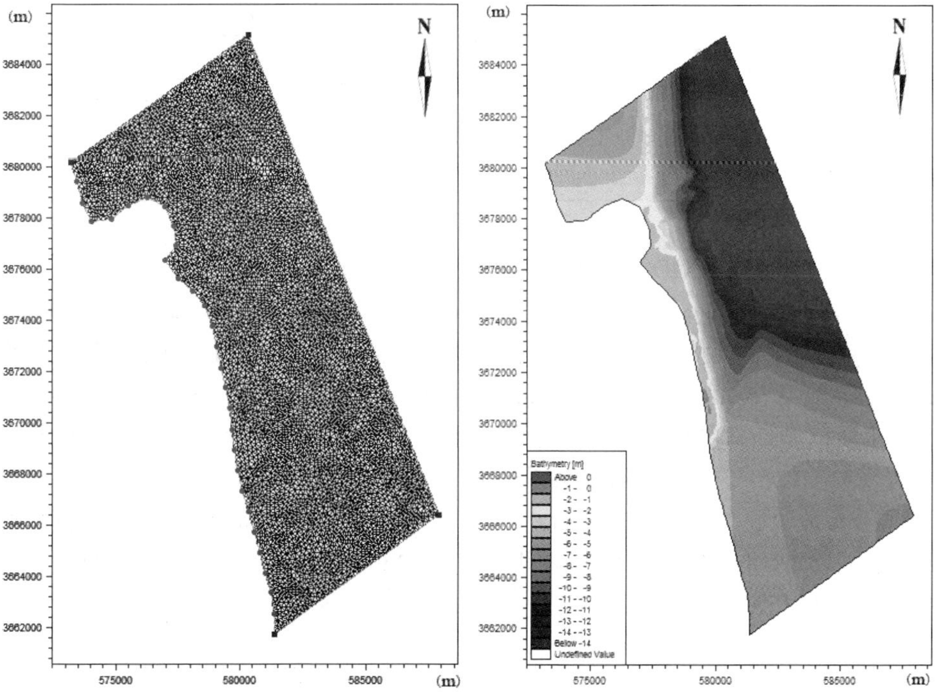

图 5-7　研究区域模型网格概化及地形内插图

(4) 模拟计算方案及边界条件确定

1) 模拟计算方案制定。

本书设置两个对比方案，通过控制闸门的过水流量来对近海海域水环境的影响进行预测。具体的计算方案如下：

方案一：枯水期，两闸门同时开启时，河水下泄入海，控制河水的下泄流量为 122 m^3/s；来水中 COD、氨氮的浓度取现状监测浓度值，分别为 24.07 mg/L、0.96 mg/L；闸门开启时间为日潮时 6 个小时的落潮期。

方案二：假设污水处理厂实现尾水回用后河水流量降低为 97.6 m^3/s；浓度值不发生变化，仍为 24.07 mg/L、0.96 mg/L。

2) 边界条件确定

水文边界条件：模型东部水位边界采用 2009 年 CW_1 点位枯水期 11 月 25 日至 12 月 2 日实测潮位资料；北部水位边界根据距该边界 25 km 处 CW_2 点位同时期潮位数据推算获得；南部边界根据 CW_1 和 CW_2 两个点位同时段潮位资料推算获得。入海口处水位边界根据方案中设置的流量赋予。各潮位站的位置分布见表 5-22。

水质边界条件：以各边界的各类污染物的初始浓度为零，模拟计算王港河开闸期对近海海域的水质影响。

表 5-22　研究区域内各潮位监测站位置分布

站点名称	经度	纬度
CW_1	121° 7′32.21″E	33°22′49.43″N
CW_2	120°40′33.17″E	33°34′34.97″N
大丰	120°49′3.97″E	33°17′10.09″N

入海口处水质 COD 和氨氮的浓度分别为 24.07 mg/L、0.96 mg/L。

(5) 参数验证

1) 参数选取。水量模型计算参数：涡粘函数，Smagorinsky 亚格子尺度模型；Smagorinsky 系数，0.28；浅滩曼宁系数 M 取 5~30，深槽曼宁系数取 30~100(n=1/M)。

水质模型计算参数：本书水质预测均采用一级反应动力学理论，COD 综合降解系数 K：0.2d^{-1}；氨氮综合降解系数 K：0.1d^{-1}。

2) 参数验证。利用 2009 年 11 月 25 日至 12 月 2 日大丰潮位站的逐时的潮位资料，对 2009 年 11 月 25 日至 12 月 2 日的潮位计算值与实测值进行对比，验证模型参数的合理性，模型计算值与实测值对比见图 5-8。

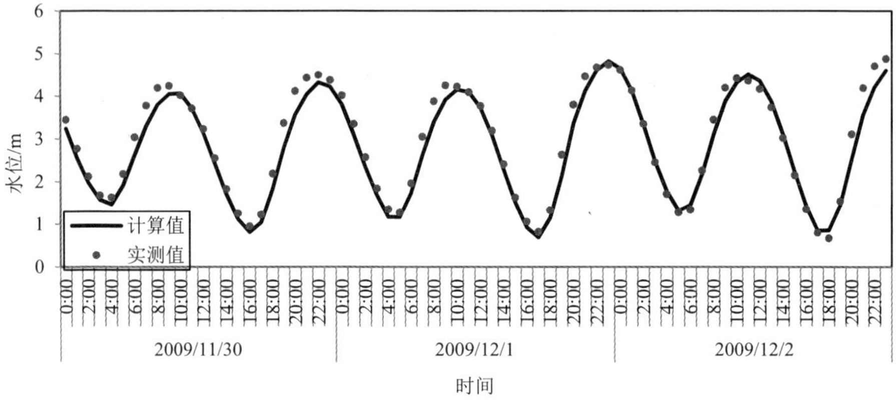

图 5-8　大丰站模拟与实测水位对比图

从图 5-8 可以看出，模拟水位与实测水位的拟合程度较高，模拟误差较小，说明模型可以用于本次预测区域的使用。根据经验证过的各项水文参数得出计算区域内流场分布见图 5-9。

从图 5-9 可以看出，在枯季，海水涨潮时表现为向南偏东方向，落潮时表现为北偏西方向，流速在 2m/s 左右，基本符合黄海近海海域的流动情况。

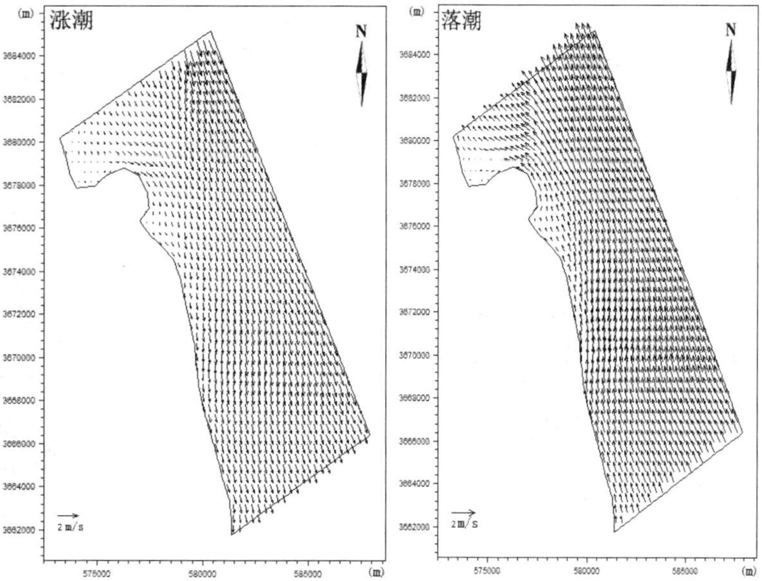

图 5-9　研究区域涨落潮流场分布图

4. 模型计算结果及分析

利用上文建立的水量水质数学模型，根据所制定的计算方案对王港河入海处的近海海域水质进行模拟预测，主要预测因子为 COD，氨氮。各个方案下闸门开启 6 小时后，近海海域 COD 即刻浓度增量的扩散范围见图 5-10、图 5-11 和表 5-23。

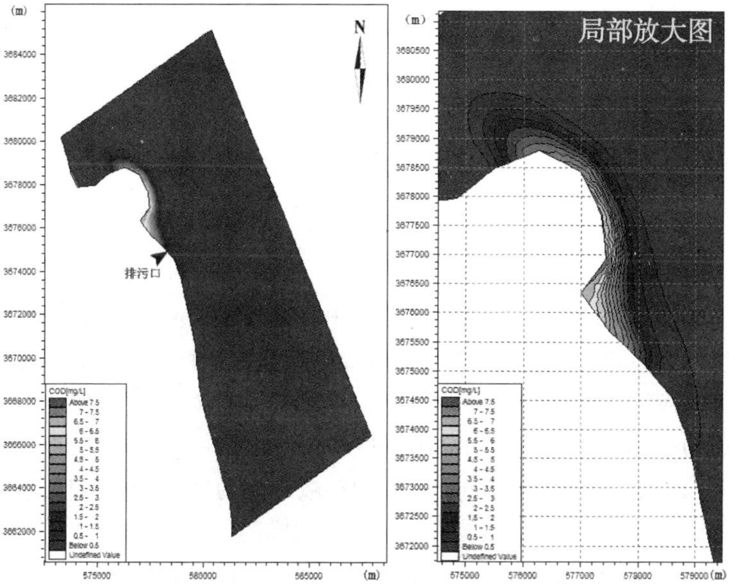

图 5-10　方案一后 COD 浓度增量扩散范围图

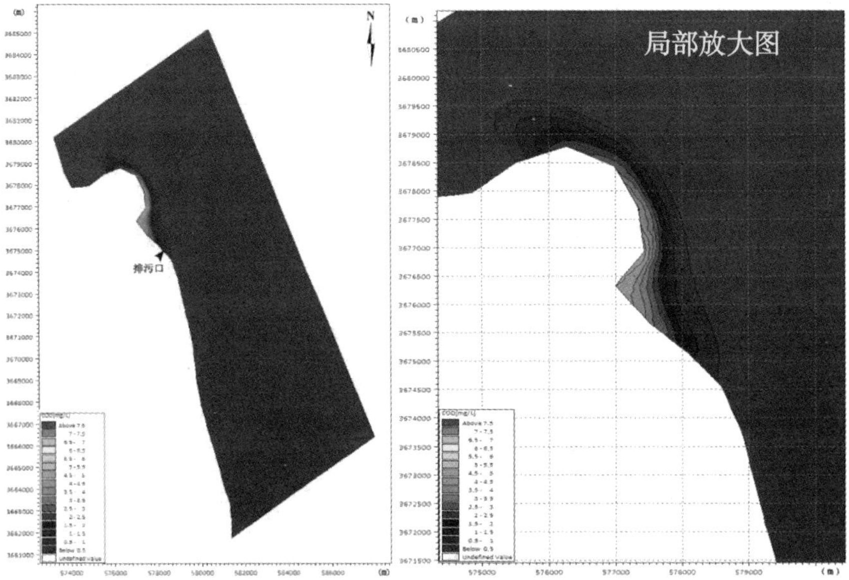

图 5-11 方案二 COD 浓度增量扩散范围图

表 5-23 方案一和方案二 COD 即刻浓度增量扩散范围表

	浓度增量范围/(mg/L)	7~7.5	6.5~7	6~6.5	5.5~6	5~5.5	4.5~5	4~4.5	3.5~4
方案一	最大长度/km	0.51	1.18	1.45	2.50	2.70	3.02	3.63	4.08
	最大宽度/km	0.08	0.20	0.18	0.13	0.08	0.10	0.13	0.12
	面积/km²	0.03	0.09	0.09	0.14	0.11	0.13	0.18	0.20
方案二	最大长度/km	0	0	0	0	0	0.80	1.48	2.56
	最大宽度/km	0	0	0	0	0	0.08	0.48	0.27
	面积/km²	0	0	0	0	0	0.04	0.14	0.16
	浓度增量范围/(mg/L)	3~3.5	2.5~3	2~2.5	1.5~2	1~1.5	0.5~1	—	
方案一	最大长度/km	4.93	5.37	6.00	6.53	7.23	9.88	—	
	最大宽度/km	0.13	0.20	0.10	0.25	0.17	0.70	—	
	面积/km²	0.33	0.37	0.48	0.47	0.91	2.33	—	
方案二	最大长度/km	2.92	3.78	4.85	5.64	6.52	7.85	—	
	最大宽度/km	0.10	0.22	0.20	0.32	0.35	0.40	—	
	面积/km²	0.22	0.26	0.41	0.57	0.85	1.68	—	

从图 5-10、图 5-11 和表 5-23 可以看出，闸门对上游来水水量的控制对于下游水体 COD 浓度的影响程度有着较为明显的作用。当控制上游来水量为 122m^3/s 时，闸门在落潮期连续开启 6 小时之后，该股来水中对于近海海域 COD 的最大影响范围约为 2.33km^2，污染扩散带的中心浓度可达 7~7.5mg/L 之间，此时对应的沿流动方向的扩散距离为 0.51km，垂向的扩散距离为 0.08km，对应的扩散面积为 0.03km^2；相比之下，上游来水量减小 20%，同样的闸门开启时间下，在 6 小时后该方案对于近海海域的影响范围明显变小，最大的影响范围约为 1.7km^2，扩散带的中心浓度为 4.5~5mg/L，此时对应的沿流动方向的扩散距离为 0.8km，垂向的扩

散距离为 0.08km，扩散面积为 0.04km²。

各个方案下闸门开启 6 小时后，近海海域氨氮即刻浓度增量的扩散范围见图 5-12、图 5-13 和表 5-24。

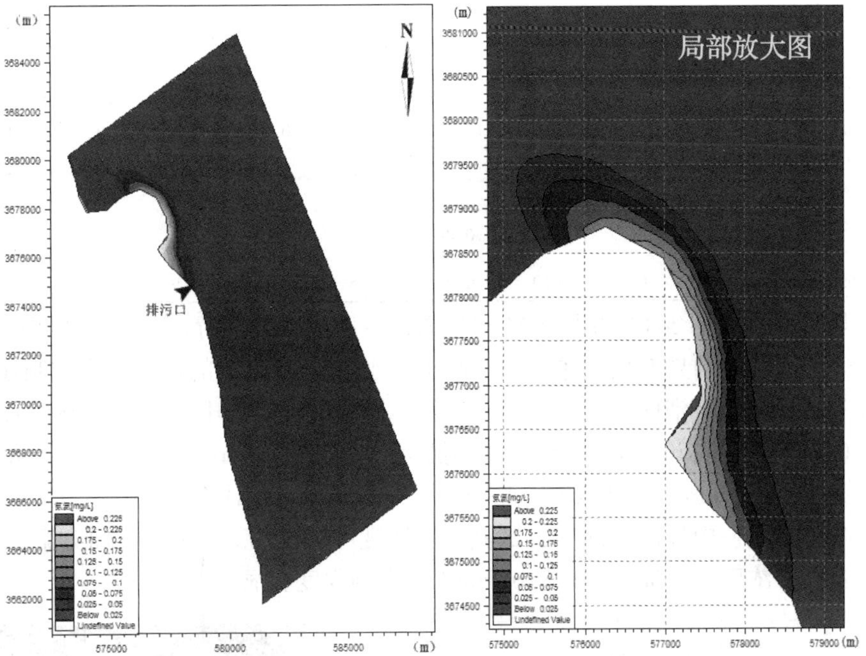

图 5-12 方案一闸门开启 6 小时后氨氮即刻浓度增量扩散范围图

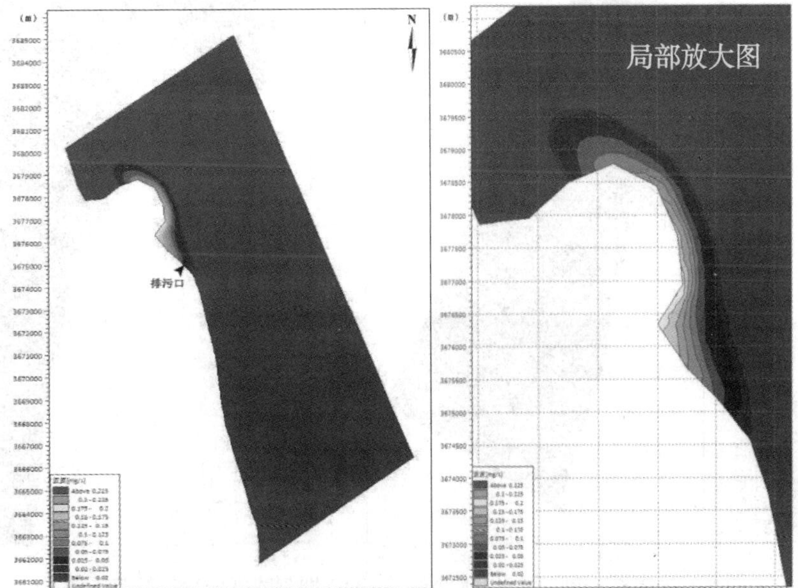

图 5-13 方案二闸门开启 6 小时后氨氮即刻浓度增量扩散范围图

表 5-24 方案一和方案二闸门开启 6 小时后氨氮即刻浓度增量扩散范围表

	浓度增量范围/(mg/L)	>0.225	0.2~0.225	0.175~0.2	0.15~0.175	0.125~0.15	0.1~0.125	0.075~0.1	0.05~0.075	0.025~0.05
方案一	最大长度/km	0.75	1.41	2.55	3.03	3.78	4.75	5.61	6.55	8.04
	最大宽度/km	0.09	0.41	0.31	0.23	0.24	0.23	0.20	0.16	0.64
	面积/km²	0.03	0.15	0.20	0.22	0.29	0.41	0.57	0.87	1.75
方案二	最大长度/km	0	0	1.13	2.43	2.82	3.82	5.04	6.09	7.36
	最大宽度/km	0	0	0.13	0.49	0.23	0.32	0.64	0.39	0.47
	面积/km²	0	0	0.10	0.20	0.25	0.32	0.50	0.81	1.50

从图 5-12、图 5-13 和表 5-24 可以看出，闸门对于上游来水流量的调控对下游水体氨氮的影响具有显著作用，在闸门的调控下，当来水的水量分别控制在 122 m^3/s 和减少 20%下泄时，该股河水对近海海域沿流动方向上的最远影响距离分别为 8.04km 和 7.36km，垂向的最大影响距离分别为 0.64km 和 0.47km，最大影响面积分别为 1.75km^2 和 1.50km^2；此外，下泄流量的减小对扩散带中心最大浓度也有影响，方案一中扩散带的中心氨氮最高浓度可超过 0.225mg/L，而方案二中，扩散带中心浓度则下降至 0.175~0.2mg/L，影响程度明显变小。

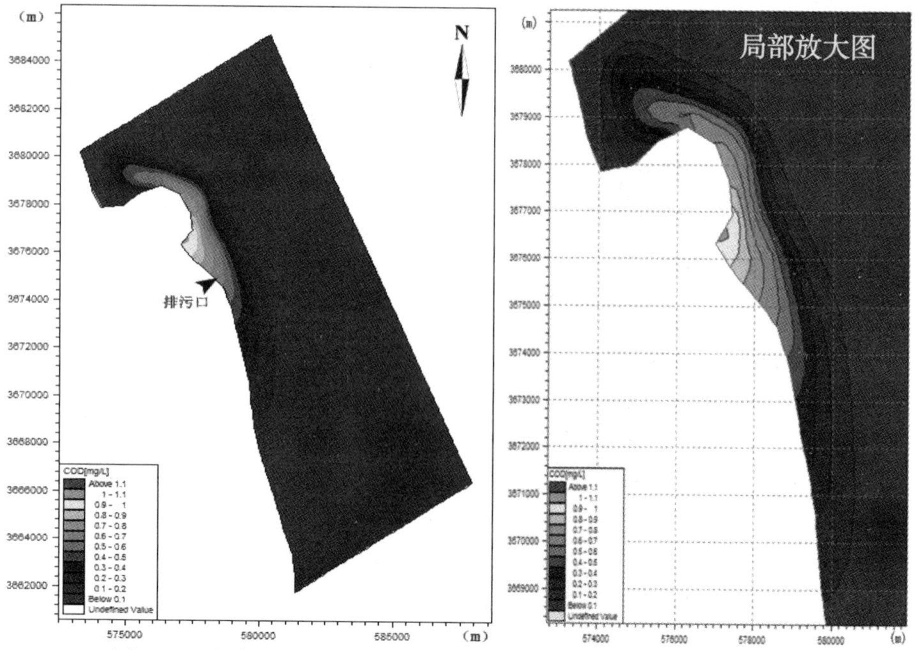

图 5-14 方案一闸门关闭 18 小时后 COD 即刻浓度增量扩散范围图

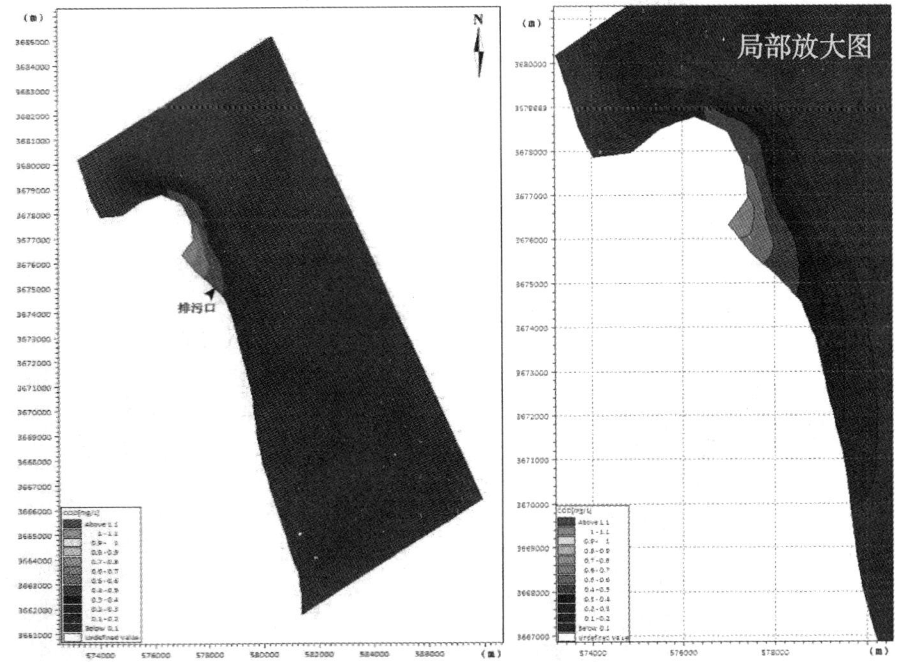

图 5-15　方案二闸门关闭 18 小时后 COD 即刻浓度增量扩散范围图

根据当地闸门的调度规则，一般选在日潮时某 6 个小时的落潮周期中开闸泄水，之后至第二天开闸之间的 18 个小时中，闸门处于关闭的状态。基于此，本书研究了关闸期间下泄河水中各类污染物的扩散情况。各个方案下闸门关闭 18 小时后下次开闸之前，近海海域 COD 即刻浓度增量的扩散范围见图 5-14、图 5-15 和表 5-25。

表 5-25　方案一和方案二闸门关闭 18 小时后 COD 即刻浓度增量扩散范围表

	浓度增量范围/(mg/L)	1~1.1	0.9~1	0.8~0.9	0.7~0.8	0.6~0.7	0.5~0.6	0.4~0.5	0.3~0.4	0.2~0.3	0.1~0.2
方案一	最大长度/km	0.52	1.44	2.29	3.85	5.90	8.74	10.69	13.23	15.17	17.88
	最大宽度/km	0.17	0.62	0.50	0.57	0.65	0.75	0.95	1.53	1.05	1.57
	面积/km²	0.04	0.38	0.46	0.90	1.36	1.69	1.90	2.73	3.78	7.70
方案二	最大长度/km	0	0	0	0	1.12	2.55	5.58	9.35	13.02	16.20
	最大宽度/km	0	0	0	0	0.52	0.72	0.98	1.18	2.02	1.70
	面积/km²	0	0	0	0	0.33	0.68	1.86	2.51	3.47	6.94

从图 5-14、图 5-15 和表 5-25 可以看出，在闸门关闭之后，下泄河水中的 COD 继续在近海海域中扩散，扩散距离越来越远，浓度影响越来越小；其中方案一中

COD 沿流动方向的最远扩散距离为 17.88 km，此时对应的扩散面积接近 8 km^2，方案二 COD 沿流动方向的最远扩散距离为 16.2 km，此时对应的扩散面积接近 7 km^2，此处的浓度值在 0.1~0.2 mg/L 之间；闸门关闭 18 小时之后，方案一扩散带中心 COD 的浓度为 1~1.1 mg/L，方案二扩散带中心 COD 的浓度为 0.6~0.7 mg/L，较开闸期已大幅降低。

各个方案下闸门关闭 18 小时后，近海海域氨氮即刻浓度增量的扩散范围见图 5-16、图 5-17 和表 5-26。

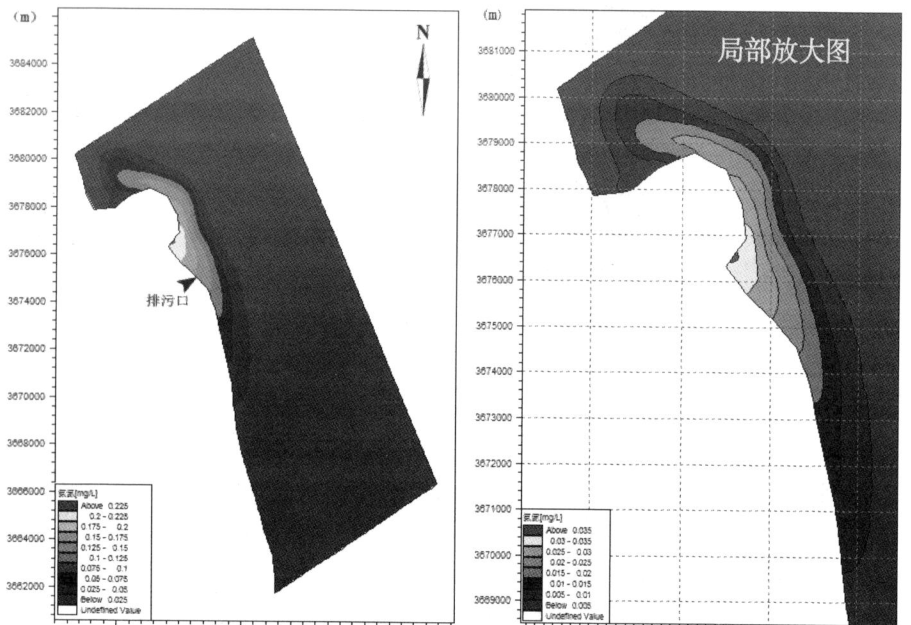

图 5-16　方案一闸门关闭 18 小时后氨氮即刻浓度增量扩散范围图

从图 5-16、图 5-17 和表 5-26 可以看出，在闸门关闭之后，下泄河水中的氨氮继续在近海海域中扩散，扩散影响范围越来越大，浓度影响越来越小；其中方案一中氨氮沿流动方向的最远扩散距离为 17.86 km，此时对应的扩散面积接近 7 km^2，方案二氨氮沿流动方向的最远扩散距离为 15.9 km，此时对应的扩散面积约为 6 km^2，此处的浓度值在 0.005~0.01 mg/L 之间；闸门关闭 18 小时之后，方案一扩散带中心氨氮的浓度为 0.035 mg/L 以上，0.04 mg/L 以下，方案二扩散带中心氨氮的浓度仅为 0.025~0.03 mg/L，较开闸期已大幅降低。

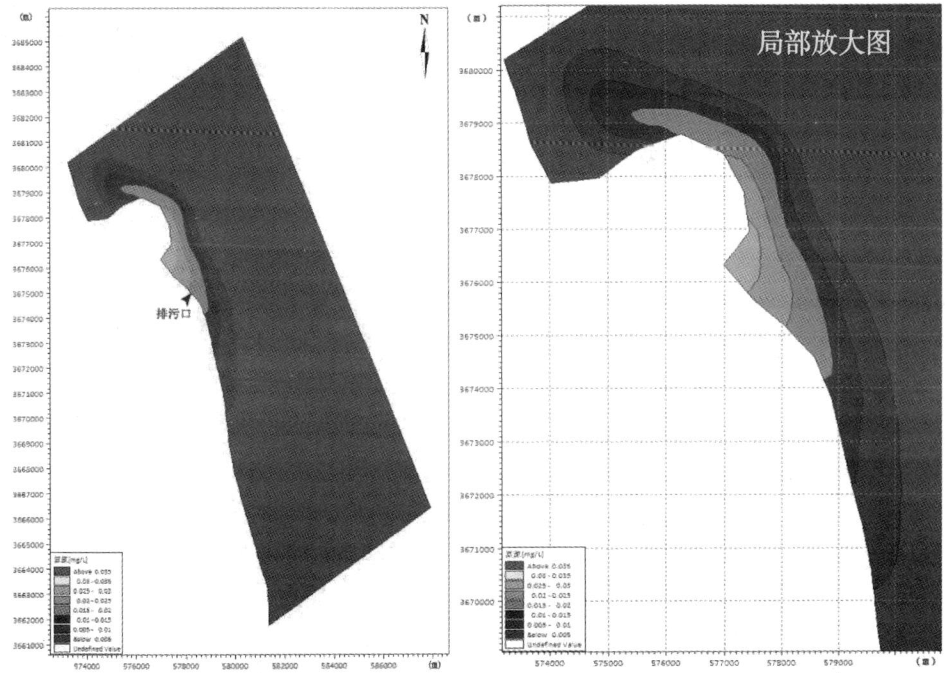

图 5-17 方案二闸门关闭 18 小时后氨氮即刻浓度增量扩散范围图

表 5-26 方案一和方案二闸门关闭 18 小时后氨氮即刻浓度增量扩散范围表

	浓度增量范围/(mg/L)	>0.035	0.03~0.035	0.025~0.03	0.02~0.025	0.015~0.02	0.01~0.015	0.005~0.01
方案一	最大长度/km	0.28	1.72	3.51	6.98	9.98	13.49	17.86
	最大宽度/km	0.11	0.62	0.64	0.74	0.94	1.64	1.43
	面积/km²	0.02	0.09	0.96	2.00	2.43	3.78	6.95
方案二	最大长度/km	0	0	1.50	3.69	8.11	11.94	15.91
	最大宽度/km	0	0	0.60	0.91	1.26	2.03	2.04
	面积/km²	0	0	0.46	1.17	2.60	3.50	6.12

5.5.4 小结

为了改善河流的水质状况，国家及地方都在积极倡导水资源回用，但关于尾水回用这种人类活动与水环境影响的内在联系研究在学术界开展得较少，我们认为尾水回用从表面上分析的确直接降低了污染物入河排放量，但由于回用方式(途径)、回用的水量及水质的不同，对外界的水文水环境都可能存在不同的影响。

关于尾水回用这类活动对水环境的影响，我们通过系统的研究和分析，并结合淮河流域沿海支流的实际特征，初步建立了尾水回水利用这种高强度的人类活动对水环境的影响的评价指标体系，总框架为 4 个一级指标、12 个二级指标、29

个三级指标，此指标体系将尾水回用这类人类活动对河流水环境影响的分为四大过程，基本可以较完全而且准确地评价区域人类活动对河流水环境的影响。在此评价指标体系的基础上可以建立相关数学模型，通过数学模型将指标数字化，便于环保部门和水利部门的政策制定，并将有利于主管部门对河流水量、水质的综合调控。

第六章　水质水量联合调度与耦合模拟预测系统

从生态学的角度出发，水资源承载力是在社会发展的某一阶段和生态系统良性循环的条件下，水资源对人类活动的最大支撑能力。水资源承载能力的大小反映了水环境对人类活动的支持程度。水资源承载能力分析的目的是为了揭示水资源、区域经济和人口之间的关系，合理充分地利用水资源，使经济建设与水资源保护同步进行，促进社会经济持续发展。本章将以水环境综合承载能力为切入点，发展重点河流水资源回用等高强度人类活动对水文、水环境影响的评价指标体系与系统评价技术，通过运用综合评判矩阵引入影响水资源承载能力的因素，在单因素评价的基础上，通过建立模糊关系矩阵和综合评价模型，对其承载能力做出多因素综合评价，全面分析流域水资源承载能力的状况，建立适合流域水资源承载能力的综合评价模型和分析计算方法。最后，运用评价模型对淮河流域水资源承载能力进行了评价分析，从而为通榆河流域水资源可持续开发利用提供决策依据。

6.1　综合评价模型的构建

由于淮河沿海支流地区通榆河水资源供需矛盾尖锐，一切生命和生产活动都和水资源关系密切，因而影响水资源承载能力的因素也较为复杂。水资源承载能力涉及水资源供需的各个方面，既和淮河沿海支流水资源特征有关，也和水资源开发利用规模以及各行业水资源需求状况有关。因此评价水资源承载能力，要对这些因素加以深入分析，然后分析建立评价模型及评价计算方法，最后通过模型来对地区水资源开发容量做出全面综合评价。

6.1.1　评判因素的选取、分级和评分

影响水资源承载能力的因素众多，在此我们考虑淮河及其沿海支流水资源的特点，选取水资源利用率、降水量、灌溉率、生态用水率等 4 个评价指标。各指标的含义如下：水资源利用率(u_1)，现状 75% 频率的供水量与可利用的水资源总量之比；降水量(u_2)，多年平均降水量，是区域水资源状况的自然禀赋；灌溉率(u_3)：灌溉面积与耕地面积之比；生态用水率(u_4)：人工林和人工草场等环境保护用水量与总引用水量之比。这些因素对淮河流域沿海支流水资源影响较大，是水资源承载能力评价的重要因素。按照这 4 个因素对淮河沿海支流水资源承载能力的影响程度，以及其他的一些水资源评价标准，可以将这 4 个因素对水资源承载能力的

影响程度划分为 3 个等级(表 6-1)。

V1 表示承载能力较弱，当地水资源承载能力已接近其饱和值，发生水源短缺，制约社会经济的发展，水资源进一步开发必然导致环境恶化，出现不可持续发展；V3 表示承载能力较强，表示地区水资源开发仍有一定的环境容量，其供给情况较为乐观；V2 级情况则介于上两级之间，表明本流域水资源开发利用已有相当规模，但仍有一定的开发利用潜力，水资源的供给需求在一定程度上能满足区域内的社会发展。为了更好地反映各等级水资源承载能力情况，对评判集等级用 1 分制数量化: A1 = 0.05，A2 = 0.5，A3= 0.95。这样以便可定量反映各等级因素对承载能力的影响程度，数值越高，水资源开发容量的潜力也就越大。

表 6-1　综合评价指标的分级值

评价因素集(U)	评判等级 V		
	V1	V2	V3
水资源利用率/%	> 75	75~50	<50
降水量/%	>5	5~0	<0
灌溉率/%	>60	60~20	<20
生态用水率/%	<1	1~5	>5
评分值	0.05	0.5	0.95

6.1.2　模糊关系矩阵和综合评价模型

在对通榆河(盐城段)水资源基础现状以及水质与污染结构现状进行调研分析的基础上，建立水质管理-水资源保护耦合模拟预测系统。通过相关数据的搜集以及特定模型的建立，有效地对污染结构及其特征进行识别和预测，同时对水质进行评估，为水污染控制的平衡问题提供决策支持 。

设评判因素集合为 $U=\{u_1, u_2, \cdots, u_m\}$，评语集合为 $V=\{v_1, v_2, \cdots, v_n\}$ ，U、V 代表的具体变量意义见表 6-1。首先对评价因素 u_i 进行单因素评判，确定其对评价等级 v_j 的隶属度 r_{ij}，这样得到第 i 个因素 u_i 的单因素评判集 $r_i=(r_{i1}, r_{i2}, \cdots, r_{in})$，$m$ 个评价因素的评价集构造出评判矩阵 R：

$$R=\begin{vmatrix} r_{11} & r_{12} & \cdots & r_{1n} \\ r_{11} & r_{22} & \cdots & r_{2n} \\ \vdots & \vdots & \vdots & \vdots \\ r_{m1} & r_{m2} & \cdots & r_{mn} \end{vmatrix}$$

则水资源承载力模糊综合评判为下列模糊变换 $B=A\cdot R$，式中：A 为 u 上的模糊子集，而评判结果 B 则是 V 上的模糊子集。并且可表示为 $A=\{a_1, a_2, \cdots, a_m\}$，$0<a_i<1$；评价计算中 $A=\{a_1, a_2, \cdots, a_m\}$ 代表了各因素对综合评判重要性的权系数。因此，

满足 $\sum_{i=1}^{m} a_i = 1$。综合评定采用数量化评判集 A_j 的值以 B 矩阵中各等级隶属度 b_j 值，根据下式分析计算：

$$a = \frac{\sum_{i=1}^{3} b_j^k a_j}{\sum_{j=1}^{3} b_j^k}$$

6.1.3　评价因素隶属度计算公式

根据各评价因素的实际数值对照各因素的分级指标来分析推求评判矩阵 R 中的隶属函数 r_{ij} 的值。采用模糊化处理构建隶属函数，并使其各级间平滑过渡。当指标值 u_i 越小系统越优时，如评价因素 u_1、u_2、u_3，各评语隶属函数分布和计算式如下：当指标值 u_i 越大系统越优时，如对于评价因素 u_4，只需将计算式右端 u_i 区间“≥”改为“≤”，而将“＜”改为“＞”后采用同样的计算式即可。

$$\mu_{w1}(u_i) = \begin{cases} 0.5\left(1+\dfrac{u_1 - K_1}{u_1 - K_2}\right) & u_1 \geqslant K_1 \\ 0.5\left(1+\dfrac{u_1 - K_1}{u_1 - K_2}\right) & u_1 \geqslant K_1 \end{cases}$$

$$\mu_{w2}(u_i) = \begin{cases} 0.5\left(1-\dfrac{u_i - K_1}{u_i - K_2}\right) & u_i \geqslant K_1 \\ 0.5\left(1+\dfrac{K_1 - u_1}{K_1 - K_2}\right) & K_2 \leqslant u_i < K_1 \\ 0.5\left(1+\dfrac{u_1 - K_3}{K_2 - K_3}\right) & K_3 \leqslant u_i < K_2 \\ 0.5\left(1-\dfrac{K_3 - u_i}{K_2 - u_i}\right) & u_i \leqslant K_3 \end{cases}$$

$$\mu_{w3}(u_i) = \begin{cases} 0 u_i \geqslant K_2 \\ 0.5\left(1-\dfrac{u_i - K_3}{K_2 - K_3}\right) & K_3 \leqslant u_i < K_2 \\ 0.5\left(1+\dfrac{K_3 - u_1}{K_2 - u_1}\right) & u_i \geqslant K_3 \end{cases}$$

6.1.4 淮河沿海支流水资源承载能力的综合评价

根据淮河沿海支流自然、社会和经济情况以及水资源开发利用状况，对淮河沿海支流进行水资源承载能力综合分析，可得淮河沿海支流各评价因素的指标数值。

根据各评判因素的指标特征，按公式分别计算统计出每个评判因素对各个等级的相对隶属度 r_{ij}，其中，$r_{i1}=L_1(u_i)$，$r_{i2}=L_2(u_i)$，$r_{i3}=L_3(u_i)$，从而求出整个综合评判矩阵 R 的值。在综合考虑各评判指标对水资源承载能力影响程度的大小以及不同指标之间的交叉性的基础上，参照全国水资源评价标准，赋予各评价因素不同的权重：水资源利用率、缺水率、径流深对水资源承载能力的影响较大，故分别赋予权重 0.2；其他评判因素赋予权重 0.1。根据上述 A 和 R 矩阵数据，将 $B=A\cdot R$ 按普通矩阵计算规则即可求得水资源承载能力的最终评判结果矩阵 B。

评价因素 U_1 为水资源利用率，评价等级 V={0.05，0.5，0.95}，其分级标准见表 6-1，计算单因素 U_1 的相对隶属度和评判集，同理可得其余评价因素 U_2、U_3、U_4 的评判集组成 R。综合评判矩阵权重矩阵 A 与 R 相乘 $B=A\cdot R$，计算得出水资源承载能力的综合评判集 b，同理可计算其他分区综合评判集，由此组成水资源承载能力综合评判矩阵 B。

6.2 经济发展与水资源环境状况的协调关系的实证分析

6.2.1 经济发展与水资源环境状况的协调关系的回归模型

经济发展与水资源环境状况的协调关系的回归模型如下：

$$Y = C + \beta X + \varepsilon$$

其中，X 表示工业治污投资金额，单位是万元；Y 表示治理废水的量，单位是万吨。回归结果如下：

Dependent Variable: Y
Method: Least Squares
Date: 04/14/14 Time: 15:21
Sample: 2002 2012
Included observations: 11

Variable	Coefficient	Std. Error	t-Statistic	Prob.
C	293340.6	158923.7	1.845796	0.0980
X	0.269013	0.037524	7.169162	0.0001

R-squared	0.850986	Mean dependent var	1379146.
Adjusted R-squared	0.834429	S.D. dependent var	392438.6
S.E. of regression	159685.1	Akaike info criterion	26.96276
Sum squared resid	2.29E+11	Schwarz criterion	27.03511
Log likelihood	-146.2952	Hannan-Quinn criter.	26.91716
F-statistic	51.39688	Durbin-Watson stat	1.987084
Prob(F-statistic)	0.000053		

由结果可知，模型的拟合程度很高，拟合优度达到了 85%，同时 X 的 t 值通过了显著性检验，进一步说明解释变量 X 可以在很大程度上解释被解释变量 Y，且当环保投入越大时，废水治理的效果越好。

6.2.2 淮河流域经济社会发展与淮河苏北段水质水环境之间的关系

如果以 Y 表示淮河流域苏北段水质达标状况，X 代表淮河流域苏北段的人均 GDP (单位元)，则建立模型如下：

$$Y = C + \beta X + \varepsilon$$

回归结果如下：

Dependent Variable: Y
Method: Least Squares
Date: 04/14/14 Time: 16:12
Sample: 2005 2012
Included observations: 8

Variable	Coefficient	Std. Error	t-Statistic	Prob.
C	71.13619	2.243037	31.71423	0.0000
X1	0.000603	8.54E-05	7.060556	0.0004

R-squared	0.892572	Mean dependent var	85.85000
Adjusted R-squared	0.874668	S.D. dependent var	6.628725
S.E. of regression	2.346723	Akaike info criterion	4.756235
Sum squared resid	33.04265	Schwarz criterion	4.776095
Log likelihood	-17.02494	Hannan-Quinn criter.	4.622284
F-statistic	49.85145	Durbin-Watson stat	3.209844
Prob(F-statistic)	0.000404		

6.2.3 描述性统计分析

由图 6-1 可见，城镇污水排放量正逐渐成为盐城水环境污染的主要来源。

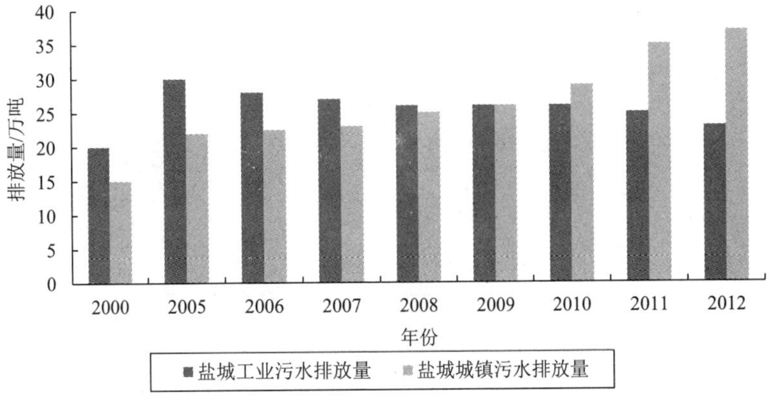

图 6-1

由图 6-2 可知，城镇生活污水的化学需氧量大于工业污水的化学需氧量。

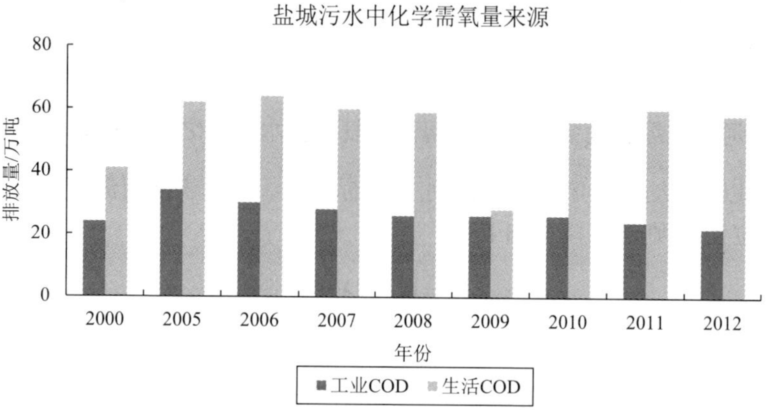

图 6-2

第七章　水质管理-水资源保护联合调度决策系统的建立

在对通榆河(盐城段)水文水资源基础现状以及水质与污染结构现状进行调研分析的基础上，建立水质管理-水资源保护耦合模拟预测系统。通过相关数据的搜集以及特定模型的建立，有效地对污染结构及其特征进行识别和预测，同时对水质进行评估，建立水质管理-水资源保护联合调度决策系统，为水污染控制的平衡问题提供决策支持。并根据通榆河流域地区的水系、水库分布、行政划分和水资源调度可行性将淮河流域进行区域划分，构建网络。

7.1　水资源调控策略获取的总体框架

为了获取整个通榆河流域的水资源调度决策方案，我们的技术路线如图 7-1。首先，根据每个区域农业现代化、工业现代化、城镇化的相关数据对各区域的水资源需求进行预测。其次，建立区域供水-用水满足率指标，建立结合水资源获取和利用的循环平衡方程式。进而，分别考虑湖泊和河流两种形式的水质方程模型，构建考虑污染衰减的水体资源的健康度指数。然后，针对每个子区域建立多目标规划模型，在水资源的供给满足率和健康度指数满足要求的情况下，使整个水资源战略的成本尽可能低。最后，在上述模型的基础上，建立全局决策规划模型，在满足每个区域水资源的供给和需求平衡，同时使每个区域水体的健康度指数达到要求的前提下，使整个流域的水资源调控成本最低。

7.2　水资源的需求预测模型

7.2.1　回归类时间序列预测模型库

1) 第 k 个地区的水资源需求 y 受 m 个因素(人均 GDP，城镇化率，万元 GDP 能耗，第二产业比重，总人口)的影响，y 与因素 $x_1, x_2, \cdots, x_m$ 之间满足以下线性关系

$$y = \alpha_0 + \alpha_1 x_1 + \alpha_2 x_2 + \cdots + \alpha_m x_m + \varepsilon$$

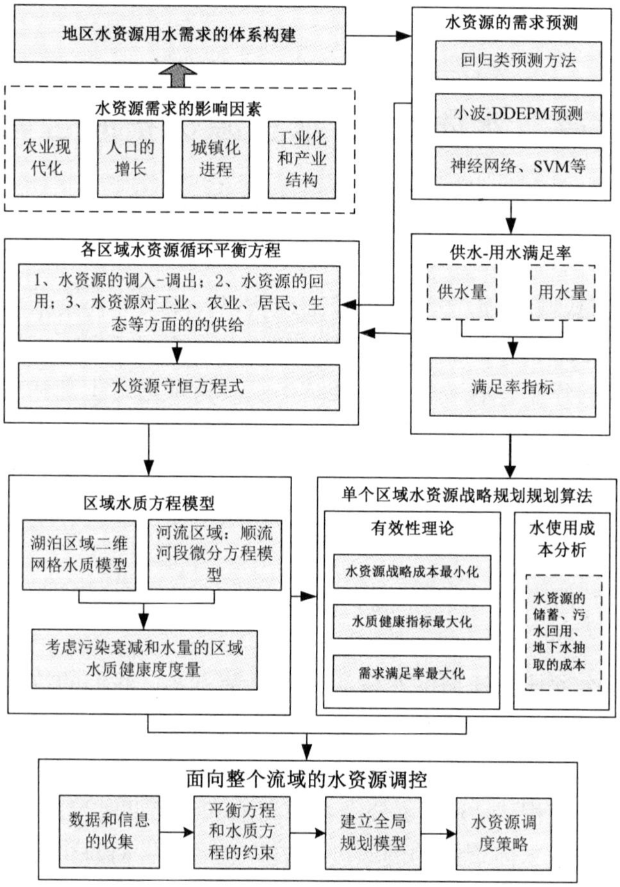

图 7-1　技术路线图

2) p 阶自回归模型 AR(p)：根据历史需求，预测未来实际的水资源需求量

$$y_t = \phi_1 y_{t-1} + \phi_2 y_{t-2} + \cdots + \phi_p y_{t-p} + \varepsilon_t$$

其中，$\{\varepsilon_t, t = 1,2,\cdots,n\}$ 为白噪声时间序列，且满足 $E\varepsilon_t y_{t-i} = 0$，$\varphi_1, \varphi_2, \cdots, \varphi_p$ 为自回归系数。

3) q 阶滑动平均模型 MA(q)

$$y_t = \varepsilon_t + \theta_1 \varepsilon_{t-1} + \theta_2 \varepsilon_{t-2} + \cdots + \theta_q \varepsilon_{t-q}$$

其中，$\{\varepsilon_t, t = 1,2,\cdots,n\}$ 为白噪声时间序列，$\theta_1, \theta_2, \cdots, \theta_q$ 为滑动平均系数。

4) 自回归-滑动平均模型 ARMA(p，q)

$$y_t = \varphi_1 y_{t-1} + \varphi_2 y_{t-2} + \cdots + \varphi_p y_{t-p} + \varepsilon_t + \theta_1 \varepsilon_{t-1} + \theta_2 \varepsilon_{t-2} + \cdots + \theta_q \varepsilon_{t-q}$$

其中，$\{\varepsilon_t, t=1,2,\cdots,n\}$为白噪声时间序列，且满足$E\varepsilon_t y_{t-i}=0$，$\varphi_1,\varphi_2,\cdots,\varphi_p$和$\theta_1,\theta_2,\cdots,\theta_q$为ARMA($p$，$q$)模型待估参数。

7.2.2　基于小波–SDDEPM的水量需求预测模型

首先对水量需求时间序列利用小波多尺度分解，提取出水资源需求量时间序列的低频趋势序列和高频细节波动序列，然后分别利用滑动平均的离散差分方程预测模型(SDDEPM)和马尔可夫链预测模型对低频和高频序列进行预测，接着对各层的预测结果进行小波重构，便可得到水量需求时间序列的预测值。

1. 水量需求时间序列的小波分解

对于原时间序列信号 S 进行分解，如图 7-2 所示，信号 S 最终被分解为$S=W_1+W_2+\cdots+W_J+S_J$，这里的$W_1,W_2,\cdots,W_J$为信号 S 在不同频率上的细节波动，S_J为信号 S 的趋势。

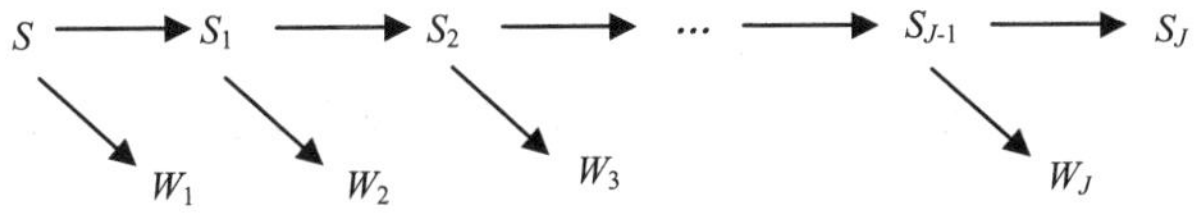

图 7-2　水资源需求时间序列 S 的分解

对水量需求时间序列信号 S，利用 àtrous 算法进行小波分解，则

$$S_J=\sum_{k\in Z}a_k^J\cdot 2^{(-J/2)}\cdot\phi(2^{-J}t-k)$$

其中，$\phi(\varepsilon)$为小波尺度函数，$\varepsilon\in(-\infty,+\infty)$，$t$为信号 S 的时刻取值。

$$W_j=\sum_{k\in Z}b_k^j\cdot 2^{(-j/2)}\cdot\varphi(2^{-j}t-k),\quad j=1,2,\cdots,J$$

这里$\varphi(\varepsilon)$为 Haar 小波函数，且满足$\varphi(\varepsilon)=\phi(2\varepsilon)-\phi(2\varepsilon-1)$。从上面两式可以看出，反映信号长期趋势的$S_J$对应着系数序列$a_k^J,k\in Z$；而信号在各个高频空间上的波动对应着系数列$b_k^j$，$k\in Z$，$j=1,2,\cdots,J$。

2. 离散差分方程预测模型

建立滑动平均离散差分方程预测模型(SDDEPM)，对反映水资源需求时间序列长期趋势的S_J对应的系数序列$a_k^J,k\in Z$进行预测。

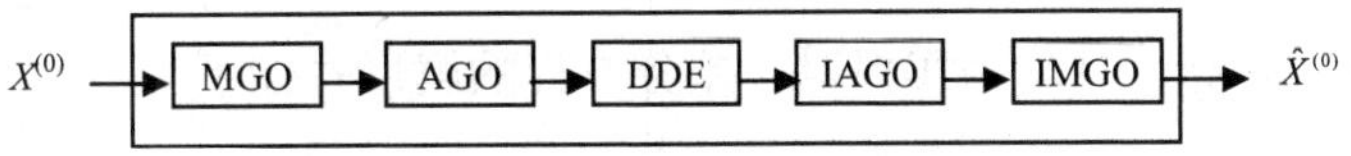

图 7-3　离散差分方程预测建模流程

离散差分方程预测模型采用单变量二阶差分方程式建模，对时间序列数据的拐点具有更好的预测效果。离散差分方程预测模型的建模流程步骤如下：

(1) 原的时间序列数据 $Y^{(0)}=\{y^{(0)}(1),y^{(0)}(2),\cdots,y^{(0)}(n)\}$。

(2) 映射运算(MGO)。对新的时间序列数据 $Y^{(0)}$ 做映射运算(MGO)，得到映射序列 $R^{(0)}=\{r^{(0)}(1),r^{(0)}(2),\cdots,r^{(0)}(n)\}$。这里映射运算的公式为：

$$r^{(0)}(i)=\mu\cdot y^{(0)}(i)+s$$

其中 μ, s 分别为伸缩因子和平移因子。对任意的序列 $Y^{(0)}$，选择合适的 μ, s 取值，使得 $r^{(0)}(i)>0$。

(3) 计算一阶累加(1-AGO)序列。对序列 $R^{(0)}=\{r^{(0)}(1),r^{(0)}(2),\cdots,r^{(0)}(n)\}$ 做一阶累加，生成 $R^{(0)}$ 的 1-AGO 序列 $R^{(1)}=\{r^{(1)}(1),r^{(1)}(2),\cdots,r^{(1)}(n)\}$。其中，

$$r^{(1)}(i)=\sum_{u=1}^{i}r^{(0)}(u)\text{，}\quad i=1,\cdots,n$$

(4) 建立二阶差分方程模型(DDE)并求解。对生成的 1-AGO 序列 $R^{(1)}$ 进行建模，建模方程式如下：

$$r^{(1)}(p+2)+\alpha r^{(1)}(p+1)+\beta r^{(1)}(p)=0,\ \ p=1,2,\cdots,n-2$$

其中 α，β 为待估参数。利用最小二乘法可得参数 α，β 的估计值，若令

$$U=\begin{pmatrix}-r^{(1)}(2) & -r^{(1)}(1)\\ -r^{(1)}(3) & -r^{(1)}(2)\\ \vdots & \vdots\\ -r^{(1)}(n-1) & -r^{(1)}(n-2)\end{pmatrix}_{(n-2)\times 2},\quad V=\begin{pmatrix}r^{(1)}(3)\\ r^{(1)}(4)\\ \vdots\\ r^{(1)}(n)\end{pmatrix}$$

则参数 α，β 的计算式为：

$$\begin{pmatrix}\alpha\\ \beta\end{pmatrix}=(U^TU)^{-1}U^TV$$

方程式的特征方程为 $\lambda^2+\alpha\lambda+\beta=0$，特征根为 $\lambda_1=\dfrac{-\alpha+\sqrt{\alpha^2-4\beta}}{2}$ 和 $\lambda_2=\dfrac{-\alpha-\sqrt{\alpha^2-4\beta}}{2}$。下面针对 λ_1 和 λ_2 的情况进行讨论：

(ⅰ) 当 $\lambda_1\neq\lambda_2$，且均为实根时。差分方程的解形式如下

$$\hat{r}^{(1)}(i)=C_1\cdot\lambda_1^i+C_2\cdot\lambda_2^i\text{，}\quad i=1,\cdots,n$$

其中，$C_1=\dfrac{\lambda_2\cdot r^{(0)}(1)-r^{(0)}(1)-r^{(0)}(2)}{\lambda_1\cdot\lambda_2-\lambda_1^2}$，$C_2=\dfrac{\lambda_1\cdot r^{(0)}(1)-r^{(0)}(1)-r^{(0)}(2)}{\lambda_1\cdot\lambda_2-\lambda_2^2}$。

(ii) 当 $\lambda_1=\lambda_2$，且均为实根时。差分方程的解形式如下

$$\hat{r}^{(1)}(i)=C_1\cdot\lambda_1^i+C_2\cdot p\cdot\lambda_1^i\,,\quad i=1,\cdots,n\,.$$

其中，$C_1=\dfrac{r^{(0)}(1)\times(2\lambda_1-1)-r^{(0)}(2)}{\lambda_1^2}$，$C_2=\dfrac{r^{(0)}(1)\times(1-\lambda_1)+r^{(0)}(2)}{\lambda_1^2}$。

(iii) 当 λ_1,λ_2 为共轭虚根时。差分方程的解形式如下

$$\hat{r}^{(1)}(i)=C_1\cdot\rho^i\cdot\sin(\theta i)+C_2\cdot\rho^i\cdot\cos(\theta i)\,,\quad i=1,\cdots,n$$

其中，$\rho=\sqrt{\beta}$，$\theta=\tan^{-1}(-\dfrac{\sqrt{4\beta-\alpha^2}}{\alpha})$，

$$C_1=\frac{r^{(0)}(1)\rho\cos(2\theta)-r^{(0)}(1)\cos\theta-r^{(0)}(2)\cos\theta}{\rho^2(\sin\theta\cdot\cos(2\theta)-\cos\theta\cdot\sin(2\theta))}\,,$$

$$C_2=\frac{r^{(0)}(1)\sin\theta-r^{(0)}(2)\sin\theta-r^{(0)}(1)\rho\sin(2\theta)}{\rho^2(\sin\theta\cdot\cos(2\theta)-\cos\phi\cdot\sin(2\theta))}。$$

(5) 逆累加生成运算(IAGO)。根据第 4 步的求解结果，进行逆累加运算，得到映射序列的预测值 $\hat{r}^{(0)}(i)$ ($i=1,\cdots,n$)，这里

$$\hat{r}^{(0)}(i)=\hat{r}^{(1)}(i)-\hat{r}^{(1)}(i-1)$$

(6) 逆映射运算(IMGO)。由于在进行累加建模前，数列进行了一次映射变换，因此有必要对数列进行逆映射运算，得到序列的预测值。时间序列数据在时间 i ($i=1,\cdots,n$)的预测值如下：

$$\hat{x}^{(0)}(i)=\frac{\hat{r}^{(0)}(i)-s}{\mu}$$

通过上述(1)~(6)六个步骤，我们就可以根据任意已知的时间序列样本，预测任意时间的指标值。

利用此模型对系数序列 a_k^J 进行动态预测，首先选取系数序列的前 n 个值为样本数据，对第 n+1 个系数进行预测，然后去掉系数列的第 1 个值并且加上 n+1 个系数的预测值作为新的样本数据预测第 n+2 个系数值，按照此方法依次进行下去。

这样就得到一个新的预测序列 $\hat{a}_k^J, k \in Z$，将其代入

$$\hat{S}_J = \sum_{k \in Z} \hat{a}_k^J \cdot 2^{(-J/2)} \cdot \phi(2^{-J} t - k)$$

即可得到水量需求时间序列的整体变动趋势 $\hat{S}_J$。

7.2.3　组合预测——基于单项预测方法模型库

为了对上面的三类单项预测模型进行合理的选择和赋权，我们利用组合预测模型，对多个单项方法进行组合，得到各个单项预测结果的权重。实际上，在组合预测中，单个方法是冗余的，则权重为零，说明该方法不提供预测信息。因此，组合预测实现了单项方法的合理选择。

设水资源需求时间序列为 $\{x_t, t = 1,2,\cdots,N\}$，选择 3 种单项预测方法对其进行预测，设 x_{it} 为第 i 种单项预测模型在第 t 时刻的拟合值，$i = 1,2,3$，$t = 1,2,\cdots,N$，令

$$\hat{x}_t = \sum_{i=1}^{3} l_{it} x_{it}$$

其中 $\hat{x}_t$ 第 t 时刻的组合预测值，l_{it} 为第 i 种单项预测方法在第 t 时刻的加权系数，且 l_{it} 满足

$$\begin{cases} \sum_{i=1}^{m} l_{it} = 1, & t = 1,2,\cdots,N, \\ l_{it} \geqslant 0, & i = 1,2,\cdots,m, \quad t = 1,2,\cdots,N, \end{cases}$$

设 e_t 为组合预测在第 t 时刻的预测误差，则有

$$e_t = x_t - \hat{x}_t = \sum_{i=1}^{m} l_{it} e_{it},$$

其中 $e_{it} = (x_t - x_{it})$ 为第 i 种单项预测方法在第 t 时刻的预测误差。

设 J 表示非负可变加权系数的组合预测的预测误差平方和，则有

$$J = \sum_{t=1}^{N} e_t^2 = \sum_{t=1}^{N} \sum_{i=1}^{m} \sum_{j=1}^{m} l_{it} l_{jt} e_{it} e_{jt}$$

因此以预测误差平方和为准则的非负可变加权系数的水量需求组合预测模型为下列最优化问题：

$$\min J=\sum_{t=1}^{N}\sum_{i=1}^{m}\sum_{j=1}^{m}l_{it}l_{jt}e_{it}e_{jt},$$

$$\text{s.t.}\begin{cases}\sum\limits_{i-1}^{m}l_{it}=1, & t=1,2,\cdots,N,\\ l_{it}\geqslant 0, \quad i=1,2,\cdots,m, & t=1,2,\cdots,N,\end{cases}$$

7.3　水资源调度决策支持系统

7.3.1　区域供水-用水的满足率指数构建

对于第 k 个区域来说，我们建立供水–用水的水量平衡满意度系统模型：

$$D=D_1+D_2+D_3+D_4 \tag{1}$$

其中，总用水量需求 D 等于 D_1 (工业用水需求)，D_2 (农业用水需求)，D_3 (居民生活用水需求)和 D_4 (生态环境用水需求)之和。如果该地区所能提供的水量为 S，则针对该地区来说，水量供给的满足率指数为：

$$\mu_1^{(k)}=\begin{cases}1, & S>D_{\text{High}}^{(k)}\\ \dfrac{S-D_{\text{Low}}^{(k)}}{D_{\text{High}}^{(k)}-D_{\text{Low}}^{(k)}}, & D_{\text{Low}}^{(k)}\leqslant S\leqslant D_{\text{High}}^{(k)}\\ 0, & S<D_{\text{Low}}^{(k)}\end{cases} \tag{2}$$

这里 $D_{\text{High}}^{(k)}$ 为该地区满足用水需求的全国标准，而 $D_{\text{Low}}^{(k)}$ 为满足基本工业、农业、生活、生态用水的最低标准。

7.3.2　区域水资源循环平衡方程

进而，针对第 k 个区域固定时间内的水资源调入-调出-回用平衡方程如下：

$$\begin{cases}S=\beta\left[S_{\text{Self}}^{(k)}+S_{\text{In}}^{(k)}+S_{\text{Again}}^{(k)}+S_{\text{Storage}}^{(k)}+S_{\text{Ds}}^{(k)}+S_{\text{Under}}^{(k)}-S_{\text{Out}}^{(k)}\right]-S_{\text{Dra}}\\ \beta\leqslant\lambda\beta_0\\ S=S_{\text{Arg}}+S_{\text{In}}+S_{\text{Cir}}+S_{\text{Life}}+S_{\text{Oth}}\\ S_{\text{Dra}}=\alpha_1\cdot S_{\text{In}}+\alpha_2\cdot S_{\text{Life}}+\alpha_3\cdot S_{\text{Arg}}+\alpha_4\cdot S_{\text{Cir}}+\alpha_5\cdot S_{\text{Oth}}\end{cases} \tag{3}$$

该方程描述了某区域水资源。其中，$S_{\text{Self}}^{(k)}$ 表示第 k 个区域的降水的有效收集量(可供利用)；β_0 为水资源的可供最高利用率，该参数受到环境和具体用水技术情况的影响；$S_{\text{In}}^{(k)}$ 为第 k 个区域的水资源调入量；$S_{\text{Out}}^{(k)}$ 为第 k 个地区的水资源调出量；$S_{\text{Again}}^{(k)}$ 为第 k 个地区的污水处理回用的水资源总量；$S_{\text{Storage}}^{(k)}$ 为第 k 个地区的原有的储蓄的水资源库存；$S_{\mathrm{Ds}}^{(k)}$ 为第 k 个地区的海水资源淡化量；$S_{\mathrm{Under}}^{(k)}$ 为第 k 个地区的地下水资源的使用量；S_{Oth} 为其他用水量；S_{Dra} 为水资源在使用过程中的蒸腾、渗漏等消耗；α_1，α_2，α_3，α_4，α_5 分别为水资源在农业、工业、居民生活、生态环境及其他领域使用过程中的损耗系数，该系数与农业灌溉等技术水平有关。

7.3.3　区域水质方程模型

(1) 针对湖泊地区的水质，建立考虑湖区水流入流出方向的二维网格水质模型(图 7-4)：将整个区域划分为多个网格，针对每个网格来说，根据水量的守恒规律，我们有下列方程：

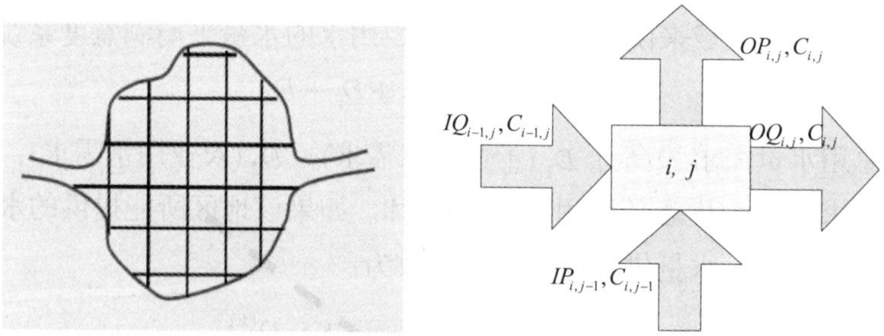

图 7-4　湖泊区域二维网格水质模型

$$V\frac{\mathrm{d}C_{i,j}}{\mathrm{d}t}=IQ_{i-1,j}C_{i-1,j}+IP_{i,j-1}C_{i,j-1}-(OQ_{i,j}+OP_{i,j})C_{i,j}-K_1VC_{i,j} \tag{4}$$

式中，V 为每个网格水体的体积；$C_{i,j}$ 为两个流入和流出方向污染物的浓度；K_1 为水体污染在湖泊中的衰减系数；IP、OP 和 IQ、OQ 分别为水体在两个方向上的流量。

在稳态条件下，模型(4)的解为：

$$C_{i,j}=\frac{IQ_{i-1,j}IP_{i-1,j}+IP_{i,j-1}C_{i,j-1}}{OQ_{i,j}+OP_{i,j}+K_1V}\text{，}i\text{，}j=1\text{，}2\text{，}\dots\text{，}n \tag{5}$$

(2) 河流地区的水质与湖泊地区的有所不同，为此将整个河道划分为多个河段(图 7-5)，水质方程模型如式(6)所示：

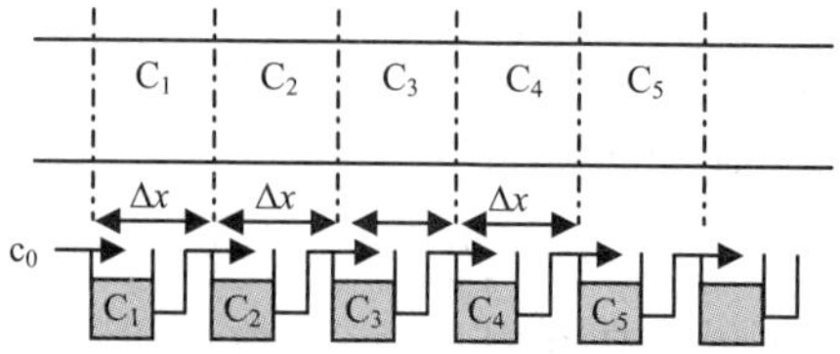

图 7-5　河流区域顺流河段水质模型

$$V\frac{\mathrm{d}C}{\mathrm{d}t}=Q(C_0-C)-K_1CV \tag{6}$$

求解式(6)，可得第 i 个河段水质污染物的浓度为：

$$C_i = \frac{C_0}{\left(1 + \frac{k_1 \Delta x}{u}\right)^i} \tag{7}$$

实际上，式(5)和式(7)中的污染物初始浓度：

$$C_{0,j} = \frac{\gamma Q_{\mathrm{po}}}{Q_{\mathrm{po}} + Q_{\mathrm{oth}}}$$

式中，Q_{po} 为水体中工业等排放的污水量；Q_{oth} 为区域内其他的水体总量；γ 为排除污水的污染物浓度。

根据第 k 个区域中水体污染物 j 的浓度指标 $C_j^{(k)}$ (COD，BOD，总磷等)，我们进一步构建水资源质量的健康度指数如下：

$$\mu^{(k)}{}_2 = \begin{cases} 1, & C_j^{(k)} < \underline{C}; \\ \dfrac{\overline{C} - C_j^{(k)}}{\overline{C} - \underline{C}}, & \underline{C} \leqslant C_j^{(k)} \leqslant \overline{C}; \\ 0, & C_j^{(k)} > \overline{C}. \end{cases} \tag{8}$$

式中，$\overline{C}$ 为水体循环污染物浓度的上限，$\underline{C}$ 为水质优良的标准值。

7.3.4　水资源的调控成本分析

为了确定合理的水资源战略，我们在满足水资源需求和水质的条件下，使总调控成本达到最小。

针对第 k 个区域来说，考虑到水资源在不同区域的调度成本，我们建立如下的方程式：

$$C^{(k)} = l_1 S_{\mathrm{Again}}^{(k)} + l_2 S_{\mathrm{Storage}}^{(k)} + l_3 S_{\mathrm{Ds}}^{(k)} + l_4 S_{\mathrm{Under}}^{(k)} \tag{9}$$

式中，$C^{(k)}$ 表示第 k 个区域的水资源调控总成本；l_1 为单位水资源回用的成本；l_2 为单位水资源储蓄的成本；l_3 为海水淡化得到单位水资源的成本；l_4 为地下单位水资源提取的成本。

进一步，水资源平衡还应该满足如下关系式：

$$S_{\mathrm{Pre}}^{(k)} + S_{\mathrm{In}}^{(k)} - S_{\mathrm{Out}}^{(k)} = E_{\mathrm{Total}} + S + \Delta S_{\mathrm{Land}} + \Delta S_{\mathrm{Sur}} \tag{10}$$

式中，$S_{\text{Pre}}^{(k)}$ 为单位时间的降水量；E_{Total} 为单位时间水资源蒸发量；ΔS_{Land} 为地表水资源的增量；ΔS_{Sur} 为地下水资源的增量。

7.3.5 针对第 *k* 个区域的目标规划模型

针对淮河流域水系网络中的第 k 个区域来说，面向水资源的供给满足率，以水资源健康度指数尽可能大，而整个水资源战略的成本达到最低为目标。建立如下的多目标规划模型：

$$\min C^{(k)},\ \max \mu^{(k)}{}_1,\ \max \mu^{(k)}{}_2$$

$$s.t\begin{cases} D = D_1 + D_2 + D_3 + D_4 \\ S = \beta\left[S_{\text{Self}}^{(k)} + S_{\text{In}}^{(k)} + S_{\text{Again}}^{(k)} + S_{\text{Storage}}^{(k)} + S_{\text{Ds}}^{(k)} + S_{\text{Under}}^{(k)} - S_{\text{Out}}^{(k)}\right] - S_{\text{Dra}} \\ \beta \leqslant \lambda\beta_0 \\ S = S_{\text{Arg}} + S_{\text{In}} + S_{\text{Cir}} + S_{\text{Life}} + S_{\text{Oth}} \\ S_{\text{Dra}} = \alpha_1 \cdot S_{\text{In}} + \alpha_2 \cdot S_{\text{Life}} + \alpha_3 \cdot S_{\text{Arg}} + \alpha_4 \cdot S_{\text{Cir}} + \alpha_5 \cdot S_{\text{Oth}} \\ C_{i,j} = \dfrac{IQ_{i-1,j}IP_{i-1,j} + IP_{i,j-1}C_{i,j-1}}{OQ_{i,j} + OP_{i,j} + K_1V} \\ C_{0,j} = \dfrac{\gamma Q_{\text{po}}}{Q_{\text{po}} + Q_{\text{oth}}} \\ C^{(k)} = l_1S_{\text{Again}}^{(k)} + l_2S_{\text{Storage}}^{(k)} + l_3S_{\text{Ds}}^{(k)} + l_4S_{\text{Under}}^{(k)} \\ S_{\text{Pre}}^{(k)} + S_{\text{In}}^{(k)} - S_{\text{Out}}^{(k)} = E_{\text{Total}} + S + \Delta S_{\text{Land}} + \Delta S_{\text{Sur}} \end{cases} \tag{11}$$

根据模型(11)，我们可以获得第 k 个区域的最优水资源战略。包括如何规划该区域的工业、农业、生态等用水，水资源的来源如何合理安排和调控，以保证在水资源一定的满意度的基础上，总成本最小。

7.3.6 面向整个流域的水资源调控

水资源战略的调控的目的是要使整个流域在满足需求和水质健康度满足要求的情况下，整个流域的水资源调控成本最低。调控的前提是对每个区域来说，满足水资源的供给和需求平衡，同时使每个区域水体的健康度指数达到要求。建立如下模型：

$$\min\ C=\sum_{i,j}c_{ij}S_{ij}$$

$$s.t\begin{cases}\sum_{k=1}^{19}S_{\text{In}}^{(k)}=\sum_{k-1}^{19}S_{\text{Out}}^{(k)}\\ S_{\text{Out}}^{(k)}=\sum_{j=1}^{19}S_{kj}\\ S_{\text{In}}^{(k)}=\sum_{i=1}^{10}S_{ik}\\ S_{ij}\geqslant 0\\ \sum_{i,j\in S}S_{ij}=0\\ s.t\begin{cases}D=D_1+D_2+D_3+D_4\\ S=\beta\left[S_{\text{Self}}^{(k)}+S_{\text{In}}^{(k)}+S_{\text{Again}}^{(k)}+S_{\text{Storage}}^{(k)}+S_{\text{Ds}}^{(k)}+S_{\text{Under}}^{(k)}-S_{\text{Out}}^{(k)}\right]-S_{\text{Dra}}\\ \beta\leqslant\lambda\beta_0\\ S=S_{\text{Arg}}+S_{\text{In}}+S_{\text{Cir}}+S_{\text{Life}}+S_{\text{Oth}}\\ S_{\text{Dra}}=\alpha_1\cdot S_{\text{In}}+\alpha_2\cdot S_{\text{Life}}+\alpha_3\cdot S_{\text{Arg}}+\alpha_4\cdot S_{\text{Cir}}+\alpha_5\cdot S_{\text{Oth}}\\ C_{i,j}=\dfrac{IQ_{i-1,j}IP_{i-1,j}+IP_{i,j-1}C_{i,j-1}}{OQ_{i,j}+OP_{i,j}+K_1V}\\ C_{0,j}=\dfrac{\gamma Q_{\text{po}}}{Q_{\text{po}}+Q_{\text{oth}}}\\ C^{(k)}=l_1S_{\text{Again}}^{(k)}+l_2S_{\text{Storage}}^{(k)}+l_3S_{\text{Ds}}^{(k)}+l_4S_{\text{Under}}^{(k)}\\ S_{\text{Pre}}^{(k)}+S_{\text{In}}^{(k)}-S_{\text{Out}}^{(k)}=E_{\text{Total}}+S+\Delta S_{\text{Land}}+\Delta S_{\text{Sur}}\end{cases}\quad k=1,2,\cdots,19\end{cases}$$

c_{ij}：表示单位水资源从第 i 个区域到第 j 个区域的调度成本。

$S=\{(i,\ j)|$ 区域 i 至区域 j 之间不能进行水资源的调度$\}$。

7.4 基于灰色-BP 神经网络模型的预测系统的建立与模型结构

7.4.1 基于灰色-BP 神经网络模型的预测系统的建立

灰色-BP 神经网络模型实际上就是指先利用 GM(1,1)模型对真实值进行预测，然后再将其真实值与预测值之差即残差值作为 BP 神经网络模型的输入训练样本，并通过选择适当的 BP 神经网络结构以及相关参数等，对样本进行学习训练，从而达到预期目标，最后再把 BP 神经网络预测的残差值与 GM(1,1)模型的预测值相加，从而最终得到灰色-BP 神经网络模型的预测值。该组合模型同时具有了灰色预测和 BP 神经网络预测各自的优点，在一定程度上克服了原始数据样本数少、数据波动性大对预测精度的影响，也增强了模型预测的自适应性，较好地发挥了两个模型各自的优势，进一步地提高了该模型对于淮河沿海支流通榆河水质水量预测的精确度。

由于原始数据序列一般可能会含有趋势性成分、周期性成分、随机性成分等多种成分，或者同时含有这些成分，因此在建立模型的时候，都必须首先使用 GM(1,1)模型，把趋势性成分筛选出来，然后再分别对其他成分进行建模。灰色-BP 神经网络模型的建模过程如下：①对原始序列建立 GM(1,1)预测模型。选取通榆河流域观测站点的 pH、DO、COD、NH_3-N 四个水质监测项目数据，来对通榆河水质进行评价，然后再进行预测。首先选择 pH 月均值作为进行建模数据，然后再建立 GM(1,1)模型，对未来 6 个月的 pH 进行预测。②求出残差序列，即通过用原始序列减去经过 GM(1,1)模型模拟而形成的序列，从而构成由初次残差组成的新序列 $\varepsilon(0)$。③建立残差序列为 $\varepsilon(0)$的 BP 神经网络模型。

人工神经网络（图 7-6)的最基本单元就是神经元，它一般都是由一组连接、一个加法器以及一个激励函数这三个基本元素组成的，现在来说说它们各自的作用：一组连接是指将一个神经元的输出值传送到另一个神经元，作为这个神经元的输入信号，各个连接上的权值表示连接强度，该值可以是正值也可以是负值，当权值为正值时就代表了该神经元处于激活状态，反之，即当权值为负值时就代表了该神经元处于抑制状态；一个加法器是用来求出通过输入层的输入信号对神经元的相应的突触的加权之和；而激励函数的作用主要是用来限制神经元的输出振幅，这一函数的作用就是在一定范围内压制输入信号，一般一个神经元输出的正常幅度是在–1 到 1 之间。

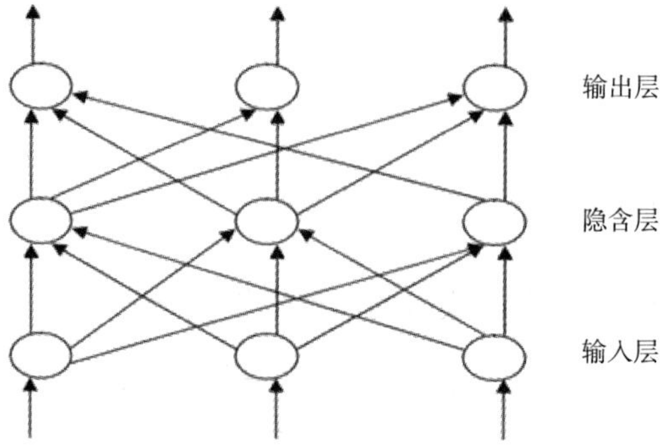

图 7-6 神经网络结构图

将水质评价指标作为因变量，用网络的输入节点表达，在这里我们选取的评价指标为COD、氨氮、总磷、高锰酸盐这四个因变量。同时，水质评价级别则由网络输出节点表达，水质分为几个等级，则输出层的节点就有几个，一般水质分为五类，所以输出层的节点就有 5 个。在隐含层的选取上，我们选择 4 个，隐含层的节点确定为 15 个，则这是一个 4-15-1 的 BP 神经网络模型(实际上在没有进行模型训练之前，是无法确定隐含层节点个数的，但是由于我们已经确定了输入层和输出层的节点数，可以通过之后模型的实际训练，从而确定隐含层节点个数，这个节点个数一定是能够使得初始学习时间和精确度都达到最优)。

首先，通过选取训练样例，进行测试，比较测试值与实际值之间的误差，通过正反向不断训练学习，将误差尽量调整到最小。以这种方式先调整输出层与隐含层之间的连接权值，然后调整中间隐含层间的连接权值，最后调整隐含层与输入层之间的连接权值。

设有 l 学习样本(X_k，O_k) (k=1，2，3，…，l)，其中 X_k 为输入，O_k 为期望输出，X_k 经网络传播后得到的实际输出为 Y_k，则 Y_k 与要求的期望输出 O_k 之间的均方误差为：

$$E_k = 1/2\sum_{P}^{M}\left(Y_{K,P} - O_{K,P}\right)^2$$

式中：m 为输出层单元数；$Y_{K,\ P}$ 为第 k 样本对第 p 特性分量的实际输出；$O_{K,\ P}$ 为第 k 样本对第 p 特性分量的期望输出。样本集的总误差为：

$$E = \sum_{K=1}^{L} E_K$$

其次，对水质评价分级标准和待评的水质监测资料进行数据极差化处理，使得各数据在[-1,1] 区间；

最后，根据上述调整的连接权值以及隐含层和输出层的作用函数为非线性的 Sigmoid 型函数，可以完成整个从输入层到输出层的过程，其中 Sigmoid 型函数(简称 S 函数)的表达式为：

$$f(x) = 1/(1+e^{-x})$$

7.4.2 基于灰色-BP 神经网络的决策支持系统模型结构

选择适当的 BP 神经网络结构以及相关参数等，对样本进行学习训练，从而达到预期目标，再把 BP 神经网络预测的残差值与 GM(1,1)模型的预测值相加，从而最终得到了灰色-BP 神经网络模型的预测值。该组合模型(图 7-7)同时具有灰色预测和 BP 神经网络预测各自的优点，在一定程度上克服了原始数据样本数少、数据波动性大对预测精度的影响，也增强了模型预测的自适应性，进一步地提高了该模型对于水质水量预测的精度。

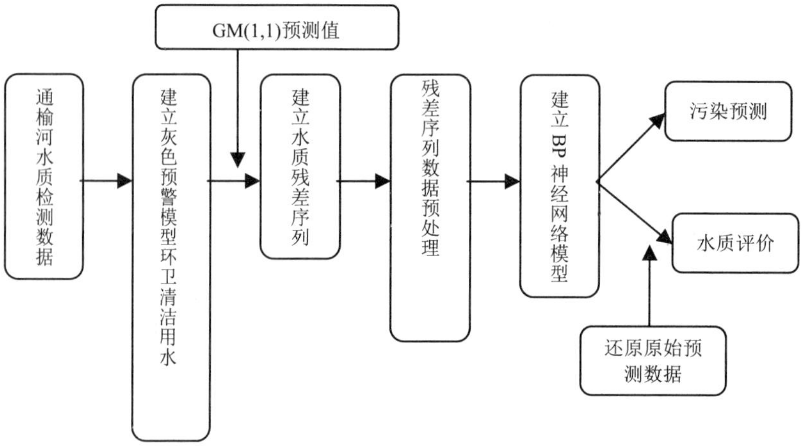

图 7-7　灰色-BP 神经网络组合模型结构

通过对通榆河高新区水质水量模型模拟的预测成果进行综合的分析，从而形成决策支持成果，重点研究水质管理-水资源保护调控管理技术。

第八章　淮河沿海支流苏北段水资源供需矛盾及决策支持模型

淮河是一条横贯我国中原腹地的河流，自古以来就是我国南北方自然分界线，历史悠久，土地肥沃，物产丰富，经济文化开发较早，孕育、滋养着中原经济。淮河流域地处我国南北气候过渡带，淮河以北属暖温带区，以南属亚热带区。气温变化由北向南、由沿海向内陆递增。极端最高气温达 44.5℃，极端最低气温为 –24.1℃。

8.1　流域水资源供需矛盾尖锐的原因

8.1.1　降水量、年径流深和蒸发量都不均匀，且北方供需矛盾更深

淮河流域西部、西南部及东北部为山区、丘陵区，其余为广阔的平原，平原面积约占总面积的三分之二。流域内除山区、丘陵和平原外，还有为数众多、星罗棋布的湖泊、洼地。淮河流域以废黄河为界，分淮河及沂沭泗河两大水系，流域面积分别为 19 万 km^2 和 8 万 km^2，有京杭大运河、淮沭新河和徐洪河贯通其间。淮河流域降水量山区多于平原，沿海大于内陆，呈从南向北递减态势。多年平均降水量约为 888 mm，其中淮河水系 910 mm，沂沭泗水系 836 mm，山东半岛 731 mm，流域内有三个降水量高值区：一是伏牛山区，年平均降水量为 1000 mm 以上；二是大别山区，超过 1400 mm；三是下游近海区，大于 1000 mm。流域北部降水量最少，低于 700 mm。降水量年际变化较大，最大年雨量为最小年雨量的 3~4 倍。降水量的年内分配也极不均匀，汛期(6~9 月)降水量占年降水量的 50%~80%。多年平均年径流深分布状况与多年平均年降水量相似，由南向北逐渐递减。淮河流域多年平均径流深 230 mm，其中淮河水系 237 mm，沂沭泗水系 215 mm。山东半岛多年平均径流深 199 mm。但淮河流域蒸发量却是南小北大，年平均水面蒸发量为 900~1500 mm。

8.1.2　旱涝灾害严重，而且旱灾大于水灾

由上述分析可见，在淮河流域内，南部降水量多但蒸发量小，北部降水量少但蒸发量大，因此南方更容易涝而北方更容易旱。产生淮河流域南部暴雨的天气

系统为台风(包括台风倒槽)、涡切变、南北向切变和冷式切变线，以前两种居多。在雨季前期主要是涡切变型，后期则有台风参与。大范围持久性降水是由切变线和低涡接连出现而形成。江淮流域6、7月份持久性大范围的降水天气称梅雨。梅雨期长短、雨量的多寡，基本上决定了淮河全年的水情，如1931、1954年梅雨期长、雨量多，形成了全流域性大洪水。梅雨期结束后转入盛夏，淮河流域常受台风袭击，如1965年7月24日出梅，7月27日就有台风袭击洪泽湖地区。查近百年来的台风资料，发现台风路径遍及全流域，亦即台风雨可以影响整个淮河流域。台风型暴雨的特点是范围小、历时短、强度大，如“75·8”林庄暴雨，6小时雨量830mm接近世界纪录。暴雨走向与天气系统的移动大体一致，台风暴雨的中心移动与台风路径有关，一般自南向北或自西南向东北移动。冷锋暴雨多自西北向东南移动，低涡暴雨通常自西南向东北移动，随着南北气流交绥，切变线或锋面作南北向、东南-西北向摆动，暴雨中心也作相应移动。例如1954年7月几次大暴雨都是由低涡切变线造成的，暴雨首先出现在淮南山区，然后向西北方向推进至洪汝河、沙颍河流域，再折向东移至淮北地区，最后在苏北地区消失，一次降水过程就遍及淮河全流域。由于暴雨移动方向接近河流方向，使得淮河流域容易造成洪涝灾害。

而淮河流域的旱灾呈逐年加剧之趋势，且旱灾重于水灾，更为严重。旱灾已成为淮河的主要自然灾害。据历史资料，淮河从16世纪至今，共发生旱灾260多次，旱灾出现的频次为1.7年发生一次。历史上淮河即为我国旱灾最频繁的地区之一。1924、1942年大旱，淮河“赤地千里，饿殍载道”。新中国成立后，淮河旱灾亦频繁发生(但灾情显著减轻)，1949年后的60多年中，淮河先后出现了1959、1961、1962、1966、1976、1978、1986、1988、1991、1992、1994、1997年等12个大旱年分(大旱出现的频次为4年出现一次)。淮河1991~1998年旱灾年均成灾农田3098万亩，占全流域耕地面积的16%，较淮河80年代旱灾成灾农田(2433万亩)占耕地面积比重高3个百分点，更较50、60、70年代旱灾成灾农田占耕地比重高8~9个百分点。旱灾已成为淮河的主要自然灾害。1978年大旱不仅农业受灾面积大，工业也严重缺水，蚌埠等城市生活用水也发生了困难，市民只好抽用防空洞积水，京沪铁路火车也不能在蚌埠加水，徐州、淮北等城市供水严重不足。淮河各地工厂一般缺水3~4个月，苏北里下河等地区3000多万亩农田严重缺水，只好大量抽、引长江水解决，农业灌抽水占用了大量电力，致使苏北各地工厂停产让电100多天，造成20多亿元的直接经济损失。1994年淮河出现了春旱连伏旱、伏旱接秋旱的长期大旱，全流域受旱灾农田超过1亿亩，成灾农田6000万亩，绝收2000万亩，减产粮食56亿公斤，有900万人、150万头大牲畜饮水发生严重困难，淮河干流断流时间长达120天以上，直接经济损失超过160亿元。

8.1.3　污染严重且治理不力，使水资源供给愈发捉襟见肘

作为中国水污染最严重的一条河流，淮河直接危害到了两岸人们的生存环境，祸及子孙。“五十年代淘米洗菜，六十年代洗衣灌溉，七十年代水质变坏，八十年代鱼虾绝代，九十年代身心受害”，一首歌谣唱出了淮河流域人们心中的椎心刺痛。

淮河流域水污染开始于 20 世纪 70 年代的后期，进入 80 年代，随着经济的快速发展和城市化进程的加快，水污染逐渐加剧。90 年代污染愈加严重。1994 年 7 月中旬，淮河上游的河南省境内突降暴雨，颍上水库水位急剧上涨超过防洪警戒线，因此开闸泄洪，将积蓄于上游一个冬春的 2 亿 m^3 污水放了下来。水经之处河水泛浊，河面上泡沫密布，鱼虾顿时丧生。下游一些地方居民饮用了虽经自来水厂处理、但未能达到饮用标准的河水后，出现恶心、腹泻、呕吐等症状。经取样检验证实上游来水水质恶化，沿河各地自来水厂被迫停止供水达 54 天之久。由于水域严重污染，百万淮河民众饮水告急，不少地方花高价远途取水饮用，有些地方出现居民抢购矿泉水的场面。这就是震惊中外的“淮河水污染事件”。随后，国家走上了漫漫的淮河治理之路，虽然花了大量时间和资金治理淮河，但结果却不尽如人意。目前，污染严重情况依然存在。主要原因在于：一是工业污染源头依然大量存在；二是城镇生活污水处理不到位；三是河流断面多，干流污染严重，同时支流也遭受不同程度污染，而且排水沟水质很差。出现上游截断径流，污水下泄，上游以下游为“壑”，污染层层叠加的局面。

8.1.4　流域水量需求旺盛

淮河沿岸是我国历来的鱼米之乡，人口密集，工业化野蛮推进，所以农业、工业、生活用水量一直都很大。加上近年来城镇化建设力度加大，人们生活质量提高，对小区的绿化要求也提高不少，因此绿地面积及环卫清洁面积也在不断增加。这就使得淮河流域的水资源供需矛盾进一步加剧。

8.2　流域水资源供需模型构建

水资源分为供给和需求，二者是相互作用的。因此，构建水资源的供需决策支持系统需要从需求和供给双方进行构建。

用水量指分配给用户的包括输水损失的毛用水量，按农业用水、工业用水、生活用水和生态用水四个方面计算，其中农业用水包括农田灌溉用水和林牧渔业用水，工业用水包括城镇工业用水和农村工业用水，生活用水包括城镇生活用水和农村生活用水，生态用水包括绿地灌溉用水和环卫清洁用水(图 8-1)。

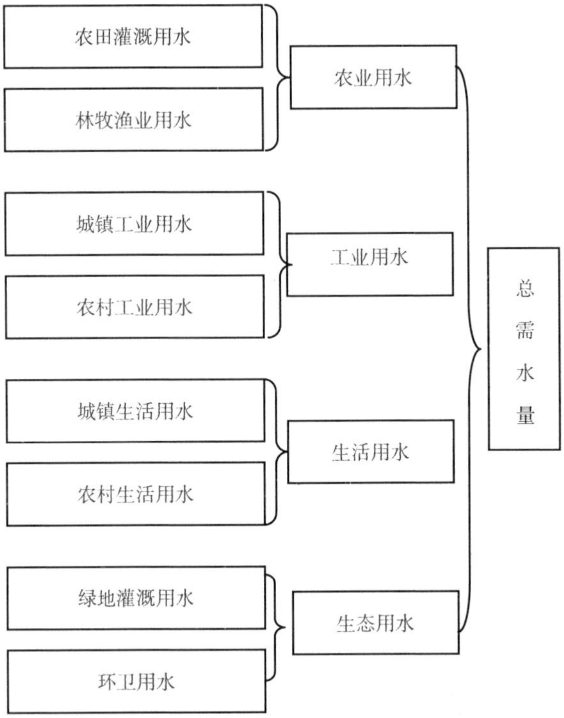

图 8-1　水资源需求量图

再细分一下，以上八类用水量分别又受到不同因素的影响。农田灌溉用水包括水田、水浇地、菜田用水，因此和农作物播种面积及农业总产值密切相关；林牧渔用水包括林果、草场灌溉及鱼塘补水，因此和林牧渔业总产值密切相关，以上两种就和农林牧渔业总产值密切相关；城镇工业用水包括火电和一般工业及乡镇工业用水(工业用水为取用的新水量，而不包括工业企业内的重复利用量)，因此和城镇工业产值相关，合并起来就是和工业总产值密切相关；农村工业用水指村及村以下工业用水，和农村工业产值密切相关；城镇生活用水包括城市、县镇、乡镇的居民用水和公共用水，当然和城镇人口数相关；农村生活用水包括村民用水和牲畜用水，因此和农村人口数相关(此处，由于数据的可得性限制，牲畜数量暂时忽略不计)；生态用水的两个影响因素分别是绿地面积和环卫清洁面积。由此，影响以上八个用水量的相关因素分别是：农作物播种面积、农林牧渔业总产值、工业总产值、城镇人口数、农村人口数、绿地面积、环卫清洁面积。图 8-1 细分如图 8-2 所示。

由于江苏省苏北处于淮河流域的重要环节上，由此，我们以江苏省苏北为例，建立四个分模型，再合成系统的供水决策支持系统。

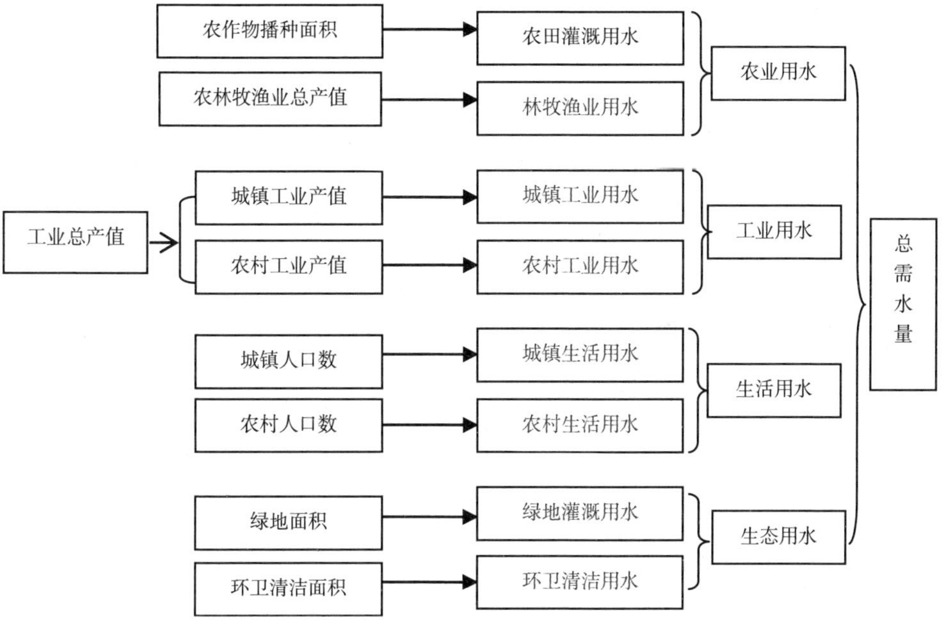

图 8-2　水资源需求量细分图

8.2.1　农业用水需求量的模型和检验

1. 农业用水需求量模型构建

农业用水量的多少和农作物播种面积以及农林牧渔业的总产值相关，理论上来说，随着农作物播种面积的增加，农业用水量应该是逐渐增加的；而随着农林牧渔业总产值的增加，说明农林牧渔业在向前发展，农业用水量也是增加的，但由于 2011 年江苏省加强了对节约用水的要求，因此，农业用水量尽可能地进行节约。这就使得这种相关性存在分段的可能，需要我们进行相关关系的检验。历年的农业用水量、农业播种面积和农林牧渔业总产值见图 8-3 至图 8-5。

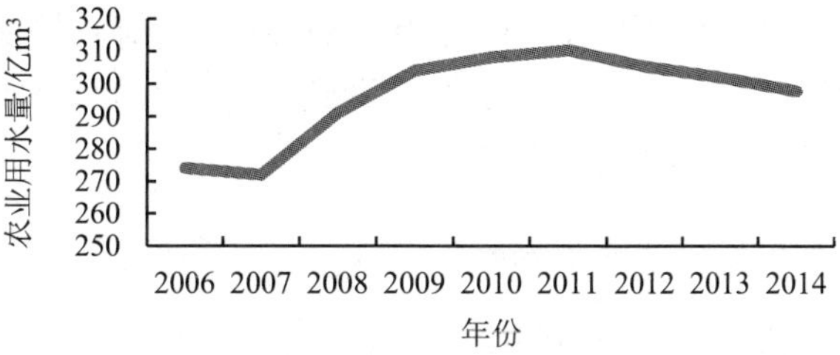

图 8-3　江苏省苏北地区历年农业用水量

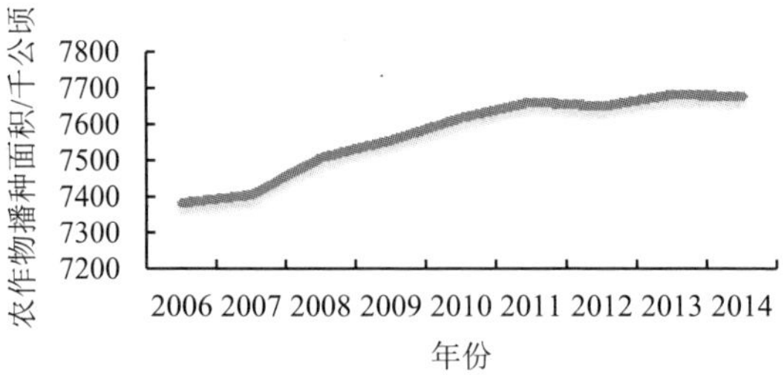

图 8-4 江苏省苏北历年农作物播种面积

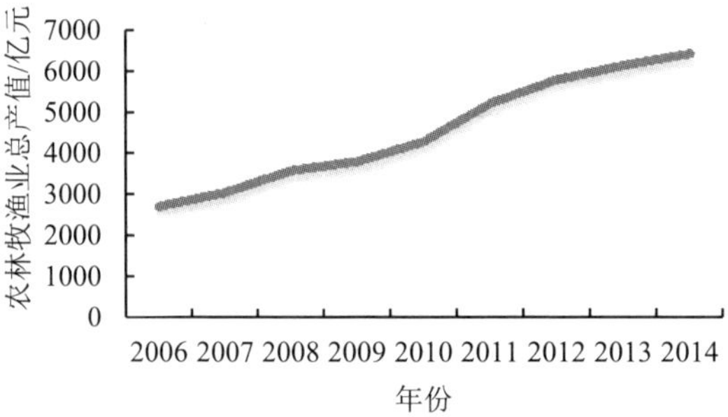

图 8-5 江苏省苏北历年农林牧渔业总产值

可以看出，农业用水量随着时间的推移逐渐增长，但从 2011 年之后有一个逐渐下降的趋势。而农业播种面积和农林牧渔业总产值也随时间逐渐增长，2011 年后增速比较平稳。因为，2010 年 11 月 19 日，江苏省第十一届人民代表大会常务委员会第十八次会议通过了《江苏省城乡供水管理条例》，决定自 2011 年 3 月 1 日起施行。这是影响农业用水量的一个重要因素。

根据历年的农业用水量、农业播种面积和农林牧渔业总产值的数据，构建相关模型如下：

$$\mathrm{AW}=a_0+a_1\mathrm{SS}+a_2\mathrm{VV}+e$$

其中，农业用水量用 AW 表示，农作物播种面积用 SS 表示，农林牧渔业总产值用 VV 表示，e 表示随机扰动项。我们将利用 EViews 软件对农作物播种面积和农林牧渔业总产值对农业用水量的影响关系进行分析。先把时间分成两段进行相应的关系研究，即：2006~2011 年和 2012~2014 年。

2. 农业用水需求模型的分阶段检验

(1) 2006~2011 年的散点图和回归检验结果

2006~2011 年农作物播种面积和农林牧渔业总产值对农业用水量的关系散点图如图 8-6 所示，回归检验结果如表 8-1 所示。

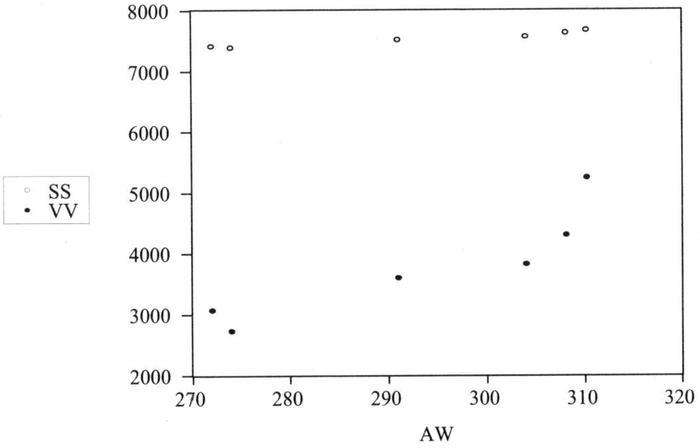

图 8-6　2006~2011 年农作物播种面积和农林牧渔业总产值对农业用水量的关系散点图

表 8-1　回归检验结果

	Coefficient	Std. Error	*t*-Statistic	Prob.
C	−1502.312	274.6947	−5.469023	0.0120
SS	0.244891	0.038844	6.304479	0.0081
VV	−0.012391	0.004824	−2.568857	0.0826
R-squared	0.986183	Mean dependent var		293.3167
Adjusted *R*-squared	0.976971	S.D. dependent var		17.03272
S.E. of regression	2.584754	Akaike info criterion		5.043991
Sum squared resid	20.04286	Schwarz criterion		4.939870
Log likelihood	−12.13197	Hannan-Quinn criter.		4.627189
F-statistic	107.0600	Durbin-Watson stat		3.042587
Prob(*F*-statistic)	0.001624			

由上述结果得出三者之间的方程式为：

$$AW=-1502.312+0.244891\ SS-0.012391\ VV+e$$

而由检验结果可以看出，农作物播种面积 SS 和农林牧渔业总产值 VV 均通过了 t 检验和 F 检验，农作物播种面积通过了 1%的 F 检验，而农林牧渔业总产值通过了 10%的 F 检验，而且决定系数为 0.986183，调整后的决定系数为 0.976971，说明农作物播种面积和农林牧渔业总产值与农业用水量的相关程度在 97%以上，能充分解释农业用水需求量的大小。

(2) 2012~2014 年的散点图和回归检验结果

2012~2014 年农作物播种面积和农林牧渔业总产值对农业用水量的关系散点

图如图 8-7 所示，回归检验结果如表 8-2 所示。

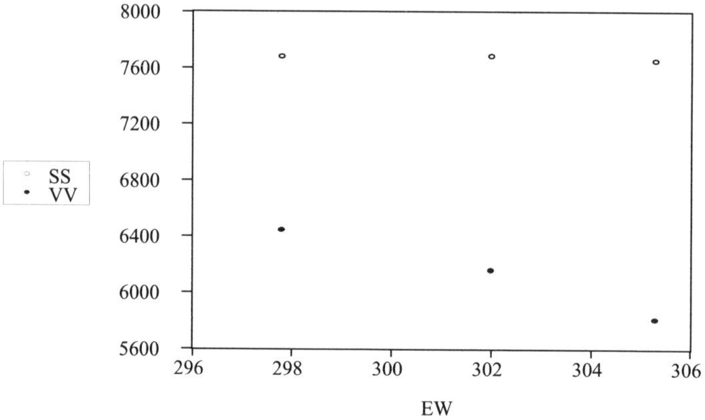

图 8-7　2012~2014 年农作物播种面积和农林牧渔业总产值对农业用水量的关系散点图

表 8-2　回归检验结果

Dependent Variable: EW				
Method: Least Squares				
Date: 02/16/16　Time: 20:23				
Sample: 2012 2014				
Included observations: 3				
	Coefficient	Std. Error	*t*-Statistic	Prob.
SS	0.050508	6.04E-05	836.0665	0.0008
VV	−0.013975	7.55E-05	−185.2251	0.0034
R-squared	0.999962	Mean dependent var		301.7000
Adjusted *R*-squared	0.999924	S.D. dependent var		3.758989
S.E. of regression	0.032717	Akaike info criterion		−3.767120
Sum squared resid	0.001070	Schwarz criterion		−4.368045
Log likelihood	7.650680	Hannan-Quinn criter.		−4.975056
Durbin-Watson stat	2.997921			

由上述检验结果可以看出，农作物播种面积 SS 和农林牧渔业总产值 VV 均通过了 t 检验和 1%的 F 检验，而且决定系数为 0.999962，调整后的决定系数为 0.999924，说明农作物播种面积和农林牧渔业总产值与农业用水量的相关程度在 99%以上，能充分解释农业用水量的大小。

因此，对农作物播种面积和农林牧渔业总产值对农业用水量的关系分成两个阶段进行分析的结果来看，二者均与农业用水量有着极其密切的关系，可以用来解释农业用水需求量的变动情况。

3. 未来农业用水需求量的预测

由于农业用水量在前面进行模型构建和检验的时候，我们分成了两个阶段进行分析的，但后一阶段即 2012~2014 年的时间很短，而且是在国家厉行节水的状态下使用的水资源量，因此用水量有所下降。但为了体现农业真实的用水量，我们将以 2006~2011 年的数据为基础进行预测农业用水需求量，只是在自变量的增长率上，我们进行比较保守的估计，这样则既能体现真实的农业用水需求量，又能反映国家的节水要求状态下的用水量。

因此，我们按照 2006~2011 年的农业播种面积和农林牧渔业总产值的年均增长率进行核算，农业播种面积的年均增长率为 0.4%，农林牧渔业总产值的年均增长率为 10%。由于国家对耕地的保护力度逐渐加大，所以农业播种面积按照核算的年均增长率进行预测，但对于农林牧渔业的总产值，考虑到我国经济在过去的三十多年中是高速增长，农业也是高速增长的状态，而未来能一直高速增长的可能性比较小，而城镇化进程必然会影响到第一产业的生产，因此，农林牧渔业总产值的年均增长率我们很保守地按照 0.4%的增长比例进行预测。我们利用 EViews 进行的 2012~2050 年农业用水需求量的预测结果如图 8-8 所示。

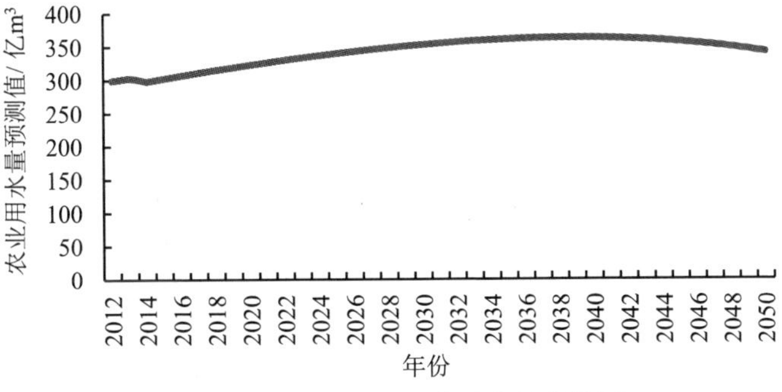

图 8-8 2012~2050 年农业用水需求量趋势图

由预测结果可见，2012~2050 年的农业用水量随着农业播种面积和农林牧渔业总产值的增长在逐渐增长，2012~2014 年的预测值分别为 299.5105、303.0370 和 298.2744，这与真实的 305.30、302.00、297.80 比较接近，而且是随着年份增长逐渐接近。说明我们的预测值是可信的。到 2020 年、2030 年、2040 年、2050 年农业用水量分别为 322.6754 亿 m^3、352.6009 亿 m^3、362.4228 亿 m^3、341.0816 亿 m^3。

8.2.2 工业用水需求模型

1. 工业用水需求模型的构建与检验

随着工业的发展，工业总产值在不断增长，但是工业总产值的增长率却有高低起伏。因此，工业用水量也会有高低起伏。理论上而言，工业总产值的增长率是工业用水量的主要决定因素。2007~2014 年的工业用水量和工业生产总值指数(上年=100)如图 8-9、图 8-10 所示。

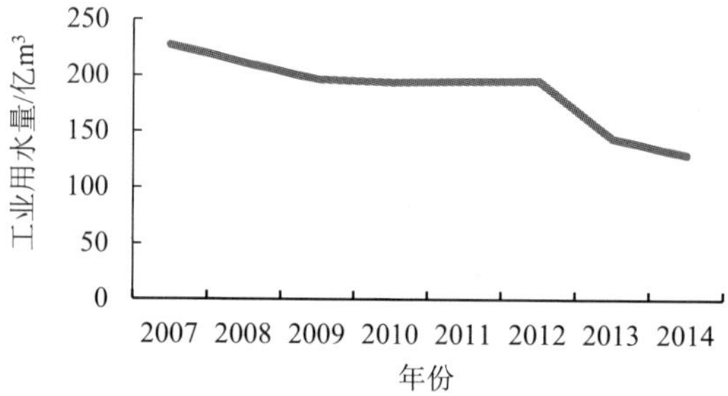

图 8-9 2007~2014 年江苏省苏北工业用水量

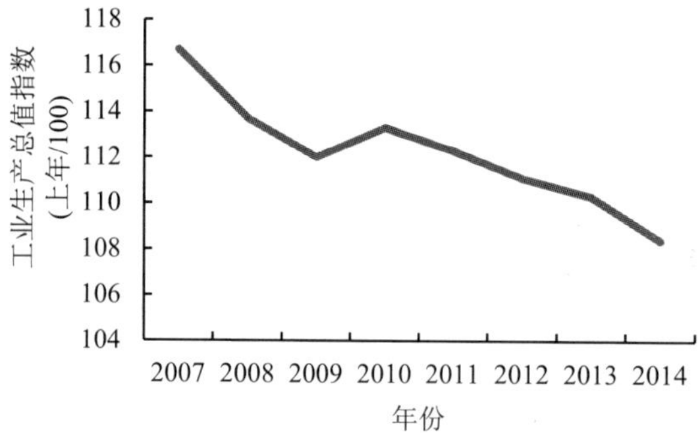

图 8-10 2007~2014 年江苏省苏北工业生产总值指数

根据历年的工业用水量和工业总产值，我们构建的模型如下：

$$IW=b_0+b_1IPI+e$$

其中 IW 为工业用水量，IPI 为工业生产总值指数，e 表示随机扰动项。我们利用 EViews 软件对江苏省工业生产总值指数对工业用水量的影响关系进行分析。2007~2014 年工业生产总值指数与工业用水量关系的散点图和回归检验结果如图 8-11、表 8-3。

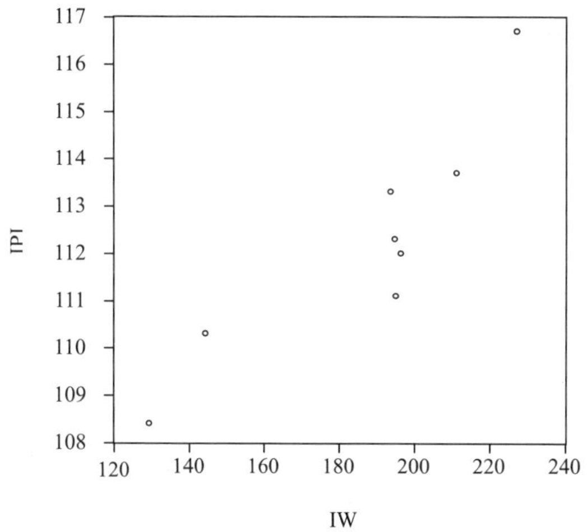

图 8-11 2007~2014 年工业生产总值指数与工业用水量关系的散点图

表 8-3 回归检验结果

	Coefficient	Std. Error	*t*-Statistic	Prob.
C	−1154.986	265.6191	−4.348281	0.0048
IPI	11.95443	2.366339	5.051869	0.0023
R-squared	0.809653	Mean dependent var		186.6000
Adjusted *R*-squared	0.777928	S.D. dependent var		32.93370
S.E. of regression	15.51983	Akaike info criterion		8.534432
Sum squared resid	1445.191	Schwarz criterion		8.554292
Log likelihood	−32.13773	Hannan-Quinn criter.		8.400482
F-statistic	25.52138	Durbin-Watson stat		2.012299
Prob(*F*-statistic)	0.002329			

因此，模型结果可用方程表示为：

$$IW=-1154.986+11.95443\ IPI+e$$

IPI 的系数为正，说明 2007~2014 年的工业生产总值指数与工业用水量呈正相关。

由上述检验结果可以看出，工业生产总值指数 IPI 通过了 t 检验和 1%的 F 检验，而且决定系数为 0.809653，调整后的决定系数为 0.777928，说明工业生产总值指数与工业用水量的相关程度在 78%左右，能充分解释工业用水需求量的大小。

2. 未来工业用水需求量的预测

2007~2014 年的工业生产总值指数的平均数值为 112.2，即工业生产以平均每年 12 的速度增长。但是随着我国经济高速发展时代的结束，经济增长正在由高速向中速过渡，加之世界经济不振、外需持续低迷带来的影响，又有国内有效需求不足、部分行业产能过剩造成的影响，经济运行已经进入到一个新的调整周期，当前有趋稳的态势。因此，我们按照以后每年 8%的增长速度对工业生产总值指数进行估计，然后预测未来的工业用水量。我们用单纯用增长率自身进行计算，即 180/108.4=0.996，则 2015 年之后的工业用水量为：129.5×0.996=128.98 亿 m^3。

8.2.3　生活用水需求模型

1. 生活用水需求模型的构建和检验

生活用水和人口数量是密切相关的，人口的多少应该在理论上决定着生活用水量的多少。人口由城镇人口和农村人口组成。江苏省对居民生活用水的定额是在不断修订的，而且定额量在逐渐降低。2010 年之前，城镇居民生活用水定额是 180 L/(人 · d)，农村是 150 L/(人 · d)，2010 年修订之后，城镇居民生活用水定额是 150 L/(人 · d)，农村是 120 L/(人 · d)，但随着水资源量逐渐紧张，江苏省对苏北和苏南及沿江城市的用水定额有了分化，苏北是 130 L/(人 · d)，苏南及沿江城市是 160 L/(人 · d)。2015 年 7 月 13 日江苏省水利局和江苏省质量技术监督局再次修订了居民生活用水的标准，其中城镇居民生活用水定额是 120~150 L/(人 ·d)，农村是 80~100 L/(人 · d)。生活用水量和人口数如图 8-12、图 8-13 所示。

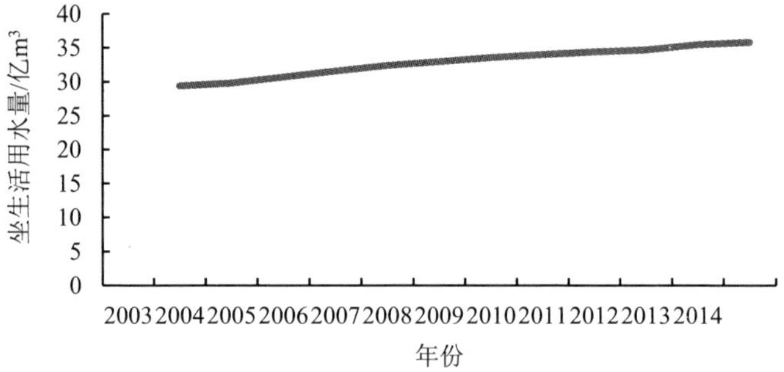

图 8-12　2003~2014 年生活用水量

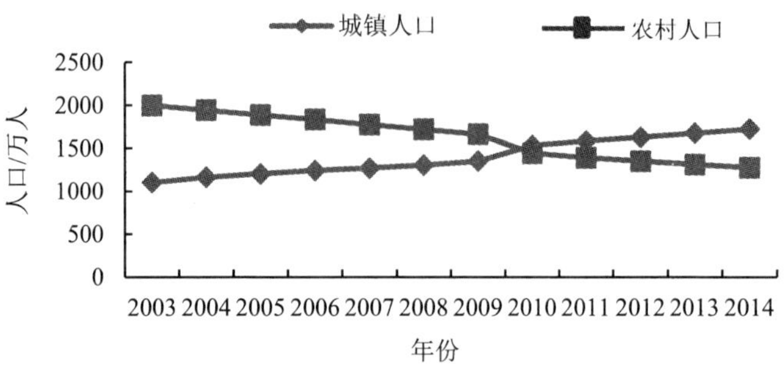

图 8-13　2003~2014 年江苏省苏北人口数

因此，我们用人口作为自变量，生活用水量作为因变量进行构建模型如下：

$$LW=c_0+c_1UP+c_2CP+e$$

其中，LW 为生活用水量，UP 为城镇人口，CP 为农村人口，e 为随机扰动项。同样，我们利用 EViews 软件对江苏省城镇人口和农村人口对生活用水量的影响关系进行分析，散点图如图 8-14。

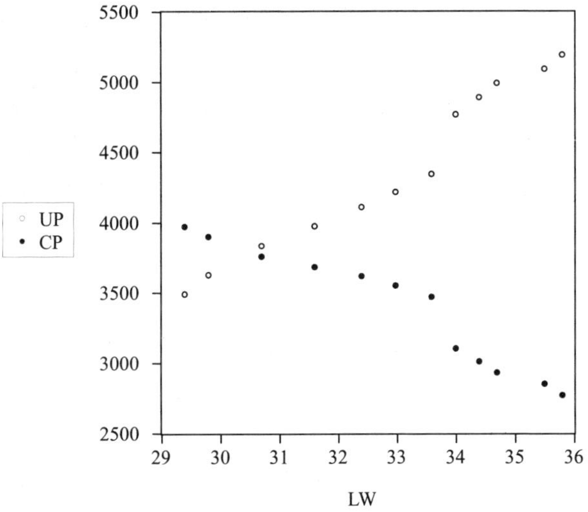

图 8-14　2003~2014 年城镇人口和农村人口对生活用水量关系的散点图

我们对生活用水需求量模型进行回归检验，结果如表 8-4。

表 8-4　回归检验结果

	Coefficient	Std. Error	*t*-Statistic	Prob.
C	−53.58630	13.94358	-3.843080	0.0039
UP	0.011360	0.001538	7.386129	0.0000
CP	0.010872	0.002135	5.091378	0.0007
R-squared	0.989827	Mean dependent var		32.90583
Adjusted *R*-squared	0.987566	S.D. dependent var		2.153055
S.E. of regression	0.240084	Akaike info criterion		0.196664
Sum squared resid	0.518764	Schwarz criterion		0.317891
Log likelihood	1.820016	Hannan-Quinn criter.		0.151782
F-statistic	437.8292	Durbin-Watson stat		1.263610
Prob(*F*-statistic)	0.000000			

由上述结果可知，模型可用方程表示为：

$$LW=-53.58630+0.011360\ UP+0.010872\ CP+e$$

由上述检验结果可以看出，城镇人口和农村人口均通过了 t 检验和 1%的 F 检验，而且决定系数为 0.989827，调整后的决定系数为 0.987566，说明城镇人口和农村人口与生活用水量的相关程度在 98%以上，能充分地解释生活用水需求量的大小。

2. 未来生活用水需求量的预测

生活用水量和城镇人口以及农村人口数密切相关，这在前文的模型构建和检验中得到了证实，因此，在未来生活用水量的预测中，我们只需把城镇人口和农村人口的估计值代入即可。根据 2003~2014 年的人口增长率指标，城镇人口的年均增长率约为 3%，而随着城镇化进程的加快，农村人口在逐渐减少，农村人口增长率约为-3%。参照我国近年来 2.5%的人口增长率指标，我们把城镇人口增长率设为 2.5%，而农村人口增长率设为-2.5%。由此，我们利用 EViews 进行的 2015~2050 年生活用水需求量的预测结果如图 8-15 所示。

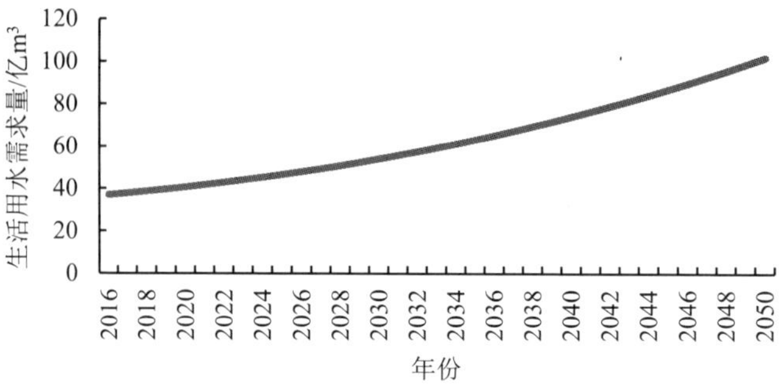

图 8-15　江苏省苏北生活用水需求量趋势图

由预测结果可见，2015~2050 年的生活用水量随着城镇人口和农村人口的增长在逐渐增长，2003~2014 年的预测值和真实值非常接近，说明我们的预测值具有很大的可信性。到 2020 年、2030 年、2040 年、2050 年生活用水量分别为 40.6638 亿 m^3、54.0327 亿 m^3、74.0602 亿 m^3、101.9598 亿 m^3。

8.2.4　生态用水需求模型

1. 生态用水需求模型的构建和检验

生态用水主要包括两部分：一是园林绿地的灌溉，包括公共绿地、居住区绿地、单位附属绿地、防护绿地、生产绿地、道路绿地和风景林地等面积；二是环卫清洁。2003~2014 年的苏北生态用水量和绿地面积及环卫清洁面积如图 8-16、

图 8-17 所示。

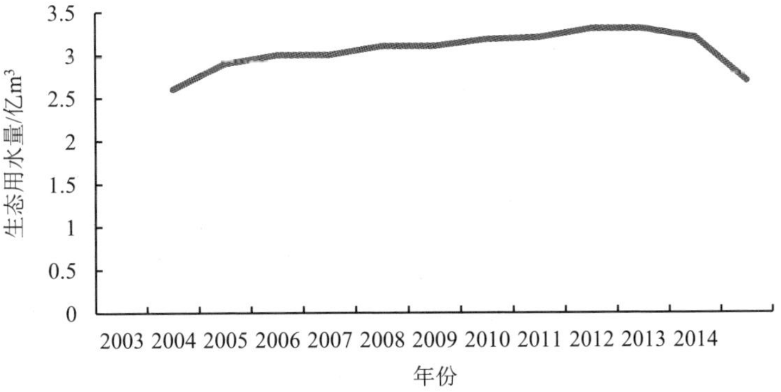

图 8-16　2003~2014 年江苏省苏北生态用水量

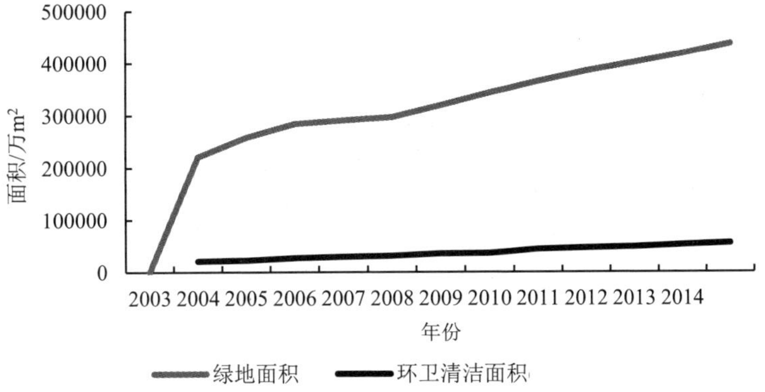

图 8-17　2003~2014 年江苏省苏北绿地面积和环卫清洁面积

我们构建的模型如下：

$$\mathrm{EW}=d_0+d_1\mathrm{GA}+d_2\mathrm{CA}+e$$

其中 EW 代表生态用水量，GA 代表绿地面积，CA 代表环卫清洁面积，e 为随机扰动项。

由上述我们利用数据检验绿地面积和环卫清洁面积对生态用水量的作用关系。由于 2012 年后加强了对生态用水量的限制，因此，2013 年和 2014 年的生态用水量有所下降，为此，我们暂时不采用这两年的数据，只用到 2012 年的数据。相关散点图和检验结果如图 8-18、表 8-5 所示。

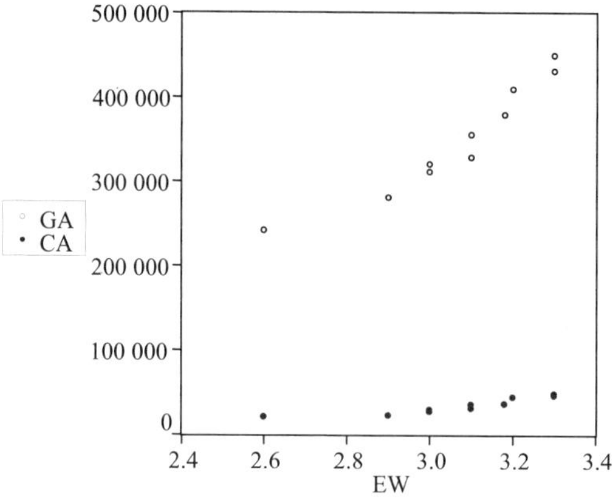

图 8-18　2003~2012 年江苏省苏北绿地面积和环卫清洁面积与生态用水量关系的散点图

表 8-5　回归检验结果

	Coefficient	Std. Error	*t*-Statistic	Prob.
C	1.512528	0.246852	6.127268	0.0005
GA	7.59E-06	2.03E-06	3.742241	0.0072
CA	−3.24E-05	1.41E-05	−2.302875	0.0548
R-squared	0.939564	Mean dependent var		3.068000
Adjusted *R*-squared	0.922297	S.D. dependent var		0.209804
S.E. of regression	0.058484	Akaike info criterion		−2.596816
Sum squared resid	0.023942	Schwarz criterion		−2.506041
Log likelihood	15.98408	Hannan-Quinn criter.		−2.696397
F-statistic	54.41255	Durbin-Watson stat		1.301736
Prob(*F*-statistic)	0.000054			

由上述结果可知，模型可用方程表示为：

$$EW=1.512528+7.59\times10^{-6}\,GA-3.24\times10^{-5}\,CA+e$$

由上述检验结果可以看出，绿地面积和环卫清洁面积均通过了 t 检验和 F 检验，其中，绿地面积通过了 1%的 F 检验，环卫清洁面积通过了 10%的 F 检验。决定系数为 0.939564，调整后的决定系数为 0.922297，说明绿地面积和环卫清洁面积与生态用水量的相关程度在 92%以上，能充分地解释生态用水需求量的大小。

2. 未来生态用水需求量的预测

生态用水量和绿地面积以及环卫清洁面积密切相关，这在前文的模型构建和检验中得到了证实，因此，在未来生态用水量的预测中，我们只需把绿地面积和环卫清洁面积的估计值代入即可。根据 2003~2014 年的绿地面积和环卫清洁面积的增长率指标，绿地面积的年均增长率约为 5.8%，环卫清洁面积增长率约为 8%。

由于国家对环保事业的逐渐重视，所以这两项的增长率有望继续维持，但为了保守估计未来的生态用水需求量，我们对绿地面积的增长率采用 5%，而环卫清洁面积的增长率定为 6%。由此，利用 EViews 进行的生态用水需求量的预测结果如图 8-19 所示。

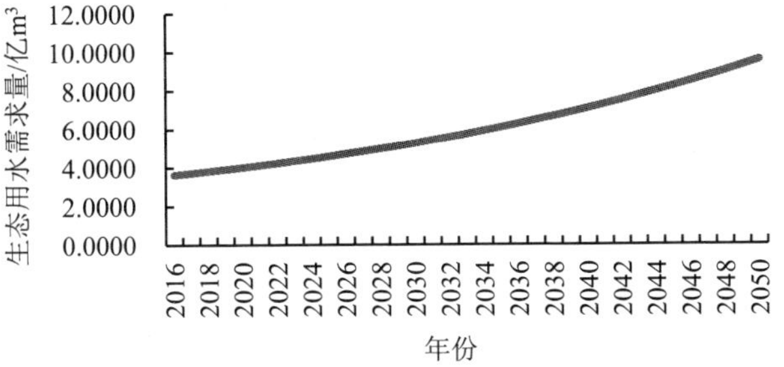

图 8-19 江苏省苏北生态用水需求量趋势图

由预测结果可见，2016~2050 年的生态用水量随着绿地面积和环卫清洁面积的增长在逐渐增长，到 2020 年、2030 年、2040 年、2050 年生态用水量分别为 4.0158 亿 m³、5.2762 亿 m³、7.0810 亿 m³、9.5762 亿 m³。

8.3 水资源供给模型

8.3.1 水资源供给模型的构建与检验

而水资源量的多少是供给方的因素，水资源量主要来自于地表水资源和地下水资源。江苏省 2002~2014 年水资源量如图 8-20 所示。

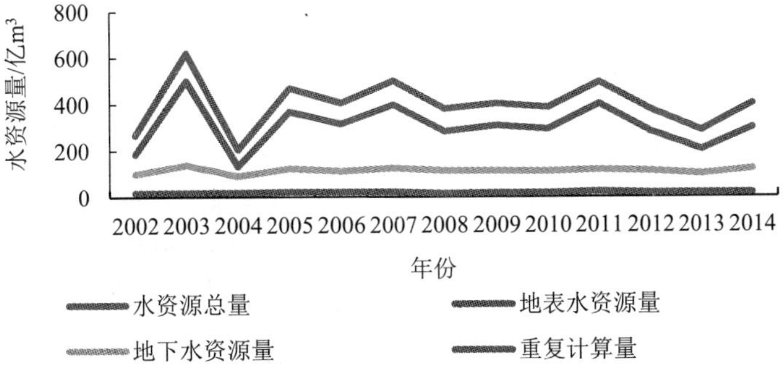

图 8-20 2002~2014 年江苏省苏北水资源量

一个地区的水资源总量是地表水资源量和地下水资源量的总和再减去重复计算量的结果：

水资源供给量=地表水资源量+地下水资源量−重复计算量

为计算和模型构建的方便，我们舍去重复计算量这一项(它本身的数量也非常小，对于计算结果没有什么影响) 。若以 TW 表示水资源总量，即水资源供给量，SW 表示地表水资源量，GW 表示地下水资源量，则上述公式变为：

$$TW=k_0+k_1SW+k_2GW+e$$

为此，我们利用上述数据得到的散点图如图 8-21。

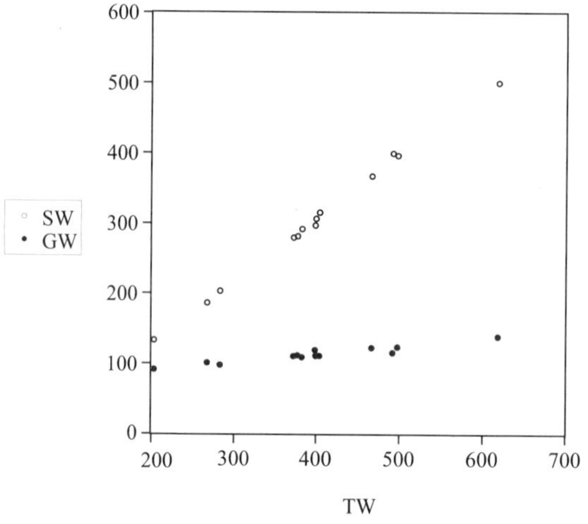

图 8-21　2002~2014 年江苏省苏北水资源量关系的散点图

再对地表水资源量和地下水资源量对水资源总量的关系进行回归分析，得到的结果如表 8-6。

表 8-6　回归检验结果

	Coefficient	Std. Error	t-Statistic	Prob.
C	−33.41065	13.53730	−2.468044	0.0332
SW	0.962377	0.021771	44.20450	0.0000
GW	1.236934	0.175061	7.065736	0.0000
R-squared	0.999623	Mean dependent var		397.7846
Adjusted R-squared	0.999547	S.D. dependent var		108.6093
S.E. of regression	2.311038	Akaike info criterion		4.712445
Sum squared resid	53.40897	Schwarz criterion		4.842818
Log likelihood	−27.63089	Hannan-Quinn criter.		4.685647
F-statistic	13246.67	Durbin-Watson stat		1.049052
Prob(F-statistic)	0.000000			

由上述结果可知，模型可用方程表示为：

$$TW=-33.41065+0.962377\ SW+1.236934\ GW+e$$

由上述检验结果可以看出，地表水资源量和地下水资源量均通过了 t 检验和1%的 F 检验，决定系数为 0.999623，调整后的决定系数为 0.999547，说明地表水资源量和地下水资源量与水资源总量的相关程度在 99%以上，能充分地解释水资源供给量的大小。

8.3.2　未来水资源供给量的预测

由于水资源量是由地表水资源和地下水资源组成，而根据多年的水资源量变化趋势来看，水资源总量及其地表和地下水资源量变动幅度很小，基本围绕平均值的中心线上下波动。因此，我们取水资源量的多年平均值作为未来水资源供给量，即 416.0384615 亿 m^3 为未来水资源的供给总量。

8.4　未来水资源量供给和需求总量的比较

由上述四个分模型，我们得出了 2016~2050 年江苏省水资源的需求量，这些数值相加即为水资源的需求总量。再由水资源供给量模型得出了供给总量，由此，我们就能看出未来江苏省苏北水资源的供需矛盾的程度。2016~2050 年江苏省苏北水资源供给和需求总量见表 8-7。

表 8-7　2016~2050 年江苏省苏北水资源供给和需求总量比较　(单位：亿 m^3)

年份	水资源供给总量	水资源需求总量	水资源供需缺口
2016	416.0384615	468.6399403	52.60147879
2017	416.0384615	473.6343585	57.59589698
2018	416.0384615	478.5610787	62.52261715
2019	416.0384615	483.3680066	67.32954511
2020	416.0384615	488.0563815	72.01792003
2021	416.0384615	492.3053175	76.26685597
2022	416.0384615	496.5282148	80.48975328
2023	416.0384615	500.8896734	84.85121194
2024	416.0384615	504.6374101	88.59894856
2025	416.0384615	508.1419236	92.1034621
2026	416.0384615	511.472878	95.43441649
2027	416.0384615	514.6556749	98.61721337
2028	416.0384615	518.1196036	102.0811421
2029	416.0384615	521.4632624	105.4248009
2030	416.0384615	524.6790998	108.6406383
2031	416.0384615	527.7587658	111.7203043
2032	416.0384615	530.6960807	114.6576192
2033	416.0384615	533.4774504	117.4389889

续表

年份	水资源供给总量	水资源需求总量	水资源供需缺口
2034	416.0384615	536.0959329	120.0574714
2035	416.0384615	538.5447066	122.5062451
2036	416.0384615	540.8112004	124.7727389
2037	416.0384615	542.8874654	126.8490039
2038	416.0384615	544.7578371	128.7193756
2039	416.0384615	546.418626	130.3801645
2040	416.0384615	547.8507032	131.8122417
2041	416.0384615	549.0494075	133.010946
2042	416.0384615	549.9970573	133.9585958
2043	416.0384615	550.6808086	134.6423471
2044	416.0384615	551.091956	135.0534945
2045	416.0384615	551.210974	135.1725125
2046	416.0384615	551.0261704	134.9877089
2047	416.0384615	550.5215441	134.4830826
2048	416.0384615	549.681638	133.6431765
2049	416.0384615	548.4890985	132.450637
2050	416.0384615	546.9272176	130.8887561

由表 8-7 所示的水资源供需趋势图如图 8-22 所示。由图 8-22 可以看出，随着时间的推移，江苏省苏北段的水资源供需总量的矛盾将进一步恶化，供需缺口将进一步扩大，供需缺口最大的时间将出现在 2045 年，为 135.17 亿 m^3。因此，开源节流，节约用水，并加大保护水源是迫在眉睫的事情。

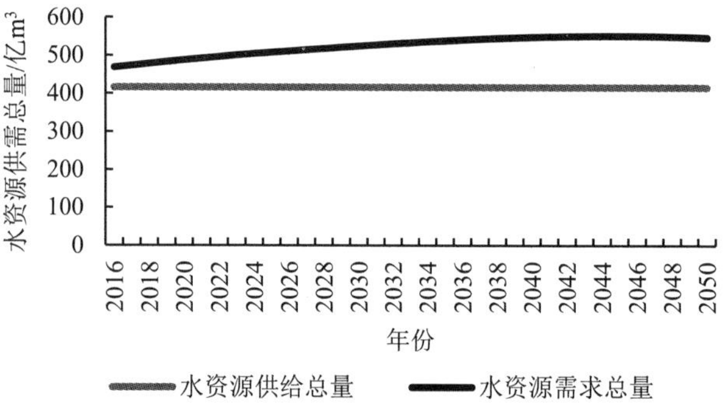

图 8-22 2016~2050 年江苏省苏北水资源供需趋势图

8.5 缓解淮河流域苏北段水资源供需矛盾的路径分析

8.5.1 增强全民水忧患意识，并制订具体规划，保护水系骨架

水是人类生产和生活中必不可少的基本物质之一，工业污染，城市居民生活用水污染等都是由于人的能动作用产生的，因此，要从战略的高度重视水利问题，从全局的角度落实水利建设，增强全民水忧患意识和水法制意识，搞好水资源的保护、开发和利用。1992 年联合国环发大会通过了《21 世纪议程》。1993 年第 47 届联大决定每年 3 月 22 日为“世界水日”，号召世界各国对全球普遍存在的水资源紧缺和水污染问题引起警觉，并开展相应活动，提高公众的水忧患意识。我国在 1988 年开始设立“中国水周”，目的是广泛持久地开展关于水的宣传教育活动。中国政府历来十分重视水资源，每年都举办纪念“世界水日”和“中国水周”的宣传活动，在举办这些活动中，联合国开发计划署和联合国其他组织机构给予了大力支持与合作。防治和控制水污染需要从每个人抓起，大力推动全民环境教育，结合“五四”普法，开展环境普法教育活动。一是对用水户大企业、服务行业、居民等不同阶层进行广泛宣传，充分利用新闻媒体电视、报纸、宣传栏等，召开用水大户座谈会等形式，深入持久地进行宣传，宣传保护水资源和节约用水的意义，形成良好的节水社会氛围。二是通过各种媒介宣传让公众认清当前水资源现状，感受到所面临的水危机形势，使他们认识到水资源的宝贵性以及水环境被破坏后产生的影响，增加全民的水忧患意识，提高全社会对水环境保护的认识，形成节约用水的良好习惯。三是通过汇报和宣传赢得政府行政领导对水资源的重视、支持，形成上下联动管理水资源的新格局，从而带动全民节约用水。四是严格执行用水计量收费和超定额累进加价制度，通过一水多用、循环用水等形式提高企业的水资源重复利用率，全力推行节水灌溉方式和节水技术，提高农业用水效率，从而达到全社会参与节约用水的目的。在此过程中要着重抓好中小学环境教育，在广大青少年中开展节水教育，传播节水理念，树立节水意识，努力培养科学、文明、节约的用水习惯，持续推进建设“绿色”学校。同时推进农村环境宣传工作，提高农民的环保意识，保护水环境。各村建立固定的垃圾堆，并且及时分类处理，不要将垃圾统一倒入河水中，造成二次污染，塑料袋和纸屑也不宜采用焚烧；各村部还可以利用农闲时间，开展关于环保的知识讲座，并且采用多种宣传方式(如贴宣传画)，向村民讲述环保的重要性，使村民真正懂得保护环境等于保护他们自己，并使他们懂得应该怎么做，不应该做什么，增强他们的环保意识；鼓励人们使用肥皂，少用洗衣粉，减少水中磷的污染。

在编制国民经济和社会发展规划以及城市总体规划时，要进行科学的水资源

论证和水系规划。水系规划要确定淮河流域苏北段水系的基本河网骨架，并按其主要功能定位划分为引排性河道、景观性河道和交通性河道。在建设项目的水资源论证可行的基础上，由水行政主管部门统一审批，发放取水许可证。一些原来农村河道演化为城市骨干河道后，其功能定位有了很大的变化，现已成为城市基础设施的重要组成部分，因此必须尽快按其新规划的标准进行整治改造，对于不同类别河道按其定位设计其上口宽度，预留适宜的绿色宽度，实行蓝线规划控制。对断头沟塘在全面普查的基础上，制订整治的具体方案，其合理填埋的水面积和库容由骨干河道的拓浚和居住区水景布置来保持动态平衡。同时，要足额征收水资源费和地表水水费，实施水资源有偿使用制度，坚决杜绝用水“包费制”和水资源费征收过程中的“人情交费”现象，为节水型社会建设创造良好的氛围。

8.5.2 提高农业生产效率，节约农业用水

造成农村水资源问题的原因种类繁多，水量不够用，干旱年份水资源更是捉襟见肘。而且，污水产生量大、分布面积广，许多问题的解决已超过了农民力所能及的范围。有关部门如果不及早重视、防范、治理，将会造成比城市水环境更复杂、更有害、更难治理和恢复的局面。水是生命之源，农业之本。喝上、用上洁净水、有效的保护水资源不仅是农民的迫切需求，也是农业发展的迫切需要。各级政府应重视农村水污染的治理、积极改善农村的水环境。由于农民是节水提高效率的主体，其行为和素质在某种程度上决定节水效率的提高。这就需要做到：

一是要建立农民参与管理决策的民主管理机制，大量进行节水灌溉的宣传和教育工作，充分调动农民的节水积极性，提高农民的节水意识，改变长期形成的浇地要浇透的习惯和“水是天上下来的”旧观念，提高单位农业播种面积的用水效率，并降低单位农林牧渔业总产值的用水成本，使得既能保证农林牧渔业的发展，也能合理节约用水。

二是改善农业面源污染。加强养殖污染防治，根据各地生态环境敏感性和环境容量，划定养殖禁养区、限养区和适养区，根据水域功能要求和养殖区划分规定，严格水产养殖许可制度。加强化肥、农药等污染防治，确定农村面源污染敏感区，划分农药、化肥重点控制区，加快农业产业结构调整，倡导农业循环经济，推广使用有机肥、缓释可控化肥和高效、低毒生物农药，控制化肥、农药的过量使用，淘汰高毒高残留农药。同时，积极做好山林等植被的保护工作，减少化肥和农药随排灌水的流失，控制泥沙进入江河污染水体，减少其对水环境的污染。

三是要加强节水工程的建设。农业是用水大户，其年用水量约占总用水量的80%。节约灌溉用水、发展节水型农业可以减少农业用水量，减少水资源的使用。农业节水措施主要有：大力推行喷灌、滴灌等各种节水灌溉技术，制定合理的灌

溉用水定额，减少输水损失，实行科学灌水。在充分利用农村当地水资源，包括地表水、地下水、土壤水和劣质水资源化的基础上建设节水工程。同时，应做好节水灌溉管理措施的工作。节水工程“三分建设七分管理”，建好了如果管理跟不上节水效果就会大打折扣，会给以后的节水灌溉技术推广造成困难。而且，节水灌溉工程应注意加强与农艺节水技术相配套，选用具有节水、抗逆、高产、高水分利用率的节水高产型作物品种，利用深耕蓄水和覆盖技术加深耕层疏松土壤厚度，增加土壤蓄水容量。再次，要积极发展研究农业节水高新技术。节水农业的发展和效益的提高最终依靠科学进步来实现，特别是高新技术，它代表了节水农业发展方向。依靠科技进步，减少农田蒸发和作物蒸腾及增加产量，增施有机肥和作物节水高产的化学调控技术来提高土壤肥力，使土壤疏松，孔隙率变大，改善土壤结构，增大土壤蓄水能力，达到以肥调水，提高水分生产率的效果。要健全农技推广服务网络，指导农民科学种田，定期在土地上施入堆肥或粪肥，推广秸秆综合利用，实行秸秆还田，将有机物质返还土壤并提高土壤肥力，按照不同类型的农作物需要的养分量，因地制宜、因时制宜地施肥，并采取一定的管理方法减少化肥径流和硝酸盐的沥滤，以节省肥料。采取综合治虫措施，积极推行生物治虫。还要提倡使用低毒农药，减少农药使用量。改善灌溉方式和施肥方式，减少肥料流失；加强土壤和化肥等化验与监测，科学定量施肥；调整化肥品种结构，采用高效、复合、缓效的化肥品种；增加有机复合肥的使用；加强造林、植树、种草，增加地表覆盖，加强农田工程建设，避免水土流失以及肥料流入水体或者渗入地下水。这些措施还能有效防治化肥污染。防治农药污染的对策主要有：开发、推广和应用生物防治病虫害技术，减少油剂农药的使用量；研究采用多效抗虫害农业，发展低毒、高效、低残留量的新农药；完善农药的运输与使用方法，提高施药技术，合理使用农药，减少农药造成的水环境污染。根据排灌分开原则，调整农田两岸的农田灌溉系统，保证农田灌溉用水不直接排入河道，同时加快河道水利设施建设，控制水的流向、流量，提高水资源的利用率。由于农艺节水技术成本低，投入少，简单易学，特别是在北方缺水地区，节水效果显著而且可以提高作物产量，使农民增产增收。

8.5.3　限制工业废水对水环境的污染，在确保产值下节约工业用水

工业废水对水环境的污染至今没有得到有效控制，其主要原因就在于工业生产长期以来高投入、低产出、高消耗、低效率的状况没有得到根本改变，资源浪费仍十分严重，污染物产生量和排放量仍居高不下。因此，淮河流域苏北段实施可持续发展战略时，工业污染的防治必须逐步调整偏重末端治理的现状，从源头抓起，采取积极有效的对策和措施进行治理。严把源头审批关，通过建设项目环

保审批工作，督促企业做好污染防治工作。确定重点监控企业，加大对重点污染企业的监督检查，切实督促企业达标排放。调整工业产业结构，提倡清洁生产，按照“物耗少、能源少、占地少、运量少、技术密集程度高及附加值高”的原则发展工业，以降低单位工业产品或产值的排水量及污染物负荷。此外还应积极发展第三产业，优化第一、第二和第三产业之间的结构比例，既促进经济发展又降低污染负荷。同时实施排污许可制度，结合目前的技术水平和管理体制，从实际出发，确定总量控制目标，选好发证对象，控制重点，因地制宜进行计量，控制污水总量，并强化发证后的环境监督管理，完善出水口的监控系统，严厉打击违法排污的现象，加大对违法排污行为的处罚和监管力度。加大资金投入，完善污水管网及处理设施的建设，维护污水管网及处理设施的正常运作，努力提高管网的覆盖面和处理设施的处理能力，逐渐形成与农业生态系统良性循环的复合生态系统。

由于工业用水量和工业生产总值指数密切相关，所以提高工业用水效率是当务之急。由于在当前粗犷用水的条件下，工业用水量很多，尤其是高耗水行业用水量大。在当前工业生产总值指数下降的趋势下，工业用水量在逐年下降。而在2007年之前由于工业发展速度比较快，所以工业用水量也上升很快。因此，还必须做好工业用水的节约，在确保产值条件下促进经济的发展。这就需要：首先，要提高工业生产用水系统的利用效率，包括改变生产用水方式(如改直流用水为循环用水)，推广蒸汽冷凝回用、间接冷却水循环利用、污水处理回用等节水技术，提高水的循环利用率及回用率；在生产工艺条件基本不变的情况下，提高水的重复利用率。其次，于细微处节约工业用水，如：采用能够节省用水的生产工艺及设备，在可能范围内将水循环使用；开展水平衡测试，计算每个生产单位所需的水量，然后设立查验措施，控制耗水量；设法缩短热水管，并将冷水管迁离蒸汽管及其他发热的地方；尽量降低水压；定期检查隐蔽水管，以防漏损，检查内部供水系统，修理有毛病的水箱、水龙头及其他的供水设施。再次，通过实行清洁生产战略改变生产工艺或采用节水以至不用水生产工艺，合理布局工业或生产，减少工业生产对水的需求，提高水的利用效率。这是工业节水的根本途径。传统的资源利用模式主要分为两类(图 8-23)：模式一为工业社会发展初期所采取的资源利用模式，生产过程对排放的污染物不做任何处理，将环境视为“无偿的清洁夫”，在环境利用方面以产品为中心决定取舍，这种运作方式造就了工业内部对产品的高度依赖性。模式二(即“末端治理”模式)是 20 世纪 80 年代之后至今在多数地方所采用的资源利用模式，其虽对生产中排放的污染物进行末端处理但与生产过程相割裂，是一种被动的处理，由于污染物并未从根本上消除，不断在环境内蓄积，也容易造成二次污染。

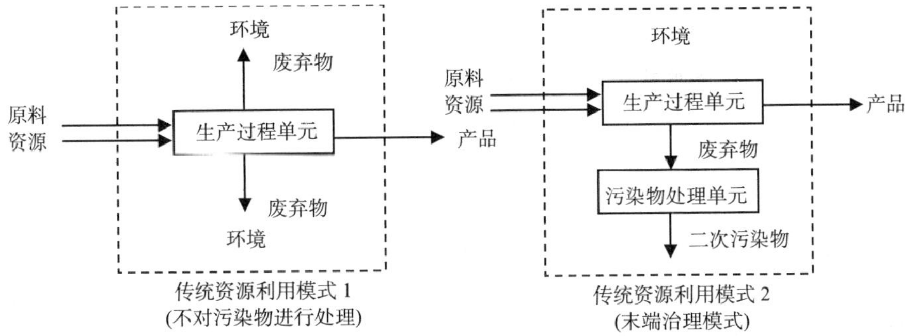

图 8-23　两种传统资源利用模式

而清洁生产模式是充分合理地利用环境对污染物的自净能力以实现整个社会的可持续发展(图 8-24)。与传统的资源利用模式相比，能充分发挥进入生产过程的原料、资源、能源的效益，对生产过程中所排出的“废弃物”经处理后使其能重新投入到生产中的某些环节，这样能大大降低原料、资源、能源的开采和使用量，对于资源相对贫乏的地区尤为重要，并且因其排放到环境的“最终”废物的量很小，可借助环境的自净能力对污染物进行充分的降解，这样就能较好地协调经济发展与资源利用和环境保护的关系。采用清洁生产模式后，废水处理部门会尽可能地多收集废水和尽可能地将废水处理合格后回用给用户，因此从理论上分析其没有闲置污水处理设备或偷排污水的意愿；而用户为了能少支付排污费和水费就有不断减少使用水资源的意愿。这就将上述两方均统一到实现清洁生产和循环利用水资源的目的上来。

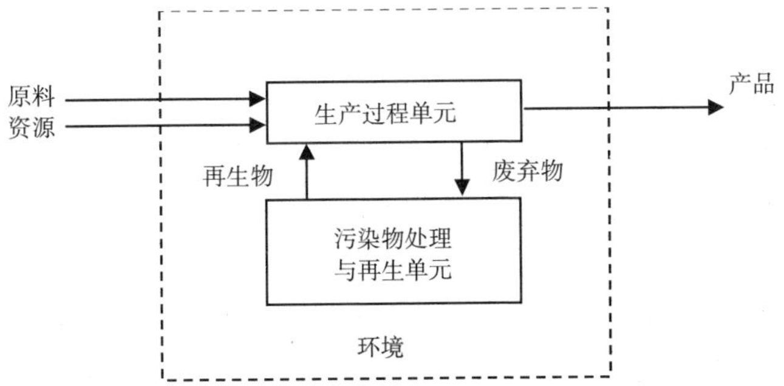

图 8-24　清洁生产模式

从环境经济学的角度上讲，政府对企业征收排污费是为了使企业这种对水环境污染的外部不经济性内部化，即转移到企业的生产成本上以体现出环境的价值，促使经济主体自觉采用清洁生产工艺，可以使得水资源的一循环利用。这样做的好处是：①采用循环利用模式可以大大降低企业生产成本，节省的部分主要来自排污费、水价差额和由于循环利用节约下来的水费；②采用循环利用模式可以大大减轻对附近水域的污染甚至基本杜绝；③同时利用经济杠杆的作用提高了人（包括企业用户在内)的节能、环保的意识，与空洞的理论宣传相比效果更好。因此从理论上分析，循环利用水资源是可行的，通过采用“源削减”和“再循环”的途径有利于推动清洁生产过程和促进经济的可持续发展。如：洛阳 LYC 轴承有限公司将清洁生产模式引入水资源循环再利用工程，效果显著。自 2001 年 5 月中水回用工程正式投入运行以后，年处理水量超过 2.2×10^6t，回用水量超过 2×10^6t，回用率超过 90%，水处理成本一般不超过 0.4 元/t，尤其是 2007 年，为公司创造净利润达到 550 万元。处理水量、中水回用总量和回用率基本呈上升趋势，效益十分显著，反映了该种资源利用模式能做到污水全部进站处理，避免了闲置环保设备和偷排污水的可能性。由于整个水资源得到了再循环利用，为下游水域的水环境改善做出了较大的贡献，原先洛阳市的第一大污染源大明渠已有明显改善，成为第三大污染源(因为沿线其他企业仍在排污)，并且废水处理与回用这种清洁生产模式得到了环保部门和行业内有关人士的称赞，洛阳市的一些大、中、小学将其作为环保专业实习基地和对学生进行环境保护教育的场所，外地的一些企业(如襄轴、一拖、洛铜等) 也去参观考察，成为洛阳 LYC 公司展示企业形象的一个窗口。淮河流域苏北段也可充分借鉴这种方式，达到工业节水的目的。

8.5.4 调控水资源，节约生活用水并提高用水效率

除了控制人口数量、避免人口聚集外，还需要从水资源管理方面着力。城市居住区是城市人群生活的主要场所，是生活用水的集中地。因此，需要加强居住区环境建设，通过规划的实施，使城区水环境质量得到明显改善，全面达到国家规定的环境质量标准，进一步改善城市人居环境。这也有利于提高居住区生态质量，达到人与自然和谐相处、协调发展。而城市居住区保留部分水面，对补充地下水，保持生态平衡，降低城市建筑和人口密度，改善地区小气候都具有积极作用。可将城市水资源的管理纳入集中统一管理规划，用强制手段保证水资源能有效合理地利用。而且，还要制定水资源开发利用和保护的战略和相应的水资源管理中长期计划，并建立健全水资源法律法规，做好实施和监督工作，控制人口密度，避免超过水资源的容纳量。

节约生活用水是比较有效的手段，因此，党政机关要率先行动，强化节水措施，落实节水责任，推广节水器具，坚决杜绝长流水，做节约用水的示范者、推动者。再进一步加强宣传，利用现代化的宣传工具和技术手段，在电视、广播、手机、网络上采取多种形式的节水环保法律法规的宣传教育，在特定区域悬挂和播放节水标语、展板、横幅等，也可向居民免费发放节水宣传材料、指南和小贴士等物品，使城镇居民了解自然环境与生活及生存息息相关，切实树立保护水资

源的理念，增强节水意识并掌握日常节约用水的各种途径，形成自我约束，互相监督，全民爱水、节水和护水的良好氛围。节水活动要从青少年抓起，在学校开展节水教育实践活动等，还可对节水先进单位和个人进行奖励和宣传。同时，要充分发挥价格这个经济杠杆的作用。提高阶梯水价的科学性和有效性，设定水资源定量消费红线，在充分考虑低收入家庭的承受能力，通过补贴保证低收入家庭的生活水平的前提下，对阶梯水价涉及的各个方面，诸如实施步骤、阶梯水量区间、价格区间、时间周期等制定具体的实施方案。对超越红线的部分用水量收取重费，引导市民尽可能地节约用水。而对于高档洗浴中心、温泉、高尔夫等高耗水的项目要设定区别水价，施以重税，限制发展。还不能忽视污水收费的改革，逐步建立起激励节约用水和防治污染的价格形成机制。本着“补偿对环境的损害略高于治理成本，排放同质同量的污染物要等价收费，技术经济合理，操作简单易行，兼顾发挥筹措资金作用的原则”提高收费标准，改革收费方式，由超标收费改为排污收费，由单一浓度收费改为浓度与总量相结合收费，由单一因子收费改为多因子收费，由静态收费改为动态收费。在当今时代，互联网尤其发达，因此，可以利用互联网时代信息传播速度快的特点，营造强大的舆论压力保护水资源。但由于生活节水具有一定刚性，因此，还需要转变思路，不能仅仅局限于建设节水改造工程，而是要在产业发展、城镇建设等方面落实低碳建设理念，在供水管网、供水设施的建设中融入节水概念，大幅降低单位城镇建设用水的消耗强度，提高水资源利用效率和效益。此外，要调整经济产业结构，推动清洁生产，处理好固废、垃圾等，积极发展水循环经济，提高技术和水资源的利用效率。在公共建筑中，可大力推广节水型卫生洁具和中水回用技术，提高用水重复利用率。

8.5.5　合理规划绿地面积，提高生态用水效率

城市绿地系统规划是对各种城市绿地进行定性、定位、定量的统筹安排，形成具有合理结构的绿色空间系统，以实现绿地所具有的生态保护、游憩休闲和社会文化等功能。各个城市应当针对各地不同的景观、文化、历史条件进行城市绿地系统规划。其目的就是创造优美自然、清洁卫生、安全舒适、科学文明的现代城市最佳环境系统。具体体现在保护与改善城市自然环境，调节城市小气候，保持城市生态平衡，美化城市景观，强化审美功能，为城市居民提供生产、生活、娱乐、健康所需要的物质与精神方面的优越条件。城市绿地可以改善城市小气候。一是调节气温。太阳辐射的60%~80%被成荫的树木及覆盖了地面的植被所吸收，而其中90%的热能为植物的蒸腾作用所消耗，这样就大大削弱了由太阳辐射造成的地表散热而减少了空气升温的热源。除了局部绿化所产生的不同气温、表面温度和辐射温度的差别外，大面积的绿地覆盖对气温的调节则更加明显。二是调节

湿度。现在，城市除了受到“热岛”的困扰，“干岛 ”问题也日益突出。发挥绿地调节湿度的作用对于解决“干岛”问题具有重要的作用。杭州植物园经过两年观测研究，在 2003 年提出杭州的干岛效应明显存在，其中风景区和城郊的相对湿度显著地高于城区。城区公园比城区相对湿度也大约要大 2%左右。三是调节气流。绿地对气流的影响表现在两个方面：一方面在静风时，绿地有利于促进城市空气的气流交换，产生微风并改善市区的空气卫生条件，特别在夏季，通过带状绿化引导气流和季风，对城市通风降温效果明显；另一方面在冬季及暴风袭击时，绿地中的林带则能降低风速，保护城市免受寒风和风沙之害。

由于生态用水和绿地面积和环卫清洁用水密切相关，这就给城乡建设者带来了挑战和压力，需要合理规划绿地面积，力争把绿地面积和公园、小区的建设充分结合起来进行考虑，同时提高环卫清洁用水效率，想方设法多利用几道水，让换位清洁用水充分发挥效用。主要措施体现在：

1) 强化制度创新。苏北地区应对生态用水的专项投入进行有机整合，建立生态用水的专项投资资金。同时，综合整治城市水环境，必须在充分挖掘城市历史文化遗址的基础上，结合城市各种景观构成要素，努力营造水城一体的城市空间。加强对生态用水工程建设的社会化与公开化，重大项目与政策需要通过举办听证会等方式，以构建政府与民众之间的生态用水信息沟通机制。

2) 运用生态学原理，使城市绿地系统发挥其生态功能。参考各类对于城市及城市绿地系统的研究后发现，城市的绿地在以生态学的理念为指导，运用科学的方式交流、联系，构建出一个相对完整的资源体系，发挥城市绿地的综合潜力，将水域、风景游赏用地、游览设施用地、居民社会用地、交通与工程用地、林地、耕地等各种用地进行统筹安排，形成一个完整绿化系统时，才能充分发挥其改善城市环境，维护城市生态系统平衡的生态功能。

3) 结合当地特色，因地制宜。淮河流域苏北各地的地形地貌、土壤、气候等自然条件差异很大，各城市的规模、性质、历史因素、绿化现状等条件也各不相同，因此各城市的绿地系统规划应该从实际出发，切忌生搬硬套。无论是绿地规模大小、指标高低、布局形式，还是树种的选择等，都要结合当地绿化现状的优势及城市的人口、水域、人文、地理状况，选择乡土树种、制定合适指标、划定合理范围等，创造出适合当地城市的具有当地特色的绿地系统，才能充分保护水资源。

4) 分期实施，确保城市绿地各阶段绿化的效果和质量。城市绿地系统规划可以分为远期与近期规划，近期规划是对短期内各类绿地的建设目标、发展布局和水资源节约所作出的安排。远期规划是对远期年限内城市绿地系统的发展目标、空间布局、水资源保护等进行综合部署。城市绿地系统的近期规划与建设必须与远期相协调，要保证近期建设的可持续进行以提高近期城市的绿化水平，更要兼顾远期规划的可持续性与可实施性。总之，城市绿地系统规划的实施应考虑其可行性及由近到远的绿化措施。

5) 结合生产，创造经济价值。城市绿地除具有环境效益和社会效益以外，还有其经济效益。经济效益分为直接效益和间接效益，因地制宜地选择在某些地段种植一些可直接获得收益的经济型植物，这便是其创造的直接效益，城市的绿化更好可以使得城市的空气、水体等质量得到一定的改善和提升，间接使得城市的土地价值得以提高等，是其创造的间接经济效益。

6) 运用新技术，增强和科学合理性。城市绿地系统规划不单单是一项简易的勾画工作，它具有极强的技术性，无论是从对于绿地现状的分析、绿地的定位还是绿地的功能确立等都是需要使用一定的技术手段才能完成。尤其是当今社会，科学发展、技术发展才是社会发展的王道。城市绿化系统规划具备高技术含量的工作更应该如此，运用新技术，综合多学科，使城市绿化系统更加趋于科学合理，更容易协调与其他城市用地之间的关系。从保护水资源的角度看，要大力构建生态用水技术和产品开发的应用体系。围绕洪涝灾害、水资源短缺、生态环境恶化和水土流失严重等水问题开展科学研究，实现开源节流，科技兴水。结合节约技术的开发应用，结合不同城市特点，建立相应的科技园区。合理开发利用地下水资源，对地下水资源按不同类型、不同地段的开采潜力，实行总体、分类控制，实行水资源的有效管理。要把水土保持与生态建设、扶贫开发、农业开发、防沙治沙等项目紧密结合起来，加强生态建设涵养水源。

8.5.6　加大城镇水污染防治力度，实现水资源的生态协调

当前，城镇化的约束条件已经发生了变化，人口城镇化依赖于低成本的资源要素和环境的扩张模式难以为继，环境代价和风险逐步显现。而人们的环境意识逐渐觉醒，对生存环境的要求更高，对环境污染的承受能力下降。虽然近年来政府增加了对城市污水和垃圾处理设施建设的投入，但由于历史欠账太多，设施建设滞后的问题仍较为突出，污水和垃圾污染城市环境的状况依然严重。相比较而言，大城市比小城镇的污水处理设施先进，污水处理效果好。很多小城镇建立建设污水处理设施的少，即使建成正常运转的也不多，甚至有少数城镇至今还未启动污水和垃圾处理设施的建设，使得污水处理很难到位。因此，政府还需要在污水治理中居于主导地位，制定政策，选择合适的投资和经营者，加大排污监督和处罚力度。

一是要推行清洁生产，采取清洁生产工艺。这是水污染控制的有效途径。尽量采用那些环境友好型的技术发展经济，从源头上控制，把水污染降到最低限度。

清洁生产并不等于零排放，只要是通过改革生产工艺，尽量采用不产生污染物的工艺；改变生产程序，变更生产原料，改进装置的结构和性能，提高产品产率，从而降低污染因子。例如，在电镀工业方面，实行无氰电镀；在造纸工业方面，采用无污染的氧蒸煮工艺；采用无磷配方生产洗涤剂及采用无水印染工艺转移染色代替有水印染工艺等。

二是要加强治理力度，回收有用物质。修建先进的城市污水处理厂，提高再生水利用水平，对水资源实现最大的利用率。对于生产过程中进入水中的原材料、半成品、成品、工作介质和能源物质加以回收利用，降低废水中污染物的浓度。例如，从电镀水中回收铬酸，从浆纸蒸煮废液中回收工业碱。一般是回收过程和水处理工程相结合，既防止污染危害又创造了财富。

三是要对污水进行集中排放和处理，实施污水集中排放和处理是改善城市水环境和人居环境的根本性措施之一。生活污水是造成水体污染的重要污染源，城市人口众多，生活污水排放量也很大，因此需要对污水采取集中治理的方法，提高生活污水进管和生活垃圾处理达标工作。加快推进城镇生活污水配套管网的建设，在各个城镇均应建立生活污水集中处理场，确保城镇范围河流内的生活污水得到有效处理，鼓励和支持有条件的农村建设管道，将农村生活污水接入城镇生活污水管网，积极推进乡镇的生活污水处理设施建设。根据城、镇、村发展的需要，扩建和新建一批垃圾处理场，完善垃圾收运系统，规范垃圾处理场的填埋处置，妥善处理垃圾处理场的渗滤液。对暂无能力实施污水集中处理的可分散建立小型污水处理装置，并加快现有城市污水处理工艺的改进。还要完善排水系统，建立生活污水净化沼气池，通过前处理物理处理的沉淀，厌氧消化，细菌吸附，杀菌，后处理生化处理的生物过滤，消毒，接触氧化，最后排放的全自流过程来净化和处理生活污水。在完善污水处理系统的同时，充分利用城市水系特点和长江水文条件，引江水冲内河，达到死水变活，提高水环境承载能力，改善城市水质，满足城市景观、娱乐等水质要求。可根据当地水体有多少纳污能力，可以容纳多少污染物，具体分到各区，允许排放多少。一方面使得污水处理得以集中起来，节约投入成本；另一方面，迫使政府为满足集中排放处理的高要求改变以往治理的思路，增加对污水处理的投入。

四是要引水释污。污染物在进入天然水体后，通过物理、化学、生物因素的共同作用，其总量减少或浓度降低，受污染水体部分或完全恢复现状，这种现象即为水体自净。水体自净从发生机理上来看可分为：物理净化，污染物通过稀释、扩散、沉降、挥发、淋洗等作用，浓度降低；化学净化，通过水体的氧化还原、化合和分解、吸附、凝聚、交换、络合等作用，使污染物质的存在形态发生变化和浓度降低；生物净化，通过水体中的水生生物、微生物的生命活动，使污染物质的存在状态发生变化，污染物总量及浓度降低，最主要是微生物对有机污染物的氧化分解作用，以及对有毒污染物的转化。引水稀释能够增强水体自净能力。引水稀释的作用是以水治水，不仅增加了水量，稀释了污水，更重要的是能使水体自净系数增大，从而使水体的自净能力增强。生物的自净作用需要消耗氧气，如果氧气得不到及时补充，好氧微生物就会消亡，生物的自净过程就会终止。引水增加水体流速，使水体复氧能力增强，水体溶解氧浓度增加，水生微生物、植物的数量和种类也相应增加，水生生物活性增强，通过多种生物的新陈代谢作用达到净化水质的目的。引水稀释，能在一定程度上改变水体的污染现状，使水体逐渐恢复生态功能、景观功能和娱乐功能，达到人水相亲、和谐共处的状态。

五是要抓好河道清淤，进行底泥清理，并建设生态护岸。淮河流域苏北段河流不但水体污染严重，而且底泥也受到严重污染。河道清淤工作是一项领导重视、群众拥护、各界关注的大事、好事。抓好河道清淤工作是直接关系到水质、水环境改善的工作，因此要继续实施以切实抓好淮河流域苏北段的清淤整治工作，通过清淤达到水质改善治标又治本的目标。河道底泥中沉积了大量重金属、有机质分解物和动植物腐烂物等，它们在一定条件下会从底泥中溶出，使水质恶化，同时散发出恶臭。因此即使其他水污染源等到控制，底泥仍会使河水受到二次污染，所以疏吸河床、去除底泥中污染物也是城市河流污染治理的重要手段。而在天然水体中，存在着大量依靠有机物生活的微生物，它们具有氧化分解有机物并将其转化为无机物的能力。生物净化法就是利用微生物的这一功能，借助人工措施来创造有利于微生物生长和繁殖的环境，培育出大量净化能力强的微生物，以提高对污染水体中有机物氧化降解效率的一种净化方法。该方法具有处理效果好，投资省，不需耗能或低耗能等特点，最重要的是，该法能使污染水体的自净能力逐渐恢复。目前国内外使用最多的生物净化技术是投菌技术、生物膜技术、曝气技术、水生植物植栽技术。在进行底泥清理的同时，可以建造生态护岸。生态护岸分成植物型护岸、木材护岸、石材护岸和石笼护岸。生态护坡所种植的护坡植物，如垂柳、水杨、芦苇等，都具有发达的根系和茂密的枝叶，能有效固结坡面土壤，减缓降雨淋蚀、减轻风浪淘蚀，增强堤坝防渗、抗蚀性能；也能进一步加固堤防，滞洪补枯。此外，生态型护岸所采用其他的自然材料和人工合成材料也具有加固堤坝、增强堤坝安全性和稳定性的作用。而且，生态护岸可以修复水域生态系统。我们可以利用生态型护岸技术从整个水陆交错带的生态结构入手，充分应用生态工程学的基本原理，力求修复退化了的水域生态系统。如石材堆积护岸、石笼护岸等的护脚护底大都具有较高的孔隙率，可以为鱼虾等水生动物和两栖类动物提供栖息、繁衍的场所。生态型护岸的坡面上大都种植护坡植物，该类植物基本上都是经过精心挑选，既能直接从水中吸收污染物质，其舒展而庞大的根系还能为微生物提供附着的介质，极有利于水质净化，同时也是水生动物、鸟类、昆虫等觅食、繁衍、嬉戏的好场所。从而使退化的水域再现昔日碧波荡漾、青草幽幽的健康的水域生态系统。此外，生态护岸可以进行坡岸景观设计，与苏北文化背景融为一体，碧波荡漾、繁花似锦、绿草成荫构成一幅完善的山水画卷，为景观添光增色，成为一道亮丽的风景线，使人们在工作、学习之余有一个休闲娱乐的好去处。

六是要采取多种措施，建设多种形式的雨洪利用工程，力争使降雨能得到最大程度的利用。如：推广生态地面铺设在小区、公园、广场和人行道路铺上透气透水的生态地面，既可以减少燥热，下雨后经透水路面保存下来的雨水又可以慢慢蒸发出来，增加湿度和舒适感，也能滋养各种绿色植物，同时还能够大大减少绿化用水，减少地下水的使用，涵养地下水源。而且，要通过保护农田、森林、绿地、清洁的空气和水等措施来实现生态协调。

七是要运用行政和法律的手段来控制水污染。政府可以通过法规或经济政策，在预防和控制水污染方面发挥重要作用，修改后的《水污染防治法》为水污染防治工作的监督管理和强化执法奠定了基础。环保部门应以法律为准绳，加大环境执法力度，对于长期造成水体污染的单位或个人，要以破坏公共安全或破坏资源罪对其进行惩罚，对造成重大污染事故或水环境长期得不到改善的不仅要追究责任人的责任，更要追究行政首长的法律责任。总之要不断强化管理，依法保护水环境。

8.5.7 保护水源，增加水资源供给

淮河流域苏北段应全方位加强水资源供应。节流开源，在努力节约水资源需求的同时，还必须提高水资源供应能力，这样能为未来经济发展提供充足、持续、安全的水资源供应保障。

随着人类对环境的破坏，恶劣天气越来越多，水土流失严重，旱涝灾害尤其是旱灾频繁，森林保持水土的功能在逐渐减少，水污染的加剧，可以利用的水源越来越少。地表水和地下水是最主要的水资源供给渠道。随着环境的破坏，恶劣天气越来越多，水土流失严重，旱涝灾害尤其是旱灾频繁，森林保持水土的功能在逐渐减少，水污染加剧，可以利用的水源越来越少。这就需要加大力气保护地表水资源，谨慎开挖地下水资源，以留给子孙后代更多的可用的洁净的水资源，也充分缓解当前水资源供需矛盾的严重问题。首先，要合理保护水源地，保障区域供水安全。对水库源头区，通过工程、生态和政策干预等综合措施，加强水源涵养能力，加强对重点地区供水水源地的监测和保护；其次，采取工程措施、生态措施和严格的管理措施，保证水功能区的水质要求。划定水源保护区，防止地

表水污染，严禁地下水过量开采；在地表水缺乏区域，修建池塘、涝池等蓄水设施，形成对地下水体的补给。再次，要在严格管理和保护地下水资源、推进生态系统保护和修复的基础上，在合理提高水资源利用率的同时，加快发展海水淡化产业，达到增加水的可供量和减少环境污染的目的。最后，要大力发展水经济，释放水功能区活力。发展水安全、水环境、水生态、水文化，最终还是保障水经济发展。因此，只有把水功能区潜力完全释放出来，水经济才能得以发展，水文明也才能逐步实现。此外，要加强区域合作，共同保护水环境。积极争取上游地区的支持，加强区域合作共同保护水环境。推广交界水质移交行政首长责任制，建立水质保护跨省辖市协调组织，以加强上下游合作，定期通报和对口互查上下游地区建设项目审批情况，建立污染预警机制，确定水污染事故及纠纷应急处理预案，以便及时应对上游的突发性污染，对于上游大量排污而使下游水体不能达到功能区划要求的，要追究污染源地区行政首长的责任。这样，供水量可以得到有效保证。

经济措施上，可以从生态增水、国际市场购水和虚拟水贸易三方面努力。生态增水指站在水文大循环的角度，通过改善生态环境来获得“绿水”。广义水资源包括径流性水资源和生态系统利用的有效降水，既包括地表水和地下水，又包括植被、作物等生态系统利用的土壤水以及冠层与地表的降水截留。因此通过绿化和生态维护可以提高水资源供应能力。国际市场购水是指依靠一定的交易市场，用经济手段向周边国家购买淡水资源。我们需要积极探索跟周边水资源丰富国家的交易机制，并通过一定的政策制度把这种市场活动长期化和稳态化。虚拟水是指在生产产品和服务中所需要的水资源数量，即凝结在产品和服务中的虚拟水量。淮河流域苏北段人均水资源短缺明显，处于水资源绝对劣势，按照比较优势学说，应该减少水资源密集产品和服务的生产而转向从水资源丰富(水资源绝对优势)国家进口。因此，可以立足流域内水资源供应的基础上，从国际市场多增加实体水和虚拟水，以保障经济和社会发展的需要。

在水资源的工程建设上，应加快应急备用水源工程建设。淮河流域苏北段缺少自控的优质备用水源，为具备应急备用水源，提高水资源保障能力，应加快规划建设各水库的水利设施，提高水资源调蓄能力，增加水资源有效供给。而在水资源的利用上，要实行工业与生活分质供水，提高水资源使用效益。重大工业及工业园区供水系统与生活供水相分离，一方面可以使水库优质水优先用于城乡居民生活，实现优水优用，提高和保障城市供水水平与质量，另一方面可以充分利用本地河网水资源潜力，降低工业供水成本，使有限水资源发挥更大效用。在有条件区域，可以继续建设单独生产供水系统。

8.5.8 理性推进城镇化，缓解水资源矛盾

城镇化是指农村人口不断向城镇转移，第二、三产业不断向城镇聚集，从而使城镇数量增加，城镇规模扩大的一种历史过程。其主要表现为随着一个国家或地区社会生产力的发展、科学技术的进步以及产业结构的调整，其农村人口居住地点向城镇的迁移和农村劳动力从事职业向城镇二、三产业的转移。城镇化的过程也是各个国家在实现工业化、现代化过程中所经历社会变迁的一种反映。需强调的是，城镇化不仅仅是城市人口和城市数量的增加，也包括城市的进一步社会化和资源的集约化，是一个复杂的空间形态变化和社会、经济发展过程。城镇化加速了中国产业结构的调整和经济的增长，但给资源供给和环境保护也随之带来巨大的压力。随着我国城市化和工业化的推进，水资源作为基础性的自然资源和战略性的经济资源得到完全体现。与此同时，社会经济发展与水资源、水环境承载力不足的矛盾将更加突出。随着城镇化和工业化的进一步推进，淮河流域苏北段的水资源供需矛盾更为突出。人多水少，水资源时空分布不均，与生产力布局不相匹配，是其基本水情。随着工业化、城镇化加快发展，水资源需求将在较长一段时期内持续增长，资源性、工程性、水质性缺水在不同的地区将长期存在。

城镇化对水资源提出的挑战主要在于：首先，城镇化进程对水资源总量提出了挑战。目前淮河流域苏北段正处于城镇化发展的关键时期，工业与服务业稳步增长，城镇规模不断扩大，城镇人口快速增长，会产生持续的大规模的用水需求。根据全国总用水量和城镇化率之间存在的长期均衡关系，当城镇化率达到 60%时，全国总用水量将达到 6877 亿 m^3。这将大大超过控制红线的 6700 亿 m^3，即说明目前中国水资源的承载力不足以支撑中国城镇化的快速发展，何况淮河流域历来是人口聚集之地，水资源的承载力本来就弱，对城镇化的影响就更大了。按照有关要求，对于取水总量已经达到或者超过总量控制指标的地区，国家将强制暂停审批建设项目的新增用水，对取水总量接近取水许可控制指标的地区，限制审批新增用水。因此，水资源利用将会成为制约城镇化发展的重要因素。这也提醒某些地方政府，在大力发展经济的同时，一定要注意资源的强制约束性。其次，城镇化进程对水资源利用效率提出了挑战。城镇化进程极大地改变了原有的生产和生活方式，从而产生要素需求的变动以及生产要素资源的重新配置，进而引起水资源利用效率的改变，根据水资源利用效率与城镇化率之间的公式，当在城镇化率达到 60%之际，万元 GDP 用水量将为 25.09 m^3，万元工业增加值用水量将达到 37.9 m^3，水资源利用效率将显著提高，能够基本实现“万元国内生产总值和万元工业增加值用水量明显降低”这个目标。而农田灌溉亩均用水量将为 399.1 m^3，农业用水效率也有所提高。显然，工业用水效率与农业用水效率相比，显示出了

明显的优势，农业用水效率的提高将是未来经济型节水的重点。再次，城镇化进程中对水资源利用结构造成了影响。具体水资源使用领域而言，工农业用水总量将控制在 83.12%左右，而生活和生态用水的比例将进一步提高，这也是城镇化发展的显著标志。根据美国、英国等高城镇化率国家水资源分配的实践来看，都遵循生存、生活、生态到生产的顺序，生活和生态用水的比例将占 30%~35%。对比之下，我国水资源利用结构还有进一步改善空间，一是在保证粮食安全的前提下，提高农业用水的效率，缩减农业用水比例；二是提高工业用水的循环使用率以降低工业用水的比例，世界银行在《解决中国水稀缺：关于水资源管理若干问题的建议》中曾指出：随着中国工业化进程，中国工业水量可控制在 25%左右，工业用水的循环使用率须达到 70%~80%，提出了一条提高水资源利用效率的路线，即通过技术创新来提高资源循环使用率，从而改善资源利用效率。

因此，新型城镇化要坚持以人为本，体现公平共享、包容发展，并注重科学布局，和谐宜居。从国际经验看，城镇化进入 65%的快速发展阶段，人们对城镇化的就业、安居和生活品质等需求全面快速增长，生活(消费)逐渐成为主导，服务业成为就业的主渠道，满足人们日益增长的发展型消费需求越来越依赖于教育、健康、医疗等生活型服务业的发展。随着江苏省农业生产科技水平的提高，农村剩余劳动力数量还将增加。如果让农民自发地流向城市，会大大超过现有城市的吸收能力和基础设施的承受能力。而且，城市尤其是大城市正面临着产业结构的转型，加之当前经济增速放缓，对产业工人的需求量降低，消费性的第三产业人口本身已经很饱和，吸纳能力有限。而农村人口和劳动力在技能素质上的准备尚不充分，未必完全适应城市对劳动力的要求，因此，仍然需要大力发展小城镇来解决江苏城镇化的深层次矛盾，走大城市和小城镇统筹发展，多渠道融合的发展道路。这就要在城镇化体系建设中，以大城市为核心和龙头，中小城镇为扩展延伸方向，以各市(县)确定的若干个中心镇为重要补充。一方面要合理控制大城市规模，对大城市加大科研经费投入和公共教育支出，着力于提高居民的劳动生产率和生活宜居满意度；另一方面要进一步增强中小城市和小城镇的产业发展、公共服务、吸纳就业和人口集聚的功能，提高其人口吸纳能力和环境承载能力，将公共福利、优质资源按统筹协调的要求向中小城市和小城镇让渡，增强小城镇居民对优质公共资源和公共服务的可及性，弱化对大城市的依赖，让背井离乡的农民能在附近的小城镇安居下来，改变“候鸟式”的就业方式。必要时，可以主动剥离大城市某些方面的中心地位，促成区域双中心乃至多中心的布局，使得城镇均衡发展，缓解因人口聚集而发生的水资源矛盾恶化的现象，有力地推动传统浪费水的农业社会向现代节水型的城市社会转型。

而鉴于城镇化过程中水资源短缺问题的严峻性，整合过度分割的水资源管理体制势在必行。可以借鉴能效以及基于能效的政策体系的成功经验，把“水效”作为统筹水资源管理的理念抓手。以水效为核心理念统筹城市水资源管理，需要在法律体系、管理体制、激励机制、技术支撑、公众参与等方面采取相应的变革措施。首先，建立现代城乡水务一体化管理体制，提高水资源管理效率。树立城市水效管理理念，充分尊重水资源的自然属性，对水资源开发利用的各个环节实施统筹规划、统一调度和配置。实行城乡水务一体化管理，“一龙管水，合力治水”，明晰中央和地方水资源管理事权划分。因地制宜推进城市水务体制改革。其次，正确处理政府与市场关系，构建新型城市水务政企、政事关系。转变政府职能，建立各尽其能、各得其所的城市水公共管理新格局，以逐步完善水权制度为基础，建立政府配置和市场配置相结合的水资源分配机制；逐渐完善水公共产品、水公共服务的政府购买制度，以及相应的水务企业绩效评估和奖惩制度；改革城市水资源管理决策和监督体制，建立城市水事务理事会；全面拓展公众参与和监督的范围、手段并提供切实保障；界定好所有者、投资者、运营者、监管者、使用者各方的责权关系，逐步理顺水价机制、税费机制、政府补贴和支出机制，不断完善法律手段、规范行政手段。最后，完善水资源管理法律框架，优先制定节水法和全国节水条例。强化法律法规的实施，完善法律实施程序，促进公众参与水资源管理。

主要参考文献

安彦杰, 张彦辉, 杨劭. 2009. 沉水植物菹草的人工种子技术[J]. 水生生物学报, 33(4): 643–648.

白永刚, 吴浩汀. 2005. 太湖地区农村生活污水处理技术初探[J]. 电力环境保护, 21(6): 44–45.

白永刚, 周军, 涂勇, 等. 2011. 苏南地区农村分散型生活污水处理的适用技术分析[J]. 给水排水, 37(10): 51–53.

白云来. 2008. 矿井底板承压水突水特征与防治措施研究现状[J]. 矿业快报, (08).

白祖国, 杨小俊, 蔡亚君, 等. 2013. 臭氧-生物活性炭系统处理印染废水低温启动研究[J]. 环境工程, 33(1): 12–14.

蔡美芬, 李开明, 陆俊卿, 等. 2012. 流域水污染源环境风险分类分级管理研究[J]. 环境污染与防治, 34(9): 78–81.

柴培宏, 金峰, 陈飞勇, 等. 2013. 膜生物反应器与人工湿地工艺处理生活污水[J]. 长江科学院院报, 30(10): 17–20.

陈峰滔. 2007. 试论农村水污染的治理[J]. 海峡科学, (5):75–77.

陈家琦. 1995. 可持续的水资源开发与利用[J]. 自然资源学报, 10(3): 252–258.

陈坚, 邹婷. 2009. 可用于流域污染控制的农村生活污水处理技术[J]. 宿州学院学报, 24(4):107–111.

陈军, 王杰. 2006. 辽宁省推进城市污水回用工作的措施[J]. 环境卫生工程, (03).

陈利群. 2014. 省域城镇体系规划中的水资源规划[J]. 城市规划, 9.

陈秋萍, 蒋岚岚, 刘晋, 等. 2012. 太湖流域农村生活污水处理工程应用实例[J]. 中国给水排水, 26(6): 30–32.

陈淑连, 周宾, 朱荣国. 2008. 清洁生产模式分析及在企业水资源再生利用中的应用[J]. 甘肃科技纵横, (5): 85-86

陈曦, 刘勇健. 2009. 催化臭氧化法深度处理印染污水的实验研究[J]. 应用化工, 38(4): 576–579.

陈小峰, 王庆亚, 陈开宁. 2008. 不同光照条件对菹草外部形态与内部结构的影响[J]. 武汉植物学研究, 26(2): 163–169.

陈晓楠, 段春青, 邱林, 黄强. 2008. 云推理模型在灌区中长期灌溉制度制定中的应用[J]. 系统工程理论与实践, (11).

陈亚萍, 康永祥. 2005. 城市污水回用及其途径[J]. 干旱区研究, (03).

陈益明, 刘坤, 郑涛, 徐竟成. 2003. 城市污水回用现状及发展趋势[J]. 净水技术, (05).

陈瑛, 宋存义, 张建祺. 2006. 协同催化臭氧化工艺对水中微量有机污染物的降解[J]. 化工进展, 25(9): 1069–1073.

陈重酉, 孙瑾, 胡艳芳, 等. 2011. 水文循环、生态环境和气候变化[J]. 青岛大学学报(工程技术版), 26(2): 57-68.

成素英, 孟掌祥. 2007. 城市污水回用[J]. 内蒙古水利, (03).

成先雄, 严群. 2005. 农村生活污水土地处理技术[J].四川环境, 24(2):39–43.

程怀文, 李玉文, 徐中民. 2011. 水资源短缺的社会适应能力理论及实证——以黑河流域为例[J]. 生态学报, 31(5): 1430-1439.

丛学志, 陈洪斌, 戴晓虎, 等. 2013. 低温条件下倒置 A2/O－MBR 处理生活污水回用的中试研究[J]. 水处理技术, 39(3):73–76.

邓朝晖, 刘洋, 薛惠锋. 2012. 基于 VAR 模型的水资源利用与经济增长动态关系研究[J]. 中国人口•资源与环境, 22(6): 128-135.

邓良伟. 2009. 规模化养猪场粪污处理模式[J]. 农业环境与发展, 13(12): 17–18.

邓铭江, 李湘权, 龙爱华, 等. 2011. 支撑新疆经济社会跨越式发展的水资源供需结构调控分析[J]. 干旱区地理, 34(3): 379-390.

丁伟强, 段福义, 段鹏. 2007. 基于组件式 GIS 的灌区水资源管理系统设计[J]. 河南水利与南水北调, (10).

董沛武, 张雪舟. 2013. 林业产业与森林生态系统耦合度测度研究[J], 中国软科学, 11: 178–184.

董增川, 卞戈亚, 王船海, 李大勇. 2009. 基于数值模拟的区域水量水质联合调度研究[J]. 水科学进展, (02).

董祖德, 王植尧. 1985. 浙江省河流水质评价和分析[J]. 浙江水利科技, (04).

董祖德, 王植尧. 1989. 浙江省河流水质污染特点及其发展趋势的展望[J]. 水资源保护, (02).

杜亚平, 梅亚东, 胡挺, 等. 2012. 水资源多目标配置决策模型及其应用[J]. 中国农村水利水电, 1: 43–45.

段忠丰, 刘小满, 邱燕燕, 王心义. 2006. 开封市水资源特征及增加水资源的措施[J]. 水资源与水工程学报, (06).

范新兵. 2007. 顶山灌区水资源利用与水市场管理模式[J]. 新疆农业科技, (01).

方炳南. 2012. 农村生活污水区域集中处理技术与管理[M]. 北京: 中国环境科学出版社.

冯皓, 佟建军. 2005. 大连市多水库联合调度供水探讨[J]. 东北水利水电, (11).

付融冰, 杨海真, 顾国维. 2006. 潜流人工湿地对农村生活污水氮去除的研究[J]. 水处理技术, 32(1):18 –21.

傅钢, 何群彪. 2004. 我国城市污水回用的技术与经济和环境可行性分析[J]. 四川环境, (01).

盖美, 赵晓梅, 田成诗. 2011. 辽宁沿海经济带水资源-社会经济可持续发展研究[J]. 资源科学, 33(7): 1225-1235.

高而坤. 2012. 建立符合国情的最严格水资源管理制度[J]. 中国水利, 7: 9–11, 18.

高凡, 黄强, 张洪波. 2012. 基于河道生态基流保障的渭河宝鸡段水资源调控研究[J]. 干旱区资源与环境, 26(6): 149-154.

高鸿永, 伍靖伟, 段小亮, 徐胜利, 陈爱萍, 姜文英, 刘辉. 2008. 地下水位对河套灌区生态环境的影响[J]. 干旱区资源与环境, (04).

高立洪, 叶进, 柳剑. 2010. 养殖厂 UBF 反应器装置优化设计, 13(10): 52–55.

高瑞忠, 李和平, 格日乐, 等. 2012. 鄂尔多斯市区域水资源与社会经济发展协调度分析[J]. 水资源保护, 28(2): 82-84, 90.

高廷耀, 顾国维, 周琪. 2006. 水污染控制工程[M]. 北京: 高等教育出版社.

葛玮, 朱世云. 2006. 不同 pH 条件下 $Fe^{2+}/Fe^{3+}/Ni^{2+}/O_3$ 体系对活性艳蓝 X-BR 的催化氧化[J]. 环境科学与技术, 29(6): 98–100.

顾小红, 黄种买, 虞启义. 2003. 我国城市污水回用作火电厂循环冷却水的研究[J]. 电力环境保护, (01)

关阿伟. 2003. 辽宁省河流水质的影响评价[J]. 东北水利水电, (09)

桂萍, 孔彦鸿, 刘广奇, 莫罹, 王巍巍. 2009. 生态安全格局视角下的城市水系统规划[J]. 城市规划, 4.

郭劲松. 2002. 基于 ANN 的水质评价与水质模拟研究. 重庆: 重庆大学博士论文.

郭丽君, 左其亭. 2012. 基于和谐论的水资源管理模型及应用[J]. 水电能源科学, 6: 1–5.

郭娜, 陈前林, 郭妤等. 2007. 畜禽养殖废水处理技术[J]. 广东化工, 37(10): 97–98.

郭永平, 徐海量, 李卫红, 何宇. 2003. 塔里木河干流排污口调查与水质污染分析[J]. 干旱区研究, (01).

哈尔滨建筑工程学院主编. 1987. 排水工程(下册)[M]. 北京: 中国建筑工业出版社.

韩瑞玲, 佟连军, 佟伟铭, 于建辉. 2011. 沈阳经济区经济与环境系统动态耦合协调演化[J]. 应用生态学报, 22(10): 2643–2680.

何士华等. 2005. 区域水资源可持续利用的多目标决策模型[J]. 昆明理工大学学报(理工版), 30(3): 55–60.

何星海, 马世豪. 2005. 再生水地下调蓄利用与准则研究[J]. 给水排水, (03).

何兴祖. 2012. 浅析四坝灌区水资源量的影响因素[J]. 农业科技与信息, (04).

洪波, 王宏伟. 2007. 查哈阳灌区水资源多目标优化配置模型及其应用研究[J]. 中国农村水利水电, (07)

胡建朝, 聂玉伦, 胡春, 等. 2012. β-FeOOH/蜂窝陶瓷催化臭氧化高效去除饮用水中有机污染物[J]. 环境工程学报, 6(10): 3378–3382.

黄慧, 朱世云, 寇青青, 等. 2011. 超声波-臭氧破解剩余污泥技术的初步研究[J]. 环境科学与技术, 34(6): 141–143.

黄丽丽，周惠成，何斌. 2012. 协调发展评价指标体系在水资源规划中应用[J]. 大连理工大学学报，4: 567–574.
黄玫，商良. 2011. 复杂河网水利工程水量水质联合调度研究[J]. 水电能源科学, (02).
黄梅，李小兵. 2004. 我国生态塘污水处理工艺的研究与应用. 企业技术开发, 23 (12): 19–20
黄牧涛，黄科烺. 2004. 缺水型灌区水资源优化调度模型研究[J]. 长江科学院院报, (02).
黄薇，陈进. 2010. 长江流域控制性水库联合调度体制及机制探讨——以湘江抗旱调度为例[J]. 长江科学院院报, (12).
吉祝美，方里. 2011. 浅谈盐城市农村地表水环境现状及污染防治技术[J], 环境科技, (12): 41-42.
贾静，傅大放，马强，等. 2007. 苏南农村地区分散式污水的处理与回用[J]. 中国给水排水, 23(6):31 –34.
贾武生. 2013. 武威市凉州区杂木灌区水资源现状及对策[J]. 甘肃农业, (15).
姜开鹏. 2004. 建设生态灌区的思考——用生态文明观，拓展思路，促进灌区可持续发展[J]. 中国农村水利水电, (02).
姜立晖，刘广奇. 2006. 新农村建设污水处理模式的选择. 建设科技, 13:50–51.
姜文理，刘钟阳，许东卫. 2007. 液电效应催化臭氧氧化处理染料废水的研究[J]. 高电压技术，33(2): 145–149.
姜忠峰，范振林，李畅游，等. 2010. 臭氧光催化工艺处理制浆造纸中段废水[J]. 环境工程, 28(7): 139–142.
蒋岚岚，刘晋，钱朝阳. 2010. MBR/人工湿地工艺处理农村生活污水[J]. 中国给水排水, 26(4):29–31.
蒋绍阶，刘宗源. 2002. UV_{254}作为水处理中有机物控制指标的意义[J]. 重庆建筑大学学报, 24(2): 61–65.
焦士兴，王腊春，李静，等. 2011. 基于生态位及其熵值模型的用水结构研究——以河南省安阳市为例[J]. 资源科学, 33(12): 2248-2254.
金鹏康，许建军，姜德旺，等. 2008. 臭氧生物活性炭有机物吸附与生物降解量化分析[J]. 安全与环境学报, 7(6): 22–25.
金相灿，楚建周，王圣瑞. 2007. 水体氮浓度，形态对黑藻和狐尾藻光合特征的影响[J]. 应用与环境生物学报, 13(2): 200–204.
康乐. 2013. 农村生活污水处理实用技术浅析[J]. 科技论文与案例交流, 6:151–152.
郎小云，王迎新，刘爱霞，陈爱华. 2011. 浅谈提高农业用水效率[J]. 地下水, 2011. 7.
雷晓辉，王旭，蒋云钟，殷峻暹. 2012. 通用水资源调配模型 WROOM Ⅱ: 应用[J]. 水利学报, (03).
李爱花，李原园，郦建强. 2011. 水资源与经济社会及生态环境系统协同发展初探[J]. 人民长江，42(18): 117-121.
李传统, Herbell J D. 2008. 现代固体废物综合处理技术[M]. 南京：东南大学出版社.
李春华，叶春，赵晓峰，等. 2012. 太湖湖滨带生态系统健康评价[J]. 生态学报, 32(12): 3806–3815.
李芳柏，钟继洪. 1999. 集约化养猪业的环境影响及其防治对策[J]. 土壤与环境, 8(4):245–250.
李飞雄，谢润欣，杨砺. 2012. 臭氧–生物活性炭工艺用于再生水循环利用系统的水质技术研究[J]. 工业用水与废水, 43(5): 41–45.
李昊，周律，李涛，等. 2012. 臭氧氧化法深度处理印染废水生化处理出水[J]. 化工环保, 32(1): 30–34.
李继影，吴昕贤，徐恒省，等. 2014. 太湖大型水生植物的现状与管理研究[J]. 环境科学与管理, 3: 033.
李剑超，褚君达，丰华丽. 2002. 河流底泥冲刷悬浮对水质影响途径的实验研究[J]. 长江流域资源与环境, (02).
李九一，李丽娟. 2012. 中国水资源对区域社会经济发展的支撑能力[J]. 地理学报, 67(3): 410-419.
李敏，孙根行，张甜. 2011. 生物活性炭处理低浓度废水最佳运行条件[J]. 纸和造纸, 30(1): 43–46.
李如忠，钱家忠，汪家权. 2005. 基于未确知模拟信息的河流水质风险评价[J]. 武汉理工大学学报, (01).
李维乾，解建仓，李建勋，等. 2012. 基于 AHP-BN 的陕西经济可持续发展水资源保障研究[J]. 水力发电学报, 2012, 31(5): 6-13.
李文朝，连光华. 1996. 几种沉水植物营养繁殖体萌发的光需求研究[J]. 湖泊科学, 8(1): 25–29.
李先宁，吕锡武，孔海南，等. 2006. 农村生活污水处理技术与示范工程研究[J]. 中国水利, 17(4):19–22.
李雪梅. 2009.自然生物处理和石灰混凝沉降工艺处理养殖场废水的试验研究[D].四川：四川农业大学.

李银磊, 苑宏英, 王少坡, 等. 2011. O_3–BAC 组合工艺深度净化 MBR 出水的中试研究[J]. 环境工程学报, 5(6): 1237–1240.
李哲强, 何玛峰. 2003. 库群联合调度的轮库寻优程序[J]. 南水北调与水利科技, (04).
梁田庚, 张凤桐. 2004. 沼气生产工程[M]. 北京: 中国农业出版社.
梁祝, 倪晋仁. 2007. 农村生活污水处理技术与政策选择[J]. 中国地质大学学报, 7(3):18–22.
林聪. 2011. 标准化示范养猪场污粪水处理技术[J]. 猪业科学, 3.
林琳. 2007. 我国印染行业发展现状及转型发展趋势[J]. 上海纺织科技, 35(9): 1–4.
刘丙军, 陈晓宏, 雷洪成, 等. 2011. 流域水资源供需系统演化特征识别[J]. 水科学进展, 22(3): 331-336.
刘畅, 吴文娟, 李建宏, 等. 2014. 不同光强对阿特拉津和百草枯藻类毒性的影响[J]. 环境科学学报, 34(5): 1339–1343.
刘恒, 耿雷华, 陈晓燕. 2003. 区域水资源可持续利用评价指标体系的建立[J]. 水科学进展, (3):265–270.
刘佳骏, 董锁成, 李泽红. 2011. 中国水资源承载力综合评价研究[J]. 自然资源学报, 2: 258–269.
刘家宏, 王建华, 李海红, 李悦. 2013. 城市生活用水指标计算模型[J]. 水利学报, 10.
刘金华, 倪红珍, 汪党献, 等. 2012. 基于 CGE 模型的天津市水资源经济效果分析[J]. 中国水利水电科学研究院学报, 10(3): 192-198.
刘锐, 黄霞, 刘若鹏, 等. 2001. 膜–生物反应器和传统活性污泥工艺的比较[J]. 环境科学, 22(3):20–24.
刘栓祥, 任立鹏, 崔丽红, 等. 2011. 臭氧–生物活性炭工艺在废水处理中的研究与应用[J]. 油气田环境保护, 21(4): 17–20.
刘引鸽, 傅志军. 2012. 陕西省水资源生态风险评价及驱动因素分析[J]. 水土保持通报, 32(6): 273-278.
刘玉年, 施勇, 程绪水, 栾震宇. 2009. 淮河中游水量水质联合调度模型研究[J]. 水科学进展, (02).
刘子刚, 蔡飞. 2012. 区域水生态承载力评价指标体系研究[J]. 环境污染与防治, 34(9): 73–77.
刘子辉, 左其亭, 赵国军, 窦明, 卜亚东. 2011. 闸坝调度对污染河流水质影响的实验研究[J]. 水资源与水工程学报, (05).
娄谦, 靖庆生. 2009. 邢家渡灌区水资源供需平衡分析[J]. 科技致富向导, (14).
罗灯洪, 郑庆康. 2010. 活性染色废水的均相催化臭氧脱色[J]. 印染, 8(21): 8–12.
吕菊艳, 顾青林, 顾丽萍. 2009. 漳南灌区水资源减少的原因及措施[J]. 河南水利与南水北调, (01).
吕王勇, 陈美香, 王波, 等. 2011. 基于主成分的区域水资源与社会经济的协调度评价[J]. 水资源与水工程学报, 22(95): 122-125.
马海良, 徐佳, 王普查. 2014. 中国城镇化进程中的水资源利用研究[J]. 资源科学, 2.
马利邦, 牛叔文, 杨丽娜. 2012. 水资源利用对敦煌市生态环境演变的影响分析[J]. 自然资源学报, 27(9): 1531-1542.
马祥斌, 支余庆, 王育杰. 2000. 万家寨–天桥水库联合调度问题初探[J]. 内蒙古电力技术, (04).
马永福. 2010. 厌氧水解与人工湿地工艺在农村生活污水处理中的应用[J]. 广东科技, (239): 105– 106.
毛艳梅, 奚旦立, 杨晓波. 2005. 印染废水深度处理技术及回用的现状和发展[J]. 印染, 8(3): 46–48.
梅亚东等. 1995. 水资源生态经济复合系统及其持续发展[J]. 武汉水利电力大学学报, 28(6): 624–629.
南京农业大学. 2014. 江苏新农村发展系列报告 2013(工业和城镇化分册)[M]. 北京: 科学出版社.
牛最荣, 赵文智, 黄维东, 等. 2011. 黑河下游生态调水对水资源时空变化的影响分析[J]. 水文, 31(5): 52-56.
潘丹, 应瑞瑶. 2012. 中国水资源与农业经济增长关系研究——基于面板 VAR 模型[J]. 中国人口•资源与环境, 22(1): 161-166.
潘国权, 王国祥, 李强, 等. 2007. 浊度对苦草(*Vallisneria natans*)幼苗生长的影响[J]. 生态环境, 16(3): 762–766.
潘琦, 宋祥甫, 邹国燕, 等. 2009. 不同温度对沉水植物保护酶活性的影响[J]. 生态环境学报, (5): 1881–1886.
任建华, 李万寿, 张婕. 2002. 黑河干流中游地区耗水量变化的历史分析[J]. 干旱区研究, (01).
任黎, 杨金艳, 相欣奕. 2015. 江苏沿海地区水资源承载力研究——以盐城市为例[J]. 水利经济, 5.

阮晓卿, 蒋岚岚, 陈豪, 等. 2012. 江苏不同地区典型农村生活污水处理适用技术[J]. 中国给水排水, 28(18): 44–47.

邵嘉慧, 何义亮, 顾国维. 2013. 膜生物反应器–在污水处理中的研究和应用[M]. 北京: 化学工业出版社.

石西琳. 2011. 河流水质状况的数理分析[J]. 水文, (06).

史惠祥, 赵伟荣, 汪大翚. 2004. 偶氮染料的臭氧氧化机理研究[J]. 浙江大学学报, 37(6): 734–738.

史萍. 2011. 基于可持续发展的城市污水回用研究[J]. 山西建筑, (29).

宋松柏, 蔡焕杰. 2005. 区域水资源可持续利用的综合评价方法[J]. 水科学进展, (2): 244–249.

宋玉芝, 杨美玖, 秦伯强. 2011. 苦草对富营养化水体中氮磷营养盐的生理响应[J]. 环境科学, 32(9): 2569–2575.

孙才志等. 2007. 基于 AHP–PP 模型的大连市水资源可持续利用水平评价[J]水资源与水工程学报, 18(5): 1–5.

孙建光, 韩桂兰. 2012. 塔里木河流域国民经济内部产业水资源配置和利用的经济效应分析[J]. 灌溉排水学报, 31(1): 66-68, 81.

孙美斋, 姚仁. 1997. 黄河上游水库(电站)群联合调度效益显著[J]. 水力发电, (09).

孙瑞鹤. 1989. 河流水质的数学模拟[J]. 上海水利, (02).

孙远斌, 高怡, 石亚东, 等. 2011. 太湖流域水资源承载能力模糊综合评价[J]. 水资源保护, 1: 20–23, 33.

陶俊杰, 王军亭, 陈振选, 等. 2005. 城市污水处理技术及工程实例[M]. 北京: 化学工业出版社.

陶希东, 石培基, 李鸣骥. 2001. 西北干旱区水资源利用与生态环境重建研究[J]. 干旱区研究, (01).

王华, 苏春海. 2003. 水资源可持续利用指标体系研究[J]. 排灌机械, (1): 33–36.

王华, 逄勇, 刘申宝, 等. 2008. 沉水植物生长影响因子研究进展[J]. 生态学报, 28(8): 3958–3968.

王岌, 刘渝. 2012. 农业生态安全与农业水资源利用的耦合关系[J]. 水科学与工程技术, 175: 5-8.

王佳莹. 2011. 城市污水回用技术发展探讨[J]. 绿色科技, (06).

王坚. 2006. 影响河流水质因素分析[J]. 山西水利, (03).

王凯军, 金冬霞等, 赵淑霞, 等. 2002. 畜禽养殖污染防治技术与政策[M]. 北京: 化学工业出版社.

王磊, 王旭东. 2006. 臭氧氧化对城市二级处理水中溶解性有机物特性的影响及反应动力学分析[J]. 水处理信息报导, (6): 66–66.

王立志. 2015. 两种沉水植物对间隙水磷浓度的影响[J]. 生态学报, 4.

王渺林, 蒲菽洪, 傅华. 从水质水量联合角度评价鉴江流域可用水资源量[J]. 重庆交通大学学报(自然科学版), (01).

王卫红, 季民. 9 种沉水植物的耐盐性比较[J]. 农业环境科学学报, 2007. 26(4): 1259–1263.

王小军, 张建云, 刘九夫, 贺瑞敏, 刘翠善, 王炎灿. 2011. 我国生活用水公平问题研究[J]. 自然资源学报, 2.

王欣明, 肖盛隆. 2013. 臭氧氧化处理印染废水的试验研究[J]. 中国给水排水, 29(1): 79–80.

王学华, 苏祥, 沈耀良. 2012. 人工湿地组合工艺处理太湖三山岛农村生活污水研究[J]. 环境科技, 25(1): 38–41.

王学明. 2011. 艾依河水利联合调度技术研究[J]. 中国水利, (14).

王玉华, 方颖, 焦隽. 2008. 江苏农村三格式化粪池污水处理效果评价[J]. 生态与农村环境学报, 24(2):80–83.

王昭亮, 高仕春, 艾泽. 2010. 闸坝对河流水质的调控作用初步分析[J]. 水利科技与经济, (12).

魏复盛. 2002. 水和废水监测分析方法[M]. 北京: 中国环境科学出版社.

魏俊彪, 王高旭, 吴永祥. 2012. 黄河水资源利用及其对生态环境的影响分析[J]. 水电能源科学, 30(7): 9-12, 219.

魏开湄, 侯杰. 2011. 水生态保护与修复[J]. 中国水利, (23): 79–86.

吴佳鹏, 党志良, 周卫军. 2006. 多级提水灌区水资源管理决策支持系统建设[J]. 水资源保护, (01).

吴磊, 吕锡武, 吴浩汀, 等. 2007. 水解/脉冲滴滤池/人工湿地工艺处理农村生活污水[J]. 东南大学学报, 37(5):878–882.

吴明丽, 李叙勇. 2012. 光衰减及其相关环境因子对沉水植物生长影响研究进展[J]. 生态学报, 32(22): 7202–7212.
吴文勇, 刘洪禄, 郝仲勇, 许翠平, 师彦武. 2008. 再生水灌溉技术研究现状与展望[J]. 农业工程学报, (05).
吴泽宁, 樊安新, 翟渊军. 2007. 基于生态经济学的水质水量统一优化配置模型体系框架[J]. 技术经济.
武珍明, 党志良. 2003. 水务管理信息系统的研究与探讨——以陕西省铜川市王益区水务管理为例[J]. 国土资源科技管理, (05).
习华元, 赵林明. 2006. 滹北灌区水资源可持续发展对策研究[J]. 水利发展研究, (08).
夏锋. 2015. 从规模城镇化走向人口城镇化——2020: 城镇化转型升级大趋势[J]. 上海大学学报(社会科学版), 4.
辛朋磊. 2012. 江苏如皋市水资源保障能力及合理配置研究[J]. 人民长江, (S1): 93–95.
辛朋磊, 肖玉兵, 汤嘉辉. 2012. 洋口港经济开发区规划水资源论证初探[J]. 水资源与水工程学报, (02).
邢思初, 隋铭皓. 2010. 臭氧氧化水中有机物的作用规律及动力学研究方法[J]. 四川环境, 29(6): 112–117.
熊春茂, 陈敏, 朱白丹. 2012. 湖北水生态保护与修复的实践与思考[J]. 中国水利, (11): 31–33.
徐冬英, 何浙波. 2012. 城市污水回用及其可持续发展[J]. 中国城市经济, (02).
徐洁泉. 2000. 规模畜禽养殖场沼气工程发展和效益探讨[J]. 中国沼气, 18(4): 27–30.
徐良芳等. 2002. 区域水资源可持续利用及其评价指标体系研究[J]. 西北农林科技大学学报(自然科学版), (2): 119–122.
徐绮坤, 汪晓军. 2010. 曝气生物滤池在印染废水处理中的应用[J]. 环境科学与技术, 33(6): 177–180.
徐祥, 冯旭, 邓利忠. 2012. 臭氧在印染废水再生利用中的应用试验研究[J]. 工业用水与废水, 43(3): 16–19.
许崇正, 张显球, 刘雪梅, 焦未然, 王静. 2015. 水资源保护与经济协调发展[M]. 北京: 科学出版社, 7.
许朗, 黄莺, 刘爱军. 2011. 基于主成分分析的江苏省水资源承载力研究[J]. 长江流域资源与环境, 12: 1468–1474.
许亚萍, 吴昊, 梅凯. 2009. 太湖流域农村生活污水处理工程建设探讨[J]. 西南给排水, 31(5):16 – 22.
许振英. 1999.纯农业地区新农业的发展模式//许振英教授论著选集[A]. 东北农学院, 123~125.
薛惠锋, 岳亮. 1995. 可持续发展与水资源的定义和内涵[J]. 经济地理, (2): 39–43.
杨朝晖, 马静, 陈根发. 2012. 浅析水资源生态服务价值[J]. 水利水电技术, 43(4): 19-22.
杨聪辉, 游进军. 2008. 水库联合调度供水的探讨[J]. 南水北调与水利科技, (05).
杨景发, 杜明月, 温翠娇, 等. 2012. 大功率 LED 对水生动植物生长的影响[J]. 照明工程学报, 23(3): 47–51.
杨莉霞, 王琳, 姜朴, 等. 2011. 淮河流域某地区地下水污染健康风险评价[J]. 环境化学, 30(9): 1599–1603.
杨世光, 李学勇. 2003. LED 有色光源在水生物生长中的作用和影响[J]. 照明工程学报, 14(3): 35–38.
杨树滩, 欧建锋. 2006. 2030 年前江苏省一般工业需水量预测[J]. 人民长江, 2.
杨树滩, 张文新, 贾锁宝. 2011. 江苏沿海地区水资源配置探讨[J]. 人民长江, 18: 54–57.
杨文海, 路志强, 刘涛. 2008. 城市污水回用的可行性分析[J]. 水资源与水工程学报, (01).
杨文婷, 王德建, 纪荣平. 2010. 厌氧池-潜流人工湿地处理低浓度农村生活污水的研究[J]. 土壤, 42(3): 485– 491.
姚京云, 万蕾. 2010. MBR 工艺在水处理领域的应用现状[J]. 中国西部科技, 9(17): 32–34.
姚玉婷, 李占臣. 2012. 臭氧-过氧化氢氧化预处理 H 酸废水[J]. 工业用水与废水, 43(1): 24–27.
姚志春, 安琪. 2011. 区域水资源生态经济系统耦合关系分析[J]. 水资源与水工程学报, 22: 63-68.
姚志春, 安琪. 2011. 社会经济系统与水资源自然生态环境系统关系的优化调整分析——以河西走廊为例[J]. 兰州学刊, (10): 220-222.
应俊辉. 2007. 利用人工湿地处理农村生活污水的研究[J].安徽农业科学, 35(4):1104– 1105.
由文辉, 宋永昌. 1995. 淀山湖 3 种沉水植物的种子萌发生态[J]. 应用生态学报, 6(2): 196–200.
于金莲. 2009. 畜牧养殖废水处理方案探讨[J]. 农业环境科学学报, 11(12): 57–58.
于淼, 魏源送, 刘俊国, 等. 2011. 永定河(北京段)水资源、水环境的变迁及流域社会经济发展对其影响[J]. 环境科学学报, 31(9): 1817-1825.

余明勇. 2011. 四湖流域水生态环境保护与修复探讨[J]. 中国水利, (13): 18–20.
詹金星, 支崇远, 夏品华. 2010. 农村生活污水新型处理技术的研究现状与对策[J]. 安徽农业科学, 38 (22): 11941– 11942.
张兵, 袁寿其, 成立, 袁建平, 从小青. 2004. 基于 L–M 优化算法的 BP 神经网络的作物需水量预测模型[J]. 农业工程学报. (06).
张洪芬, 黄武, 刘媛. 2009. 浅析集约化畜禽养殖废水处理模式[J]. 中国环保产业, (12):
张吉辉, 李健, 唐燕. 2012. 中国水资源与经济发展要素的时空匹配分析[J]. 资源科学, 34: 1546-1555.
张建龙, 解建仓, 罗军刚. 2012. 水资源动态配置及严格管理新模式研究[J]. 中国水利, 17: 15–18.
张克强, 高怀有. 2004. 畜禽养殖业污染处理与处置[M]. 北京: 化学工业出版社.
张瑞西, 王希玲, 王涛, 等. 2007. 促进植物生长的人工光源及发光材料的研究进展[J]. 材料导报, 21(10): 17–19.
张绍梅, 周北海, 刘苗, 等. 2007. 臭氧/生物活性炭深度处理密云水库水中试研究[J]. 中国给水排水, 23(21): 81–84.
张统, 王守中, 刘弦, 等. 2007. 我国农村供水排水现状分析[J]. 中国给水排水, 23(16):9 – 11.
张祥伟. 1994. 河流水质时间序列跳跃性成分分析[J]. 水资源保护, (03).
张晓涛, 于法稳. 2012. 黄河流域经济发展与水资源匹配状况分析[J]. 中国人口•资源与环境, 22(10): 1-6.
张永强, 张海涛, 王志斌, 韩根会. 2012. 河北省水资源情势演变分析[J]. 中国水运(下半月), (04).
张玉山, 李继清, 王世玉. 2012. 基于水资源循环经济理念的水资源可持续利用探讨[D]. 现代农业科技, (24): 211, 212, 213.
张震宇, 吴义峰, 黎发明, 等. 2012. 一种农村分散式生活污水节能高效工艺[J]. 绿色科技, 11(11): 147 –148.
章祖良. 2011. MBR 膜生物反应器在污水处理中的发展及应用[J]. 科技资讯, (4): 148–148.
赵丹, 邵东国, 刘丙军. 2004. 灌区水资源优化配置方法及应用[J]. 农业工程学报, (04).
赵杨, 赵丽芬. 2011. 首都经济社会发展中的水资源约束问题研究[J]. 中央财经大学学报, (1): 86-91.
赵振华, 王宁. 2010. 农村生活污水处理工艺选择探讨[J]. 中国给水排水, 36: 28 –31.
郑君其. 2012. 人工湿地法处理农村生活污水浅析[J]. 广东化工, 39(8): 178–179.
中国发展研究基金会课题组. 2014. 加强新型城镇化的用水保障[J]. 人民日报, 8-26.
周宾. 2013. 基于"易"理论的水资源循环经济管理研究与实例[M]. 上海: 经济日报出版社, 3.
周宏杰. 2013. 联合调度水库旱限水位的确定及应用探讨[J]. 浙江水利科技, (04).
周杰清. 2007. 多库联合调度供水的优越性分析[J]. 水电站设计, (01).
周亮, 王栋, 张硕, 等. 2013. 活性炭与 pH 值对臭氧化过程动力学参数影响[J]. 环境科学与技术, 36(9): 7–10.
朱丹婷, 乔宁宁, 李铭红, 等. 2011. 光强、温度、总氮浓度对黑藻生长的影响[J]. 水生生物学报, 35(1): 88–97.
朱平, 王全金, 宋嘉骏. 2013. 沉水植物塘对生活污水的净化效果[J]. 工业水处理, 33(11): 33–37.
竹湘锋, 徐新华, 王天聪. 2004. Fe(III)/O_3 体系对草酸的催化氧化[J]. 浙江大学学报(理学版), 31(3): 322–325.
宗萍. 2013. 两库联合调度工程经济效益研究[J]. 价值工程, (01).
邹丽莎, 聂泽宇, 姚笑颜, 等. 2013. 富营养化水体中光照对沉水植物的影响研究进展[J]. 应用生态学报, 24(007): 2073–2080.
左其亭, 高洋洋, 刘子辉. 2010. 闸坝对重污染河流水质水量作用规律的分析与讨论[J]. 资源科学, (02).
左其亭, 刘子辉, 窦明, 高军省. 2011. 闸坝对河流水质水量影响评估及调控能力识别研究框架[J]. 南水北调与水利科技, (02).
左其亭, 马军霞, 陶洁. 2011. 现代水资源管理新思想及和谐论理念[J]. 资源科学, 11: 2214–2220.
Abegglen C, Ospelt M, Siegrist H. 2008. Biological nutrient removal in a small–scale MBR treating household wastewater [J]. Water Research, 42: 338–346.
Alfieri Pollice, Giuseppe Laera, Daniela Saturno, et al. 2008. Effects of sludge retention time on the performance of a membrane bioreactor treating municipal sewage [J]. Journal of Membrane Science, 317(1–2):65–70.

Ali M, Hassan S, Shaheen A S. 2011. Impact of riparian trees shade on aquatic plant abundance in conservation islands[J]. 70(5): 245–258.

Basiri Parsa J, Hagh Negahdar S. 2012. Treatment of wastewater containing Acid Blue 92 dye by advanced ozone–based oxidation methods [J]. Separation and Purification Technology, 98: 315–320.

Bernal–Martínez L A, Barrera–Díaz C, Natividad R, et al. 2013. Effect of the continuous and pulse in situ iron addition onto the performance of an integrated electrochemical–ozone reactor for wastewater treatment [J]. Fuel, 110: 133–140.

Bernhardi L, Beroggi G E G, Moens M R. 2000. Sustainable Water Management through Flexible Method Management[J]. Water Resources Management, 14 (6):473–495.

Biswas A K. 1988. Sustainable Water Development for Developing Countries[J]. Water Resources Development, 4(4): 232–250.

Biswas M R, Biswas A K. 1982. Environment and sustained development in the third world: A review of the past decade [J]. Third World Quarterly, 4(2): 479–491.

Chu W, Gao N, Yin D, et al. 2012. Ozone–biological activated carbon integrated treatment for removal of precursors of halogenated nitrogenous disinfection by–products [J]. Chemosphere, 86(11): 1087–1091.

Cuiping B, Wenqi G, Dexin F, et al. 2012. Natural graphite tailings as heterogeneous Fenton catalyst for the decolorization of rhodamine B[J]. Chemical Engineering Journal, 197: 306–313.

Daniel H, Ulf J, Erik K. 2000. A framework for systems analysis of sustainable urban water management[J]. Environmental Impact Assessment Review, 20 (3):311–321.

Drizo A, Frost C A. 1999. Physico–chemical screening of phosphate remaining substrate for use in constructed wetland system[J]. Wat Res, 33(17):3595– 3602.

Ganesh K S, Baskaran L, Rajasekaran S, et al. 2008. Chromium stress induced alterations in biochemical and enzyme metabolism in aquatic and terrestrial plants[J]. Colloids and Surfaces B: Biointerfaces, 63(2): 159–163.

Gracia R, Aragües J L, Ovelleiro J L. 1998. Mn (II)–catalysed ozonation of raw Ebro river water and its ozonation by–products [J]. Water Research, 32(1): 57–62.

Harguinteguy C A, Cirelli A F, Pignata M L. 2014. Heavy metal accumulation in leaves of aquatic plant Stuckenia filiformis and its relationship with sediment and water in the Suquía river (Argentina)[J]. Microchemical Journal, 114: 111–118.

Hernández R, Kubota C. 2014. Growth and morphological response of cucumber seedlings to supplemental red and blue photon flux ratios under varied solar daily light integrals[J]. Scientia Horticulturae, (6), 173: 92–99.

Hussner A, Hoelken H P, Jahns P. 2010. Low light acclimated submerged freshwater plants show a pronounced sensitivity to increasing irradiances[J]. Aquatic Botany, 93(1): 17–24.

Ibáñez M, Gracia-Lor E, Bijlsma L, Morales E, Pastor L, Hernández F. 2013. Removal of emerging contaminants in sewage water subjected to advanced oxidation with ozone [J]. Journal of Hazardous Materials, 260: 389-398.

Irfanullah H M, Moss B. 2004. Factors influencing the return of submerged plants to a clear water, shallow temerate lake[J]. Aquatic Botany, 80: 177–191.

Joanne C B, Scott W N. 2001. Responses of eelgrass Zostera marina seedlings to reduced light[J]. Marine Ecology Progress Series, 223(1): 133–141.

Kadlec R H. 1999. Chemical physical and biological cycles in treatment wetlands[J].Wat SciTech, 40(3): 37– 44.

Kasprzyk–Hordern B, Ziółek M, Nawrocki J. 2003. Catalytic ozonation and methods of enhancing molecular ozone reactions in water treatment [J]. Applied Catalysis B: Environmental, 46(4): 639–669.

Kao M, WU M J. 1999. Control of non-point source pollution by a nature wetland[J]. Wat. Res., 20(3): 47-54.

Ke X, Li W. 2006. Germination requirement of Vallisneria natans seeds: implications for restoration in Chinese lakes[J]. Hydrobiologia, 559(1): 357–362.

Kivaisi A K. 2001. The potential for constructed wetlands for wastewater treatment and reuse in developing countries: a review [J]. Ecological Engineering, 16: 545–560.

Klimenko N, Smolin S, Grechanyk S, et al. 2003. Bioregeneration of activated carbons by bacterial degraders after adsorption of surfactants from aqueous solutions[J]. Colloids and Surfaces A: Physicochemical and Engineering Aspects, 230(1): 141–158.

Kraemer G P, Chamberlain R H, Doering P H, et al. 1999. Physiological responses of transplants of the freshwater angiosperm Vallisneria americana along a salinity gradient in the Caloosahatchee Estuary (Southwestern Florida)[J]. Estuaries, 22(1): 138–148.

Kreetachat T, Damrongsri M, Punsuwon V, et al. 2007. Effects of ozonation process on lignin–derived compounds in pulp and paper mill effluents [J]. Journal of Hazardous Materials, 142(1): 250–257.

Li G B, Zhou H D, Yin C Q. 2003. Prospect of application ofwetlandsplant and root–zone in non–point pollution treatment[J]. ChinaWater Resources, 4(A): 51– 52.

Loukas A, Mylopoulos N, Vasiliades L. 2007. A Modeling System for the Evaluation of Water Resources Management Strategies in Thessaly, Greece[J]. Water Resources Management, 21(10): 1673–1702.

Lucie Guo. 2007.Doing Battle With the Green Monster of Taihu Lake[J]. Science, 317 (5842): 1166.

Mao H, Smith D W. 1995.Influence of ozone application methods on efficacy of ozone decolorization of pulp mill effluents [J]. Ozone, 17: 205–236.

Metcalfe C D, Miao X S,Koenig B G, et al. 2003. Distribution of acidic and neutral drugs in surface waters near sewage treatment plants in the lower Great Lakes,Canada [J]. Environmental Toxicology And Chemistry, 22(12).

Muthukumara M, Sargunamania D, Selvakumara N, et al. 2004. Optimisation of ozone treatment for color and COD removal of acid dye effluent using central composite design experiment [J]. Dyes and Pigments, 63: 127-134.

Naveen N, Saravanan P, Baskar G, et al. 2011. Equilibrium and kinetic modeling on the removal of Reactive Red 120 using positively charged Hydrilla verticillata [J]. Journal of the Taiwan Institute of Chemical Engineers, 42(3): 463-469.

Nhut D T, Don N T, Tanaka M. 2007. Light–emitting diodes as an effective lighting source for in vitro banana culture[M]//Protocols for Micropropagation of Woody Trees and Fruits. Netherlands: Springer, 527–541.

Ni C, Chen J, Yang P. 2003. Catalytic ozonation of 2-dichlorophenol by metallic ions [J]. Water Science & Technology, 47(1): 77–82.

Plate E J. 1993. Sustainable Developments of Water Resources: A Challenge to Science and Engineering [J]. Water International, 18(2): 84–93.

Robert L K, Victor W E, Payne Jr B, et al. 2000. Constructed wetlands for livestock wastewater management[J]. Ecological Engineering, 15: 41-55.

Rogers K H, Breen C M. 1980. Growth and reproduction of Potamogeton crispus in a South African lake[J]. The Journal of Ecology, 561–571.

Rout N P, Shaw B P. 2001. Salt tolerance in aquatic macrophytes: possible involvement of the antioxidative enzymes[J]. Plant Science, 160(3): 415–423.

Sakadevan K, Bavor H J. 1998. Phosphate adsorption characteristics of soils, slags and zeolite to be used as substrates in constructed wetland systems[J]. Wat. Res, 32(2): 393-399.

Sandip Sharma, Jimit Buddhdev, Manish Patel. 2013. Studies on degradation of reactive red 135 dye in wastewater using ozone[J]. Procedia Engineering, 51: 451–455.

Singh S, Fan M, Brown R C. 2008. Ozone treatment of process water from a dry–mill ethanol plant[J]. Bioresource Technology, 99(6): 1801–1805.

Sobrino A S, Miranda M G, Alvarez C, et al. 2010. Bio–accumulation and toxicity of lead (Pb) in Lemna gibba L (duckweed)[J]. Journal of Environmental Science and Health, Part A, 45(1): 107–110.

Soranno P A, Hubler S L, Carpenter S R. 1996. Phosphorus loads to surface waters: a simple model to account for spatial pattern of land use[J]. Ecological Applications, 6(3):865– 878.

Srivastava S, Bhainsa K C, D'Souza S F. 2010. Investigation of uranium accumulation potential and biochemical responses of an aquatic weed Hydrilla verticillata (Lf) Royle[J]. Bioresource Technology, 101(8): 2573–2579.

Su R L, Li W. 2005.Advances in research on photosynthesis of submerged macrophytes[J]. Chinese Bulletin of Botany, 22(S1): 128–138.

Sultana M, Asaeda T, Azim M E, et al. 2010. Photosynthetic and growth responses of Japanese sasabamo (Potamogeton wrightii Morong) under different photoperiods and nutrient conditions[J]. Chemistry and Ecology, 26(6): 467–477.

Tanner C C. 2001.Plants as ecosystem engineers in subsurface–flow treatment wetlands [J]. Water Science and Technology, 44(11): 9–17.

Toha J C, Soto M A, Contreras S. 1998. A new ecological waste water treatment combining a dynamic biofilter plus UV irradiation. Environm Health Perspectives, 133.

Trouwborst G, Oosterkamp J, Hogewoning S W, et al. 2010. The responses of light interception, photosynthesis and fruit yield of cucumber to LED–lighting within the canopy[J]. Physiologia Plantarum, 138(3): 289–300.

Vymazal J. 2002.The use of subsurface constructedwet lands forwastewater treatment in the czech republic 10 years experence [J].Ecological Engineering, 8: 633– 640.

White A, Reiskind J B, Bowes G. 1996. Dissolved inorganic carbon influences the photosynthetic responses of Hydrilla to photoinhibitory conditions[J]. Aquatic Botany, 53(1): 3–13.

Wu C H, Kuo C Y, Chang C L. 2008. Homogeneous catalytic ozonation of CI Reactive Red 2 by metallic ions in a bubble column reactor[J]. Journal of hazardous Materials, 154(1): 748–755.

Zhou X J, Guo W Q, Yang S S, et al. 2013. Ultrasonic–assisted ozone oxidation process of triphenylmethane dye degradation: Evidence for the promotion effects of ultrasonic on malachite green decolorization and degradation mechanism [J]. Bioresource Technology, 128: 827–830.

Zhu S N, Hui K N, Hong X, et al. 2014.Catalytic ozonation of basic yellow 87 with a reusable catalyst chip [J]. Chemical Engineering Journal, 242: 180–186.

附录一　建设生态文明、发展循环经济与人的发展经济学①

许崇正②　焦未然③

(南京师范大学中国经济研究中心)

摘要：目前，在全球范围内，关于循环经济、生态经济的讨论日益普遍。同时关于人的发展的经济学也日益成为学术研究的热点。但是，关于建设生态文明、发展循环经济与人的发展经济学的关系问题的研究还有待大力开展。更进一步，建设生态文明、发展循环经济的微观动机尚是一个未能解决的问题。本文正是希望通过分析建设生态文明、发展循环经济与人的全面发展三者之间的关系，在人的全面发展的基础上构建建设生态文明、发展循环经济的微观动机。

关键词：生态文明　循环经济　人的全面发展　策略协调

人类在创造现代文明的活动中，面临着一种两难的境地。人们依靠科技进步、对自然的前所未有的开发实现了经济增长，拥有了巨大的物质财富；然而，与此同时，人类却把自己置于全球性的生态危机之中，资源枯竭、环境污染。在这种两难境地里建设生态文明、发展循环经济似乎是我们唯一的选择。

一、我国建设生态文明、发展循环经济的现状及问题

我国建设生态文明、发展循环经济的现状可以用一句话概括：问题严重，成果明显，还需大力推进。

长期以来，我国的高经济增长伴随高环境代价、高社会代价一直是一个非常突出的问题。以人的生产力和生态生产力的巨大牺牲为代价换取的物质财富增长，使我国的经济发展“反人性化”和“反生态化”问题日益严重。不注重环境保护

---

① 本文原载《改革与战略》(2009 年第 10 期)，略有修改。

② 许崇正，南京师范大学中国经济研究中心主任，教授，博士生导师。

③ 焦未然，南京师范大学中国经济研究中心，讲师，博士。

问题，浪费资源、污染环境成为企业生产中相当普遍的现象。许多企业只考虑自己的私人成本，而不考虑环境资源这一类社会成本，将自己的利润建立在掠夺性开发资源和污染环境之上。重大的生态危机、公共卫生安全问题频出。千里淮河治污问题始终不能得到很好的解决，政府花十年时间，耗资 600 亿，收效甚微。太湖、巢湖水域甚至长江流域 2007 年 5、6 月份再次出现的“蓝藻”问题，一度引起当地居民的恐慌，成为影响社会稳定的一个突出问题。这种忽视人与自然和谐发展的后果是地表沉陷、植被破坏、沙漠化加剧等一些环境危机。据估算，20 世纪 90 年代，我国的 GDP 当中至少有 3%~7%是以牺牲自然资源和环境取得的。在世行 2007 公布的《中国环境污染损失》的报告中，指出中国每年因空气、水污染而导致的 GDP 损失达到 5.8%之多。

为了解决这一突出问题，党的十七大报告首次明确提出“建设生态文明，基本形成节约能源资源和保护生态环境的产业结构、增长方式、消费模式……生态文明观念在全社会牢固树立。”由此，我国进入了建设生态文明、发展循环经济的大发展时期。据报道，国家应对气候变化领导小组暨国务院节能减排工作领导小组 2009 年 6 月 5 日会议指出，“十一五”的前三年我国单位 GDP 能耗下降 10.1%，二氧化硫、化学需氧量(COD)排放总量累计下降 8.95%、6.61%。2009 年一季度，单位 GDP 能耗同比下降 2.89%，降幅上升 0.27%。

但是，总的来看我国在生态建设和循环经济方面的投入还明显不足。发达国家的环保投入占 GDP 的 2%~3%，我国在七五期间的环保投入仅占 GDP 的 0.7%、八五期间达 0.8%、九五期间达 1%、十五期间达 1.2%、十一五期间达 1.35%。这还只是问题的一个方面。更重要的是：从理论和实践来看，我国建设生态文明、发展循环经济的难点还在于内在动力机制的不健全。以往的许多研究大多从生态危机对社会经济发展的影响出发，得出发展循环经济的重要性和必要性，这样的论证显然是不够的。经济决策的主体是一个个的微观经济主体，这些微观经济主体显然是不能直接从社会的角度出发去考虑生态问题的，否则就不会有外部性问题、生态危机了。因此，这种论述只解决了能代表社会利益的政府建设生态文明、发展循环经济的动机问题。而在我们看来，只有在微观经济行为主体的层面上确立了建设生态文明、发展循环经济的动机，才能算真正建立了建设生态文明、发展循环经济的内在动力机制。

而引导微观经济个体确立建设生态文明、发展循环经济的动机的关键有两点：一是坚持人的全面发展的思想，二是坚持用市场机制引导个体产生建设生态文明、发展循环经济的动机。

二、人的全面发展与生态和循环经济的关系

人的全面发展对生态和循环经济的关系可以体现在如下几个方面。

一方面，人的全面发展就意味着人存在于一种和谐的自然生态环境中，人与自然实现了和谐共处。换言之，人与自然的和谐是人的全面发展的必要条件(显然，不是充分条件)。正因为这种必要性，马克思主义始终把实现人与自然的和谐作为现实世界面临的两大任务之一。从这种关系的角度讲，马克思学说是人的解放和自然的解放相统一的学说。刘思华、方时姣(2009)认为，工业化进程中发生的生态环境问题，尤其是20世纪下半叶以来开始的全球生态环境危害，强化了自然生态对人的内在意义。生态发展也成为人的全面发展的重要表现和基本条件，生态环境问题，绝不是一个单纯的自然发展问题，而是一个极其深刻的、全面的人与社会发展问题。从人类发展的历史上看，把人与自然的和谐作为人的全面发展的重要属性是一个历史的产物。原因在于，自然条件在各个历史时期所起的作用不同。从采猎业文明、农业文明到工业文明，自然条件所起的作用是一个日益递减的过程。但是，这一递减过程在当代发生了逆转。20世纪70年代以来，生态环境作为制约经济增长的要素日益引起重视。只不过这种逆转，是以一种生态危机的形态出现的，是从生态环境对人的全面发展的负面的制约角度表现出来的。工业社会之前，一种新的文明取代旧的文明从来都不是因为旧的文明形态出现了环境问题。而只有到了工业文明时代，工业文明的快速发展遭遇了资源、能源和环境的巨大压力和挑战。对经济增长的片面追求导致了对自然资源掠夺式的开发。人试图成为自然界的主宰，无度地向自然界索取，而同时也在破坏人类自身生存与发展的基础，单纯的经济增长并不能给人们带来普遍的福祉，相反，它还同时引发了生态恶化。在这种视角下，生态环境事实上已从人类生产要素，转变为社会意义上的人类生存的一票否决的因素。人们终于发现自己是不能对自然界为所欲为的。因此，当今语境下的“人与自然的和谐”与其他文明形态语境下对应物已不可同日而语了。人的全面发展的自然生态之维第一次成为人类必须考虑的现实因素。相应的，建设生态文明、发展循环经济成为追求人的全面发展的必由之路。

另一方面，人的全面发展的需要是建设生态文明、发展循环经济的终极目标。一切经济理论的精髓都应该是以人为本。而以人为本就是以人的需要为经济发展的方向。在人类社会发展的进程中，人类的活动源于人的需要，人类的需要推动着社会的发展。而人类的所有需要，或曲折或直接的，都是以对自然界的需要为基础。因此，人的需要的扩张，就一定不可避免的伴随着对自然资源的更深层的

利用。所以，分析人类目前所面临的生态困境，更不能脱离开人的需要来进行。我们并不要人类克制自己的需要，也不想就此陷入禁欲主义者的泥潭。而只是说，人类应该更加策略地安排自己的需要结构，满足人的全面发展的需要，否则会顾此失彼、因小失大。我国建设生态文明、发展循环经济的终极目标就是要满足人的全面发展的需要。而这正是科学发展观所要大力提倡的。党的十七大指明了实现科学发展的目的，就在于要“坚持生产发展、生活富裕、生态良好的文明发展道路，建设资源节约型、环境友好型社会，实现速度和结构质量效益相统一，经济发展与人口资源环境相协调，使人民在良好生态环境中生产生活，实现经济社会永续发展。”

从我国目前的实践来看，实现人的全面发展与生态文明建设和发展循环经济的良好互动关系的关键有两点。

一是变革现行的生产方式、生活方式，构建生态与经济和谐、协调可持续发展模式。换言之，建设生态文明，就是要建设以尊重自然、保护自然为核心价值的生产和消费模式。循环经济的增长方式与工业文明时代的经济增长方式有着本质的区别。循环经济利用技术手段和管理手段来提高资源的利用率和降低废品的产生量，产生的废品一方面可以通过无害化处理返回大自然，另一方面通过再资源化进入加工环节。如前所述，我们要确立一种观念，那就是对自然的尊重，就是间接的对人的尊重。唯如此才能实现人的全面发展，否则在失去自然生态之维后的人的发展是片面的，并将最终危及人类的生存。

二是落实以人为本的理念。在我国的经济学界经常将“以人为本”与“以民为本”的思想混在一起，这是不对的。 促进人的全面发展，贯彻“以人为本”理念，就应该将“以人为本”和“以民为本”区分开来。前者强调经济发展应该以每一个人的全面发展为前提，而后者强调经济发展应该以大多数人的利益为依归。在我国两者并不矛盾，但却不是同一个概念。我们要正确理解个人与社会的关系，将社会的利益与每个人的利益结合起来，在“以人为本”的基础上着力构建和谐的社会关系。这一点在我国的国情背景下，尤其重要。我国有长期计划经济的历史，在计划经济条件下，我们实际上实行的是以民为本，不重视人的个性的发展，甚至在主观上是反对个性发展的。而市场经济是另一个极端，极端注重人的个性的发展。从这个意义上讲，离开市场经济体制人的全面发展是无法实现的。但是，当代世界的生态危机的制度背景恰恰就是市场经济。因此以人为本、人的全面发展必须以市场机制为基础，但又不能完全以市场机制为基础。这就需要我们挖掘市场机制中有益于循环经济、人的全面发展的因素，而由政府机制引导市场朝着这些因素的方向发展。

三、发展循环经济的关键是人的策略协调

传统的经济学认为，“经济人”唯一的目标就是实现利润最大化。造成这种情况的原因，并非单纯是立场、视野使然，其中还包含了分析技术的局限。作为一种均衡分析，不能量化的变量显然是要被忽略的。即便是当代的关于循环经济的研究，也是务虚者多、务实者多，唯独沟通两者的研究少之又少。而沟通的工作就是要在微观经济行为主体的层面上建立建设生态文明、发展循环经济的动机。

从建设生态文明、发展循环经济的视角出发，我们会发现：现代社会的牺牲环境的经济增长是一种低效经济均衡。但是，实际上，这种低效均衡是一个纳什均衡，换句话说，是任何一个经济个体不能单独偏离的均衡。离开政府主导，市场不能自觉地实现循环经济就是一个明证。但是，这一问题的特殊性就在于，摈弃市场，完全依靠政府的力量也不能实现循环经济。关键的问题在于，市场为什么不能依靠自身的力量实现循环经济。在这里，我们会看到，人们的行为之所以只能实现低效率均衡，是因为他们的经济策略是协调失败的。

在形如表 1[①]协调博弈的例子中，我们会看到协调失败造成的低效率均衡。该博弈存在两个纳什均衡(NE)：(污染环境，污染环境)、(保护环境，保护环境)。两者可以进行帕累托排序。显然，相对于(污染环境，污染环境)而言，(保护环境，保护环境)这一 NE 是具有帕累托优势的。基于此，我们称(保护环境，保护环境)是帕累托占优的 NE。但是，列局中人选择保护环境策略是具有一定的风险的。如果行局中人不信任列局中人会同样选择保护环境策略，那么，行局中人就会选择污染环境策略。这对列局中人而言，支付就从 550 变成了 250。同样的分析对于行局中人也是成立的。但是，均衡(污染环境，污染环境)就不会出现这一情况，因此我们称(污染环境，污染环境)是风险占优的 NE。当然，这是一个最坏的博弈结果。这意味着如果所有的经济个体都牺牲生态环境、唯利是图，就会形成一种均衡，任何一个企业单独脱离这一均衡就意味着自外于这个群体，还会付出市场份额丧失的代价。因为，粗放的非循环经济显然比循环经济具有成本上的优势，单独实施资源的循环利用总是意味着高于同行的、额外的成本支出。因此不会有人单独偏离，这就形成了一个纳什均衡。所幸，这个均衡并不是一个强均衡[②]。在这个是否发展循环经济的博弈中，一旦有一个足够大的联盟(足够多的企业)实施了循环经济、保护环境，那么这个联盟就可以单独偏离最坏博弈结果，将博弈引

① 该博弈引自 Cooper 等 1990 年的试验，对策略作了简单的修改。见：Cooper R W, DeJong D V, Forsythe R, Ross T W. 1990. Selection Criteria in Coordination Games: Some Experimental Results. The American Economic Review, 80(1): 218-233。

② 博弈中，任何联盟都不能单独偏离的纳什均衡称为强均衡。

向新的均衡。因为这个联盟将大到足可以左右市场定价的地步。

表 1　协调博弈

<table>
<tr><td colspan="2" rowspan="2"></td><td colspan="2">列局中人</td></tr>
<tr><td>污染环境</td><td>保护环境</td></tr>
<tr><td rowspan="2">行局中人</td><td>污染环境</td><td>350，350</td><td>350，250</td></tr>
<tr><td>保护环境</td><td>250，350</td><td>550，550</td></tr>
</table>

在表 1 所示的博弈中，一旦博弈的结果是非帕累托占优的 NE——(污染环境，污染环境)，就产生了协调失败。这种协调失败的含义是：一旦局中人可以用某种机制协调他们的策略，结果一定是帕累托占优的 NE(保护环境，保护环境)。

对于以上这一类协调失败的博弈，Cooper 和 John(1988)提出了一个分析框架。假设有 I 个局中人，标记 $i = 1, 2, \cdots, I$，局中人 i 的策略变量 $e_i \in [0, E]$，局中人根据其他局中人的行为决定其行为策略。当所有其他局中人均采取 $\bar{e}$ 时，局中人 i 采取 e_i 的支付用 $V(e_i, \bar{e})$ 表示。

定义 1　假如 $V_2(e_i, \bar{e}) > 0$，则该博弈表现为正的外部性。

定义 2　假如 $V_2(e_i, \bar{e}) < 0$，则该博弈表现为负的外部性。

定义 3　假如 $V_{12}(e_i, \bar{e}) > 0$，则该博弈表现为策略性互补。

定义 4　假如 $V_{12}(e_i, \bar{e}) < 0$，则该博弈表现为策略性替代。

在这里，所谓正外部性是指经济活动的行为主体增加产出的策略会导致其他经济当事人获益的增加。假如某经济当事人增加产量的策略导致其他经济当事人的最优产量的增加，我们就称之为策略互补。后者主要强调了策略水平的相互影响。相应的，我们还可以用博弈的语言定义正外部性和策略互补。假设一个两人博弈，两个人的策略是单维度的。假如某个局中人的策略的增长会增加另一个局中人的支付，就称之为正外部性。按照 Bulow，Geanakoplos，Klemperer (1985)的表述，假如局中人的策略增长引起了另一局中人的最优策略的增长，就称之为策略互补。前者涉及个体之间支付水平的相互影响，后者涉及策略水平的相互影响。

在进行了如上定义之后，Cooper 和 John 发现了如下的性质。策略互补是存在多个均衡的必要条件。给定多重均衡和总的正外部性，则这些均衡可进行帕累托排序。换言之，局中人更偏好支付高的行动均衡。这点结论的现实意义是明显的。策略互补机制将启动局中人之间的轮番的策略增长，这将导致经济行为主体都采取积极的经济活动。大家都努力地实现对全社会有益的良好的生态型经济均衡，而不是去实现个人风险最小、而社会利益最小的破坏生态的低效均衡。在策略互补的过程中，NE 排列的顺序就是满足循环经济要求的经济产出不断提高直至最优 NE(实现循环经济的均衡)的顺序。

总结以上的论述，我们会发现，对于企业而言，实施循环经济、保护环境并非不可能，反而是必要的。关键是建立有利于企业实施循环经济、保护环境的外部制度环境，促使策略互补机制的形成。使企业认识到，只有实施循环经济、保护环境才能促进物质利益的追求。本文的作者认为，这种制度环境中最主要的因素就是利用现代经济各部门之间的复杂的相互依赖关系。我们可以首先发展一批具有广泛正外部性的绿色产业，对这些产业的产品实施财政补贴，降低其成本，然后借助于这些产业的正外部性降低其相关产业部门的产品成本，而这些相关产业部门的成本下降又会回过头来惠及绿色产业。这就会形成一个良性的循环，并最终能脱离政府的引导，自我维持下去。事实上，企业实施循环经济、保护环境还会降低其他企业的资源环境压力，这也是正外部性的一种，是一种利他的行为。但是，在现代经济的多部门相互依赖的社会经济整体网络背景下，这种利他的行为会由于大家相互实施循环经济、保护环境而变成曲折的利己行为。一旦形成这样的策略互补过程，市场机制将最终实现良好生态的最优帕累托均衡。

四、政 策 建 议

从以上博弈论的分析出发，我们会发现政府在建设生态文明、发展循环经济中的作用就是作为协调博弈的局外人，通过自己的政策在客观上为协调博弈确立一个生成互补机制的制度环境，以影响经济行为主体的策略选择。针对以上的分析，我们提出如下的政策建议。

其一，循序渐进，发挥市场机制。通过对建设生态文明、发展循环经济的国际比较，我们会发现一些发达国家的经验值得我们借鉴。例如，美、日、德等发达国家在发展循环经济形势大多遵循了 3R 原则——“减量化、再利用、再循环”。这个 3R 原则也应该是我们遵循的原则。更重要的一条经验是：它们发展循环经济也经历了四个阶段：污染治理阶段、废物回收再利用阶段、清洁生产阶段、生态化研发与设计阶段(赵景华，2006)。可以看到这四个阶段的过程是由自发向自觉过渡，由短期行为向长远规划过渡。这是符合事物发展规律的，那种想跨越前面阶段，直达高级阶段的想法是幼稚和空想的。另外，发达国家在建设生态文明、发展循环经济的过程中始终坚持市场为主导的方式。正如前文所论述的，市场对发展循环经济的基础作用是不可忽视的，离开市场力量建设生态文明、发展循环经济是不可想象的。

其二，改变政府的绩效评价机制。部分地方政府本身对科学发展观没有理解透彻，仍然将 GDP 作为政绩考核的唯一重要的砝码。在此情况下，部分企业为追求一己之利，而污染环境、违背循环经济要求就会得到不同程度上的默许和保护。在这种情况下，不能持之以恒的环保执法行为实际上传递了相反的信息。建立绿色 GDP 的核算机制是势在必行的措施。但是，指望绿色 GDP 完全扭转目前的局面是不现实的。因为，绿色 GDP 还是没有脱离 GDP 的“阴影”。我们认为，直接用一些环保指标评价地方官员的政绩更可行一些，例如减排量等。

其三，强化中央政府的引导作用，加强各地方政府间的策略协调。李猛(2009)指出：若中央政府不从内在动力上引导地方政府的环境资源配置，几乎所有的污染排量在短期内都回大幅上升。这充分说明，地方政府对建设生态文明、发展循环经济的重要形是认识不足的；甚或是了解其重要性，但因眼前利益而不愿为之；或因隶属于不同的行政区划而不能采取统一、协调、有效的措施以实施之。因此，中央政府的引导、各地方政府之间的协调就是打破这一怪圈的重要途径。

其四，通过政府的微观经济政策引导人们进行绿色消费、保护生态环境。在人的全面发展的基础上构建建设生态文明、发展循环经济的微观动机，关键在于彻底改变人们的消费习惯。将人们的追求对物质财富过度享受的消费习惯，转变成一种既满足自身需要又不损害自然生态的绿色消费习惯。应当说，绿色消费的实质在于使人过上真正的符合人类本性及社会道德的生活。但是，这种转变可能是一个需要长时间演进的过程。要想加速这一演进，政府通过微观政策在经济利益上引导是必不可少的。例如，税收减免、对绿色产品的补贴等。

其五，创新环保监督体制。政府以往的监督体制，监督成本太高，导致监督不力。随着我国经济总量规模的不断扩张，这一趋势会进一步加强。这就形成一种局面，监督的人永远没有违规的人多。例如，在治理污染问题上，很多企业购置了治污设备仅仅是为了应付检查，除此以外是不使用的。可想而知，若想达到社会、政府所预期的监督效果，需要增加多少人、财、物的投入。因此，创新监督体制，提高监督效率是唯一可行的出路。而如何创新监督体制，是后续研究亟待解决的问题。

总之，人的全面发展是建设生态文明、发展循环经济的必由之路和终极目标。正因为如此，在实现三者良好互动的意义上，政府所起的作用主要是引导，主要是将被扭曲、误导的市场机制恢复到生态可持续发展的轨道上来。那种完全由政府主导的循环经济是很难生存的。同样我们也反对在生态学的基础上重构经济学的努力，生态文明、循环经济只不过是经济学的又一个核心题目而已。我们还是不能离开经济规律谈环保。经济发展中出现的问题还是应该由经济发展来克服，舍此别无他途。

参考文献

李猛. 2009. 污染减排的内在动力: 给予地方政府视角的研究. 中国经济问题, 2.

刘思华, 方时姣. 2009. 马克思经济学双重价值取向理论与建设生态文明的双重终极目的. 第二届人的发展经济学中日国际学术研讨会. 南京: 2010.

赵景华. 2006. 德日美循环经济发展模式的比较和借鉴// 王勇军, 陈灵. 循环经济论集. 北京: 经济科学出版社.

Bulow J, Geanakoplos J, Klemperer P. 1985. Multimarket Oligopoly: Strategic Substitutes and Complement. Journal of Political Economy, 93: 488-511.

Cooper R, John A.1988. Coordinating Coordination Failures in Keynesian Models. Quarterly Journal of Economics, 10: 441-463

附录二　找准新型城镇化与生态环境保护的平衡点①

许宗正　焦未然

(南京师范大学中国经济研究中心)

摘要：本文借助于城镇化与生态保护之间的反馈环路理论分析了传统城镇化进程带来生态危机的原因，以及新型城镇化何以能避免生态危机的机制。本文在此基础上提出了新型城镇化实现过程中必须注意处理好的政府与市场的关系问题，以及以人为本的终极价值取向的落实问题。

关键词：　城镇化　生态环境保护　反馈

城镇化是指人口向城镇集中的过程。这一过程包含了两种含义。其一，意味着农业活动和非农业活动在人类经济活动中所占比重的此消彼长，表现为人口从农村向城市逐渐转移。其二，城镇化也包括既有城市经济社会的进一步社会化、现代化和集约化。

一、以往城镇化进程中的生态危机

关于城镇化的研究可谓汗牛充栋，但是，近些年的研究却指出了以往研究存在很多被遗漏的领域。例如，城镇化与生态经济的关系，城镇化与人的全面自由的发展关系。这正是本文所关注的领域。显然，从逻辑上看，城镇化的每一阶段，都在对经济活动主体——人进行重新塑造。这种塑造从微观领域出发，继而在宏观层面上深刻地改变人类社会的组织方式、生产方式和生活方式。这种塑造还改变了人的全面自由发展的实现方式。从历史上看，以上逻辑被若干次的证明。这种改变的积极意义是毋庸置疑的，但本文所关心的是消极的一面——传统意义上的城镇化带来的生态压力。

以本文作者对苏北通榆河流域的调查为例，这种生态压力，随着周边地区城镇化的推进、城市的扩张、产业规模的扩大是不断加深的。通榆河南起南通九圩港，北达连云港赣榆，全长 415 km，是江苏省东部沿海地区江水东引北调的水利、水运骨干河道。它对改造中低产田、开发沿海滩涂、拓宽航道、冲淤保港、调度

① 本文原载于《改革与战略》(2013 年第 12 期)，略有修改。

排涝、改善水质具有重大战略意义。但是，这一工程建成后，它的战略意义就打了折扣。沿岸地区的城市和产业规模的双重扩张造成了较大的生态压力。近年来，随着城镇化的推进和人们生活水平的提高(在一定程度上，后者是前者的必然结果)，工农业废水、生活污水迅猛增加，大量未经处理的废水、污水排入通榆河。据盐城市水环境监测中心监测的资料，沿线 9 个县(市、区)废水排放总量为 1527 万 m^3，废水中 COD 排放总量为 2 929 t/a，NH_3-N 排放总量为 2 417 t/a。主要污染因子为 NH_3-N、DO、COD 等。我们采用综合污染指数 p 值法以溶解氧、高锰酸盐指数、氨氮、五日生化需氧量为主要评价因子，对富安、东台、滨海、盐城、上冈、大丰、阜宁、堆根、响水 9 个主要监测断面年度综合污染情况，详情如表1、表 2。

$$p=\sqrt{\frac{\left[\max\left(\frac{C_i}{C_{0i}}\right)\right]^2+\left[\frac{1}{k}\sum_{i=1}^{k}\frac{C_i}{C_{0i}}\right]^2}{2}}$$

式中：p 为水环境质量综合污染指数；C_i 为地表水各种污染物测试浓度(mg/L)；C_{0i} 为地表水中各种污染物最高允许值；k 为污染因子个数。

表 1　各监测断面的年平均综合污染指数

监测断面	富安	东台	滨海	盐城	盐都	大丰	阜宁	堆根	响水
p 值	1.175	2.05	1.32	1.05	2.21	2.02	1.36	1.43	1.47

表 2　地表水环境质量综合指数分级表

分级	清洁	尚清洁	轻度污染	中度污染	重度污染	严重污染
级别	1	2	3	4	5	6
p 值	< 0.5	0.5~1.0	1.0~2.0	2.0~5.0	5.0~10.0	> 10.0

对照表 2 可知，富安、滨海、阜宁、盐城、堆根及响水段的通榆河已达到轻度污染，而东台、盐都及大丰三段达到中度污染。

从已有的监测指标看，石油类污染已经成为通榆河水系的主要污染源之一。沿河两岸有造纸、纺织、酿造、金属加工等重污染行业，这些工业企业每年排放的废水高达上亿吨。沿途接纳了大量的工农业生产废水和生活污水，水体水质很大程度上受到了影响，给通榆河及其支流带来了极巨大的环境压力。对环境污染较为明显的主要是石油化工厂、绝缘材料厂、农药厂、造纸厂、染料厂及热工仪器仪表厂、钢铁、焦化、煤气发生站、机械加工等工业部门。由于污水处理设施不足，污水处理能力较低，部分污水处理厂不能正常运转，工业尾水直接或间接地流入通榆河，对河流造成严重的污染。带入水体中的主要污染物是有毒的有机污染物和重金属离子如 Pb^{2+}、Cd^{2+}、Zn^{2+}、Cu^{2+}、Hg^{2+}、Co^{2+}、Ni^{2+}、Mn^{2+}、As^{3+}、Cr^{6+}等。

正是这种生态压力，阻碍了人的全面自由的发展。人的全面发展就意味着人存在于一种和谐的自然生态环境中，人与自然实现了和谐共处。换言之，人与自然的和谐是人的全面发展的必要条件(显然，不是充分条件)。正因为这种必要性，马克思主义始终把实现人与自然的和谐作为现实世界面临的两大任务之一。从这种关系的角度讲，马克思学说是人的解放和自然的解放相统一的学说。刘思华、方时姣 (2009)认为，(伴随着城镇化的)工业化进程中发生的生态环境问题，尤其是 20 世纪下半叶以来开始的全球生态环境危害，强化了自然生态对人的内在意义。生态发展也成为人的全面发展的重要表现和基本条件，生态环境问题，绝不是一个单纯的自然发展问题，而是一个极其深刻的、全面的人与社会发展问题。从人类发展的历史上看，把人与自然的和谐作为人的全面发展的重要属性是一个历史的产物。原因在于，自然条件在各个历史时期所起的作用不同。从采猎业文明、农业文明到工业文明，自然条件所起的作用是一个日益递减的过程。但是，这一递减过程在当代发生了逆转。20 世纪 70 年代以来，生态环境作为制约经济增长的要素日益引起重视。只不过这种逆转，是以一种生态危机的形态出现的，是从生态环境对人的全面发展的负面的制约角度表现出来的。工业社会之前，一种新的文明取代旧的文明从来都不是因为旧的文明形态出现了环境问题。而只有到了工业文明时代，工业文明的快速发展遭遇了资源、能源和环境的巨大压力和挑战。对经济增长的片面追求导致了对自然资源掠夺式的开发。人试图成为自然界的主宰，无度地向自然界索取，而同时也在破坏人类自身生存与发展的基础，单纯的经济增长并不能给人们带来普遍的福祉，相反，它还同时引发了生态恶化。在这种视角下，生态环境事实上已从人类生产要素，转变为社会意义上的人类生存的一票否决的因素。人们终于发现自己是不能对自然界为所欲为的。因此，当今语境下的“人与自然的和谐”与其他文明形态语境下对应物已不可同日而语了。人的全面发展的自然生态之维第一次成为人类必须考虑的现实因素。相应的，在城镇化的进程中考虑生态建设、注重以人为本的思维是追求人的全面发展的必由之路。

二、新型城镇化的轮廓

正是在这种有悖于人的全面发展的城镇化在我国已初露端倪的背景下，新型城镇化的理念被提上了议事日程。2012 年 12 月中央经济工作会议提出：积极稳妥推进城镇化，着力提高城镇化质量。城镇化是我国现代化建设的历史任务，也是扩大内需的最大潜力所在，要围绕提高城镇化质量，因势利导、趋利避害，积极引导城镇化健康发展。要构建科学合理的城市格局，大中小城市和小城镇、城市群要科学布局，与区域经济发展和产业布局紧密衔接，与资源环境承载能力相适应。要把有序推进农业转移人口市民化作为重要任务抓实抓好。要把生态文明理念和原则全面融入城镇化全过程，走集约、智能、绿色、低碳的新型城镇化道路。

李克强总理曾经指出，城镇化不是简单的城市人口比例增加和面积扩张，而是要在产业支撑、人居环境、社会保障、生活方式等方面实现由“乡”到“城”的转变。新型城镇化的“新”，是指观念更新、体制革新、技术创新和文化复新，是新型工业化、区域城镇化、社会信息化和农业现代化的生态发育过程。“型”指转型，包括产业经济、城市交通、建设用地等方面的转型，环境保护也要从末端治理向“污染防治—清洁生产—生态产业—生态基础设施—生态政区”五同步的生态文明建设转型。

住房和城乡建设部副部长仇保兴谈到新型城镇化时指出三点。①传统的城镇化，是城市优先发展的城镇化，而新型城镇化讲求城乡互补、协调发展。②城乡一体化发展，绝对不能搞成“一样化”发展，不能把农村都变为城市，而是要走城乡协调发展的道路。③推进新型城镇化，不能盲目克隆国外建筑，而是要传承自身的文脉，重塑自身的特色。没有自己的文脉，形不成自己的特色，自身优势就发挥不出来，就会千城一面。

王如松院士指出：生态城市是指在生态系统承载能力范围内去调整生产和消费方式、决策和管理方法，使人的创造力和生产力充分发挥，居民身心健康和自然生态系统得到充分保护。生态城市强调健全的生态服务功能。要求城市非工程开阔地表 100%可渗水透绿，屋顶和立面绿化，绿地兼有湿地功能，湿地兼有生态给排水功能，社区内生态服务面积不低于建筑用地面积的 3 倍。生态城市强调健康的代谢环境。要求安全适宜的衣、食、住、行环境、低的热岛效应和灰霾日数，社区分散式污水处理、生活垃圾堆肥、生态用水保障和生态卫生设施齐备。生态城市强调合理布局。要求新区和产业园沿轻轨或大容量快速公交的“主动脉”，呈“糖葫芦串”型布局，小区之间由生态服务用地隔开，生态交通网络覆盖人口超过城市人口的 80%；要求生产、居住、商政和生态服务用地混合布局，1/3 以上市民能就近上班。生态城市强调低能耗、低废弃、高效率。有条件的城市建筑空调和供热的能源 80%靠地热、太阳能、生物质能、工业余热等可再生能源；80%以上生活垃圾能在家庭和社区尺度减量化和资源化。居民高峰期出行 90%以上是公交、自行车或步行。

从以上表述我们不难看出，无论是中央、还是各部委、以至于学界，对于新型城镇化的目标都有接近一致的认识。那就是，城镇化一定要保证生态建设，一定要有利于人的全面发展；换言之，新型城镇化一定要以人为本。这些表述明确地显示我国的新型城镇化不会走传统城镇化的老路。问题的关键是，我们如何才能实现新型的城镇化之路，新型城镇化能够避免生态危机的理论和现实依据是什么？

三、城镇化与生态环境的正负反馈

在这里我们看到了传统的城镇化进程都存在的一个特点，城镇化本身创造了巨大的需求，促进了地方经济发展，改善了进城农民的生活条件和收入。但是，地方经济的发展造成了衍生出来的污染，把一项惠民的工程打了折扣，或者干脆变成害民的工程。事实上，通榆河中段工程是一项南水北调工程，它的兴建对于加快江苏沿海的改革开放和经济建设步伐，增强农业发展后劲，发展粮棉生产和高效农业，提高江苏沿海区域的国民经济的实力，发挥极其重要的作用。但是，污染降低了通榆河本身的经济辐射能力，甚至在某些河段，这种污染已经成为当地经济社会发展的负累。

这一现象反映出，在经济社会的发展中，经济子系统和环境子系统存在着多种复杂的关系。尤其是在加速城镇化这种经济急速扩张的背景下，关系的复杂性是呈几何级数增长的。这其中有正反馈系统，也有负反馈系统。在尹荣尧 (2010) 的研究中，以城市发展为例总结出 6 个反馈环，如图 1 所示。依据本文的研究重点，我们将其结论归结为两种反馈。

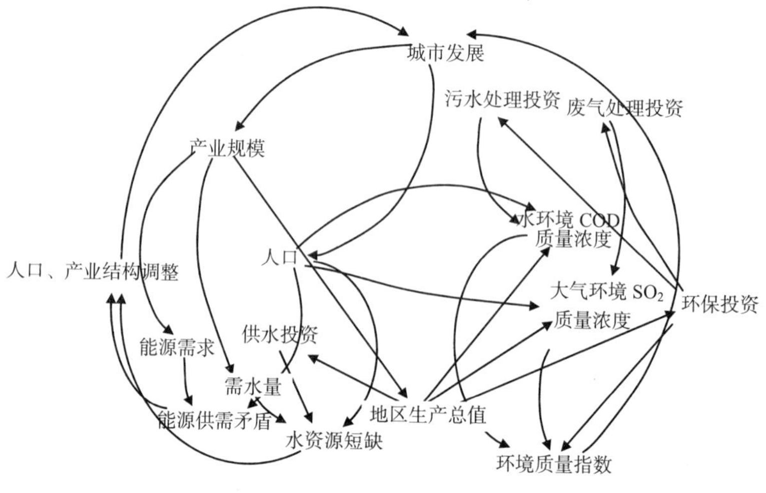

图 1

一种是正向的反馈：经济发展——推进城镇化——产业规模扩张——总产出增加——环保投资增加——生态环境改善——社会发展。

一种是负向的反馈：经济发展——推进城镇化——产业规模扩张——总产出增加——生态环境恶化、资源紧张——产业结构被迫调整——人去楼空——经济社会发展受限。

之所以会产生这两种不同的反馈方向，关键在于：在城镇化的进程中，是否有足够的生态环境保护的投入，以及如何看待这一投入的问题。按照传统经济学的思路，负反馈几乎是必然的。原因在于，传统理论认为，环保的投入本身会挤出其他领域的投资。在投资总量不变的情况下，此长彼消是必然的。这种观点在事实上将生产定位为对环境的掠夺。所以，资本主义前期的城镇化，总是伴随高环境代价、高社会代价。同样，长期以来，我国的高经济增长是以人的生产力和生态生产力的巨大牺牲为代价换取的物质财富增长，使我国的经济发展“反人性化”和“反生态化”问题日益严重。不注重环境保护问题，浪费资源、污染环境成为企业生产中相当普遍的现象。许多地方在推进城镇化时，只考虑局部利益，而不考虑环境资源这一类社会成本。这种忽视人与自然和谐发展的城镇化，后果是重大的生态危机、公共卫生安全问题频出。据估算，20 世纪 90 年代以来，我国的 GDP 当中，至少有 3%~7%是以牺牲自然资源和环境取得的。为了解决这一突出问题，党的十七大报告首次明确提出“建设生态文明，基本形成节约能源资源和保护生态环境的产业结构、增长方式、消费模式”。“生态文明观念在全社会牢固树立。”由此，我国进入了建设生态文明、发展循环经济的大发展时期。但是，总的来看我国在生态建设和循环经济方面的投入还明显不足。发达国家的环保投入占 GDP 的 2%~3%。我国在七五期间的环保投入仅占 GDP 的 0.7%、八五期间达 0.8%、九五期间达 1%、十五期间达 1.2%、十一五期间达 1.35%。这还只是问题的一个方面。更重要的是：从理论和实践来看，我国在城镇化、工业化进程中建设生态文明、发展循环经济的内在动力机制不健全。

而内在动力机制不健全的原因在于环保产业本身的收益更多的是无法量化的收益，同时存在巨大的正外部性。微观行为主体，不管是企业，还是个人，甚至是地方政府，因为不能将环境保护的利益完全内在化，所以才会把环保投入当成城镇化、经济发展的负累。但长远的看，环保投入的正外部性是不可忽视的因素，这种投入必定在各个产业领域内造成潜移默化的效率提高，从而使得正反馈环路成为现实。只不过，在这里我们需要对以往的许多研究作出修正。以往的许多研究大多从生态危机对社会经济发展的影响出发，得出发展循环经济的重要性和必要性，这样的论证显然是不够的。经济决策的主体是一个个的微观经济主体，这些微观经济主体显然是不能直接从社会的角度出发去考虑生态问题的，否则就不会有外部性问题、生态危机了。因此，这种论述只解决了能代表社会利益的政府（甚至只说明了中央政府）在推进城镇化进程中的建设生态文明的强烈动机问题。而在我们看来，只有在微观经济行为主体的层面上也把生态建设确立为城镇化的重点，才能算真正建立在城镇化、工业化进程中建设生态文明、发展循环经济的内在动力机制。而引导微观经济个体的关键有两点：一是坚持人的全面发展的思想，二是坚持用市场机制引导，变革现行的生产方式、生活方式，构建生态与经济和谐与协调可持续发展模式。

四、一些具体的建议

如何走好新型城镇化道路，学术界有诸多的讨论。结合本文所关注的领域，我们认为以下几点最重要。

(1) 要有顶层设计。西方发达国家的城镇化进程，是在放任自由的市场经济体制下实现的，因此，走了一条先污染后治理的路径。显然，这说明了完全靠市场机制的局限性。中国城镇化进程要科学规划，合理布局，要使城镇规划在城市建设、发展和管理中始终处于提纲挈领的地位，从而解决城市建设混乱、小城镇建设散乱差、城市化落后于工业化等问题。我们应当清醒地看到，真正治本的办法，在于对城镇化有一个系统化的顶层设计。在于加强城镇化按照科学发展观的要求，严格工业项目建设的环保标准，坚持杜绝一些低水平、高污染的城市化。从源头上优化城镇化进程。这需要政府、职能部门、市场、企业、社会公众等多层面参与和合作。更重要的是，我们要建立通榆河流域水环境保护机制，就必须建立促进流域间共同发展的理念。

(2) 途径多元化。这里所说的多元化，具有两个层面上的含义。其一，是指因地制宜的城镇化模式。其二，是指城镇化进程中政府与市场力量的参与比例要多样化。中国地域辽阔、情况复杂，发展很不平衡，在基本原则的要求下，中国城镇化实现的途径应当是多元的，这一点并不难理解。难点在于第二点。中国东中西部经济发展水平不一致，地方政府的工作效率也不在同一水平上，显存的生态压力也不一样。政府应当多大程度上介入城镇化的顶层设计和具体实施，这在不同地区是一个需要探索的问题，不能强调甚至只允许一种政府介入的方式。

(3) 要以人为本，找准城镇化和生态建设的平衡点。在本文看来，传统的城镇化进程之所以出现巨大的生态危机，之所以缺乏建设生态文明的内在动力机制问题，完全是没有找准城镇化与生态建设的平衡点。

事实上，找到这样的平衡点并不难，我们只需要搞清楚城镇化的终极价值取向，问题就一目了然了。我们不能为城镇化而城镇化，发展城镇的目的是为人服务。所以，城镇的一切应当围绕人来展开，要树立牢固人本思想，创造良好的人本环境，形成良好的人本气氛，产生良好的为人服务的功能。换言之，就是要使城镇化能够促进人的自由而全面的发展，舍此无他。但是，落实以人为本的理念，需要我们克服一个误区。在我国的经济学界经常将“以人为本”与“以民为本”的思想混在一起，这是不对的。促进人的全面发展，贯彻“以人为本”理念，就应该将“以人为本”和“以民为本”区分开来。前者强调：经济发展应该以每一个人的全面发展为前提。而后者强调经济发展应该以大多数人的利益为依归。在我国两者并不矛盾，但却不是同一个概念。我们要正确理解个人与社会的关系，将社会的利益与每个人的利益结合起来，在“以人为本”的基础上着力构建和谐的社会关系。这一点在我国的国情背景下，尤其重要。我国有长期计划经济的历史，在计划经济条件下，我们实际上实行的是以民为本，不重视人的个性的发展，甚至在主观上是反对个性发展的。而市场经济是另一个极端，极端注重人的个性的发展。从这个意义上讲，离开市场经济体制人的全面发展是无法实现的。但是，当代世界的生态危机的制度背景恰恰就是市场经济。因此以人为本、人的全面发展必须以市场机制为基础，但又不能完全以市场机制为基础。这就需要我们挖掘市场机制中有益于平衡生态经济与城镇化矛盾实现人的全面发展的因素，而由政府机制引导市场向这些有利因素的方向靠拢。

参考文献

李运连, 周古奎, 王文会. 2007. 通榆河响水段饮用水源保护的实践与思考. 江苏水利, 11.

刘思华, 方时姣. 2009. 马克思经济学双重价值取向理论与建设生态文明的双重终极目的. 第二届“人的发展经济学中日国际学术研讨会”.

王振龙. 2011. 淮河流域水资源问题与建议. 水利水电技术, 42(8).

叶健, 苏长城, 袁文秀. 2007. 江苏省沿海水利状况与规划思路, 江苏水利, 1.

尹荣尧. 2010. 江苏省沿海化工业发展的环境风险格局与政策调控研究. 南京: 南京大学博士论文.

附录三　人工光源补光对沉水植物的脱色效果及酶活性的影响①

张显球

引　　言

我国是世界上酸性染料产量最大的国家，造成对水体色度的污染(不足 1 ppm 的染料即可产生很高的色度)，已成为环境重点污染源之一。染料脱色常用的处理方法有化学混凝、物理吸附和微生物降解，但是面临处理成本较高，二次污染严重以及水体残余色度等问题。

采用植物去除染料的研究还处于初步探索阶段，但已显示可喜的效果。据报道，挺水植物窄叶香蒲能在 14 天内吸收去除 60%的染料混合物。也有文献报道称浮水植物浮萍 4 天能将浓度为 20 mg/L 酸性蓝 92 脱除 80%。Khandare 等研究发现水生植物马齿苋能将海军蓝脱色，处理 40 小时后脱色率达 98%，并且单独的组织细胞培养也可降解偶氮染料。沉水植物相比于挺水和浮水植物与染料废水有更多的接触面，可以更加有效地吸收水中的污染物，但是有研究显示光照强度 100 μmol/(m^2·s)不足 4h 会导致大叶藻幼苗的衰亡，在富营养条件[N: 90 μmol/(L·d), P: 9 μmol/(L·d)]下即使光照强度达到 200 μmol/(m^2·s)，但不足 8h 仍会加剧眼子菜的衰败，可见染料废水具有的高色度势必会引起水下光照衰减和沉水植物的衰亡。采用人工光源补光可以解决沉水植物水下光照不足的困境，并且人工光源的光质和光强可调控，对于优化植物的生长是有利的，已在陆生植物得到证实和应用，但未见应用于沉水植物方面的文献报道。因此，研究人工光源补光条件下沉水植物对染料废水的脱色效果及其生理响应，为探索染料废水处理新技术及水环境生态修复新技术具有重要意义。

① 本文原载《环境工程》(2015 年第 7 期)，略有修改。

1 实 验

1.1 实验装置

实验装置如图 1 所示，其主体是带有人工光源的不透明塑料大桶 (500mm×700mm)，内设带定时器控制光照开闭的固定人工光源，桶内放置四个 2 L 的透光玻璃量筒，将 2 L 的实验水样放入量筒中，以纱布包裹石子并用尼龙绳轻轻缠绕质量为 50 g 沉水植物的根部，使其呈直立状缓缓沉入水样中。

1.2 实验材料

试验水样：酸性染料废水由湖水、营养盐和酸性大红 GR 染料配制而成，主要水质指标 TP 为 1.5 mg/L，NH_4^+-N 为 8.0 mg/L，色度为 40 倍。

沉水植物：金鱼藻 *Ceratophyllum demersum* 采自南京师范大学仙林校区采月湖。挑选生长状态良好的成熟植株，根、茎、叶、嫩芽齐全且性状统一。清洗干净，用自来水在实验条件下进行一周的适应性培养。

LED 光源：红光、白光、蓝光三种人工光源，各有 9 W、6 W、3 W 三种功率。三种光源的光谱见图 3，红光(R)光谱范围 600~700 nm，白光(W)光谱范围 390~780 nm，蓝光(B)光谱范围 400~500 nm。

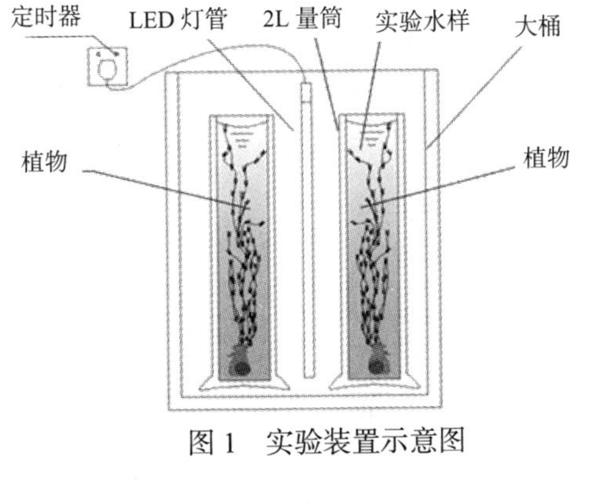

图 1　实验装置示意图

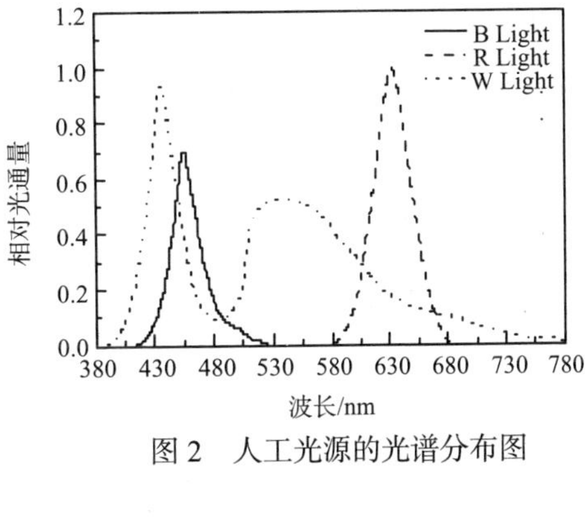

图 2　人工光源的光谱分布图

1.3 实验方法

实验共设 9 组，每组由两个量筒组成。日间，将实验量筒置于窗台边，接受自然光照；晚间，分别将它们放回不透光且安装有人工光源的塑料桶中，调节各组的光源光质、光强和每天补光时间进行夜间补光。实验周期为两周，实验中每日定时添加蒸馏水来补充蒸发的水分。实验开始后，每隔一日采集水样，进行过滤，分析各组色度、总磷、氨氮等水质指标，并分别监测各组金鱼藻的 SOD、CAT 和 POD 酶活性变化。

1.4 分析方法

色度值采用分光光度计测定，用吸光度转换成稀释倍数，参见文献杜亮(2012)；总磷采用钼酸铵分光光度法(GB11893-89)；氨氮采用纳氏试剂比色法(GB7479-87)；超氧化物歧化酶(SOD)活性采用氮蓝四唑(NBT)法；过氧化氢酶(CAT)活性采用钼酸盐法；过氧化物酶(POD)活性采用愈创木酚法。

2 结果与分析

2.1 人工光源补光对金鱼藻脱色效果的影响

(1)不同光源的影响

在功率为 9 W，补光时间为 3 h (18:00~21:00)条件下，红光(R)、蓝光(B)、白光(W)对金鱼藻脱色效果的影响见图 3。由图 3 可知，金鱼藻对染料废水的脱色效果良好，人工光源补光对金鱼藻的净化效果有促进作用。其中，红光对金鱼藻脱色效果的提高要好于白光和蓝光。在停留时间为 5d 时，红光、蓝光和白光补光条件下的金鱼藻可将废水色度从 40 倍分别降至 7、9、12 倍左右，去除率分别达到 82.5%、77.5%和 70.0%，而无补光水样的色度为 20 倍左右，去除率仅为 50%，各种光源补光条件下的脱色效果整体表现为 $R_{红光}>R_{蓝光}>R_{白光}>R_{无补光}$。结论与红光光源(600~700nm)具有最高相对量子产率，且叶绿素吸收峰也更接近红色光谱具有一致性。

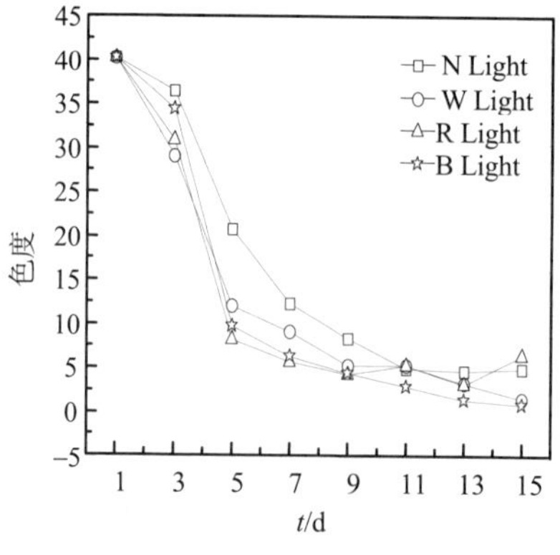

图 3 不同光源对金鱼藻脱色效果的影响

(2) 不同光强的影响

选择对促进金鱼藻脱色效果最佳的红光光源，补光时间为 3 h (18:00~21:00)，研究不同光强(以光源功率大小表示)影响的脱色效果，见图 4。图 4 表明，在本实验范围内，光强对金鱼藻的脱色效果呈现较弱的正相关，停留时间 5 天时，光源功率 3 W、6 W、9 W 补光下的金鱼藻可将废水色度从 40 倍分别降至 16、10、8 倍左右，去除率分别为 60.0%、75.0%、82.5%。实际上光强过强也不利于沉水植物生长，同时也增加能耗，实际应用时可考虑 6 W 以下较经济。

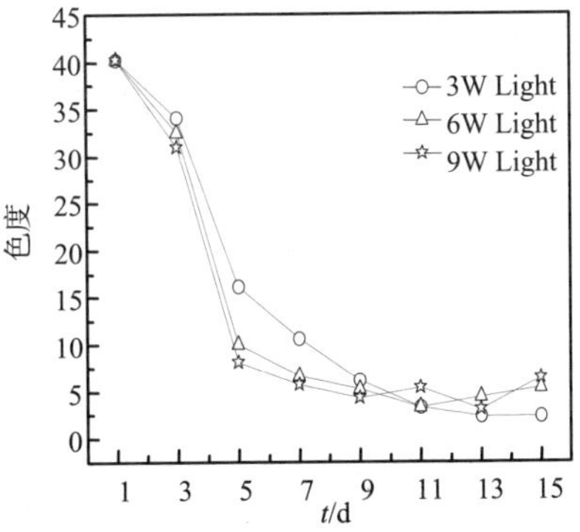

图 4　不同光强对金鱼藻脱色效果的影响

(3) 不同补光时间的影响

选择功率为 9 W 红光光源，进一步比较补光时间对金鱼藻脱色效果的影响，见图 5。图 5 表明，在本实验范围内，补光时间对金鱼藻的脱色效果呈现较弱的正相关，停留时间 5 天时，3h、6h、9h 的补光条件下金鱼藻可将废水色度从 40 倍分别降至 8、6、4 倍左右，去除率分别为 82.5%、85.0%、90.0%。考虑到经济性，实际应用时采用 3 h 的补光时间较合适。

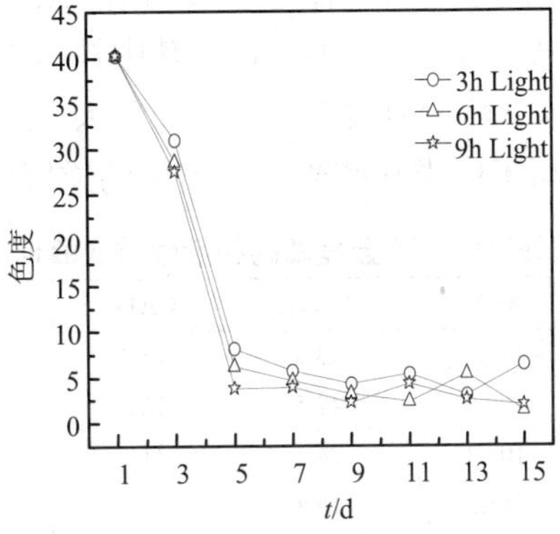

图 5　不同光照时间对金鱼藻脱色效果的影响

2.2 人工光源补光对金鱼藻酶活性的影响

(1) SOD 酶的响应

由图 6 可知，在不含染料的水样中(图中 NN 线)，金鱼藻 SOD 酶呈现缓慢增加，在第 12.5 天处(位于图中Ⅱ处)出现峰值，根据文献的研究，主要原因可能是由富营养(氨氮、总磷浓度分别为 3.0 mg/L、0.7 mg/L)胁迫导致的酶活性响应滞后造成。而在染料废水中生长的金鱼藻酶活分别在第 8 天和第 12.5 天出现峰值(位于图中Ⅰ和Ⅱ处)，Ⅱ处的峰值是富营养胁迫的表现，Ⅰ处的峰值则应该是金鱼藻吸附染料导致的胁迫(结合图 3)。

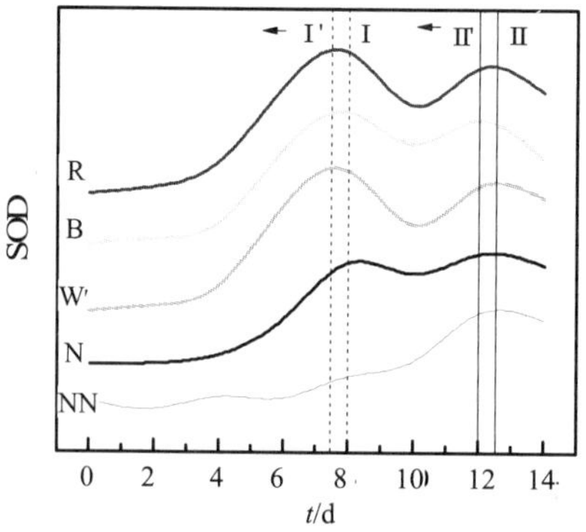

图 6　不同光源对金鱼藻 SOD 酶活性影响

图 6 的实验结果还表明三种光源补光可促使酶活性峰值提前，其中白光(W)、红光(R)、蓝光(B)的Ⅰ和Ⅱ峰均前移到Ⅰ′和Ⅱ′处，提前了约 0.5 天左右，且酶活性有所提高，有利于提高沉水植物的抗逆能力。

(2) CAT 酶的响应

各种实验条件下金鱼藻 CAT 酶活性见图 7。从图 7 可知，金鱼藻受染料和富营养胁迫后 CAT 酶活性峰值分别出现在第 8 天和第 12.5 天(位于图中Ⅰ和Ⅱ处)。三种光源补光亦可促使 CAT 酶活的峰值提前，其中补白光(W)Ⅰ峰提前了 2.5 天，补红光(R)、蓝光(B)的Ⅰ和Ⅱ峰分别提前了 4.5 和 3 天，并且酶活性峰值也有所提高，见表 1，且红光显著高于白光和蓝光，对植物的逆境应激机制产生有利影响。

表 1　不同光照处理条件下金鱼藻的酶活性响应峰值(单位：U/mg)

试验组	$SOD_Ⅰ$	$SOD_Ⅱ$	$CAT_Ⅰ$	$CAT_Ⅱ$	$POD_Ⅰ$	$POD_Ⅱ$
补红光	117.6	105.4	53.8	16.4	17269.3	12677.3
补蓝光	116.4	108.6	42.5	12.5	12688.1	11185.3
补白光	115.7	105.3	24.5	11.3	12037.3	10829.4
无补光	114.1	113.5	15.8	9.5	11621.3	10493.1
无染料	—	105.4	—	8.3	—	10485.6

(3) POD 酶的响应

各种实验条件下金鱼藻 POD 酶活性见图 8。从图 8 可知，金鱼藻受染料和富营养胁迫后 POD 酶活性峰值分别出现在第 6 天和第 12.5 天(位于图中Ⅰ和Ⅱ处)。

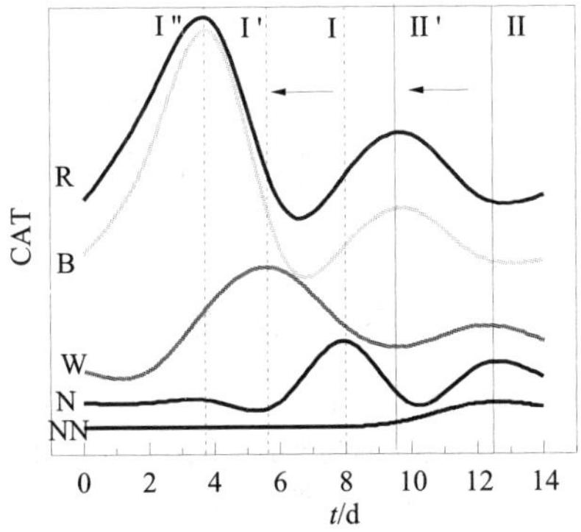

图 7　不同光源对金鱼藻 CAT 酶活性影响

三种光源补光也能促使酶活性峰值提前，其中补白光(W)、红光(R)、蓝光(B)的Ⅰ峰均提前了 2 天，红光的Ⅱ峰也提前了 2 天；POD 酶活性峰值在人工光源条件下也有所提高，见表 1，同样表现出红光显著高于白光和蓝光。

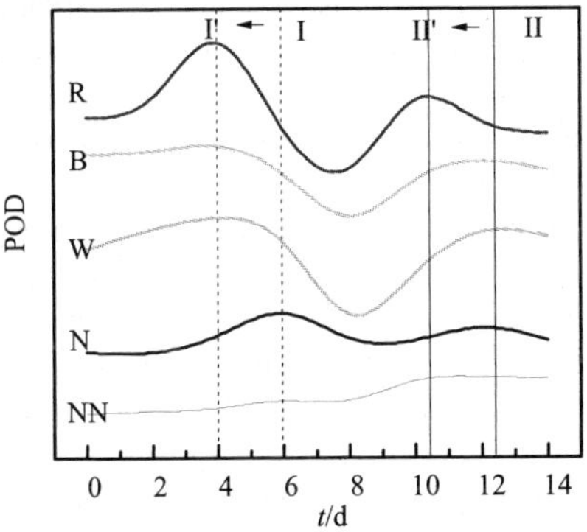

图 8　不同光源对金鱼藻 POD 酶活性影响

3　结　论

(1) 金鱼藻对染料废水的脱色效果良好，人工光源的补光对金鱼藻的净化效果有促进作用。其中，红光对金鱼藻的脱色效果的提高要好于白光和蓝光。实验范围内光照强度与补光时间与金鱼藻的脱色效果呈现较弱的正相关。

(2) 采用红光对金鱼藻补光具有最佳脱色效果。实际应用时适宜的参数为功率 6 W、补光 3 h、停留时间 5 d。在此条件下，金鱼藻可将废水的色度从 40 倍降至 10 倍左右，去除率达到 75.0%。

(3) 人工光源补光可促使金鱼藻的 SOD、CAT 和 POD 酶对环境胁迫的响应提前，且酶活性有所提高，有利于提高沉水植物的抗逆能力，红光光源对酶活性响应的影响尤为突出。

(4) 人工光源辅助沉水植物技术可以改善沉水植物的光照时长和光质环境，对其逆境下的植物生长有促进作用，可应用于污染水体的生态修复，特别是景观水体的生态净化。

参 考 文 献

陈建勋，王晓峰. 2000. 植物生理学实验指导[M]. 北京：华南理工大学出版社，2000.

杜亮. 2012. 水蕴草对刚果红染料处理效果及其抗逆性的研究[D]. 昆明：昆明理工大学.

刘燕，王圣瑞，金相灿，等. 2009. 水体营养水平对 3 种沉水植物生长及抗氧化酶活性的影响[J]. 生态环境学报，18(1): 57-63.

Beyer Jr W F, Fridovich I. 1987. Assaying for superoxide dismutase activity: some large consequences of minor changes in conditions[J]. Analytical biochemistry, 161(2): 559-566.

Goth L. 1991. A simple method for determination of serum catalase activity and revision of reference range[J]. Clinica Chimica Acta, 196(2): 143-151.

Hernández R, Kubota C. 2014. Growth and morphological response of cucumber seedlings to supplemental red and blue photon flux ratios under varied solar daily light integrals[J]. Scientia Horticulturae, (6), 173: 92-99.

Hosseini Koupaie E, Alavi Moghaddam M R, Hashemi S H. 2011. Post-treatment of anaerobically degraded azo dye Acid Red 18 using aerobic moving bed biofilm process: Enhanced removal of aromatic amines[J]. Journal of Hazardous Materials, 195(11): 147-154.

Joanne C B, Scott W N. 2001. Responses of eelgrass Zostera marina seedlings to reduced light [J]. Marine Ecology Progress Series, 223(1): 133-141.

Khandare R V, Kabra A N, Kurade M B, et al. 2011. Phytoremediation potential of Portulaca grandiflora Hook.(Moss-Rose) in degrading a sulfonated diazo reactive dye Navy Blue HE2R (Reactive Blue 172)[J]. Bioresource Technology, 102(12): 6774-6777.

Khataee A R, Movafeghi A, Torbati S, et al. 2012. Phytoremediation potential of duckweed (Lemna minor L.) in degradation of CI Acid Blue 92: Artificial neural network modeling[J]. Ecotoxicology and Environmental Safety, 80(6): 291-298.

McCree K J. 1972. The action spectrum, absorptance and quantum yield of photosynthesis in crop plants[J]. Agricultural Meteorology, 9(10): 191-216.

Nilratnisakorn S, Thiravetyan P, Nakbanpote W. 2007. Synthetic reactive dye wastewater treatment by narrow-leaved cattails (Typha angustifolia Linn.): Effects of dye, salinity and metals[J]. Science of the Total Environment, 384(1): 67-76.

Singh K P, D. Mohan, S. Sinha, et al. 2003. Color removal from wastewater using low-cost activated carbon derived from agricultural waste material. Ind. Eng. Chem. Res., 42(9) , 1965-1976.

Sultana M, Asaeda T, Azim M E, et al. 2010. Photosynthetic and growth responses of Japanese sasabamo (Potamogeton wrightii Morong) under different photoperiods and nutrient conditions[J]. Chemistry and Ecology, 26(6): 467-477.

Trouwborst G, Oosterkamp J, Hogewoning S W, et al. 2010. The responses of light interception, photosynthesis and fruit yield of cucumber to LED-lighting within the canopy[J]. Physiologia Plantarum, 138(3): 289-300.